SZ 高等院校素质教育系列教材

现代自然科学技术概论

XIANDAI ZIRAN KEXUE JISHU GAILUN

（第九版）

◎主　编／徐丕玉
◎副主编／刘艳荣　沈　平

首都经济贸易大学出版社
Capital University of Economics and Business Press
·北　京·

图书在版编目(CIP)数据

现代自然科学技术概论 / 徐丕玉主编. --9版. --北京 :
首都经济贸易大学出版社, 2022.11
ISBN 978-7-5638-3377-1

Ⅰ. ①现… Ⅱ. ①徐… Ⅲ. ①自然科学-概论 Ⅳ. ①N1

中国版本图书馆CIP数据核字(2022)第110000号

现代自然科学技术概论(第九版)
徐丕玉 主编
刘艳荣 沈平 副主编

责任编辑 薛晓红
封面设计 小 尘
出版发行 首都经济贸易大学出版社
地 址 北京市朝阳区红庙(邮编 100026)
电 话 (010)65976483 65065761 65071505(传真)
网 址 http://www.sjmcb.com
E-mail publish@cueb.edu.cn
经 销 全国新华书店
照 排 北京砚祥志远激光照排技术有限公司
印 刷 北京市泰锐印刷有限责任公司
成品尺寸 170毫米×240毫米 1/16
字 数 459千字
印 张 21.75
版 次 2001年1月第1版 **2022年11月第9版**
2022年11月总第22次印刷
书 号 ISBN 978-7-5638-3377-1
定 价 45.00元

图书印装若有质量问题,本社负责调换
版权所有 侵权必究

内容简介

本书是为加强文科类大学生的科学素质教育而编写的。全书概括地分析了现代科学技术发展的基本特点；简明地阐述了科学技术对社会经济和生产力发展的重要作用；重点介绍了现代自然科学的几个基本问题、当代高新技术及人类社会共同面临的环境和可持续发展问题。本书在内容上力求涵盖当代科技发展的最新成就和动态，并尽量照顾学习对象的知识基础；在叙述上力求简明扼要、通俗易懂、深入浅出、重点突出、知识性和趣味性相结合。

本书适合高等学校文科类学生学习及理工科学生选修，也可作为从事管理工作的各类人员学习现代科学技术基础知识的教材或参考书，还可供广大科技爱好者学习参考。

第九版说明

本书自2018年10月第八次修订至今已逾三年。这三年来科技发展日新月异，特别是我国的科技发展突飞猛进，硕果累累。为了适应飞速发展的科技形势，我们在第八次修订版的基础上又做了一次修订。我们收集了国内外近三年来科技各领域的新成果、新进展和新动态，增加或加强了某些科技前沿的知识内容，以便读者学习、使用和参考。取材时间截至2022年5月。

参加本次修订的有首都经济贸易大学徐丕玉、沈平、王利、李茂龄；北京物资学院刘艳荣、李彤、陈静、刘艳。具体分工是：第一章、第二章第二节和第三节、第三章第四节、第六节和第七节由徐丕玉修订；第二章第一节、第三章第二节和第八节由李彤修订；第三章第一节由王利修订；第三章第三节由刘艳荣修订；第三章第五节由李茂龄修订；第三章第九节由陈静修订；第三章第十节由刘艳修订；第四章由沈平修订。全书由徐丕玉、刘艳荣、沈平统稿。

因水平有限，不足之处在所难免，衷心希望兄弟院校的同行和读者们提出宝贵意见和建议。本书提供课件，大家可以和作者联系（邮箱为：xupy2011@163.com），也可从出版社网站下载（www.sjmcb.com）。

编者

2022年6月

第一版前言

21 世纪是人类依靠知识创新而取得发展的世纪，世界已进入知识经济时代。在新的世纪里，科学与社会将发生强相互作用，科学高度社会化，社会也将高度科学化。自然科学技术和社会科学在理论、概念与研究方法上也将更加融合汇流在一起。科学技术和社会发展的新形势，对人才培养提出了更高的要求。跨世纪的优秀人才必须具有复合型知识结构，必须具备综合运用知识的能力和整体思维能力，这对教育来说是一个挑战。近年来，高等学校普遍重视对大学生的素质教育，已经着手对理工类学生进行人文社会科学知识的普及，同时对文科类学生也开展了现代自然科学技术的教育。

为了配合文科类大学生进行科学素质教育，我们编写了此书，希望能为培养出更多高素质人才贡献我们微薄的力量。

本教材由首都经济贸易大学、北京物资学院和黑龙江商学院联合编写。第一章、第三章第七节由徐丕玉编写；第二章第一节、第三章第八节由李彤编写；第二章第二节、第三节由孙东生、王彪编写；第三章第一节由王利编写；第三章第二节、第四章由沈平编写；第三章第三节由刘艳荣编写；第三章第四节由张新荣编写；第三章第五节由李茂龄编写；第三章第六节由刘登锐编写；第三章第九节、第十节由吴平编写。全书由徐丕玉、张新荣统稿。

由于时间仓促、水平有限，不当和失误之处在所难免，恳请同行和读者批评指正。

在本书的编写过程中，我们查阅和参考了大量有关的资料、文献和论著，在此对有关的作者表示衷心的感谢。

编者

2000 年 11 月

第一版前言

目录

第一章

绪 论

第一节 科学与技术

一、科学的概念

科学的原意是知识、学问。随着科学的发展，人们对它的理解和认识在不断地深化，科学的含义也在不断地扩大，因而要给科学下一个永远不变的定义是很困难的。著名的科学学创始人贝尔纳(J. D. Bernal)认为，科学在不同时期、不同场合有不同的意义。可以说，科学是一个具有多种品格和多种形象的多义词。人们对科学提出了若干种解释，每种解释都从不同的侧面对科学的本质特征进行了揭示和描述。归纳起来，人们对科学主要有以下几个方面的理解。

1. 科学是生产知识的活动

首创进化论学说的生物学家达尔文(C. R. Darwin)用了5年(1831—1836年)时间，遍游四大洲三大洋之后，对收集的大量事实材料进行了分析研究，于1859年发表了巨著《物种起源》。1888年，他以自己的感受给科学下了定义："科学就是整理事实，以便从中得出普遍的规律或结论。"也就是说，科学就是把实践活动中的经验材料或感性认识进行收集、整理、总结、归纳，经过"去粗取精、去伪存真、由此及彼、由表及里"的加工改造，上升到理性认识的过程，是一种特殊的社会活动——生产知识活动，是一种创造性的智力活动。

2. 科学是反映客观事实和规律的知识

人类在生产实践、生活实践和科学实验中得到的知识，如果能正确地反映客观事实和规律，就称为真知。真知就是科学。例如，牛顿(I. Newton)在前人工作的基础上，进一步研究了大量的宏观物体的运动规律，总结归纳出牛顿运动定律和万有引力定律。这些定律正确地反映了宏观物体运动的特点和规律，它们就是科学。

3. 科学是反映客观事实和规律的知识体系

随着人类科学知识的积累，逐渐形成了多种学科体系。20世纪初，数学、物理学、化学、天文学、地学、生物学、电力工程学、机械工程学、建筑工程学、医药工程学等自然科学及管理科学都比较成熟了,人们认识到,人类从实践中得到的知识如果是零散的、相互不联系的,还不能称为科学。只有这些知识单元按照内在的逻辑关系条理化、系统化,建立起一个完整的知识体系时,才能称为科学。因此,科学不只是事实和规律的知识单元,而是由这些知识单元组成学科,学科又组成学科群,形成一个多层次组成的体系。

大多数学者及辞书上都认为,"科学是关于自然、社会和思维的知识体系",这也是科学的最基本的内涵。科学知识体系是一个动态系统,随着实践的发展而不断变化。

4.科学提供科学的世界观、态度和方法

人们在认识客观世界的过程中,不仅创造了科学知识,而且形成了科学的世界观、态度和方法。

科学揭示了客观世界的本质和运动规律,是唯心主义世界观的对立物。科学使人们破除迷信、解放思想、追求真理、勇于创新。科学的态度就是尊重实践,实事求是,按客观规律办事。科学还向人们提供了一系列分析、研究、解决问题的方法,它告诉我们怎样去做那些要做的事情。科学为人类提供的知识、世界观、态度和方法,使它成为人类认识世界、改造世界的工具和武器。

5.科学是一项事业

科学活动的规模随着科学的进步和社会的发展而不断扩大。20 世纪 40 年代之前,科学基本上处于"小科学"时期。16 世纪是以伽利略(G. Gralileo)为代表的个体活动时代,17 世纪是牛顿的松散群众组织皇家学会时代,18 世纪到第二次世界大战前是爱迪生(T. A. Edison)的"实验工厂"的集体研究时代。20 世纪 40 年代,美国动用了几万人搞"曼哈顿计划",制造原子弹,从此,科学活动突破了以往的一切组织形式,进入了国家建制时代。自科学活动进入国家规模以来,人们就把科学称为"大科学",认为"科学是一种建制",即科学已成为一项国家事业,企业和政府都直接参与了科学事业,实现了科学家与企业家、政治家的结合。近年来,科学活动由一国建制向国际化建制发展。现今,已经进入了国际合作的跨国建制时代,科学成为一项国际事业,并被称为第四产业。

以上,我们从不同的角度介绍了人们对科学的看法。总而言之,科学发展到今天,我们已经不能仅仅把它理解为知识,也不能把它看成是单一的社会活动,而应该看成是知识、知识发展和知识运用过程的统一。

二、技术的概念

技术的原意是技艺、手艺。随着科学技术的发展,人们对技术的理解更加深化和全面。当前,对技术的定义的表述方法有多种,但基本上都没超出法国科学家狄德罗(D. Diderot)给技术所下的定义范围。狄德罗在他主编的《百科全书》中指出:“技术是为某一目的而共同协作组成的各种工具和规则体系。”这一定义高度、全面地概括了技术的本质含义,它有5个要点:①技术与科学不同,技术有目的性;②技术的实现要通过广泛的“社会协作”来完成;③技术的首要表现是生产“工具”,是设备,是硬件;④技术的另一重要表现形式是“规则”,是生产使用的工艺、方法、制度等,也就是软件;⑤与科学一样,技术也是成套的知识系统。

三、科学与技术的关系

科学与技术既有区别,又有联系;既相互独立,又密不可分。

1.科学与技术的区别

科学的根本职能是认识世界,揭示客观事物的本质和运动规律,着重回答“是什么”“为什么”的问题;技术的根本职能是改造世界,实现对客观世界的控制、利用和保护,着重回答“做什么”“怎么做”的问题。科学属于由实践到理论的转化领域,它本身是意识形态的东西,属于社会的精神财富;技术属于由理论向实践转化的领域,它本身是物化了的科学知识,属于社会的物质财富。科学的成果表现为新现象、新规律、新法则的发现;技术的成果表现为新工具、新设备、新方法、新工艺的发明。

2.科学与技术的联系

科学与技术相辅相成,在认识世界和改造世界的过程中统一在一起。

科学中有技术,如物理学、化学、生物学中有实验技术;技术中也有科学,如杠杆、滑轮中有力学。科学产生技术,如发现了相对论和核裂变,产生了原子弹和核电站。技术也产生科学,如射电望远镜的发明与使用,产生了射电天文学;扫描隧道显微镜、原子力显微镜等的发明与使用,产生了单分子科学。科学的成就推动技术的进步;技术的需要促进科学的发展。

在科学转化为生产力的过程中,技术是中间环节,技术是科学原理的物化和应用。对于科学来说,技术是科学的延伸;对于技术来说,科学是技术的升华。

第二节 科学研究

一、科学研究的概念

科学研究是指创造知识和整理、修改知识,以及开拓知识新用途的探索工作。创造知识是指对未知事物进行探索,以求发现新知识、新规律、新原理,发明新方法、新手段等。整理和修改知识是对已经产生的知识进行分析整理、综合归纳、鉴别运用,使知识规范化、系统化。在整理、修改知识的过程中,往往也会创造知识。例如,化学家门捷列夫(Д. И. Менделеев)最初的工作是整理已知的化学元素。当他把已经发现的诸多化学元素按原子量大小顺序排列后,发现元素的性质有周期性变化,从而提出元素周期律理论。所以,整理知识和创造知识是不可分割的,都是科学研究的重要组成部分。

二、科学研究的类型

科学研究有多种分类方法。通常,按过程不同,科学研究分为基础研究、应用研究和开发研究。

1. 基础研究

基础研究是指以探索知识为目标的研究。基础研究工作基本上在学科前沿,并在实验室中进行。它不着眼于当前的应用,没有特定的商业目的。例如,牛顿发现牛顿运动定律,法拉第(M. Faraday)发现电磁感应原理,麦克斯韦(J. C. Maxwell)建立电磁波理论,居里夫人(M. S. Curie)发现放射性等所进行的研究都属于基础研究。基础研究的成功率一般不到10%,实现商业化、企业化的占2%~3%。但基础研究的重大发现常常带来生产的革命性变化。

我国把基础研究分为纯基础研究和应用基础研究两种,合称为“基础性研究”。其中,应用基础研究有一定的应用背景。按照1989年国家科委的定义,我国基础性研究的具体内容包括以下三个方面:①以认识自然现象,揭示客观规律为主要目的的纯基础研究;②围绕重大或广泛应用目标,探索新原理,开拓新领域的定向性研究;③对基本科学数据系统进行考察、采集、鉴定,并进行综合、分析、探索基本规律的工作。

2. 应用研究

应用研究是指运用基础研究的成果和有关知识,为创造新产品、新方法、新技术、新材料等技术基础所进行的定向研究。应用研究有目的、有计划、有时间限制,其成果有实用价值,有一定保密性。例如,西门子公司利用法拉第电磁感应原理制成励磁电机(可以发电,但尚不能应用),赫兹(H. R. Hertz)由麦克斯韦的电磁波理论发现电磁波并制成电磁波发生装置,都属于应用研究。应用研究的成功率一般为50%~60%,实现商业化、企业化的可能性较大。

3. 开发研究

开发研究是指利用基础研究、应用研究的成果和有关知识,为创造新产品、新方法、新技术、新材料,以及为生产产品或完成工程任务而进行的技术研究活动。例如,爱迪生在前人研究成果的基础上研制出电机,建成电厂,建立了电力技术体系;波波夫(A. C. Попов)等依据电磁场理论和无线电通信理论和技术,研究成功了无线电发射机和接收机,从而实现了远距离的无线通信。这些都属于开发研究。开发研究有具体明确的目标,计划性强,而且有严格的时间限制,完成后立即评价。其费用投入一般较大,有很强的保密性。开发研究是科技转化的主要环节。

应用研究和开发研究的成果不断推动生产进步,使生产过程合理、效率提高、产品更新、成本降低。它的发展受到社会需求的强烈推动。

世界各国对基础研究、应用研究的概念与范畴的认识比较一致,但对开发研究的范畴有不同的解释。1986 年,我国科技界把开发研究划分为实验开发、设计试制和推广示范、技术服务三个部分。近几年,日本等一些国家加大了开发研究的范围,细分为开发研究、设计研究、生产研究、流通研究、销售研究、使用研究和回收研究七个方面,把产品从设计、生产到消费的全过程都纳入开发研究的范畴。

第三节　现代科学体系及自然科学与技术的分类和结构

一、现代科学体系

现代科学日益形成了一个庞大的、多层次的、纵横交错的科学结构体系。到目前为止,在我国的学科分类标准中,仅一、二、三级学科总数就有 3 000 多种。许多学者从不同角度把科学加以分类,其中一种分类方法是将科学分为三大领域(自然科学、社会科学、思维科学)、五大部类(自然科学、社会科学、思维科学、数学科学、哲学科学)。西方有的学者提出了"五种理域"的分类方法,即:物理——一切非生命世界之理;生理——一切有生命世界之理;心理——人脑活动之理;伦理——人际关系之理;哲理——统帅诸理之理。我国著名科学家钱学森则把现代科学的体系分为九大科学部门,即:自然科学、社会科学、数学科学、思维科学、人体科学、系统科学、军事科学、文艺科学和行为科学。

二、现代自然科学的分类与结构

科学技术一词中的科学,是指自然科学。与科学研究的三个阶段相对应,现代自然科学可分为基础科学、技术科学和工程科学三大类。

1. 基础科学

基础科学是研究自然界物质的结构、各种基本运动形态和运动规律的科学。按研究对象和物质运动形式的不同,基础科学可分为五大学科:物理学、化学、生物学、天文学、地学。它们是现代自然科学的基石。它们的一般表现形式是由概念、定理、定律、规则等组成的理论体系。

物理学是研究自然界物质的结构、相互作用及运动规律的学科。由于它所研究的运动普遍存在于其他高级的、复杂的物质运动形态之中，因而物理学是其他自然科学的重要基础。物理学一般可分为力学、热学和分子物理学、波动学和声学、光学、电磁学、原子物理学、原子核物理学、粒子物理学、天体物理学等。而每一个分支学科又包含若干个子学科。

化学是在原子和分子层次上研究物质的组成、结构、性质及变化规律的学科。根据研究的对象和研究方法的不同，化学有五大分支学科，即无机化学、有机化学、高分子化学、分析化学和物理化学。其中，每一个分支学科又细分为若干子学科。

生物学是研究生命运动形式的本质特征和规律的学科。生物学分支学科主要有植物学、动物学、微生物学、生物分类学、形态学、解剖学、生理学、组织学、胚胎学、细胞学、分子生物学、遗传学、生态学、古生物学、进化论等。

天文学主要研究天体的结构、运动、起源和演化。它一般分为天体测量学、天体力学、天体物理学、射电天文学、恒星天文学、天体演化等分支学科。

地学是研究地球的组成、结构、演化和运动规律的学科。它一般分为地球物理学、气象学、海洋学、地理学和地质学等主要分支学科。

数学和系统科学并不是自然科学的分支。按知识的性质和相互关系，可以把它们划为横断学科。横断学科的共同特点是撇开各种事物、现象、运动形式、发展过程的具体特性，用抽象概括的方法抓住它们的某一共同侧面、共同属性及其共同规律加以研究。其研究所及不是客观世界的某一领域，而是多个领域或一切领域。它所揭示的是多种科学领域间的共同属性和相互联系，使科学更趋于整体化。

2．技术科学

技术科学是研究生产技术和工艺过程中的共同性规律的科学。技术科学的任务是把认识自然的理论转化为改造自然的能力。技术科学的分类没有很统一的看法，一般包括应用数学、计算机科学、材料科学、能源科学、信息科学、空间科学、应用光学、环境科学，等等。

技术科学的研究对象比基础科学要具体（针对某一领域），但又比工程科学抽象。其理论可以应用到工程科学中去。

3．工程科学

工程科学具体研究把基础科学和技术科学转化为生产技术、工程技术和工艺流程的原则和方法。工程科学领域广泛、内容丰富、门类繁多，有时与技术科学没有明显界限，所以有的书中也将其归入技术科学。工程科学主要有：农业工程学、矿山工程学、水利工程学、土木建筑工程学、机械工程学、冶金学、工程力学、化学工程学、电力工程学、半导体科学、自动化科学、仪器仪表工程学、宇航工程学、海洋工程学、生物工程学，等等。工程科学与生产领域最为接近，研究目的十分明确，其宗旨是解决产业中生产技术的一系列具体的理论问题。例如,怎样制造出特定的机器,绘制出图纸,制定出合适的工艺流程,等等。

三、现代技术的分类

对应于基础科学、技术科学和工程科学,可以把现代技术分为三大类:实验技术、基本技术和产业技术。

技术存在于人工自然过程,是实现自然界人工化的手段。

1. 实验技术

实验技术是为了科学认识而探索自然客体所采用的技术。按照实验者作用于自然过程的四种基本形式(即对机械运动、物理运动、化学运动、生命运动的作用),实验技术可相应的分为四种类型:

(1)力学实验技术,用来改变自然界的机械运动状态;

(2)物理实验技术,用来探测自然界物质的物理性质;

(3)化学实验技术,用来确定自然界物质的组成、结构、化学变化及用自然物合成人工物质;

(4)生物实验技术,用来作用于生命运动的状态和性质。

实验技术往往是以科学仪器(如温度计、压力计、天平、望远镜、显微镜、分光计、干涉仪、电子加速器、探测器等)来体现的。

2. 基本技术

按照人工自然过程的4种基本形式,基本技术也可分为四类:

(1)广义的机械技术(人工的机械自然过程);

(2)物理技术(人工的物理自然过程);

(3)化工技术(人工的化学自然过程);

(4)生物技术(人工的生命运动过程)。

劳动过程是劳动力运用技术,改变自然界的运动状态和运动形式,创造使用价值的过程。任何劳动过程都是技术过程和自然过程的统一。上述四种基本技术加入生产劳动过程中时,就形成各种劳动过程中的技术。劳动过程中的技术都是基本技术的不同组合。劳动过程中的技术有植物技术(包括陆上植物栽培育种技术和海水养殖技术)、动物技术(主要是家畜养育技术)、无生物技术(主要用于食品、药物、细菌肥料等的制造)、采掘技术、原材料精制技术、机械生产技术、能源生产技术等。

3. 产业技术

产业技术是由不同劳动过程中的技术组成的更为复杂的系统。或者说,以某类技术为主,便形成了对应的产业。表1-1列出了部分技术与产业的关系。

表 1－1 部分技术与产业的关系

产业主导技术	对应的产业
植物栽培育种技术	农业、林业
饲养育种技术	畜牧业、水产业
采掘技术	采油、采煤工业，矿业
材料技术	冶金、石油、化工、水泥工业等
机械技术	制造业、加工组装业
交通运输技术	汽车、火车、轮船、飞机、运输业
建筑技术	土木建筑业
动力技术	火力、水力发电，核电、煤气
通信技术	电信、电话、广播、电视
控制技术	计测控制产业
系统技术	信息机械制造与服务业
医疗保健技术	医疗器械、药品制造、医院、环保产业

表 1－1 中的分类虽然未能把社会中各种技术与产业的关系全部概括出来，但从中可以清楚地看出技术和产业的关系。

产业和产业技术的分类方法常见的还有：把产业划分为第一产业（农、林、牧、渔、采掘业）、第二产业（制造、加工业）和第三产业（高技术产业、研究与设计业、金融保险业、文化教育业、商业与服务业等）。

从技术与产业的关系特别是技术与经济的关系考虑，还可以将产业技术划分为：①劳动密集型技术，即生产劳动耗费较多，物化劳动（劳动资源消耗）较少的劳动密集型产品所应用的技术；②资本密集型技术，即生产耗费物化劳动或需要资金投入较多的资本密集型产品所应用的技术；③知识密集型技术，即生产知识密集型产品所应用的技术。生产知识密集型产品所投入的劳动不只是简单劳动，需要更多的是复杂劳动（它要求劳动者掌握更多相关的科学技术知识），因而该产品凝聚着更多的知识量。知识密集型技术形成的知识密集型产业有许多新的特点，如：附加值高；资源、能量耗费少；产品主要是智力的产物；研究开发的投资额大，所需科技人员数量较多；产品由少品种、大批量转向多品种、小批量；更新换代快；等等。

由于现代技术是一个庞大的复杂系统，到目前为止，还没有一个公认的分类标准，因而出现了按不同标准分类的多种技术称谓。20 世纪中叶，对社会发展、经济发展以及日常生产、生活至关重要的技术大体上有微电子和计算机技术、通信技术、生物技术、材料技术、激光技术、航空航天技术、自动化与制造技术、能源技术、农业技术、医药技术、交通运输技术、海洋技术、环境保护技术等。

第四节 现代科学技术发展的基本特点

第二次世界大战以来,科学技术发展速度越来越快,规模越来越大,并且科学技术、自然科学与人文社会科学之间呈现出综合化发展的趋势。

一、科学技术发展速度越来越快

据统计,近40年来人类科学新发现和技术新发明的数量,比过去几千年的总和还要多。人类的科学知识,19世纪是每50年增加一倍,20世纪中叶是每10年增加一倍,当前则是每3～5年增加一倍。全世界发表科技论文的数量,每隔一年半就增加一倍。由于科学知识激增,新学科不断涌现,当今自然科学学科种类总计约近万种。所以,有人称当代是知识"爆炸"的时代。

新的科学技术成果产生速度加快,并很快用于实际生产中,使以前的工业技术变得陈旧而被淘汰。近20年来,一些过时工业技术已占30%以上;在电子信息领域,过时技术已占50%以上。第二次世界大战后兴起的电子计算机科学技术指数曲线的发展最具代表性。世界上自1946年第一台计算机投入使用以来,经历了电子管、晶体管、集成电路、大规模和超大规模集成电路几代的发展,其性能提高了几千万倍甚至上亿倍。目前,人们已经在研究更先进的计算机了。

科学技术知识的更新速度也在加快。当今,工程师知识的半衰期是5年,即5年内有一半知识已过时。由于科技知识更新速度快,社会劳动结构和工作岗位不断变化,职业培训已成为一种终身教育。

由于社会对科学技术有更大的需求,因而对科学技术事业进行了大量投入,从而使科学技术发展规模越来越大。第二次世界大战后,科学研究的队伍不断扩大,美国是每10年翻一番,西欧发达国家是每15年翻一番。我国的科学技术发展规模增速更快。1949年新中国成立之初,全国科技队伍不超过5万人,到2017年底,科技人力资源总量已愈8 000万人,是世界第一科技人力资源大国;国际科技论文总量和被引量皆排名世界第二位;发明专利申请量和授权量居世界首位。现在,全世界的科学家和工程师人数约占全世界人口的1%,预计未来100年,从事科研工作的人数将占世界总人口的20%。

国家规模和国际规模的科技攻关项目也日益增加,如国际空间站、极地考察、人类基因组计划、热核聚变装置、探测反物质的装置、高能加速器、大型射电望远镜,等等。

科学技术在加快发展的同时，还不断地向深度和广度进军。第二次世界大战以来，科学技术的发展经历了五次伟大的革命。1945—1955 年，第一个 10 年，以原子能的利用为标志，人类开始了利用核能的时代；1955—1965 年，第二个 10 年，以人造地球卫星的发射成功为标志，人类开始摆脱地球的引力而向外层空间进军；1965—1975 年，第三个 10 年，以 1973 年重组 DNA 实验的成功为标志，人类进入了控制遗传和生命过程的新阶段；1975—1985 年，第四个 10 年，以微处理机大量生产和广泛使用为标志，揭开了扩大人脑能力的新篇章；1985—1995 年，第五个 10 年，以软件开发和大规模产业化为标志，人类进入信息革命的新纪元。21 世纪，纳米（$1nm = 10^{-9}m$）技术将成为核心技术，它将引起一场新的产业革命，给人类带来无数的新产品和新工艺。

现代科学的认识正在不断地向自然界微观的各层次和宏观的各层次两个方面延伸，使人们对自然界各层次的认识更加清晰。

今天，科学技术正在步步逼近自然界的各种“极限”。目前，超高温、超低温、超真空、超导、超强磁场、彻底失重等研究已经取得进展。

当前，“人工智能”的开发和遗传工程的研究，在 21 世纪最初的二三十年就会取得重要成果，而宇宙空间技术和海洋开发技术的进展，会使 21 世纪人类进入宇宙工艺学和宇宙工厂的时代，无限地开拓人类生产和经济活动的新领域。

二、科学技术发展综合化

现代科学技术的学科不断地分化与综合，形成了众多的分化学科和综合学科。例如，物理学分化出粒子物理学、核物理学、原子和分子物理学、光物理学、凝聚态物理学、等离子体物理学等分支学科。在科学技术门类不断分化的同时，出现了各知识门类之间的相互渗透、相互交叉，形成了跨专业、跨学科界限的大规模的综合现象。例如，物理学和化学相互渗透，产生了物理化学、化学物理学；化学和生物学相互渗透，形成了生物化学；研究物质最深层次的粒子物理学与研究大尺度的宇宙科学也融合在一起。再如，生命科学综合了生物学、化学物理学、控制论等方面的知识；环境科学综合了生态学、地球化学、生物学、地学、医学工程等方面的知识。据估计，目前中观层次上的交叉（综合）学科几乎占了全部学科总数的一半。

科学技术的综合化还表现在现代科学与技术之间关系的变化上。在 19 世纪中叶以前，科学与技术的发展往往是脱节的。技术的进步主要依靠传统技艺的提高和改进，只凭经验摸索前进。科学理论也经常是跟在实践之后来概括和总结人们在生产技术活动过程中积累起来的经验材料。因此常会出现这种情况：在科学理论上还没有搞得十分清楚的东西，在技术上却可以实现它。例如，蒸汽机早在 18 世纪下半叶就达到了生产实用阶段，而作为其理论根据的热力学理论直到 19 世纪中叶才建立起来。而在科学上发现了的东西，在技术上却很久不能实现。例如，发电原理1831年就已发现，半个世纪后才生产出发电机。

现代技术的发明越来越依靠科学，科学和技术的关系已密不可分。现代技术完全是建立在科学理论的基础之上的，如激光技术建立在光量子理论之上，生物技术建立在生物化学和分子生物学等理论之上。现代科学也装备了复杂的技术设施，如粒子物理学装备了高能加速器、探测器、大型计算机等设备。科学技术化和技术科学化是现代科学技术的鲜明特征。

新知识和新的科学原理物化为技术手段的速度也越来越快。计算机科学、遗传工程等科学与技术几乎同时问世。所以，在一定程度上，科学正在变成技术，现代科学与技术二者之间的界限变得越来越模糊不清了。

不仅现代科学之间相互综合成繁多的学科，现代科学与技术，现代技术之间也相互结合、融合出新技术。例如，电子计算机就是数学、信息论、仿生学、半导体技术、电子学和电子技术等的结合成果。各种高技术都有组合技术的性质，如火箭技术涉及几十种科学和技术的协同作用。

当代技术的发展方向是标准化、大型化、组合化、高速化、集约化（节省劳动力、节省资源和能源）和信息化。现代新工艺具有如下特点：少工序性；少废性或无废性；高度灵活性的柔性生产系统；高精密性和高可靠性；从宏观的机械加工向微观的改变物质结构的新工艺发展。

三、科学技术与人文社会科学相结合

科学技术是现代文明的一种主要创造力量，是现代人类文化的重要组成部分。科学技术的发展对整个人类文化的内容、结构、形式以及发展方向都有着重大的影响。现代科学技术与人文社会科学一同携手，共建当代人类文明。

当代人类所面临需要解决的问题，诸如经济问题、社会发展问题、国家安全问题、环境问题等，都具有高度的综合性质，不可能单纯依靠自然科学或单纯依靠社会科学去解决，而是要求自然科学和社会科学各部门密切配合，综合运用多学科的知识和方法去解决。因此，自然科学和人文社会科学的结合，是当今科学技术发展的新趋势和新特点。

20世纪以来，特别是第二次世界大战以后，科学技术的飞速发展，在理论上和思维方式上有了革命性进展，对人的科学世界观和方法论产生了重大影响。科学技术的概念、方法和手段向人文社会科学的渗透，以及人文社会科学的价值、伦理观念和理论在科学技术中的广泛应用，引起了当代思维方式的深刻变革。当代富有创造性的理论成果正是出自各门自然科学和社会科学相互交汇之处。

随着自然科学和社会科学之间的相互渗透、相互交叉，形成了一批边缘学科或综合学科，如控制论、信息论、系统论、技术经济学、技术美学、数理语言学、行为科学等。

第五节　科学技术是第一生产力

最先把科学技术纳入生产力范畴的是马克思(K. Marx)。马克思在分析资本主义生产方式时指出,生产力中也包括科学。历史的发展,证明了马克思的“科学技术是生产力”这一基本原理的正确性。科学技术的生产力功能随着科学技术的发展而不断增强。在现代,科学技术在经济和社会发展中的作用越来越显著。邓小平根据当代世界科技和经济发展的新形势,于1988年指出“马克思说过,科学技术是生产力,事实证明这话讲得很对。依我看,科学技术是第一生产力。”①邓小平关于“科学技术是第一生产力”的论断,是对马克思主义生产力理论的丰富和发展,是对20世纪中叶以来科学技术在生产力中的地位和作用的新认识和新概括,它已经并继续成为我国科学技术、经济和社会发展的强大驱动力。认真学习、理解和运用“科学技术是生产力,而且是第一生产力”的战略思想,具有极其重要的现实意义和深远的历史意义。

对于“科学技术是第一生产力”,我们可以从以下几个方面去认识。

一、科学技术是生产力诸要素中的主导要素

马克思在《资本论》中分析了劳动生产力的几个要素,他指出:“劳动生产力是由多种情况决定的,其中包括:工人的平均熟练程度,科学的发展水平和它在工艺上应用的程度,生产过程的社会结合,生产资料的规模和效能,以及自然条件。”②从这段话中可以看出,构成劳动生产力的要素包括劳动者、劳动工具(劳动资料、劳动手段)、劳动对象、生产管理和科学技术等。

按照马克思的观点,科学技术知识是社会生产力的一种特殊形式,是生产力的精神要素(生产管理亦为精神要素),所以是知识形态的生产力。在没有并入生产过程之前,它是一种精神的、间接的、潜在的生产力;科学一旦并入生产过程,与物质生产力(劳动者、劳动工具、劳动对象)相结合,这种知识形态的生产力就会转化为现实的、直接的生产力。

在生产力的诸要素中,科学技术是主导要素,其主导作用体现在以下几个方面:

1. 科学技术可以大大提高劳动者的生产劳动能力

劳动者是生产力中具有能动作用的最活跃的因素。劳动者的劳动能力不仅取决于体力的大小,更取决于智力的高低。劳动者智力越高,创造的使用价值越多。

---

① 邓小平文选(第三卷),北京:人民出版社,1993年10月第1版,第274页。

② 马克思:资本论(第一卷上),北京:人民出版社,1975年6月第1版,第53页。

目前,愈演愈烈的世界范围内的人才大战,争夺的就是高智能的劳动者。劳动者智力的提高需要科学技术,科学技术是社会生产力发展的根本保障。日本在第二次世界大战后只用了40年就成为资本主义的经济强国,其根本原因就是重视教育,培养了一批科技素质较高的劳动者。20世纪以来,随着科学技术的飞速发展和社会的进步,越来越多的人接受了中、高等现代科学技术教育,劳动者的智能迅速提高,劳动力结构正向智能化趋势发展,体力劳动和脑力劳动的比例不断发生变化。在机械化的初级阶段,两者之比为9∶1;在中等机械化条件下,两者之比为3∶2;在高度自动化条件下,两者之比为1∶9。越是科学技术和经济发达的国家,高级科研人员和高级工程技术人员所占的比例越大。1977年,美国脑力劳动者的比例就已经达到了50.1%,脑力劳动者的人数超过了体力劳动者的人数。

2.科学技术可以改革和创新劳动工具

劳动工具的改革和创新,对生产力发展起着巨大的作用,人类历史上的每一次生产力的飞跃,都是以劳动工具的变革为标志的。

近代和现代历史上,自然科学的产生和发展,促成了三次重大的技术革命,强有力地推动了社会生产力的提高和社会经济的发展。18世纪初开始的第一次技术革命,以纺纱机械的革新为起点,以蒸汽机的发明为标志,实现了工业生产从手工工具到机械化的转变。最早发动这场技术革命的英国,从1770年到1840年间,工人每一个工作日的生产率平均提高了20倍。以电气化为主要特征的第二次技术革命是建立在电磁理论基础之上的。发电机、电动机、无线电通讯等电气化工具的使用,以电力作为生产动力,实现了劳动手段的电气化,大大地推动了工业化进程。从1870年到1913年,世界工业生产总值增长32.2倍,钢产量增长50多倍,石油开采量增长255倍,铁路增长4倍,世界贸易总额增加3倍多。第二次世界大战后开始的第三次技术革命以电子技术为主导技术,在其他先进技术的配合下,使生产在机械化、电气化的基础上逐步实现自动化。现代生产系统中的劳动工具或生产手段不只是简单的机器,而是由动力系统、传输系统、工具系统、检测系统、信息系统、控制系统和基础设施组成的综合技术体系,它是众多科学知识的深度“物化”。现在,人们能轻而易举地完成过去需几十人、几百人,甚至成千上万人长时间才能完成的任务。

3.科学技术可以扩大劳动对象的范围

劳动对象包括自然物(土地、森林、山川、河流、空气等)和经过人们劳动加工过的原材料(农作物、矿石、金属、棉布等)。劳动对象的多少和好坏,在一定程度上影响着生产力的发展和劳动效率的高低。在科学技术不发达的时代,劳动对象主要是身边的自然物和劳动加工过的初级产品。随着科学技术的发展,人类不断扩大了劳动对象的范围,更多地是以真正属于人类创造的全新材料、原料作为劳动对象。例如,20世纪以来,随着有机化学和高分子化学的发展,世界上的合成染料已占全部染料的99%,合成橡胶已占全部橡胶的70%,合成纤维已占全部纤维的35%以上。人们运用新技术、新工艺可以把沙子变成半导体和光导纤维的重要原料,可以把石墨变成金刚石。当代对新的劳动对象的开辟,如对新能源和新材料的开发、对信息的加工、对海洋的开发、对外层空间的探索,以及对生命物质的创造等等,则更是完全依赖于现代高科技的力量。

4.科学技术可以提高生产管理水平

生产管理具有"监督劳动和指挥劳动"的双重职责。管理对生产力的发展起着重要作用。美国福特汽车公司采用了美国管理科学家泰勒(F. Taylor)提出的一整套系统的管理方法,把零部件生产标准化和流水作业线结合起来,大幅度提高了生产率,节约了大量的人力、物力,使每辆汽车售价大幅下降,一举成为世界上最大的汽车商。管理的失误可能造成巨大的浪费和无可挽回的损失,甚至使企业倒闭。我国90%以上的中、小型企业的失败,都与管理不善直接有关。只有进行科学的管理,才能把分散的生产力各要素合理地组成一个整体,有效地提高生产力的水平。现代科学为科学管理提供了一整套知识、理论和方法;同时,计算机、信息技术、控制论、系统工程等也为管理的现代化提供了新的手段和工具。

总之,科学技术对生产力诸要素都有重要作用,一些专家把它们之间的关系表达为:

$$\text{生产力}=\frac{\text{科学}}{\text{技术}}\times\left(\text{劳动力}+\frac{\text{劳动}}{\text{工具}}+\frac{\text{劳动}}{\text{对象}}+\frac{\text{生产}}{\text{管理}}\right)$$

也有一些专家把生产力中的各要素表达为:

$$\begin{aligned}\text{生产力}&=\text{精神要素}\times\text{物质要素}\\&=\left(\frac{\text{科学}}{\text{技术}}+\frac{\text{经营}}{\text{管理}}+\cdots\right)\times\left(\text{劳动者}+\frac{\text{劳动}}{\text{工具}}+\frac{\text{劳动}}{\text{对象}}\right)\end{aligned}$$

无论哪种表述,都认为科学技术有乘法效应,它能成倍地扩大生产力其他要素的作用。从这个意义上讲,科学技术确实处于生产力"第一"要素或主导要素的地位。需要强调指出的是,一些高科技对生产力其他要素所起的作用,不只是用乘法按倍数增长,而是按几何级数增长。

二、现代科学技术日益成为生产的先导

科学技术超前于生产并对生产起着巨大的促进作用,是当代社会生产的鲜明特点,是科学技术作为第一生产力的最重要的客观依据。

20世纪以前,科学、技术、生产三者的关系往往遵循"生产—技术—科学"的发展顺序。也就是说,生产实践的需求刺激技术发展,人们从生产实践和技术实践中总结出规律,形成科学理论。科学滞后于生产和技术。

在当代,科学、技术、生产相互间的关系已经逆转过来,形成了“科学—技术—生产”的发展顺序。科学实验从生产中分离了出来,成为人类社会的一种基本实践方式。许多科学上的重大发现,直接从实验室中产生出来,然后用于生产过程。科学理论不仅走在技术和生产的前面,而且为技术和生产的发展指出了方向,开辟了途径。正如邓小平同志所指出的那样:“现代科学为生产技术的进步开辟道路,决定它的发展方向。许多新的生产工具,新的工艺,首先在科学实验室里被创造出来。一系列新兴的工业,如高分子合成工业、原子能工业、电子计算机工业、半导体工业、宇航工业、激光工业等,都是建立在新兴科学基础上的。”①例如,人们先创立了量子理论,再用量子力学去研究固体中电子运动过程,建立了半导体能带模型理论,使半导体技术和电子技术蓬勃发展起来,并促进了电子计算机的发展;人们运用分子生物学、生物化学、微生物学和遗传学等新成就,发展了生物技术,广泛地应用于工业、农业、医药卫生和食品工业等方面。

三、现代科学技术是影响国民经济增长的决定性因素

20 世纪 80 年代以来,世界经济发展的新情况表明,现代科学技术已经成为现代经济发展的最主要的推动力,是国民经济增长的决定性因素。

物质生产的发展和国民经济的增长是由多种因素决定的,如资金投入、人力、物力和科学技术等。据统计,科学技术因素在推动经济增长的因素中所占的比例不断上升。一些发达国家在 20 世纪初,经济增长主要靠人力、物力和资金的投入,科学技术因素所占的比重为 5% ~20% ,20 世纪中叶上升到 50% ,20 世纪 80 年代上升到 60% ~80% 。在发展中国家中,也有相当多的国家和地区的科技比重超过 50% 。2017 年,我国科技进步的贡献率已达 57.5% 。可见,科技进步对经济增长的贡献已明显超过资本和劳动力等的作用而排在了第一位。

现代科学技术对国民经济的影响和贡献从宏观上讲主要有以下几个方面:

1.科学技术提高了产品的科技含量

产品的科技含量的差别可用产品单位重量价格比来描述。20 世纪50 年代,代表性产品是钢材,每公斤不到 1 元;60 年代,代表性产品是汽车、洗衣机和电冰箱,它们每公斤的价格分别为 30 元、60 元和 90 元,比 50 年代提高几十倍;70 年代的代表性产品是微机,每公斤为 1 000 多元,比 60 年代提高十多倍;80 年代的代表产品首推软件,如果按每公斤的价格计算,比 70 年代提高成千上万倍。

2.科学技术应用于生产的周期大为缩短

科学技术对经济增长所起的决定性作用还表现在它运用于生产的周期越

① 邓小平文选(第二卷),北京:人民出版社,1994 年 10 月第二版,第 87 页。

来越短。例如,19 世纪,电动机从发明到应用共用了 65 年,无线电通信用了 35 年。而 20 世纪以来,这种时间间隔大大缩短了。例如,雷达从发明到应用用了 15 年,电视用了 12 年,原子弹用了 6 年,集成电路用了 2 年,激光器仅用了 1 年。电子计算机的发展速度就更快了。当今,许多科技成果当年试制,当年生产。

3. 高科技及其产业极大地带动了经济的发展

20 世纪 80 年代以来,一大批高技术及其产业大量出现,成为带动社会经济发展的火车头。

高科技及其产业促进劳动生产率大幅度提高。20 世纪 90 年代的统计显示:我国手工业人均年产值约为 2 000 元;传统工业人均年产值大约 2 万元;高科技产业人均年产值可达10 万 ~20万元。1982 年,美国使用电子计算机完成的工作量,相当于 4 000 亿脑力劳动者一年的工作量。据经济学家推算,美国航天投资的效益为1∶14;1985—2010 年的 25 年内,美国空间商业化收益在 6 000 亿 ~10 000 亿美元之间。

高科技领域的每一个突破,都会带动一大批新兴产业的建立。例如,激光技术不仅可用于军事工业,而且在激光加工、激光测量、激光通信、激光唱片、医用激光等方面得到广泛应用。

高科技及其产业的发展,也深刻地改变了传统产业的技术面貌。例如,半导体、集成电路的迅速发展取代了电子管,提高了工业产品的产量和质量,降低了成本,提高了竞争力。又如,生物技术为农业、医药工业等的发展带来勃勃生机。

20 世纪 80 年代以来,发展高科技及其产业已经成为一股世界性潮流。一个国家或民族的经济实力、综合国力、生活质量、国际竞争力以及在世界政治格局中的地位,无不取决于科技的发展,特别是高新技术的发展。

"科学技术是第一生产力"的思想,从哲学的高度上解决了当代科技进步与经济发展的辩证关系,指出了一条依靠科技进步加速发展生产力的道路,对我国现代化建设必将产生深远的影响。

思考题

1. 什么是科学? 人们对科学主要有哪些方面的认识?
2. 什么是技术? 技术有哪几个要点?
3. 科学与技术有何区别和联系?
4. 什么是科学研究? 科学研究通常可分为哪几种类型?

5. 现代自然科学可分为哪几类？现代自然科学的基础科学有哪几种？
6. 现代科学技术的发展有哪些特点？
7. 谈谈你对“科学技术是第一生产力”的认识和理解。
8. 文科大学生为什么要学习一些现代自然科学与技术的基础知识？

第二章

现代自然科学的几个基本问题

现代自然科学是一个十分庞大的知识体系，要在有限的篇幅中分门别类地加以介绍是不可能的。本章只选取自然科学中的几个基本问题加以介绍。

自然科学的基本问题，是指那些亘古以来人类就开始探求，而至今仍在不停地探索的自然奥秘；是指那些与人类认识论、自然观等命题密切关联、相互促进、有重大哲学意义的课题。例如，物质的微观结构、宇宙的形成和演化、生命的起源、非线性科学和复杂性研究等等。本章只对前三个问题做简单介绍。

第一节　物质的微观结构

一、探究物质结构之谜

1.历史的回顾

世界是由物质组成的，从结构层次上看，有宇观、宏观、微观之分，宇宙之大与粒子之微是物质世界的两个端极，而其中微观世界又是构成宏观世界和宇观世界的基础。然而，即使在今天，人们借助于普通的光学显微镜甚至是电子显微镜仍无法看清它的“庐山真面目”。那么，微观世界到底是什么样的呢？大千世界究竟是由什么构成的呢？从古到今，人们一直在不断地探索着。

古人对物质结构的认识带有强烈的猜测和思辨的成分。早在周代，我们的祖先就提出了阴阳五行说，即万物由金、木、水、火、土五种物质原料构成。《周易》中有“太极生两仪，两仪生四象，四象生八势”之说。太极即世界的本源，两仪是天地，四象是春、夏、秋、冬四季，八势是天、地、雷、风、水、火、山、泽。战国时的老子曾说过：“道生一，一生二，二生三，三生万物。”“二”是指阴和阳，阴阳合一为“冲气”；“三”则产生万物。公元前 7 世纪，印度人提出，水、火、土、气是构成世界的基本元素。这些观点大多停留在认识的初级阶段，这与当时生产力的发展水平及人们对自然界的认识水平是一致的。而古代原子论的提出，则使人们对世界本源的认识跨上了抽象的阶段。其代表人物是古希腊的哲学家留基伯(Leucipus)和德谟克利特(Democritos),他们认为物质是由不可分、不可入的永恒的原子构成;原子在无限的虚空中的各个方向上运动,其相互结合、分离以及排列的次序、位置和原子形状的多样性,构成了纷繁复杂的世界。古代原子论对物质结构问题的认识,在今天看来,有着极其重大的意义和深远的影响。原子是实物粒子,无限的虚空即"场",而正是"场"和"实物粒子",构成了物质存在的两种基本形式。

真正对物质的构成进行科学的探索和解释,则是近两三百年来的事情。

2. 近代物质结构研究的进展

近代,牛顿以"质点"概念为基础的经典力学体系使原子论进入了科学的殿堂,而科学的原子论是随着近代化学的发展而建立起来的。300 年前,英国科学家玻意耳(R. Boyle)提出了化学元素的定义:元素是某些不由任何其他物质所构成的、原始的、简单的物质,而且是化学方法不能再分解的实物。100 年前,俄国科学家门捷列夫遵循已发现元素的规律,制成了元素周期表,通过该表可以预见未发现的元素的特性。如果说化学使原子论步入了实验科学的领域,那么,19 世纪末物理学的"三大发现"使人们终于打开了原子世界的神秘之门,以此为契机,人们开始了对原子结构以及基本粒子的深入研究。首先是 1897 年,英国物理学家汤姆逊(J. J. Thomson)在对阴极射线所做的一系列定性和定量的实验中发现了电子,它带有负电,质量大约是氢原子质量的 1/1 840,这是人类发现的第一个最为基本的粒子。此后,1911 年,英国科学家卢瑟福(E. Rutherford)通过粒子散射实验,确立了原子的核式结构,证实了原子是由电子和原子核组成的。1932 年又确认了原子核是由带正电的质子(即氢原子核)和不带电的其质量与质子相当的中子组成的。同年还发现了正电子(其质量与电子相等,但带有等量的正电荷)。至此,人们已经掌握了原子是由电子、质子、中子组成的。到 1947 年,人们一共发现了包括反质子、反中子在内的 14 种基本粒子。其中:电子、质子和中子构成一切稳定的物质;光子是电磁力的传递者;π 介子则是核力的传递者。这一时期发现的基本粒子常被称为第一代基本粒子。近年来,由于高能加速器的迅速发展,人们在高能物理实验室中发现了大批新的基本粒子。1950 年前后被发现的许多具有"生得快,死得慢"特点的奇异粒子,被称为第二代基本粒子。1960 年前后,发现了大量被称为第三代基本粒子的寿命非常短的共振态粒子,现已发现的共振态粒子多达几百种,它们成了基本粒子的重要组成部分。随着当代粒子物理研究的迅猛发展,人们对物质结构的认识达到了前所未有的深度。

二、奇妙的微观世界

如此众多的基本粒子是各不相同的,随着人们认识水平的提高,人们逐步了解了微观世界的层次结构和基本规律。

1. 微观粒子的基本性质

质量、寿命、电荷和自旋是基本粒子最重要的性质。

(1)质量。在基本粒子的家族中,除了最轻的光子的质量为零外,每种粒子都具有一定的质量。粒子的质量是指它们静止时的质量。

(2)寿命。在已发现的几百种基本粒子中,只有电子、质子、中微子等59种是稳定的,其余都要在或长或短的时间内衰变为其他的粒子。粒子在衰变前的平均存在时间称作粒子的寿命。粒子的寿命差异很大,如一个自由中子的寿命约为15min,而有的粒子的寿命只有10^{-24}s。其典型的寿命是:弱力衰变为10^{-10}s左右;电磁力衰变为10^{-20}s左右;强力衰变为10^{-23}s。与质量相仿,粒子的寿命是粒子静止时所表现的寿命。

(3)电荷。除了不带电的中性粒子外,粒子所带的电荷是量子化的,都是质子电荷的整数倍,故通常以质子电荷作为电荷的最小单位。

(4)自旋。每个粒子都有自旋运动,好像是永不停息的旋转着的陀螺。它们自旋的角动量也是量子化的,其值可以用一个自然数整数或自然数加1/2半整数来表示。

(5)大小。粒子的大小是用粒子的半径来表示的。原子的半径是10^{-10}m左右;质子的半径是10^{-15}m左右;电子、μ子和夸克的大小尚未确定,但可以肯定其半径小于10^{-19}m。

(6)粒子与反粒子。对各种粒子的比较还发现,它们都是配成对的。配成对的粒子称为正、反粒子。正、反粒子的一部分性质相同,另一部分性质完全相反。例如,电子和正电子的质量和自旋相同,而电荷和磁矩则完全相反。

2. 基本粒子的相互作用

基本粒子间存在着多种相互作用。所谓相互作用,从通俗的意义上说就是力。世界万物的基本变化,可归结为4种基本力,即万有引力、电磁力、强力和弱力。由于基本粒子的质量很小,它们之间的万有引力常常可以忽略不计。引力和电磁力都属于长程力,它们作用的强度与距离的平方成反比。强力和弱力则是短程力,它们在宏观世界不能直接被观察到,只有在很小的范围内才能起作用。强力的作用范围是10^{-15}m左右,弱力的作用范围是10^{-17}m,即它们的力所能及的范围只分别相当于原子半径的1/100 000和1/10 000 000。原子核内部的质子和中子之间的作用力主要为强力;夸克之间的作用力也是强力,其强度在4种基本力中最大。弱力非常微弱,它一般只存在于中子及其他粒子的衰变过程中,其强度比引力大得多,但比电磁力弱。这4种力的强度之比为:

$$\text{强力}:\text{电磁力}:\text{弱力}:\text{引力}=1:10^{-2}:10^{-13}:10^{-38}$$

这4种力都分别由不同的粒子作为传递的媒介。光子是电磁力的传递者;胶子是强力的传递者;中间玻色子W^+、W^-、Z^0是弱力的传递者。引力的传递者尚未发现。

3.基本粒子的分类

根据粒子间作用力的特点,粒子可分为3大类:

(1)强子。参与强相互作用的粒子被称为强子。已发现的粒子中,强子占绝大多数。强子可按其自旋的不同分为两大类:一类的自旋为半整数,统称为重子,如质子、中子等;另一类的自旋为整数或零,统称为介子,如π介子等。

(2)轻子。轻子只参与弱力、电磁力和引力作用,不参与强力作用,而且它们的自旋都为半整数。至今已发现的轻子有三代,共6种,分别被称为电子、电子中微子、μ子、μ子中微子、τ子和τ子中微子。这6种轻子都有自己的反粒子,因此实际上共有12种轻子。其中,μ子和μ子中微子广泛地存在于自然界中,有的产生于大气高层的宇宙射线,而有的则来自太阳内部的核反应。

(3)传播子,即传递相互作用的基本粒子。正如前面提到过的:电磁力的传播子是光子,基本电磁作用就是吸收和放出光子;弱力的传播子是中间玻色子 W^+,W^-,Z^0;强力的传播子是胶子。引力的传播子由于作用太弱,极难探测到,至今尚未发现。

4.强子的内部结构

由于基本粒子中绝大多数都是强子,因而,从20世纪50年代到70年代,科学家对强子的内部结构进行了理论和实验两个方面的研究,并取得了重大进展。其成果概括起来有以下几个方面:

(1)强子是由更基本的粒子——夸克组成的。夸克所带电荷为质子电荷的2/3或-1/3。夸克有6种,它们分别是上夸克、下夸克、奇异夸克、粲夸克、底夸克和顶夸克。这些夸克都是先经过理论推测其存在,而后又经过实验验证的。

(2)强子内部,夸克之间存在着非常强的相互吸引力,这种相互吸引力被称为"色"力。每种夸克都可以有3种"色",如"红"夸克、"蓝"夸克、"绿"夸克。"色"这种性质是隐藏在强子内部的,全部强子都是"无色"的,所以必须认为每个强子都是由3种"颜色"的夸克等量组成的。"色"力随夸克间距离的增大而增大。当距离增大到强子的大小时,"色"力就非常大,以致不能将两个夸克分开。这就是目前对"夸克囚禁"现象的解释。所谓"夸克囚禁"指的是夸克和胶子不能呈自由状态单独存在而被禁闭于强子内。

(3)将夸克结合成强子是最基本的强相互作用。夸克之间的强相互作用是通过交换胶子来实现的。胶子共有8种,它们在1979年观察到的三喷注现象中被间接发现。胶子可以组成胶子球,但胶子本身至今还没被直接观察到。带电粒子所带的电荷决定它参与电磁作用的强弱,与此相类似,夸克所参与的强相互作用的强弱也由其所带的电荷来决定。

(4)在强子中,重子由3个夸克组成,介子则由1个夸克和1个反夸克组成。例如,质子由2个上夸克和1个下夸克构成,中子由1个上夸克和2个下夸克组成,而 K^+ 介子由1个上夸克和1个反奇异夸克组成。如果引进“夸克数”这个量子数,并将正夸克的夸克数定为 +1,反夸克的夸克数定为 -1,则所有强子和原子核的夸克数均为3的倍数。

强子内部除了夸克,还有胶子。而胶子可转化为夸克和反夸克,夸克和反夸克又可湮灭为胶子。因此,强子内部还存在着数目全然未知的夸克和反夸克对。迄今为止,实验上没有直接观察到自由的夸克和胶子。按照现代粒子物理理论,夸克之间的色作用当距离减小时,作用很弱,是近乎自由的,而当距离增大时,作用增强。因此,要想把夸克拉开到分成单个夸克之前,能量大得足以产生出新的夸克,结果拉出的不是自由夸克,而是一些强子。这就是夸克禁闭的原因。因此,说强子是有内部结构的复合粒子是正确的,而说强子是可分割的则缺乏物理上的依据。

随着粒子物理学的进一步发展,科学家们又提出了“亚夸克模型”,目前正在积极地探索当中。

5. 微观世界的基本规律

科学家们在研究各种粒子的运动时,发现没有一种粒子是“长生不老”的,它们在一定的条件下,就会有新的生成,旧的消亡,而且可以互相转化。例如,当电子遇上正电子时,两者都不复存在,共同转化成了光子;而高能光子在原子核的库仑场中又能转化为一对电子和正电子。再如,在缺中子同位素中,质子会转化为中子,同时产生一个正电子和中微子;当质子遇上反质子时,则都会消亡而转化为介子;当 π 介子与原子核相互碰撞时,如果有足够的能量,就能转化为一对质子和反质子。此外,粒子衰变也是粒子的一种转化方式。总之,在微观世界里,粒子的产生与消亡是非常普遍而且时时处处都在发生的。

科学家们还发现,在这些粒子的产生与消亡的过程中,有一些物理量是保持不变的。除了人们所熟悉的能量、动量、角动量、质量、电荷等守恒外,还有一些微观世界所特有的守恒定律。为了研究粒子的变化过程,人们引入了“轻子数”“重子数”“奇异数”“同位旋”等量子数。微观世界所特有的守恒定律,主要是指这些量子数的守恒。

(1)轻子数守恒。所有轻子都有一定的“轻子数”,这是轻子所独有的。轻子数又可分为两类:一类是电轻子数 L_e,e^- 和 ν_e(电子中微子)的电轻子数为 +1,e^+ 和 ν_e^-(反电子中微子)的电轻子数为 -1;另一类是 μ 轻子数 L_μ,μ^- 和 ν_μ(μ 子中微子)的 μ 轻子数为 +1,μ^+ 和 ν_μ^-(反 μ 子中微子)的 μ 轻子数为 -1。在所有的相互作用中,它们各自独立守恒。例如,中子衰变为一个质子、一个电子和一个反电子中微子的过程中,衰变式为:

$$n \longrightarrow p + e^- + \nu_e^-$$

其中:中子 n 和质子 p 的轻子数为零;e^- 和 $\bar{\nu}_e$ 的轻子数之和为零。等式两边相等,轻子数守恒。

(2)重子数守恒。凡是重子,其重子数 B 为 +1,而反重子的重子数 B 为 -1。这是重子所独有的。在所有可实现的粒子转化过程中,重子数的总和保持不变。这就是重子数守恒定律,它在所有粒子反应中都适用。

(3)同位旋守恒。所谓“同位旋”,是由海森伯于 1932 年提出的,他设想任一粒子都存在一个“同位旋空间”,空间的各个方向代表不同的电荷状态。例如,采用粒子的同位旋矢量来描述核子的二重态,那么同位旋矢量在同位旋空间中的取向,在轴的方向的投影只有两个:正值代表质子,负值代表中子。粒子在变化过程中,其同位旋守恒。但这不是绝对的守恒,它只适用于强相互作用引起的反应,而在弱相互作用和电磁力相互作用引起的反应中不成立。

(4)奇异数守恒。奇异粒子指的是具有以下特征的一些粒子:它们至少是两个一起产生,然后再分别独立地衰变消失掉,最终生成已被人们熟悉的基本粒子;它们产生快,而衰变慢。奇异粒子产生于粒子的高能碰撞,经历的时间的数量级为 10^{-24}s,而衰变的时间数量级为 10^{-10}s,数量级相差 10^{14} 倍。如 K^0 介子、Ξ^0 超子等。奇异粒子的这两个特性可以用奇异数守恒来概括。奇异粒子的奇异数不为零,而其他粒子皆为零。与同位旋守恒相类似,它也不是绝对的守恒,它只在强相互作用中成立,而在弱相互作用和电磁力相互作用中不成立。

(5)宇称守恒与粒子的对称性。与自然界的许多图像所表现出的对称性相类似,在粒子的产生和衰变过程中是观察不到单个粒子的产生和湮灭的,粒子总是粒子、反粒子成对地产生和湮灭的。这说明粒子也存在着左右对称性,在粒子物理中用宇称来描述粒子的这种对称性。如果粒子的对称波函数并不发生符号的改变,其宇称被称为偶,用 +1 表示;如果发生了符号的改变,其宇称被称为奇,用 -1 表示。每种粒子都具有一个宇称值,如质子的宇称值为“+1”,而 π 介子的宇称值为“-1”。宇称守恒指的是:在由许多粒子组成的粒子系中,任何变化过程中的总宇称保持不变。这只适用于电磁作用和强作用下,而在弱作用下不适用。

对称性还包括时间反演、粒子与反粒子变化等。在微观世界里,守恒性和对称性之间存在着极其深刻的本质联系。例如,要保证物体系在空间作任意的平移而不受影响,即保证相对于空间平移的不变性,必然要求物体系处于无外场的空间,不受外力作用,则物体系的动量必定守恒。所以说,守恒定律具有普遍意义的根源就在于时间、空间等物质存在形式的各向同性性及均匀性,而对称性只是其中的一部分。

三、物质结构的研究与高技术

科学家对物质世界的探索过程告诉人们:事物是不断发展的,认识是永无止境的。随着对物质最小结构单位的研究的不断深化,粒子物理学使我们知道了除了引力和电磁力外,还存在着强相互作用和弱相互作用;发现了数百种不能直接观察到的粒子;了解了能量、空间、时间之间的奇妙关系;还掌握了许多能直接影响宏观世界的微观世界的奥妙与规律。这些认识对整个科学界产生了巨大的影响,衍生出了许多学科,而且推动了一些新技术的开发和利用。

1.物质结构的研究与其他学科

物质结构的研究是与其他学科的发展交融在一起的,它们相互渗透、相互影响,并形成了一些新的分支学科。

在基础科学方面,粒子物理的研究对以最大尺度的空间物质结构和运动规律为研究对象的宇宙学和天体物理学产生了极大的影响。在粒子物理学中,宏观世界和微观世界被奇妙地结合在一起。宇宙大爆炸模型的检验得益于粒子物理的某些知识;宇宙学假定的暗物质的存在,有待于粒子物理的实验来验证;究竟有几代轻子?中微子的质量如何?同样是研究宇宙星系结构的热点问题。宇宙学的研究成果也同样推动着粒子物理学的发展。

凝聚态物理学因粒子物理学中量子场论的应用而硕果累累,重整化群的方法对二级相变的认识产生了革命性的影响,这一成果又反过来被应用于粒子物理学领域。两个学科就在相互影响中相互促进,共同发展。

与粒子物理学密切相关的当数核物理学。原子核由夸克组成以及核力通过胶子交换等理论是核物理学的基础理论;原子核的散射实验,证明了原子核不再是一个简单的多个核子的集合体,也开辟了核物理学研究的新天地。

此外,粒子物理学还影响着原子物理和宇宙线物理等一些当代物理学的新的分支。

2.物质结构的研究与高技术

(1)研究物质结构的得力工具。对粒子研究的进展是与粒子加速技术和探测技术的迅速发展分不开的。研究物质结构的得力工具是高能粒子加速器和粒子探测器,形形色色的粒子是通过它们来产生和进行研究的。

①高能粒子加速器。根据爱因斯坦(A. Einstein)的“质能公式”,要产生质量很大的粒子,就需要有相应的很高的能量,而且,粒子束流的能量越高,越利于了解更深层的物质内部。高能粒子加速器就是这样应运而生的,其工作原理是:使带电粒子在电场中获得能量而加速,同时用磁场来决定其运动轨道。最早(20 世纪 60 年代)的高能加速器是产生一束高能粒子,作为“炮弹”轰击已定的“靶子”,从而产生出新的粒子,其缺点是能量的损失太大。为了充分地利用参与反应的能量,对撞机出现了。对撞机能同时加速两种粒子,使它们得到加速并沿相反方向运动,然后在某一特定位置上发生碰撞,这样就得到了很高的有效能。在目前的高能加速器中,对撞机占多数。按加速粒子的名称,对撞机可分为正 - 负电子对撞机、质子 - 反质子对撞机、质子 - 质子对撞机和电子 - 质子对撞机等几种。

我国1988年研制成功的正－负电子对撞机的能量为5.6×10^7eV,规模较小,能量较低,但对撞时产生新粒子的概率大,工作于粲夸克和τ轻子的研究领域。2008年7月,北京正负电子对撞机重大改造工程(BEPCII)取得重要进展——加速器与北京谱仪联合调试对撞成功,并观察到了正负电子对撞产生的物理事例。改造后的对撞机通过采用当今世界上最先进的双环交叉对撞技术,正电子和负电子对撞的束团数目可从单环时的1对增加到93对,亮度提高约100倍,改造后的北京正负电子对撞机将在世界同类型装置中继续保持领先地位,成为国际上最先进的双环对撞机之一。

在欧洲阿尔卑斯山山脚下有目前世界上最大的质子－质子对撞机。这一对撞机称为Large Hadron Collider,简称LHC,中译名为大型强子对撞机,在试运行期间,每个质子的能量为5万亿电子伏特。该大型强子对撞机对撞实验于2010年3月30日取得成功。由于LHC的能量最高,亮度也最高,处于人类认识微观世界的最前沿,它开启了物理学深入探索物质微观世界的大门。2012年7月4日,该大型强子对撞机实现了科学史上的一次伟大发现,发现了被喻为“上帝粒子”的希格斯玻色子,解释了物理学上基本物质的质量之源,奠定了宇宙学的一个新里程碑。2013年3月该对撞机升级了质子束通道,此后,它接受了为期2年的整修与升级,在2015年4月重启,科学家通过它相继发现了一些新粒子。2017年3月16日,通过LHC,发现了一个新的五粒子系统。同年7月6日LHC上的底夸克探测器(LHCb)首次发现了一种被称为双粲重子的新粒子,这种双粲重子含有两个质量较大的粲夸克和一个上夸克,质量几乎是质子质量的4倍,这一发现将有助于人类深入理解物质的构成和强相互作用的本质。

②粒子探测器。对撞机产生的新粒子是用粒子探测器来观测的。探测器被安装在粒子对撞区内,最大的接收立体角接近4π,它能记录、分析对撞时产生的粒子的种类、数目、飞行时间、动量、能量等数据。它的基本原理是:利用自动控制、计算机及电子学的技术手段,将带电粒子穿过物质时由于电离效应、辐射效应等留下的径迹捕捉下来,再经过分析处理,得出粒子的能量、速度等。由粒子的速度及能量等得到粒子的质量,或根据不同粒子与物质相互作用的特性来确定粒子的类别则是探测器的真正意义所在。LHC发现的希格斯玻色子及之前发现的“Chi b(3P)”、Xi b′和Xi b*都是由该大型强子对撞机两大粒子探测器捕捉到的。

随着能量的增加及对撞后产生的粒子的增多,对探测器中的触发频率、数据获取率、抗辐照能力及计算机数据处理和分析能力等都提出了更高的要求。探测器将更加复杂,功能也将趋于完备。

(2)物质结构研究的技术应用。高能加速器和探测器的建造得益于先进的科学技术手段,如计算机应用技术、高频技术、高真空技术、强流技术、强磁场技术和超导技术等。粒子物理的发展又为相应的工业技术发展提供了机会,促进了它们在广泛的经济领域中的应用。粒子加速器在基础研究、医疗、工业生产、检测分析等领域的应用十分广泛。

按其应用领域,粒子加速器可以分为以下 3 类:

①作为探测或揭示物质内部结构的工具,用于研究构成物质的分子、原子、原子核及更深层的基本单元和运动规律。

②作为探针和检测手段,进行物质的物理、化学及生命机制的研究,在原子、分子、细胞层次理论上观测物质的内部结构和作用机理。

③利用射线及物质的相互作用,变革物质状态,改变物质的物理、化学性质,如工业辐照加工、材料改性和生物变异等。

(3)辐射技术的应用。按照粒子束流的能量高低,又可将加速器分为低能、中能及高能加速器。

目前,低能加速器在工业、农业、医疗卫生等领域内得到广泛应用,极大地改变了这些领域的面貌,创造了巨大的经济效益和社会效益。

低能加速器在工业中的应用主要体现在辐照加工、无损检测和离子注入三方面。应用加速器产生的电子束或 X 射线进行辐照加工已成为化工、电力、食品、环保等行业生产的重要手段和工艺,是一种新的加工技术工艺。在无损检测方面,其中射线照相法可用于重型机械的探伤;辐射成像法可用于机场、铁路的行李、包裹的 X 射线安检系统;工业 CT 则用于在航天、航空、兵器、汽车制造等领域精密工件的检测。目前半导体器件、金属材料改性和大规模集成电路生产都应用了离子注入技术。

低能加速器在农业中的应用主要体现在辐照育种、辐照保鲜及辐照杀虫、灭菌三方面。加速器在辐照育种中的应用,主要是利用它产生的高能电子、X 射线、快中子或质子照射作物的种子、芽、胚胎或谷物花粉等,改变农作物的遗传特性,使它们沿优化方向发展。而通过辐照对农产品进行保鲜处理,则可以延长农产品的贮存期、供应期和货架期。利用加速器产生的高能电子或 X 射线还可以杀死农产品、食品中的寄生虫和致病菌,这不仅可减少食品因腐败和虫害造成的损失,而且可提高食品的卫生档次和附加值。

低能加速器在医疗方面的应用主要体现在放射治疗、医用同位素生产以及医疗器械、医疗用品和药品的消毒等方面。恶性肿瘤放射治疗除了应用加速器产生的电子线、X 射线外,还可应用加速器进行质子放疗、中子放疗、重离子放疗和 π 介子放疗。利用电子直线加速器开展立体定向放疗,俗称 X - 刀,是近年来发展的应用比较广泛的放疗技术。现代核医学还广泛使用放射性同位素诊断疾病和治疗肿瘤。利用加速器对医用器械、一次性医用物品、疫苗、抗生素、中成药的灭菌消毒是加速器在医疗卫生方面应用的一个有广阔前途的方向。

中能加速器的应用主要在工业辐照加工、放射治疗和医用同位素的生产上。

随着加速器技术的推广，它的应用已经涉及了更多的方面：在医学上，现在已经可以将加速器中生成的电子束、质子束、X 射线、π 介子束以及中子束用于癌症的治疗。加速器还可用于医用放射性同位素的生产及医用品的消毒。它在工业上的应用也已历经了几十载，如用工业辐照加速器可以进行高分子材料的交联改性，还可以生产复合材料（如聚乙烯的交联、橡胶的硫化、木材和金属涂层的固化、纤维的接枝和聚合）以及实现食品的保鲜、杀菌及防腐。

高能直线加速器中大功率束调管技术的发展，推动了大功率发射管技术的不断提高，为电子通讯事业立下了汗马功劳。

同步辐射是加速器应用技术中最有发展前途的一种。同步辐射指的是在加速器中，电子在储存环中做曲线运动时沿切线方向向前发出的电磁波。从 20 世纪 60 年代开始对其加以利用，至今已形成一门兴旺的应用学科。同步辐射已开展研究的领域有：凝聚态物理、生物物理、化学、材料科学、冶金、地矿、医学及国防等，具体的有 LIGA 国防与安全、光化学、光电子能谱、时间分辨能谱、软 X 射线显微束、软 X 射线光刻、深亚微米光刻、X 荧光吸收等技术。我国已成功地将软 X 射线运用于考古领域。例如，《上虞图》就是通过软 X 射线摄像复原了经多次装裱后已不清晰的各个朝代的印章；清代的黑漆彩绘盘也是通过软 X 射线摄像发现其花纹下还隐藏着另一幅画。再如，西汉的彩绘云纹花瓶，也是用同样方法发现相当于商标的图案。

目前，对第四代同步辐射光源的科学需求十分强烈，世界范围内的高增益 X 射线自由电子激光装置进入高速发展阶段。原子核工程是自由电子激光器应用最有前途的领域之一，可应用于物质提纯，受控核聚变，铀、钆、硼、锶和钛等元素的同位素分离和等离子体加热等。自由电子激光器在工业上也有广阔的应用前景：例如应用于半导体工艺中的薄膜沉积、平板印刷术、蚀刻、掺杂质等；还可进行各种化学分析与测量，可以生产高纯硅晶体，满足计算机生产的需要。另外，自由电子激光器可用在原子、分子的基础研究上，利用自由电子激光的可调谐性和超短脉冲特性，使得探索化学反应过程、生化过程的动态过程成为可能。自由电子激光器还可用于医学和军事领域。比如，作为主要发展的微波源，为被称为未来战争"新宠儿"的高功率微波武器发挥"心脏"的功效。位于美国加州和日本的"X 射线自由电子激光"装置已分别于 2009 年和 2010 年开始试运行。欧洲的"X 射线自由电子激光"项目的核心工程于 2010 年 6 月 30 日开始建设，2015 年开始运行，这是世界上最大的自由电子激光装置。我国首台第四代光源——X 射线自由电子激光试验装置已结束土建和公用设施工程，于 2017 年年底调束出光，2018 年正式投入使用。第四代先进光源的全球布局已经形成。

在粒子物理学的应用中值得大书特书的当属核辐射技术。核辐射是一门以原子核物理学和核化学为基础，以反应堆、加速器和核辐射探测技术为工具的综合性强、应用面广的现代科学技术。它凭借其具有的众多常规非核技术所无可替代的优势,如高灵敏度、特异性、选择性、抗干扰性和穿透性等广泛应用于国民经济的各个领域,还产生了不少重要的边缘科学,如核医学、核农学等。主要的核辐射技术有以下几个方面:

①核分析技术。它可以测定待分析样品中的主量、次量、痕量及超痕量元素的浓度及含量,上至天文,下至地理,大到宇宙,小到细胞,都是核分析技术的用武之地。其中,中子活性分析、质子激发X荧光分析、同步辐射分析的应用最广。在环境科学研究中利用中子活性分析可以对水环境、大气环境和土壤进行污染程度的评价,还可用于找矿和地方性疾病的防治。在医学中可以应用质子激发X荧光分析,分析病患头发中所含元素,进行癌症的早期诊断。同步辐射分析可用于研究纳米材料的生物效应。同位素示踪与核分析技术相结合,在农业上可应用于新型农业生长素、作物的营养与代谢、改进栽培技术与养殖技术、农业生态学、土壤改良、生物固氮、防止病虫害等。现代核分析技术还在古代文物的鉴定,包括文物组成分析、文物年代测定、文物制作工艺水平分析等工作中日益显示出不可替代的作用,如在在青铜器、古陶瓷、古兵器等鉴定中应用很广。

②核成像技术。这是原子核物理学与现有图像理论相结合的产物,包括X射线断层扫描、正电子发射断层扫描、核磁共振断层扫描、单光子发射断层扫描等。这项技术首先在医学诊断方面作出了巨大的贡献,进而应用于工业和国防等领域。大家熟知的CT就是核成像技术在医学中最广泛的应用之一。工业CT作为一种无损的检测手段,则广泛应用于航天、航空、军事、石油、核能、电子、机械、新材料研究和考古等领域。

③放射性药物。内服放射性药物可用于诊断和治疗,而外用放射性药物主要用于放射免疫分析和受体放射分析。$^{99}Tc^{m}$放射性药物与单光子断层扫描仪相结合,可对几乎所有人体脏器进行扫描。将放射性药物$^{99}Tc^{m}$与单克隆抗体连接,注入患者体内可进行放射免疫显像,用于肿瘤的诊断。将针对某一肿瘤抗原的单克隆抗体与放化疗的放射性药物连接,利用单克隆抗体的导向作用,将药物或放疗物质携带至靶器官,可直接杀伤癌细胞。放射性药物结合单光子断层扫描仪(SPECT)或正电子断层扫描仪(PET),还可以在分子水平上直接对活体功能和代谢过程进行研究。在我国,肿瘤、心血管系统、中枢神经系统受体、炎症、感染等疾病的放射性显像剂和治疗药物仍旧是目前最重要的发展目标。

④辐照加工技术。利用电离辐射与物质相互作用产生的物理、化学和生物效应,对物质材料加工处理,以及在新材料开发、传统行业改造、实现微细加工及"三废"处理等方面都起着重要的作用。其辐射源主要是钴源和电子加速器产生的射线和电子。另外,辐照技术已广泛应用于材料改性等领域,成为微电子学加工的重要手段之一。在农业上,辐照技术可用于无性繁殖的良种培育,这项技术的优点是利用离子束、中子及γ射线等的辐射,可引起生物遗传器官的变异,去除不良基因,

保持优良基因,从而实现农作物的高产、早熟,提高农作物的抗病能力。目前已经产业化和商业化应用的领域有:食品辐照保藏、医疗用品辐射灭菌消毒、辐射化工、三废治理等。2017 年 11 月 22 日由我国自主研发的“电子束处理工业废水技术”通过了由中国核能行业协会组织的科技成果鉴定,此项核技术的应用可谓中国首创、世界领先。

⑤核辐射检测技术。这项技术具有适用于恶劣环境、安全可靠、易于流水线操作、可实现自动控制等特点,主要包括厚度计、火灾报警器、泄露检测仪、水分测定仪和油井探测仪、核子密度计、核子皮带秤、料位计及料位开关、煤质和灰分测量、矿石品位仪、矿浆品位仪、沙量计等。由放射性同位素制成的感烟式报警器现已成为公共场所及高层建筑的必备之物。采用同位素示踪技术可对重点水利设施进行检测,可发现其他非核方法难以发现的险情。

⑥核能技术。在能源日益紧张的今天,核能有望有朝一日替代几近枯竭的其他能源而成为基础能源。这也是解决能源危机的出路之一。

3.物质结构研究所面临的挑战

随着人们所认识的物质最小构成单元不再是分子、原子,而是轻子和夸克,人们不禁要问,它们是否还可分?物质最小构成单元究竟是什么?关于夸克:三代、六种,加上它们的反粒子,而每种又都有三“色”,这样一共有 36 种夸克,甚至有的理论认为存在更多种。为什么有这么多?它们真的存在吗?它们之间相互作用的规律又是什么?它们的内部结构如何?有没有真正的基本粒子?粒子物理学的标准模型目前已部分解决了上述疑问,标准模型是用来研究物质基本粒子的理论。标准模型中有 62 种基本粒子,其中,规范粒子 13 种,特殊粒子 1 种,夸克 36 种,轻子 12 种。在 W 玻色子、Z 玻色子、胶子、顶夸克及魅夸克未被发现前,标准模型已经预测到它们的存在,而且对它们性质的估计非常精确。随着特殊粒子——被喻为“上帝粒子”的希格斯玻色子于 2012 年被发现,以及 2014 年“引力波子”被发现,标准模型理论更加完美。但它也不是万能的,粒子世界的奇妙有待进一步研究和发现。

思考题

1. 基本粒子有几大类?它们有哪些基本性质?它们之间的相互作用有哪几种?

2. 微观世界特有的守恒定律有哪些?

3. 研究物质结构的得力工具有哪些?试举例(4 种以上)说明物质结构研究的技术应用。

第二节　宇宙的起源和演化

一、宇宙概观

在地球上仰望苍穹，有灿烂的太阳、皎洁的明月、闪烁的繁星、划破夜空的流星、拖着长尾巴的彗星、轮廓模糊的星云；通过天文望远镜和其他的空间探测手段，还可以观测到更多的恒星、星云、环绕行星公转的卫星、存在于星际空间的气体和尘埃——星际物质。它们统称天体。近年来发现的红外源、射电源、Z射线源、γ射线源……也是天体。在空中运行的人造卫星、宇宙火箭、行星际飞船和空间实验室等，总称人造天体，以区别于上述自然天体。它们运动在宇宙中，丰富多彩。

多种多样的天体，运动在广袤的宇宙中，它们互相吸引、互相绕转而形成天体系统。目前，人们认识到的天体系统，从小到大排列的层次有：

(1)地月系。月球绕地球公转构成地月系。月地平均距离为 3.84×10^{5}km。

(2)太阳系。地球和其他行星、彗星、流星绕太阳公转，构成高一级的天体系统，称为太阳系。海王星是距离太阳最远的行星，它的轨道直径约 9×10^{8}km。

(3)银河系。太阳和千千万万颗恒星又组成庞大的恒星集团，称为银河系。在银河系中，像太阳这样的恒星约有2 000亿颗，银河系主体部分直径有 8×10^{4} l. y.①。

(4)河外星系。银河系以外，还有同银河系一样庞大的天体系统，它是宇宙中的“岛屿”，称为河外星系，简称星系。用目前最大的望远镜可以观测到10亿个。最远有 $1.5\times10^{10}\sim2.0\times10^{10}$ l. y。

银河系和河外星系总称为总星系。这就是目前观测到的宇宙范围。

二、人类对宇宙的认识和探索

人类对宇宙的认识由近到远，由小到大，逐渐扩展到更遥远的宇宙空间和更庞大的天体系统。起初是从“地球”到“太阳系”，后来又扩展到太阳系以外的“恒星”和由恒星组成的“银河系”，现在又从银河系扩展到无数的“河外星系”，直到 2.00×10^{10} l. y. 的宇宙深处。

古代自然哲学所讨论的天文学的宇宙，不外乎是大地和天空。公元2世纪，亚历山大港的天文学家托勒玫(C. P. Tolemaeus)的“地心说”认为，宇宙是一个有限的球形体，地球静止地居于中心，而日月星辰都围绕地球运转。托勒玫所著的《天

① l. y.(光年)是计算天体的距离的一种单位。1光年是电磁波在自由空间1年内所传播的距离，即1 l. y. = $9.460\ 730\times10^{15}$m。

文学大成》,在1 000多年内,在欧洲和西亚被奉为天文学的经典著作。波兰天文学家哥白尼(N. Copernicus)经过三四十年的观测研究,终于断定托勒玫的地心体系是错误的,地球不是宇宙中心,它只是行星之一;地球和行星都在围绕太阳运行,天体的周日视运动是地球自转的反应;月球是地球的卫星;恒星都是离地球很远的天体。哥白尼的伟大著作《天体运行论》于1543年出版,从而引起了人类思想上一次伟大的革命。他的日心说不仅奠定了现代天文学的基础,甚至为现代自然科学奠定了基础。日心说的影响深远,使罗马教廷对日心说的拥护者和宣扬者进行残酷迫害。意大利学者布鲁诺(G. Bruno)由于宣扬日心说而于1600年2月17日在罗马的"繁花广场"上被活活烧死。物理学家伽利略由于赞同和宣扬日心说,也受到反动教廷的迫害。

1608年发明了望远镜,1609年伽利略用自制的一具小望远镜进行了天文观测,木星的4个大卫星和金星盈亏的发现证明了日心说的正确,并看出银河是无数恒星组成的,从而使认识的宇宙从太阳系扩展到银河系。18世纪,天文学家引进"星系"一词,在一定意义上也不过是宇宙的同义词。

由于生产力的飞速发展,20世纪大型光学望远镜和折反射望远镜的发明,电子学技术和无线电技术广泛应用,射电望远镜和雷达技术的应用,自动化技术和电子计算机的应用,加深了人类对宇宙的认识和了解。尤其是空间技术的发展,1957年10月4日苏联第一颗人造卫星上天,开创了从太空观测、研究地球和宇宙的新时代。1969年,美国的"阿波罗"宇宙飞船将人送上月球,宇宙探测器飞近水星、金星、火星。20世纪70年代,"先驱者"号携带旨在与外星人联系的上有地球男女人形和太阳系结构的金属信息板,飞向太空深处;"旅行者"2号携带地球之音:115张幻灯片(有我国雄伟的长城照)、35种地球音响、60种语言(有我国地方客家语),擦木星、土星而过,现已飞离太阳系,向宇宙深处飞去,以对"宇宙人"是否存在进行研究探索。1973年"天空实验室"上天,1981年航天飞机试飞成功,1990年发射了"哈勃"空间望远镜,1998年建造了国际空间站,2004~2012年,四个火星探测器先后登上火星,2017年"慧眼"硬X射线调制望远镜发射升空……实现了人类在没有地球大气层干扰的情况下,人对月球、大行星的逼近观测和直接取样观测,以及对宇宙环境的直接观测,发现了地球大气的磁层和宇宙中存在的Z射线、γ射线、红外线、紫外线,还测定了大行星表面的物理特征和化学成分,极大地充实和丰富了人类关于太阳系和宇宙的认识。

三、宇宙的起源和演化

宇宙是天地万物,就是物质世界,也就是广漠的空间及存在于其中的天体和弥漫物质。

在哲学上,宇宙是无限的。我国古代有人把宇宙看成空间和时间的统一。战国时代尸佼说过:"天地四方曰宇,往古来今曰宙"。宇宙在空间上是无边无际的,它没有边界,没有形状,也没有中心。宇宙在时间上是无始无终的,它没有起源,没有年龄,也没有寿命。但是,任何具体的东西,都有起源、有年龄和有寿命,都是有限的。哲学上的宇宙无限的理论是辩证唯物主义的宇宙观。它同一切宗教教义是针锋相对的。

现代宇宙学所研究的宇宙,是指"我们的宇宙"或"观测到的宇宙",即现在能观测到的现象的总和,实质上是总星系。这样的宇宙是哲学宇宙或物理宇宙的一个组成部分,自然是有限的。它在时间上有起源,在空间上有边界。因此,现代宇宙学关于"我们的宇宙"的研究,将会丰富辩证唯物主义的宇宙无限性概念,而不会同它背道而驰。

1.现代宇宙学的诞生

1916年,爱因斯坦提出了广义相对论。这一理论主张,时间和空间并不像人们一贯认为的那样,只是一个让物体在其中运动而本身不受影响的容器,而更像是一个形状依赖于其上所载小球的弹性薄膜。自由粒子和光沿着这一形变薄膜上弯曲的短线运动,就像它们在小球引力的作用下偏离直线运动一样。这种关于时间、空间和引力的全新理论,不仅正确地预言了日全食时掠过太阳边缘的星光会发生1.75″([角]秒)的偏折,而且完满地解释了牛顿引力理论不能说明的水星近日点每百年前移43″的现象,因而逐步得到人们的公认。1917年,爱因斯坦率先把他的广义相对论应用于宇宙学研究,得到了一个有限无界的静态宇宙模型。尽管后来发现它不可能保持稳定而被放弃,但毕竟是一次开创性的尝试,揭开了现代宇宙学研究的序幕。

2.宇宙膨胀的证据

1924年,弗里德曼(I. Friedman)在广义相对论的框架下,从理论上论证了宇宙要么膨胀,要么收缩,绝不会保持静止状态,就像在太空中向四面抛出一把石子,要么继续分散开去,要么在相互引力的作用下聚拢回落,不可能在某个中间位置保持相对静止一样。1929年,天文学家哈勃(E. P. Hubble)观测到大多数星系光谱具有红移现象,其红移量大致与星系的距离成正比。依据物理学的多普勒效应,如果有一光源面向观测者运动,其发射的光谱线频率将向高频(即光谱蓝端)区移动;若光源背向观测者运动,其发射的光谱线频率将向低频(即光谱红端)区移动。因此,对星系光谱呈现红移现象,最合理的解释是它们正背离地球退行。而远区星系光谱红移量大是因为远区星系比近区的退行速度大。由于在宇宙中所有的观察者的地位都是平权的,我们有理由相信,所有的星系都在彼此远离,宇宙正处于普遍的膨胀之中。此外,由于来自远近区域的光线实际上是不同年代星系所发出的,远区光谱红移最大,意味着早期宇宙膨胀速度大,而现在的宇宙膨胀速度正在减缓。

哈勃的这一发现为弗里德曼宇宙模型提供了直接的观测依据,动摇了宇宙整体静止的传统观念,为进一步研究宇宙的起源和演化扫清了道路,是20世纪天文学最重要的成就之一。

3. 宇宙起源的"大爆炸模型"

如果星系目前正在彼此远离,那么它们过去必定靠得更近。也就是说,较早时代的宇宙,物质密度会更高。继续这一推理,就意味着过去必定有这样一个时刻,在那时宇宙处于物质密度极高、物质空间极小的状态。这一状态通常被称作宇宙膨胀的起点,也就是宇宙的开端。基于这种认识,20 世纪 40 年代,伽莫夫(G. Gamov)等人提出了宇宙起源于原始火球的"宇宙大爆炸模型"。这一模型认为,宇宙起源于距今大约 150 亿年前的一次大爆炸,在大爆炸的瞬间,宇宙像突然腾起的炽热火球,物质时空急剧暴胀一段时间后,转为相对缓慢的膨胀和降温过程,直到形成今天的宇宙。以后,科学家们又利用不同的物理方法,测得现存最古老的恒星物质存在的时间不超过 150 亿年,这对大爆炸宇宙模型是十分有力的支持。

4. 宇宙的演化

20 世纪 70 年代以来,粒子物理学家和宇宙学者联手勾画出的宇宙演化史是:宇宙发端于距今 150 亿年前的大爆炸。起初不仅没有任何天体,也没有粒子和辐射,只有一种单纯而对称的真空状态以指数方式膨胀着(称为暴胀)。今天我们所知道的自然界中的 4 种基本相互作用力(即引力、强力、弱力和电磁力)那时是不可区分的。随着宇宙的膨胀和降温,真空发生一系列相变:在大爆炸后 10^{-44}s,发生超统一相变,引力作用首先分化出来,但强、弱、电三种作用仍不可区分,夸克和轻子可以互相转变;到大爆炸后 10^{-36}s,大统一相变发生,强作用同电、弱作用分离,物质和反物质之间的不对称性(即质子、电子等这类物质多于反质子、正电子之类反物质的现象)开始出现;10^{-10}s 以后,弱电相变发生,弱作用和电磁作用分离;当这一过程持续到 10^{-2}s 后,内部温度虽比起初大为下降,但仍高达 10^{11}K,宇宙开始进入由基本粒子生成氢原子核与原子的阶段。宇宙温度下降为 10^{9}K,中子衰变为质子,剩下的中子都可直接组合到氦核中,因此造成氦核的丰度为 26%,其余的质子则只能成为氢核了。这是宇宙早期形成的遗迹,与如今关于宇宙中氦和氢的丰度测量是相近的,这是宇宙大爆炸理论的一个重要的观测支持。

宇宙中早期化学元素的形成过程大约持续了 3min。在大爆炸后的 1s 时,宇宙温度降至 10^{10}K,内部只存在由质子、中子、电子、光子等基本粒子混合而成的密度极高的"宇宙汤"。随着宇宙进一步膨胀,温度降至 10^{9}K 时,原有粒子间的热平衡被打破,首先是中子失去自由存在的条件,它们与其他质子合成氘核和氦核,以后又陆续生成氚、锂、铍等轻元素核。约在 3min 时,温度下降到 10^{6}K,宇宙开始进入相对缓慢的膨胀阶段。从大爆炸后 3min 又经过约 7×10^{5} 年,宇宙温度降到 3 000K,这时电子已能够与原子核结合成稳定的原子(这个过程称为复合),光子也不再被自由电子散射,从此,宇宙变得透明了。又经过几十亿年,原子气体靠引力作用结团形成恒星和星系,而恒星和星系演化,其中的核聚变过程产生更重的原子核。脱离了热耦合的光子气体称为宇宙背景辐射,温度下降到现在的 2.7K。由此拉开了各种天体演化的序幕。

四、星系

1. 银河和银河系

在晴朗无月的夜晚,可以看到天穹上有一条明亮的相当宽的光带,从地平某一处向上延伸,达到最高点后,再延伸到另一方的地平,这就是银河。我国古人称银河为天河、星河、明河、银汉、银横、天杭、高寒等;在欧洲,则有"牛奶色的道路"之称。

银河经过的星座有:仙后、英仙、御夫、麒麟、南船、南十字、半人马、天蝎、人马、天鹰、天鹅等。对于我国大部分地区,银河经过南船、南十字、半人马座的那一段,由于离天南极太近,因此看不见。银河经过天鹅和天鹰座的那一段比较亮,著名的亮星天鹰座 α 星(即牛郎星或牵牛星)和天琴座 α 星(即织女星)位于其两边,遥遥相对。牛郎和织女的神话,就是根据这两个星和银河的相对位置想象出来的。

今天我们知道,银河并不真是一条河,它是由许许多多恒星组成的,由于星数太多,肉眼分辨不出单个的星,看起来便成了一条白茫茫的光带。恒星在天球上的分布是很不均匀的,在一些天空区域,恒星分布稀稀拉拉的;在有的天空区域,恒星分布是很稠密的,最稠密的部分就是我们所说的银河。

聚集在银河中的恒星所构成的天体体系叫银河系。银河系是恒星和星际物质的巨大聚集体,它的总质量大约是太阳质量的 1 400 亿倍。在这个总质量中,恒星约占 90%,星际物质约占 10%。银河系约有2 000亿颗恒星,太阳是其中普普通通的一颗。除了大小麦哲伦云和仙女座大星云以外,肉眼所能看到的天体,都是银河系成员。银河系的星际物质主要是星际气体,特别是氢和氦;其次是星际尘埃。一部分星际气体和星际尘埃聚集而成星际云,即星云。

银河系的主要部分是一个又圆又扁的圆盘体,它的中部较厚,四周较薄,就像运动场上的铁饼那样。整个银盘在旋转中形成一些旋臂,太阳位于其中一个旋臂上(见图 2 - 1)。

在圆盘体的外面,银河系还有银晕。银晕大体上呈球形。圆盘体直径大约8×10^4 l. y.,中心部分直径约 1×10^4 l. y.,分为核球和银盘两部分。核球就是圆盘体的中心部分。

2. 太阳在银河系的位置和运动

在银河系中,太阳位于银河系的赤道面附近,距银道面仅20 l. y.,故我们看银河为一个环状光带,太阳不在银河系的中心,而在距银心 3.3×10^4 l. y. 光年之处。

银河系在旋转,对于银河系的成员(包括太阳)来说,这种运动就是它们对银心的绕转。太阳相对于银心的绕转速度是250km/s,绕转周期为 2.5 亿年。如果地球的年龄为 46 亿年,则它已经随同太阳系环绕银心转动 18 周了。

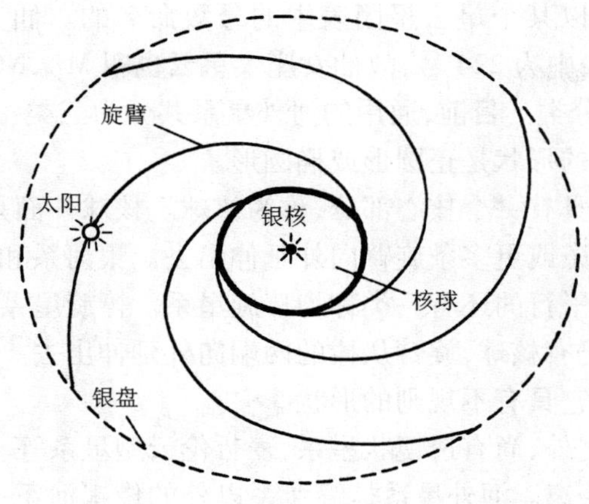

图 2－1　银河系的结构（俯视图）

各恒星在环绕银心转动的同时，还有相对于邻近恒星的相对运动。在地球上看起来，太阳系向武仙座方向前进，其速度是19.6km/s（见图 2－2）。

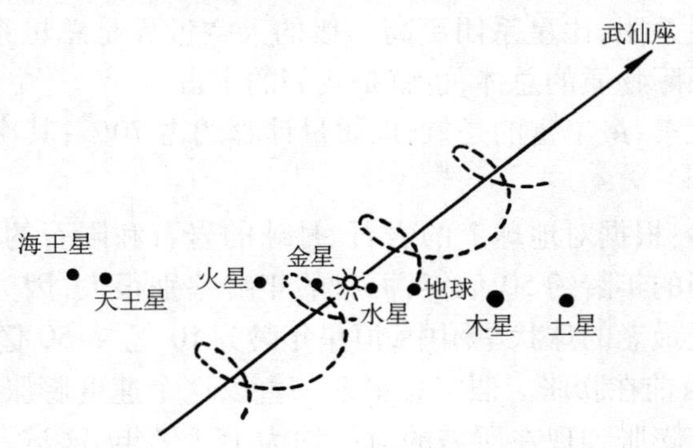

图 2－2　太阳系相对于邻近恒星的运动

3. 星系

星系是河外星系的简称，在外表上它们都表现为模糊的光点，因而有时也称河外星云。目前，河外星云这个名词已用得不多，但由于历史的原因还保留着。河外星云是与银河系类似的由大量恒星、星团、银河星云和星际物质构成的巨大的天体系统。第一个被发现的河外星系是 1612 年发现的仙女座大星云。

随着观测技术的进步，发现的河外星系越来越多。今天，在观测所及的范围内可以观测到 10 亿个星系。

（1）河外星系的命名。只有极少数亮的河外星系才有专门名称，有的以发现者的名字命名，如大小麦哲伦云；有的以所在星座的名字命名，如仙女座大星云。

绝大多数河外星系是以某个星云星团表中的号数命名的。仙女座大星云在 M 表中为 31 号，在 NGC 表中为 224 号，故仙女座大星云也叫 M_{31}，NGC_{224}。

(2)河外星系的分类。目前，通用的河外星系共分为三类：

①椭圆星系。它的形状是正圆形或椭圆形。

②旋涡星系。它具有一个核心部分，称为核球。核球外面是一个薄薄的圆盘，从核球外缘附近有两条或更多条旋臂向外延伸出去。银河系和仙女座大星云属旋涡星系。与旋涡星系平行的还有一类称为棒旋星系。棒旋星系的特点是有一个棒状物，棒的中心部分仍有核球，旋臂从棒的两端向外延伸出去。

③不规则星系。它具有不规则的形状。

当然，除此三类之外，尚有透镜状星系，麦哲伦云型星系等。

(3)河外星系的距离。河外星系是银河系以外的像银河系一样的星系，距离地球十分遥远，最近的大麦哲伦云有 1.6×10^5 l. y.，小麦哲伦云有 1.9×10^5 l. y.，仙女座大星云距离我们有 2.2×10^6 l. y.。

4. 总星系

星系成群、星系数较多、外形也不规则的星系团常称为星系群。比星系群更庞大的天体体系叫星系团，比星系团更高一级的天空世界是总星系。总星系是观测所及的星系和星系际物质的总体，也就是我们的宇宙。

总星系中的元素：最丰富的是氢，以质量计算约占 70%；其次是氦，约占 30%；其他的重元素很少。

总星系的年龄：根据对地球上的岩石、月球的岩石和陨石的分析，这些天体年龄约 46 亿年；太阳的年龄约 50 亿年；恒星的年龄差别很大，因为不断地有很多新的恒星诞生。但是最老的球状星团中，恒星年龄为 10 亿～150 亿年；星系年龄约为 150 亿年；总星系目前在膨胀。假定总星系一直以这个速度膨胀，可用科学方法推算出总星系从一点膨胀到现在所需的时间约为 150 亿年，这与总星系中最老天体同龄。

5. 星系的形成和演化

关于星系的形成机制，目前比较一致的看法是：星系产生于宇宙连续膨胀过程之中。当极早期宇宙膨胀时，会出现一些物质分布不均匀的结构，随后又因引力作用加剧了物质的聚集，最后坍缩为致密的原始星云。其演化的大致过程是：开始由大量气体分子和星际尘埃形成原始星系云，随着宇宙的膨胀，它们逐渐冷却，当彼此间的引力作用超过膨胀向外的压力时，星云开始收缩，并一步步分裂成更小更密的碎片，这些碎片最终产生了第一代恒星。第一代恒星内部会因收缩而产生足以引起热核反应的高温，而当它燃尽自己的燃料后，又会通过爆炸形式把反应中所合成的轻、重元素抛向空间，形成新的星际物质，开始新的聚集、坍缩，产生第二代恒星。如此往复循环下去，最终出现了包含数十亿乃至数千亿计的恒星和大量宇宙暗物质的庞大星系。由于星系形成时的物质条件不尽相同,因而产生了如前所述的各种不同形态的星系。

五、恒星

恒星是由炽热气体所组成的能够自身发光的球形或类似球形的天体。构成恒星的气体主要是氢,其次是氦,其他元素很少。太阳是一颗典型的恒星。

恒星在宇宙中运动,在地球上看起来,运动最快的恒星是开普坦星,其次是巴纳德星。前者的空间速度是294km/s;后者的空间速度是140km/s。

1. 恒星的发光

小恒星的发光是指可见光。能够自身发光的天体,其质量至少要达到太阳质量的百分之几至百分之十。

不同恒星处于不同的发展阶段,发出不同的光。为了区别不同的光必须进行光谱分析。通过光谱分析,可以知道恒星的光谱有不同的类型。不同类型之间的差别在于星光的颜色,而颜色是恒星温度的反应。蓝色表示恒星温度很高,红色表示温度较低。具体地说,最热的O型星呈蓝色,其温度约40 000K,如参宿三;最冷的M型星呈红色,其温度约3 000K。太阳是G型星,呈黄色,其温度约6 000K,介于上述二者之间。

2. 恒星的亮度和光度

在天文学上,所谓亮度是指在地球上的受光强度;所谓光度是指恒星本身的发光本领。天文学上的亮度和光度都是用星等来表示的。星等有两种,即视星等和绝对星等。视星等是天体亮度的等级,绝对星等是光度的等级,通常所说的星等是指视星等而言的。

古希腊学者喜帕恰斯(Hipparchos)等人,在编制星表时,根据恒星的明亮程度把它们分成6等。他们把15颗最亮的星叫作1等星,而把正常视力能辨认的最暗的星叫作6等星。这是古代的视星等。后来由于光学和光学仪器的发展,人们实测了恒星的亮度,并且发现1等星大约比6等星亮100倍。

视星等和亮度有这样的数量关系:星等值愈小,亮度值愈大。如果视星等成等差级数,则亮度成等比级数。1等星和6等星,星等相差5级,而亮度相差100倍。如果星等相差1等,亮度相差R倍。那么,$R^5=100$。因此

$$R = \sqrt[5]{100} \approx 2.512$$

有了这种数量关系,就可以用星等表示任何亮度。比6等星暗2.512倍的是7等星,比7等星暗2.512倍的是8等星,如此类推。目前,最好的工具能察觉的是25等星,它们比一支离开观测者63km的烛光还暗。反之,比1等星亮2.512倍的是0等星,比0等星亮2.512倍的是−1等星,如此类推。天空最亮的太阳的视星

等是 −26.74。太阳和 1 等星的视星等相差 27.74。因此,如果以 1 等星亮度为单位,太阳的亮度是$(2.512)^{27.74}$,即 1 250 亿。

绝对星等是指天体在距离我们 10 秒差距(1 秒差距是 1 天文单位的距离所张的角为 1 角秒时的距离)时的视星等,即是该天体的绝对星等,故绝对星等能表示出恒星的真正光度。显然,在 10 秒差距的距离下的天体的视星等和绝对星等是相等的。宇宙在空间上是无限的,比这更近的恒星是不多的。因此对于大多数恒星来说,绝对星等一般都大于视星等。在天文学中,把绝对星等即光度大的恒星,称为巨星;光度小的恒星,称为矮星。光度比通常巨星大的恒星,称为超巨星。

3. 恒星的多样性

大多数恒星大同小异;少数恒星在某些方面与众不同,它们是双星和星团,变星、新星和超新星,巨星、超巨星和白矮星,脉冲星和中子星。

一般的恒星是单个存在的。但是,在已经认识的恒星中,大约有 1/3 是成双成对的,成为双星。例如,全天最明亮的天狼星就是一对双星。有些双星没有相互绕转的关系,称为光学双星。真正的双星(即物理双星)在相互绕转过程中。有的双星有相互遮掩的情况,并且周期性地改变其视亮度,这称作食双星。有的双星的一个或两个成员本身也是双星,如距我们最近的南门二(即半人马座 α 星)就是这样的。南门二由 A,B,C 三星组成,其中 A,B 两星是双星,它们又同 C 星构成双星。在目前位置上,C 星比 A,B 两星更加接近,因而称为比邻星。在某些天球区域,许多恒星聚集一起而成为星团。最著名的星团是昂星团,俗称七姊妹星团,其实它的成员远远不止 7 个。

大多数恒星的光度在短时期内几乎是不变的,太阳就是这样。但是有些恒星在几年、几天或几小时内,就会发生明显的特别是周期性的变化。这样的恒星叫变星。变星又可分为脉动变星、几何变星、爆发变星。

脉动变星是因为星体本身的周期性膨胀和收缩而发生光度变化的变星。在膨胀的时候,它们就变得明亮;反之,在收缩的时候,就变得阴暗。它们的变光周期,特别短的不到 1 小时,特别长的达 10 年以上。已知的脉动变星有 1 万多颗,在变星总数中占一半以上。

几何变星就是因为几何位置变化而发生变光现象的变星。上述的食双星就是一种几何变星,并且被称为食变星。

爆发变星就是因为星体本身的爆发现象而发生光度变化的变星。普通的爆发变星叫新星,它们的光度在几天内突然增加 9 个星等以上,由暗星变成亮星,甚至由看不见的星变成明亮的恒星。以后在几个月至几年的时间内,它们的光度逐渐下降到爆发以前的状态。在爆发过程中,它们释放出大量的能量和一部分质量,但继续是一颗恒星。爆发规模超过新星的变星,叫超新星。它们的光变幅度超过 17 个星等,即亮度增加了千万倍以至万万倍,这是恒星世界已知的最激烈的爆发现象。经过这样爆发以后，超新星就留下一个高密度的残骸，而不再是一个恒星了。

恒星的光度（或绝对星等）和温度（或光谱型）都是多种多样的，二者之间的关系也是多种多样的。恒星的温度越高，它们的光度越大。这样的恒星称主序星。恒星的光度既同表面温度有关，也同表面积有关。主序星的光度和温度的关系表明：它们的表面积（或体积）既不特别大，也不特别小。

1973 年，人们发现一种新型变星，叫作脉冲星。它们不同于通常所说的变星，也不同于一般的脉动变星，因为它们发出很强烈的短周期的无线电脉冲。脉冲的周期很短，最短的周期是 0.03s，最长的周期也只有 4.3s。但是它们的能量很大，一次脉冲的能量相当于目前全球全年用电量的一亿倍。这种恒星具有一般恒星的质量，但是它们的体积要比一般恒星小得多，可想而知，它们的密度是非常高的。白矮星的中心密度是水的 100 万倍到 1 000 万倍，这已经是惊人的数字了，但是脉冲星的密度比这还要高，它们的中心密度是水的几百万亿倍到 1 000 万亿倍。这就是说，每立方厘米的质量是几亿吨到十亿吨。

除了高密度以外，脉冲星还有很强的磁场和快速的自转。根据它们的全部特点，人们认为：脉冲星实际上就是中子星，即由中子组成的恒星。中子星的特点是同高温高压相联系的，因为在高温高压下，电子就有足够的能量打进质子，并且同质子结合而成中子。

总之，物质是多种多样的，因而恒星的多样性是不足为奇的。

4. 恒星的起源和演化

恒星的早期是由星际气体云聚集成星云阶段。星云像恒星一样绕银河系中心旋转，当通过银河系旋臂时，旋臂中的激波使它受到强烈压缩，密度增大到发生引力收缩，星云体积变小，渐渐聚集成团，内部压力和温度升高，构成星云的氢原子云。由于温度升高，氢原子电离，渐变成氢离子云。再进一步地快收缩，在引力作用下，星云形状趋向于球状。温度升高到几百度，开始发出红外线辐射，成为红外源，即红外星。再进一步收缩，红外星温度达到两三千度，内部压力增大，接近于和引力相抗衡，收缩变慢，由快收缩阶段变为慢收缩阶段。此阶段辐射虽较强，但仍在红外辐射波段。随着压力和引力接近平衡，内部又有强烈对流；随着收缩自转加快，磁场加强。当星体中心温度达到 7.0×10^6K 时，出现热核反应。这时，星体已成为原始恒星。

恒星中心温度达千万度级，氢核聚变反应开始后，核反应成为主要能源，恒星演化进入相对平衡期。此时期，核反应产生巨大能量，使内部压力足以和引力相抗衡，恒星收缩停止，运动状态基本平衡，热力传到表面，发出可见光。

恒星的质量不同，它们的演化速度和途径也不同。比太阳质量大 3 倍的恒星，由于质量大，内部压力和温度高，核反应的中心区大，核反应物质多，形成高能量、高光度、高温度的蓝星。比太阳质量小的星，核反应中心区小，产生能量小，因而亮度小、温度低,成为低光度的红星。按照质量大小的顺序,这一阶段(即中期阶段)的恒星,分布在主星序上。所以,恒星的这一阶段也叫做主序阶段。

恒星在主序阶段停留时间最长,这就解释了主序星为什么多的原因。太阳在主序阶段要停留 100 亿年。质量比太阳大 10 倍的恒星,氢消耗得快,在主序阶段只能停留几千万年;相反,质量只有太阳几分之一的恒星,在主序阶段要停留上万亿年。

恒星的中心部分,4 个氢核聚变为一个氦核的反应进行得很快,氢全部转化为氦后,恒星内部压力小于引力,发生收缩,温度、密度增高。当其温度增至 1×10^8K 时,剩余在中介层的氢发生核反应,并向外层转移,推动反层膨胀,使恒星的体积增大几千倍以上。由于辐射能的增加赶不上面积的增加,温度降低,面积增大,使光度增大,成为温度低、颜色红、体积大、光度高的红巨星。这时,恒星内部温度达 1×10^8K,压力极大,进行三个氦核聚变一个碳核的热核反应,产生的能量又使内部压力与引力平衡而使恒星稳定。太阳要在红巨星阶段停留 10 亿年。

晚期的恒星极不稳定,脉动——它的大小和亮度发生周期性变化,然后进入爆发阶段。

氢反应完了,增温到 6×10^8K 时,碳开始反应,转化成氧和镁。碳反应大约 1 万年后消耗完了。温度大约在 2×10^9K 时,氧发生核反应,转化为氖、硫等元素,核反应继续进行。当温度达4×10^9K时,氖、硫全部转化为更稳定的元素铁;温度达 6×10^9K时,极强的中微子辐射,把大批能量带走,恒星向心引力失去了平衡,坍缩成体积小、密度高,半径缩至 10 000km 甚至 4 ~ 500km,密度却达水的 1 亿倍,温度高、光度弱的白矮星。

质量小于太阳一半的恒星,氢反应完不经过红巨星阶段,直接变成白矮星。质量是太阳一半到 1 ~ 3 倍的恒星或原来质量在太阳 3 倍以下的恒星,才经过红巨星、脉动、爆发等过程。质量比太阳大 3 倍以上的恒星,核反应结束后会发生剧烈的坍缩,同时又向外发出强烈的冲击波,使外层物质猛然向星际空间抛射,亮度急增上千万倍至 1 亿倍以上。这就是超新星爆发。超新星爆发使恒星瓦解,天体由凝聚的星态转化为弥散的气态星际物质,核心的部分成为密度高、体积小、磁场强、自转快的中子星。如果经过超新星爆发后,剩余的质量仍然大于两个太阳质量,那么,结果会形成发不出光的黑洞。

六、太阳和太阳系

1. 太阳

太阳是一个恒星,具有极大的质量,约 1.989×10^{18} t。这个质量是地球质量的 33.3 万倍或太阳系八大行星总质量的 718 倍。太阳上进行着热核反应,太阳中心的温度约为 1.5×10^7K,因此太阳就成为自身发光的天体。在银河系中,太阳是一个普通的恒星，它的半径、质量、光度、温度等既不特别大，也不特别小。

(1)太阳能的来源。炽热的太阳中心温度很高、压力极大(2.53×10^{16}Pa)，在高温高压下产生核聚变反应，即四个氢原子核聚变为一个氦原子核，在聚变过程中耗损一些质量而释放出大量的太阳能。

整个太阳可分为一些同心圈层，最中心的是温度极高的核反应区，依次向外的是辐射区和对流区。太阳大气的底层是光球，向上是色球、日冕层。

(2)太阳大气。太阳是一个巨大的气球体，气体是由高温等离子组成。太阳大气可以分为3层：

①光球。它是太阳大气的底层，厚度为500km，密度较高。光亮圆面即是人们看到的光球层，即太阳视表面。所谓太阳的“形状”和“大小”，皆指光球层而言。太阳内部产生的能量只能通过原子的反复吸收和反复发射才能到达光球。其表面温度为6 000K。太阳光基本上从这层发出。光球层表面有些黑斑点，叫作太阳“黑子”。黑子实际并不黑，只是它的温度比光球表面温度稍低，约4 500K，在明亮的光球衬托下，它才显得暗一些。根据长期的观测和记录，发现太阳黑子有的年份多，有的年份少，我们把黑子最多的年份叫作太阳活动极大年，最少的年份叫作太阳活动极小年。前一次活动极大年到再次出现活动极大年的平均周期约为11年。

②色球。在光球的外面是一层呈玫瑰色的太阳大气，叫作色球层。它是太阳大气的中层，其厚度约为几千千米，气体稀薄，所发出的可见光不及光球的1/1 000，因此，只有在日全食时(或用特殊望远镜)才被人们看到。色球层的温度自里向外，由与光球层交界处的4 600K，上升到距光球2 000km处的几万度，再到与日冕层交界处的百万度以上。色球层当中，有时会向外猛烈地喷出高达几万千米至几十万千米的红色火焰——日珥。色球层的某些区域，在短时间内有突然增亮的现象，叫作耀斑，又叫太阳色球爆发。耀斑的周期也是11年，常随黑子群增多而增多。

③日冕。在色球层的外面，包围着一层很稀薄的、完全电离的气体层，叫日冕。它从色球层的边缘向外延伸到几个太阳半径处(太阳半径为7×10^{5}km)甚至更远。它的亮度仅为光球的1/1 000 000，也只有在日全食时，或用特制的日冕仪才能看到。日冕内部温度达1×10^{6}K。日冕中极稀薄的气体物质以极高速度在运动着。例如，那里氢核运动的平均速度高达220km/s，比第一宇宙速度还高20多倍。太阳重力是地面重力的27.9倍，因此，太阳物质很难脱离太阳重力的束缚。但是，由于日冕物质运动速度太快，因此日冕中的一部分粒子，仍然能够摆脱太阳的重力而奔向行星际空间。这种现象叫日冕膨胀。

由于日冕的高速膨胀，行星际空间不断地得到从太阳喷射出来的高速粒子流，这叫作太阳风。太阳风的粒子，其90%是氢核，整个太阳系都处在太阳风的劲吹之中。地球距太阳只有1.5×10^{8}km，因而对太阳风可说是首当其冲。在地球轨道附近，太阳风平均每立方厘米有8个粒子，平均速度450km/s。太阳风将地球磁场面向太阳的一面压缩到很小范围;背向太阳一面的磁场被太阳风带向遥远的行星际空间,形成磁尾。

太阳光球层、色球层、日冕层从下到上,温度越来越高,亮度越来越低,密度越来越小,厚度越来越厚。

(3)太阳活动。发生在太阳大气的各种变化,直接影响到地球。这样的变化,总称太阳活动。太阳活动本身强弱不同。太阳活动处于低潮时的太阳,叫作宁静太阳;太阳活动处于高潮时的太阳,叫作扰动太阳。上面所说的太阳大气是指宁静太阳的大气状况,这里说的太阳活动主要指扰动太阳的活动状况。

扰动太阳的明显标志是太阳黑子,特别是黑子群的频繁出现。我国历史上把黑子叫作“黑气”,天文学上称为黑子。黑子有时较多,有时较少,往往成对出现,特别是成群出现。黑子有生有死,是有寿命的。

①光斑。它是光球上更加明亮的斑点,存在于光球表层。在黑子附近总有光斑出现,在没有黑子的地方也有它的出现。它可能是光球上更加炽热的气团。

②日珥。它是从色球层喷发出来然后又降回色球层的稠密物质,呈红色火焰状。它主要存在于日冕中,形状万千,如浮云,如喷泉,如圆环,如火舌,形状不一,大小不等,有多有少,有生有灭,大体和黑子变化同步。

③耀斑。在扰动太阳的各种表现中,最强烈、对地球影响最大的要算耀斑。耀斑发出的能量极大,在几分钟短暂时间内,它能发出相当于100亿颗百万吨级氢弹的能量。把很强的无线电波、大量的紫外线、X射线、γ射线射出,把氢原子分解为高能带电粒子抛出,使它们能逃离太阳表面,并能到达地球。

④谱斑。在色球层有大块增亮区域,叫谱斑,也称“色球光斑”。其大小相差很大,从1 000km到几十千米。大多数谱斑和黑子有联系,其寿命比黑子长,常常比黑子晚消失。

⑤日冕凝聚区。日冕内层电子密度比周围大的区域,即日冕凝聚区。由日冕凝聚区发出的X射线十分强,比非扰动部分大约强70倍。

(4)太阳活动对地球的影响。太阳活动对地球有如下影响:

①对地球气候的影响。太阳活动与地球上气候变化之间的因果关系,目前虽未查明,但从统计材料分析,二者肯定是有联系的。例如,世界许多地区降水量的年际变化,与黑子的11年周期有一定的相关性。

②对地球电离层的影响。耀斑爆发时,发射的电磁波进入地球电离层,会引起电离层的扰动。此时,在电离层传播的无线电信号会被部分或全部吸收,从而导致通信衰减或中断。例如,1989年3月发生的几十个强烈耀斑活动,引起短波通信15次突然中断,24次全部中断。

③对地球磁场的影响。地球上存在着磁场,当太阳活动增强时,太阳大气抛出的带电粒子流能使地球磁场受到扰动,从而产生“磁爆”现象,使磁针剧烈颤动,不

能正确指示方向。

④极光。地球两极夜空常会看到淡绿色、红色、粉红色的光带或光弧，这叫作极光。当太阳发出的电子和质子进入地球附近时，地球磁场迫使它们沿着地球的磁力线方向运动。这样，粒子便集中到地球的两个磁极，和地球大气中的分子、原子碰撞，便产生了极光。

2. 太阳系

(1)太阳。因为在太阳系的总质量中，太阳几乎占99.9%，所以太阳是太阳系的中心天体。这样，太阳有足够强大的引力，使太阳系的一切天体都环绕它运行。太阳也是太阳系唯一能自身发光的天体，它是太阳系光和热的主要源泉。太阳照亮了整个太阳系，也晒热了整个太阳系。

除太阳以外，太阳系的成员，首先是行星和卫星，其次是彗星和流星体，此外还有行星际微小天体和人造天体。

(2)太阳系的行星。它有大行星和小行星之别。通常所说的行星是指大行星而言。到现在为止，人们知道太阳系有八大行星。按其与太阳的平均距离，由近到远分别是水星、金星、地球、火星、木星、土星、天王星和海王星。水星、金星、火星、木星和土星，人们看着很明亮，被称为“五星”。天王星和海王星只有用望远镜才能看清。有光环的行星有土星、木星、天王星和海王星。

八大行星以地球轨道为界，水星和金星在轨道以内，叫地内行星(旧称内行星)；火星、木星、土星、天王星和海王星在地球轨道以外，叫地外行星(旧称外行星)。

八大行星按其物理性质可分两大类：一类以地球为典型代表，称为类地行星；另一类以木星为典型代表，称为类木行星。类地行星即内行星；类木行星即外行星。

类地行星距离太阳近，约0.4～1.5AU①；类木行星距太阳远，约5.2～30AU。因而类地行星温度较高，类木行星温度很低。类地行星有固体表面。水星表面无大气；火星有大气但很少，因而那里有环形山；金星和地球有浓密的大气，其中金星的大气压是地球的90倍。木星、土星是流体球，没有固体表面，它们在流体收缩中产生能量，以致它们放出的能量远远多于从太阳辐射吸收的能量。在这方面，木星、土星有点类似恒星。天王星和海王星也是轻物质组成的，但是温度太低，一些气体物质变成水物质，因而不同于木星和土星。

太阳系有数以万计的小行星，它们都在围着太阳绕转。现在已经发现和证实的，并且已经编号命名的小行星有3 000多颗。其中，体积最大、质量最大，同时也是发现最早的小行星叫谷神星。

大多数小行星存在于火星轨道和木星轨道之间，那里形成完整的小行星带，这

① AU是天文单位。$1AU = 1.495\,978\,7 \times 10^{11}$ m。

说明小行星大概是一个瓦解的大行星的碎片。八大行星以小行星带为界,又可分为带内行星(又称内行星,有水星、金星、地球、火星)和带外行星(又称外行星,有木星、土星、天王星、海王星)。

(3)行星的绕日公转。行星中,与太阳距离最近的水星和最远的海王星相对于太阳的距离之比约为1:80。太阳系内各行星的基本参数详见表2-1。

表2-1 太阳系内各行星的基本参数①

类别	行星	对日平均距离/AU	赤道半径/km	公转周期/地球年	自转周期/地球日	相对质量(地球=1)	平均密度/(g·cm^{-3})	表面平均温度/℃	表面大气压/atm	卫星数
类地行星	水星	0.387	2 440	0.241	58.65	0.055	5.40	昼430;夜-170	—	0
	金星	0.732	6 070	0.616	243.02	0.81	5.25	460	90	0
	地球	1.000	6 378	1.00	0.997	1.00	5.50	15~20	1.0	1
	火星	1.524	3 389	1.88	1.026	0.108	3.86	昼-33,夜-85	0.008	2
小行星带		2.3~3.3								
类木行星	木星	5.20	71 540	11.86	0.041 5	318	1.33	无表面	无表面	16
	土星	9.54	60 330	29.46	0.445	95.1	0.71	无表面	无表面	23
	天王星	19.18	26 145	84.01	0.718	14.5	1.24	无表面	无表面	18
	海王星	30.06	25 000	164.79	0.669	17.2	1.67	无表面	无表面	8

行星绕日公转的具体规律,通称开普勒三定律。

第一定律(也叫轨道定律):行星轨道是椭圆的,太阳位于椭圆的一个焦点上。也就是说,行星绕太阳公转中,离太阳时近时远。

第二定律(也叫面积定律):在行星运动中,行星到太阳的连线(即相径)在同样时间里扫过同样面积。也就是说,行星靠近太阳的时候距离小、速度快;远离太阳时距离大、速度慢。

第三定律(也叫周期定律):行星绕太阳公转一周的时间(周期)的平方与轨道长轴半径(半长轴)的立方成正比。离太阳越远的恒星公转周期越长。

(4)卫星。八大行星中,除了距离太阳最近的水星和金星外,其他行星都有卫星;个别较大的小行星也有卫星。地球有1颗卫星;火星有2颗卫星;木星有16颗卫星(几年前发现的S/1999 JI,可能是它的第17颗卫星);土星的卫星最多,有23颗;天王星有18颗;海王星有8颗。共有60多颗卫星。

① 该表摘引自刘金寿主编的《现代科学技术概论》(高等教育出版社2008年版)。本书作者又参照该书采用的数据作了修正。

(5)彗星。彗星的质量主要集中在一个由冰冻物质组成的核心,称彗核。彗核外面有一个云雾状的包层,称彗发。有些彗星在彗发的周围还有一个极其巨大的氢原子组成的彗晕。彗核、彗发和彗晕合称彗头。

彗星最突出的外表特征是具有由稀薄气体构成的长的彗尾。由于太阳光压和太阳风的作用,有平直的蓝色的离子彗尾和弯曲的黄色的尘粒彗尾。

在太阳系中,已发现的彗星有1 600多颗,最著名的是哈雷彗星。哈雷彗星的公转周期为76年,它在1986年2月通过了近日点,2062年人们将再次看到它的尊容。

(6)流星体。它是行星际空间的尘粒和固体小块,数量众多。沿同一轨道绕太阳运行的大群流星体,称为流星群。闯入地球大气圈的流星体,因同大气气体分子和原子相摩擦而燃烧,产生光迹,划过长空,叫流星现象。单个出现的流星,称为偶发流星;亮度超过-5等的流星叫火流星。特别明亮的火流星,在白天也可看到。

流星群的绕日轨道在宇宙空间与地球轨道相交。地球一年一度经过这一空间,很多的流星体闯入地球大气层,与大气摩擦,生热、发光而形成众多流星,像雨点一样划落,被称为流星雨。大块的流星体在绕日公转,实则是一个小行星,闯入地球大气燃烧未尽,落到地面,成为陨星。按照化学组成不同,陨星分为石陨星(亦叫陨石)、铁陨星(亦叫陨铁)和石铁陨星。1976年降落在我国吉林的石陨星,最大一块重达1 770kg,是世界最大的石陨星。世界最大的铁陨星重达60t,降落在非洲的纳米比亚。

3. 太阳系的起源

1755年,德国康德(I. Kant),根据牛顿的万有引力定律,提出了太阳系起源问题的星云假说,对僵化的自然观打开了第一个缺口。他的基本观点可以归结为三条:第一,太阳系是有时间上的历史的,是"某种在时间的进程中逐渐生成的东西"。第二,形成太阳系的物质基础是弥漫星云,即大团的气体和尘埃。第三,形成太阳系的动力是引力,即星云各部分相互吸引的力。

1796年,法国的拉普拉斯(P. S. Laplace)提出了另一个星云假说。他和康德的观点大同小异。因此,人们通常把他们的假说合称康德-拉普拉斯假说。

在康德、拉普拉斯以后,关于太阳系的起源,出现了各种各样的假说。但是,康德学说的基本论点经受了时间的考验。人们肯定在时间上的历史、弥漫星云的存在和自引力的作用。当然,由于自然科学的不断前进,星云学说的一些具体内容不能不有所改变。首先,康德认为,形成太阳系的是银河星云的整体。现在看来,形成太阳系的仅仅是银河星云的一个很小的碎片。因为星云的质量远远大于一般的恒星,是太阳质量的100~1 000倍,而它的球状碎片的质量大体上同一颗普通恒星相当。其次,拉普拉斯认为,形成太阳系的星云物质是炽热的。现在看来,形成太阳系的星云物质是低温的,它的温度仅比绝对零度高出10~100K。因此,从星云到太阳系的历史是由冷变热的历史,而不是由热变冷的历史。

按照今天的理解，从星云到太阳的过程，起初是在银河星云中产生太阳星云，然后是太阳星云变成星云盘，最后是在星云盘中产生太阳和行星。

银河弥漫星云因自引力而收缩，在收缩中产生旋涡。旋涡使星云分裂而成大量的碎片。每个碎片具有一个恒星的质量，以后分别形成恒星。其中，形成太阳系的碎片，就是太阳系的原始星云，称为太阳星云。

在自引力的作用下，太阳星云进一步收缩，使原本就旋转着的太阳星云的旋转加快，因而产生更大的惯性离心力。由于惯性离心力的作用，太阳星云的收缩是不等速的，赤道上的收缩最慢。随着引力收缩的持续进行，太阳星云就越来越扁了。同时，由于体积愈来愈小，太阳星云的旋转就愈来愈快，所产生的惯性离心力也就愈来愈大。当惯性离心力足以全部抵消自引力的时候，赤道上的物质就在原地停留下来。这一过程长期持续地进行，就使得太阳星云变成一个中部厚而四周薄的又圆又扁的天体，这就是星云盘。

在进一步收缩中，星云盘的中心和主要部分变成原始太阳。原始太阳因为持续收缩而不断增温，最后它因高温、高压而成为一个能够进行热核反应（即能够自身发光）的恒星。在星云盘的总重量中，原始太阳占有绝大部分。同时，在星云盘的周围部分进行着行星的形成过程：首先是集聚过程，然后是吸积过程。在集聚过程中，星云盘中的尘粒在运动中发生碰撞，并相互结合，也就愈来愈大。当一些尘粒比别的尘粒大些时，集聚过程就被吸积过程所取代。在吸积过程中，一些较大的尘粒总是吸附较小的尘粒，并且使自己变得愈来愈大。当尘粒壮大到不会因碰撞而碎裂时，它就成为星子。星子也有其吸积过程，这个过程也是在碰撞过程中进行的。这样的吸积叫碰撞吸积。随着碰撞吸积的持续进行，一些特大的星子就在目前的行星轨道附近形成。这些特大的星子叫星胚，就是目前八大行星的前身。在星胚日益壮大的过程中，它的引力愈来愈大；它们的吸积作用就愈来愈多地依靠引力。到了一定的时候，它们就逐渐以引力吸积取代碰撞吸积。在一定的空间范围以内，星胚能够把所有星子吃掉，从而使自己加速壮大，最后八大行星就形成了。

关于为什么在火星和木星之间形成了一个众多小行星分布的小行星带，而未形成一颗大行星？有一种看法认为，小行星是一个大行星爆裂而形成的，但找不到合理的爆裂原因，也不能解释小行星轨道分布等特征。现在认为，小行星的存在应当是太阳系形成总过程的必然结果。在太阳系形成过程中，木星区的星子一开始就比小行星区大，生长也快。木星区内侧的部分大星子穿过小行星区，拉走一部分小行星区的物质。由于小行星区可吸积的物质减少，星子生长受到严重影响，不会长得很快，只能成为“半成品”的小行星。另外，木星区的大星子的引力改变了小行星区的星子轨道，使星子间相对速度变大。星子间的碰撞不但不能结合，反而更加碎裂，形成了小行星的大小分布和形状极不规则。

七、地球

地球是绕日公转的太阳系中的一颗普通行星。它的形状是一个球形体，这在人造卫星拍摄的照片和宇航员太空回望家乡已经看得清清楚楚。但由于受地球自转的影响，地球并不是一个正球体，而是一颗两极稍扁，赤道略鼓的椭球体。观测得知：赤道半径（半长轴）$a = 6\ 378.14$km，极半径（半短轴）$b = 6\ 356.755$km，扁率 $= \frac{a-b}{a} = \frac{1}{298.257}$。经过精密测定，赤道也不是正圆，因此地球是一个不规则的三轴椭球体。

地球的内部结构无法直接观察，但根据地震波传播速度的变化，根据纵波（P 波）传播速度快，固体、液体、气体皆可通过，而横波（S 波）传播速度慢，只能通过固体的特点，我们确定在距地面33km处和2 900km 处，地震波明显发生变化的这两个不连续界面（前者叫莫霍界面，后者叫古登堡界面）为界线，将地球内部划分为3 个圈层：

地壳——地面至莫霍界面之间，是一个薄的固体外壳。地壳平均厚度 17km，大陆部分平均厚33km，海洋地壳薄，平均厚6km。地壳由各种岩石组成，上部为硅铝层，下部为硅镁层。

地幔——莫霍界面至古登堡界面之间，又叫中间层。其深度从 5 ~ 70km 到 2 900km，横波也能传播，所以仍为固体，主要物质是铁、镁的硅酸盐。从莫霍界面到1 000km 深处叫作上地幔。上地幔上部（地下60 ~250km 到400km）存在一个软流层，这里是岩浆的主要发源地之一。地下1 000 ~2 900km 深处，叫作下地幔。下地幔的温度、压力和密度均增大，物质状态可能是固体。地幔和上地幔顶部（软流层以上）是由岩石组成的，合称为岩石圈。

地核——从古登堡界面到地球核心为地核。地下2 900km 到5 000km 处叫作外核。外核的物质接近液体，横波不能通过。5 000km以下的深度为内核，其物质为固体。内核和外核分界线的不连续面叫作利曼面。地核部分的温度、压力和密度都很大，推测其物质以铁镍为主，含有少量的轻元素。

地球上曾经有过各种各样的变化。其中影响特别深远的是整个地球分化成为同心圈层的变化。我们相信，在原始地球上，各种物质混杂在一起，并没有明显的分层现象。但是，在地内温度逐渐升高的前提下，地内物质在地球重力作用下的圈层分化就成为大势所趋。我们知道，在温度很低的情况下，各种不同物质都以固态存在着，因此，它们不可能在重力作用下自由地升降。后来，由于地球体积的逐渐壮大，地球保存热能的能力就逐渐增加。这样，地球本身产生的热能就在地球内部积累起来。随着地球内部热量的积累，地球内部的温度就逐渐升高，地内物质也就具有越来越高的可塑性。当温度高到一定程度，以致地内物质具有足够的可塑性的时候,较重物质就缓慢地下沉;同时,较轻物质就缓慢地上升。这就是地球的圈层分化。

地球的圈层分化,首先是硅酸盐和铁镍的分化。论熔点,硅酸盐较高,而铁镍较低。因此,当地内温度上升到足以使铁镍熔化的时候,硅酸盐仍然处于固体状态。论密度,铁镍较高,而硅酸盐较低,因此,处于熔化状态的铁镍物质就渗过硅酸盐物质,流向地内深处,形成原始地核;同时,地内深处的硅酸盐物质,就浮到地球上部,成为原始地幔。

其次,原始地幔分化而成地壳和地幔。以超铁镁物质为主的硅酸盐物质构成地幔,而由硅铝和硅铁为主的硅酸盐物质构成地壳。这样,地球内部就在地球重力的作用下,按化学组成的不同,分化而成地壳、地幔和地核。

此外,每一个地内层次都有进一步分化的问题。地核分化而成外核和内核;地幔分化而成上地幔和下地幔;地壳分化而成硅铝层和硅镁层。地壳中较轻的硅铝物质又同从地幔上移的物质结合而成原始的大陆壳。这后一层次以后又进一步演化而成现在的大陆壳,并且产生水圈和大气圈。

地球以至整个太阳系,都是由原始星云形成的。组成原始星云的物质不外是气体和尘埃。在二者之中,气体所占的比例更大。但是,在行星形成的初期,组成地球胎的主要物质不是气体,而是尘埃,这是因为地球胎所在的宇宙空间里,气体的热运动的动能超过气体本身的位能;或者说,气体的热速度超过脱离速度,就像宇宙火箭的速度超过地球的脱离速度那样。在这种情况下,地球胎是无法拥有大量气体的,也就无所谓大气了。

随着地球胎质量的不断增大,地球的引力也不断地增长了。最后,地球胎终于变成了地球,并且拥有足够强大的引力,可以通过吸积作用拥有气体。随着吸积作用的持续进行,地球终于拥有一个气体的包层。这是地球的原始大气,即第一代大气。

随着地球质量的进一步增长,以及地球内部温度的升高,地球内部就会不断地有气体产生出来,并且随着地球内部物质的圈层分化的持续进行而跑到地球外部。随着这一过程的持续进行,来自地球内部的气体就在地球大气中占有优势。这是地球的第二代大气。

第二代大气中并没有多少氧,特别是没有多少动植物呼吸所必需的游离氧,因而不同于现代的氧化大气。当时大气的主要成分是二氧化碳、一氧化碳、甲烷和氨,是还原大气。现代的大气是由第二代大气演化而来的。在演化过程中,起关键作用的是绿色植物。这是因为:绿色植物在光合作用中能够吸收二氧化碳,放出游离氧,从而把还原大气变成氧化大气。但是,绿色植物并不是地球所固有的,二氧化碳也不是地球上从来就大量存在的。

在距今30亿年以前,地球上出现了原始的低等植物——蓝绿藻。这是地球大气由还原大气到氧化大气的关键性事件。在距今 6 亿年以前,绿色植物在海洋中占优势;在距今 4 亿年以前,绿色植物开始在陆地上出现。从此以后,还原大气的氧化过程就得到加速进行。在氧化过程中,一氧化碳逐渐转变成二氧化碳;甲烷逐渐成为二氧化碳和水汽;氨逐渐转变成水汽和氮。这样,二氧化碳就逐渐在地球大气中占有优势,但这种大气还不是氧化大气。由于绿色植物的光合作用的持续进行,大气中的二氧化碳日益减少,而游离氧日益增多。最后,以氮、氧为主要成分的氧化大气终于出现了。这就是地球的第三代大气,即现代大气。

地球上的水圈主要由海水组成。在地球总水量中,海水约占 97%。其余的 3%中,冰川又约占 3/4。其余的 1/4 中,绝大部分是河流、湖沼和地下的淡水。大气中的气态水,在数量上是十分次要的。如果把地球上的水平均分布在地球表面上,并且都折合成液态水的深度(即所谓当量深度),那么,海水的当量深度是 2 700 ~2 800m,而大气中的水汽的当量深度只有 3cm。因此,水圈的来源问题主要是指海水的来源问题。

最初,地球上的水绝大部分以岩石中结晶水的形式存在于地球的内部。目前,海洋中的水,从根本上讲来自地球内部,来自地下的岩石。但是,海水的直接来源是大气,是大气中水汽的凝结物。随着地内温度的升高,地球内部产生愈来愈多的水汽;而这些水汽又通过火山的活动跑到地球的外部,出现在大气中,并且以雨滴的形式降落地面,形成原始的水圈。

地球上的大气是不多的,它所能容纳的水汽就更少了。因此,海水的量有一个逐渐积累的过程。同目前的海水相比,原始的海水不但数量较少,而且水质也不同。由于海底火山把大量盐分从地下带给海水,所以原始海水不是真正的淡水。但是,同今天的海水比较起来,原始海水的盐度必然是较低的。因此,海水还有一个逐渐变咸的过程。

海水的变咸是同河水的注入有关的。我们知道,河水的最后归宿是海洋,而河水含有一定量的盐分。海水的唯一去路是蒸发,而蒸发出去的总是淡水,因此,河水的不断注入使得海水中的盐分逐渐增加。

对地球上的生物来说,水圈的存在是极其重要的。因为水是生命过程的重要介质,生物所需要的某些矿物是从水中来的。我们知道,河水所含的矿物质主要是碳酸钙,而海水所含的矿物质主要是氯化钠。如果不考虑海洋中的贝壳动物吸收钙质的作用,这种情况是不可理解的。水圈和大气圈也是相互制约的。例如,当冰期来临时,一部分水冻结在陆地上,这就导致海面的下降;反之,当间冰期来临时,海面就回升。因此,地球上的气候变化也反映为海面的升降。

当原始大气和原始水圈在地球上出现时,地球上还是一个没有生命的世界。但是,既然有了原始的地壳、大气和水,生命就会合乎规律地在地面上发生。

思考题

1. 现代宇宙学是如何定义宇宙概念的？
2. 从整体上看，我们的宇宙存在哪几个结构层次？
3. 简述宇宙的形成和演化过程。
4. 简述太阳系的结构、形成和演化。
5. 地球有哪些圈层结构？它们是如何形成的？

第三节　生命的起源

“生命是从哪儿诞生的？”古往今来，许多哲学家和科学家都致力于寻求这个答案。一种观点认为，生命是自然界自然而然地产生出来的；另一种观点认为，生命是从其他星球上飞来的；第三种观点则认为，生命是上帝创造的……因而形成了各种各样的设想和假说。

一、关于生命起源的各种假说

1. 神创论

在古代，“神创造生物”的宗教思想很流行，基督教圣经的“创世记”是“神创论”的主要代表。按照“创世记”的说法，天体、大地以及各种生物，包括人类，都是由一个“万能”的上帝在6天之中分别创造的。这种宗教迷信的邪说虽然是极其荒诞的，可是在欧洲中世纪的漫长年代里，它和亚里士多德(L. Aristote)的灵魂观念结合在一起，被奉为当时科学的“最高圣典”，统治欧洲的精神生活长达千年之久。很明显，“神创论”是发展科学的枷锁，它严重地阻碍了对生命起源问题的科学探讨。

2. 自然发生论

在科学不发达的古代，人们根据表面现象的观察，认为生命是自然发生的。“自然发生论”主张，地球上的一切生物，包括结构复杂的高等生物在内，最早都是直接从非生命物质中突然产生出来的。在中国、埃及、希腊、罗马等国家的古老文献中，都有这种观念的记载。例如，在我国有流传至今的“腐草化萤”“腐肉生蛆”“汗液生虱”等观念。

欧洲文艺复兴之后，科学精神得到发扬，自然科学有了迅速发展。1668 年，雷地用科学实验证明古代那种生命自然发生说是不科学的，虱、蛆虫等等是不能自然发生的。雷地的实验是这样做的：用一块纱布盖在有鱼、肉的瓶口上，以便使腐肉同生物(苍蝇等)隔开。这样,不管瓶中的肉腐臭多久,招来多少苍蝇,瓶中也生不出蛆虫来。因为苍蝇不能把卵产在腐肉上。雷地的实验令人信服地说明,动植物不可能自然发生。雷地使那种认为现在生存的动植物甚至高等哺乳动物都可以自然发生的思想,受到了毁灭性的打击。但是,雷地的工作只是否定别人的错误观点,并没有科学地回答生物到底是从哪里来的这个根本问题。

3. 生源论

大约在雷地做实验的同时,列文虎克(A. V. Leeuwenhoek)发现了人们过去从来不知道的微生物世界,如各种细菌、鞭毛虫、酵母菌等。法国细菌学家巴斯德(L. Pasteur)通过一系列的实验证明:和其他现存的生物一样,渺小的微生物也是不能自然发生的;微生物只能由散存于空气、土壤、水流和各种物件上的微生物孢子(胚种)而产生。巴斯德的实验是这样做的:把肉汁注入一个曲颈瓶内,然后用火将肉汁煮沸,以达到杀死其中微生物和微生物孢子的目的。经过这样处理后,瓶内肉汁就再也不会腐败了,也就是说不再有微生物产生了。巴斯德断言生物只能由同类生物产生。这就是流行一时的生命只能来自生命的"生源论"。巴斯德把有机界和无机界绝对地割裂开来,断然否定地球上的最初生命是从非生命物质发展来的可能性。他的实验也并没有证明最原始的生命不管在什么条件下都不能从非生命物质产生,而只是证明现存的任何简单的生物不能一下子从非生命物质中直接产生。

4. 宇宙生命论(生命永恒论)

一些生物学家无批判地完全相信巴斯德的生源论思想,但又不愿屈从于上帝,于是设想出"宇宙胚种"的概念,并且提出生命在整个宇宙中是永恒的,即所谓生命永恒论。李比希(J. F. Liebig)提出:"我们可以假定,生命正像物质自己那样古老,那样永恒,而至于生命起源的一切争论,在我看来已由这个简单的假定给解决了。事实上,为什么不应当去想一想有机的生命正像碳和其他化合物一样,或者正像不可创造和不可消灭的所有物质一样,正像永远在宇宙空间中的物质的运动联结在一起的力一样,是原来就有的呢?"他又说:"我们星球上的有机生命可能从宇宙空间'输入'的这一假说是可以接受的。"生命永恒论是没有科学根据的。科学早已证明:除了一般的物质及其能量是不生不灭的以外,一切具体的事物,包括化学元素在内,都是有生有死的,都有一个产生、发展和消亡的过程。

5. 原始发生论

19 世纪初以来,由于道尔顿(J. Dalton)原子论的提出(1803 年),化学开始了飞跃的发展,分析化学的兴起及其随后在生物学中的应用,使人们对生物的化学构成等方面的认识有了长足的进步,促进了对生命起源的科学认识。这种进步主要有以下几个方面：

第一，认识到构成生物体的化学元素，无例外地都存在于非生命世界中。现在知道，生命体中的化学元素主要有21种。其中，宏量元素11种，微量元素10种。事实说明，生物体中没有任何自身独有的“生命元素”，这表明了生物同非生物在化学元素上的统一性。

第二，对构成生物体的化合物也有了进一步的认识，除早已认识到的糖类、脂类之外，从19世纪30年代中期到40年代中期的十多年间，对蛋白质也有了初步的认识。

第三，1828年，维勒(F. Wöhler)正式公布了他用无机化合物合成尿素的成果。随后，1845年用无机物合成了有机化合物醋酸，后来又合成了柠檬酸、苹果酸等。1854年，合成了脂类。1861年合成了糖类等过去一直认为只能由具有生命力的生物合成的有机物。这样，有机界同无机界的鸿沟开始填平了。

凡此种种成果，使得进化论者很自然地想到，生命由无机物自然发生是完全可能的。海克尔(E. H. Haeckel)等人指出：巴斯德等人的实验证明了生命在现今的地球条件下，不可能自然发生，但他却没有证明在地球形成之初，在原始地球条件下，生命也不可能自然发生。自从康德、拉普拉斯提出星云假说之后，由于天文学等方面的发展，人们认识到，当今的地球同原始的地球有很大的差别。因此，耐格里(Legri)、赫胥黎(T. H. Huxley)等人相继提出原始发生的思想。他们认为：原始生命是在最初的原始地球条件下，由无机物自然发生而来的。由此提出了一条全新的探索生命起源的科学之路。

二、现代科学的观点

真正采用科学方法研究生命的起源，还是到了20世纪才开始的。现代科学的观点是：生命一定是在地球诞生和进化的过程中，从非生物产生出来的。

1. 生命前的化学进化

在距今大约40亿年前，地球诞生后不久，原始地球表面逐渐形成了坚硬的地壳，浩瀚的海洋愈益扩展。被人们誉为“水的行星”的地球，至今还有3/4的表面被海洋所覆盖。可见，那时的浅海大概要比现在的海面更为广阔。笼罩着这个原始地球的主要成分是甲烷、氨、氢和水蒸气，还含有二氧化碳。而氧当时几乎还不存在。这种思想是由苏联学者奥巴林(A. H. Опарин)在1924年首先提出来的，他认为原始地球上的大气是还原性的，这种大气在太阳辐射出的强烈紫外线、雷电和火山爆发的热量等的作用下，被激活的大气中的分子便相互进行化学反应而结合起来，结果便产生了诞生生命所必需的各种有机物质。这个结论已经过实验证明。1953年，美国青年科学家米勒(Miller)按照这种还原性大气的主要成分而进行的人工模拟原始地球条件下合成氨基酸的实验获得巨大成功。米勒的实验装置是一种由烧瓶和玻璃管构成的简易装置。将水倒入烧瓶后,加热沸腾形成水蒸气。然后在这种水蒸气中加进甲烷、氨和氢的混合气体,用电线通上 60 000V 的高压电,使其产生火花放电。水蒸气、甲烷、氨和氢的混合气体如同原始大气的成分一样,而火花放电则代替了雷电。当实验持续到一周以后,烧瓶中的水呈深红色。这是由于火花放电的能量引起原始大气的反应,生成的有机物积留在水中的缘故。米勒当时采用新的分析技术探查了水中究竟积留了什么物质,他意外地发现其中除含有甘氨酸和丙氨酸等重要的氨基酸之外,还有诸如乳酸、醋酸、尿素和蚁酸等大约 20 种有机物质。由于产生的有机物比预料的多,所以米勒的导师尤里博士推断,“原始地球汤海中的有机物的浓度一定曾经达到 1/100 左右”,其他各国科学家的实验也都证实了米勒的实验。此外,用紫外线或放射线(γ 射线和电子射线)代替火花放电,也同样能够制造有机物质。

大气中形成的有机物随着降雨一起溶入海洋后逐渐积聚起来,于是从氨基酸那样简单的物质演变为复杂的有机物质。蛋白质、核酸、多糖类等生命不可缺少的复杂有机物一定是在浅海海底的黏土表面层逐渐形成的。人们把溶解大量有机物质的原始海洋称为“汤海”,生命就诞生在这里。

2. 生命的起源

奥巴林正是依据上述思想来进行他的生命起源研究的。他以生源性的蛋白质为中心组分,同其他有机高分子,如多聚核苷酸、组蛋白等各种蛋白质或阿拉伯树胶等碳水化合物分别混合,这些混合物的水溶液在一般温度和酸碱度等条件下,会自然凝成一个个的小滴。奥巴林把这些小滴叫团聚体,这些团聚体外面自然包裹着一层外膜。在功能上,它们具有选择性吸收的能力,在适宜的条件下,可以呈现某种新陈代谢、生长、繁殖等类似生命活动的现象。因此,奥巴林认为,团聚体可能是从原始蛋白质演化为原始生命的过渡性的结构形式和场所。

美国的福克斯(G. Fox)博士认为,很可能是由于火山热生成蛋白质。福克斯把若干种氨基酸混合在一起并适当地加热,便发现形成类似于蛋白质的物质,因而被命名为“类蛋白”。当将这种类蛋白放入热食盐水中时,就分裂成微粒,只能在显微镜下才能勉强看到一些小球。这种小球称为“微球体”。福克斯指出,在海洋附近的火山地带,氨基酸受热就变成类似蛋白质的类蛋白,它溶解于海水后就成“微球体”。这种微球体与团聚体一样也可能成为原始细胞的基础。

但是,限于科学水平和指导思想的局限,他们没有能够完成生命起源的研究,也就不能回答生命的基本活动之一的遗传过程的起源。

蛋白质就是生命的思想,在生物学中统治了近一个半世纪。1944 年,艾弗里(O. T. Avery)通过转化实验证明,遗传物质不是蛋白质,而是脱氧核糖核酸(DNA)。直到 1951—1952 年,赫尔希和蔡斯利用同位素标记法研究噬菌体感染细菌的过程时才发现,侵入细菌体内的只是噬菌体的 DNA,其蛋白质外壳只有 1% ~

2%随DNA进入细菌体内,绝大多数留在外面。这时,核酸的遗传功能才得到公认。

1953年,DNA双螺旋结构被发现(参见P108图3-10DNA双螺旋结构)。经研究表明,从细菌到人类,他们所使用的遗传密码原则上就是一套,只有个别例外。这些发现暗示了在生命起源的过程中,必然有一个同蛋白质的原始发生同样重要的核酸的发生。20世纪60年代人们已经清楚,在生物界,蛋白质是在遗传密码的程序调控下合成的,而核酸的复制合成是由蛋白体(酶)催化完成的,它们相互依存,循环发展。但是,在它们各自原始发生之前,是没有什么循环及相互作用可言的。这样,就产生了一个谁先产生的问题。

奥巴林、福克斯等人认为,蛋白质是生命的执行者,它在所有生命物质中最重要,所以理应首先产生蛋白质,然后由这些蛋白质形成类似团聚体和微球体那样的多分子体系,再由这些团聚体把具有贮存和传递遗传信息功能的核酸吸收进来,通过选择、协同和不断有序化,最后形成原始生命。

20世纪60年代以后,另一些学者如克里克(F. H. C. Crick)等人认为,蛋白质的合成是受核酸指令控制的,没有核酸就没有蛋白质;同时设想,核酸由自我催化,构成自我繁殖体系,然后把具有催化功能的蛋白质吸收进来,逐渐形成原始生命。有人甚至认为,只要出现了核酸分子,原始生命就诞生了。

这种只建立在核酸基础上的生命有一个致命的弱点,就是如果没有酶(蛋白质)的帮助,核酸的人工合成至今没有成功。“核酸生命”还有一个致命缺陷,那就是由于半保守性复制,核酸分子中不断发生的突变会得到误差积累,结果使得任何进化都难以实现。因此,为了保证稳定和进化,必须有保护性机制,这在现存生物体中都是由蛋白质(识别和修复系统)完成的,核酸自身没有这种功能。

美国物理学家戴森通过对截止到20世纪80年代的有关成果进行的全面分析,针对存在的问题,他提出:原始生命不是只有一次起源,而是两次起源。他认为,唯一可能的出路就是核酸靠蛋白质催化完成。这就是说,他认为蛋白质是首先独立自我发生的。戴森指出,同核酸的困难相对照,蛋白质独立自我发生比较容易,这已由米勒和福克斯等人的诸多实践所证明。并且,奥巴林证明,以蛋白质为中心组分形成的团聚体小滴,可以具有类似生命的新陈代谢、生长、繁殖等活动。戴森通过数学分析的结果表明,蛋白质分子在原始细胞(团聚体)内可以自我随机复制,并且可以允许高达20%~30%的误差率。这样,如果是由5个氨基酸构成的活性中心,就会保持有1/4的机会准确复制,从而保证了该种分子已有的正常功能,这是奥巴林团聚体学说的一大优点。同时,戴森的分析还表明,一个分子群体(团聚体)可以拥有2 000~20 000个分子,这样大的能够自保持(不退化消亡)的群体,核酸是达不到的。蛋白质不但可以形成上述大分子群体,并且允许高突变率,这就保证了团聚体的稳定存活,同时也保证了其代谢功能得以实现,并能够不断复杂化、有序化。

基于上述种种情况，戴森支持奥巴林的学说，认为原始地球上首先起源的是蛋白质。他认为，奥巴林的团聚体可能是生命起源最适宜的演化场所，是从原始蛋白质群体进化为原始生命的过渡性结构形式。

那么，核酸是怎么起源的呢？戴森把核酸同蛋白质的关系类比成计算机硬件与软件的关系。他指出，核苷、核苷酸、核酸是在团聚体中由蛋白质催化合成的。如此原始发生的核酸同蛋白质的关系，最初只是作为寄生物存在于团聚体之中，结果有的团聚体因此而"得病"死亡，被淘汰了；有的则逐渐变得能够容忍核酸及其复制活动，从而使得它们之间的关系进化成一种寄生关系。后来，又经过数百万年，才一步步建立起协同的耦合关系，形成了互相依赖的共存、共生的有机整体。如此推动了团聚体形成原始的但具有如现代生命的基本结构和属性的生命形式。戴森的生命两次起源的基本思想认为：首先是蛋白质的原始独立起源，由这些蛋白质形成团聚体，并不断改进其代谢机能，这是生命的第一次起源；随后，团聚体在外界供应有关原料的条件下，通过蛋白质的催化合成核酸。核酸同蛋白质经过选择与协同耦合起来，形成原始生命，这是生命的第二次起源。只有经过这样两次起源，一种初步完善的生物才出现在我们的地球上。

由此，我们得出生命起源的途径可以划分为化学进化和生物进化两个层次和五个阶段。这五个阶段是：①生命物质的原料的产生；②生物小分子（如氨基酸、核糖等）的合成；③由生物小分子合成生物大分子，如蛋白质、核酸；④以蛋白质和核酸为主要成分的多分子体系的出现，如团聚体和微球体；⑤具有原始细胞结构和自我更新、自我繁殖能力的原始生命的形成。

思考题

生命的起源可分为哪些层次和阶段？试简单叙述之。

第三章

现代高新技术

“高技术”一词产生于20世纪60年代，是美国军事部门首先应用的，后来从经贸角度提出“高技术企业”的称谓。何谓高技术，不同的辞书、不同的国家看法略有不同，这同各国的具体国情有关。应该说，高技术不仅有科技的含义，还有经济、文化、社会的含义。这样，高技术是指以科学发现为基础，在一定历史时期的整个科技领域中起先导、主导作用，并推动同期经济飞跃发展和文化、社会巨大进步的新技术群，是知识、技术、人才和投资高度密集的各个技术领域的总称。高技术必定是新技术，但新技术未必是高技术。目前，国际上公认的并列入21世纪重点研究开发的高技术领域有生物技术、信息技术、航天技术、新材料技术、新能源技术和海洋技术等。

1986年3月，在4位著名老科学家王大珩（光学专家）、王淦昌（核物理学专家）、陈芳允（测量控制专家）、杨嘉墀（航天技术专家）的积极倡议下，我国制定了《高技术研究发展计划纲要》，简称“863”计划。这个计划的指导思想是：为缩短我国在高技术领域同世界先进水平的差距，首先在一些重要领域对世界先进水平进行跟踪，力争有所突破。“863”计划中提出了7个技术领域的17个主题项目，将其作为研究开发的目标。这7个技术领域是：生物技术——包括高产、优质农作物和改造动植物的基因工程；基因工程药物、疫苗；基因治疗方法；蛋白质工程。航天技术——包括大型运载火箭、天地往返系统、载人空间站系统及其应用。信息技术——包括智能计算机系统；光电子器件和微电子；光电子系统集成技术；信息的获取和处理技术；通信技术。激光技术——包括短波长、高功率、高能量和高质量的激光器及其在核聚变、加工、生产、医疗和国防上的应用。自动化技术——包括计算机综合自动化制造系统；智能机器人。新能源技术——包括燃煤磁流体发电技术；先进核反应堆技术。新材料技术——包括光电信息材料；密度小、抗腐蚀的结构材料；特种功能材料；耐高温、高压的高韧复合材料等。

继“863”计划之后，1988年我国又制定了发展高技术产业的“火炬计划”。这个计划的主要宗旨是：使高技术成果商品化，高技术商品产业化，高技术产业国际化。

1995年，党的十四届五中全会决议将航空技术、海洋技术引入高技术领域。

各项高新技术发展计划实施以来,取得了诸多令人瞩目的成就,缔造了一系列骄人的科技成果。如载人航天、“天河”系列及“神威·太湖之光”超级计算机、超级水稻、全超导托卡马克(EAST)、深海机器人、C919大型客机、500米口径球面射电望远镜、“悟空”号暗物质粒子探测卫星、“墨子”号量子科学实验卫星、“慧眼”号X射线空间天文卫星、“北斗”导航系统、“华龙一号”三代核电、克隆猴……这一系列科技成果在各领域都缩短了我国同世界先进水平的差距,在某些领域还达到甚至超过了国际先进水平,如高性能计算机、核聚变装置、高温超导研究、运载火箭、量子通信等。我国还陆续兴办了一批科技园、科学城、高新技术开发区、高新技术孵化器,建立了一批外资和合资高技术企业,参与了国际上一些大型高新技术研究课题,加速了我国高技术的进步和高技术产业化的进程。

高技术的发展,对我们国家来说,既是一种挑战,同时也是我们“后来居上”的发展机遇。只要我们抓住机遇,采取正确的战略,大胆创新,就有可能出现后发优势,实现21世纪中华民族的伟大振兴。

第一节 微电子与计算机技术

一、微电子技术

从人类社会科技革命的角度来讲,第一次科技革命首先在纺织行业展开,以蒸汽技术的发明和使用为标志,导致了“产业革命”。1774年,英国格拉斯哥大学的修理工瓦特发明了蒸汽机,由此触发了第一次产业革命,产生了近代纺织业和机械制造业,使人类进入利用机器延伸和发展人类体力劳动的时代。

第二次科技革命以电机的发明和电力的应用为代表,1866年,德国科学家西门子利用电磁铁制成了实用的发电机并应用于工业,从而引发了以电气化为代表的第二次技术革命。

第三次科技革命潮流以电子计算机、原子能、生物科技和航天技术为代表。当前,世界正经历着一场新的以微电子技术为核心的电子信息技术革命,即第三次技术革命。微电子技术是信息社会的基石。实现信息化的网络及其关键部件不管是各种计算机还是通信电子装备,它们的基础都是集成电路。因此,微电子技术被誉为21世纪的先导技术。

1. 晶体管与集成电路

微电子技术诞生的标志是1947年发明的晶体管,但微电子产业的快速发展是在1958年出现第一块集成电路之后。集成电路的历史虽然不足百年,但它给整个世界带来的影响却是极其深远的。可以说,没有微电子就没有今天的信息社会,就不可能有计算机、现代通信、网络等产业的发展。微电子技术正是信息社会的基石。

(1)晶体管的诞生。在第二次世界大战期间,雷达的出现使高频探测成为一个重要问题,电子管不仅无法满足这一要求,而且在移动式军用器械和设备上的使用也极其不便和不可靠,因此,晶体管探测器的研究便得到广泛关注。前期的半导体理论和技术方面的一系列重大突破,为晶体管的发明提供了理论及实践上的准备。

正是在实际需求牵引和技术驱动的共同作用下,1946 年 1 月,贝尔(Bell)实验室成立了固体物理研究小组及冶金研究小组,并设计出了第一个晶体管,即在一个楔形的绝缘体上蒸金,然后用刀片把楔尖上的金划开一条小缝,并将该楔形体与锗片接触,在锗片表面形成间距很小的两个接触点。这两个接触点分别作为发射极和集电极,衬底作为基极。经过无数次实验,终于在 1947 年 12 月 23 日首次观察到了该晶体管的放大特性。从此,世界上第一个晶体管诞生了,拉开了人类社会步入信息时代的序幕。

(2)集成电路的发展。晶体管发明之后不到五年,即 1952 年 5 月,英国皇家研究所的达默就在美国工程师协会举办的座谈会上第一次提出了集成电路(Integrated Circuit,IC)的设想。之后,经过几年的实践和努力,1958 年,得克萨斯仪器公司(Texas Instrument)的工程师们发明了集成电路。尽管当时一块芯片上只能集成 5 个晶体管,但是这种将多个晶体管和电阻、电容元件集成在一块芯片内的新型器件,标志着半导体器件的制造工艺水平产生了飞跃。

集成电路的发明和发展,除了得益于一系列物理原理的重大发现之外,还得益于许多新工艺的发明。重大的工艺发明主要包括:离子注入工艺、扩散工艺、外延生长工艺、光刻工艺。从此,电子工业进入了集成电路时代。经过 60 余年的发展,集成电路已经从最初的小规模集成电路发展到目前的巨大规模集成电路和系统芯片,集成的元件数也从当时的十几个发展到目前的几亿个甚至几十亿个。

集成电路的出现打破了电子技术中器件与线路分离的传统,开辟了电子元器件与线路甚至整个系统向一体化发展的方向,为电子设备的性能提高、价格降低、体积缩小、能耗降低提供了新的途径,也为电子设备的迅速普及、走向大众奠定了基础。

随着集成电路技术的发展,使整机、电路与元件、器件之间的明确界限被突破。器件、电路和整机系统已经结合在一起,体现在一小块硅片上,这就形成了固体物理、硅器件工艺与电子学三者交叉的新技术学科——微电子学。微电子学和微电子技术一般是指以集成电路技术为代表,制造和使用微小型电子元件、器件和电路,实现电子系统功能的新型技术学科,它也特指大规模集成电路的制造和运用技术。微电子技术与传统电子技术相比,其主要特征是器件和电路的微小型化。它把电路系统的设计和制造工艺紧密结合起来,适于进行大规模的批量生产,实现成本低和可靠性高。在21世纪,微电子技术是改变生产和生活面貌的先导技术。例如,微芯片上的器件密度已达到人脑中神经元密度水平。这样水平的微芯片将促使计算机及通信产业更新换代,大大改变人们生产、生活的面貌。科学家们已在讨论把微芯片记忆线路植入人的大脑以治疗老年性痴呆症,或增加人的记忆能力的可能性。而用微芯片制作的手提式超级计算机、电子笔记本、微型翻译机和便携式电话等已陆续普及。

几十年来,世界集成电路业的产值以大于13%的年增长率持续发展,世界上还没有哪一个产业能够以这样高的速度持续增长。目前,以集成电路为核心的电子信息产业超过了以汽车、石油、钢铁为代表的传统工业,成为第一大产业,成为改造和拉动传统产业迈向数字时代的强大引擎和雄厚基石。

(3)集成电路的应用。目前,微电子芯片已经成为现代工业、农业、国防装备和家庭耐用消费品的细胞。例如,在日本,每个家庭拥有的集成电路芯片平均在100个以上。

由于集成电路的原材料主要是硅,因此有人认为,人类自1968年已经进入了继石器时代、青铜器时代、铁器时代之后的硅器时代。

随着微电子技术的发展和微型计算机的产生,信息技术的应用得到极其广泛的普及,较重要的信息技术应用成果多达5 000余种,人们将其概括为“3C”革命和“3A”革命。

“3C”革命是指通信(Communication)、计算机化(Computerization)和自动控制(Control)技术革命。“3C”革命将人类社会推向了划时代的信息新社会。

“3A”革命,又称为“三化”革命,是指工厂自动化(FA)、办公自动化(OA)和家庭自动化(HA)。“3A革命”的深入发展,将整个人类社会全面推向自动化。

应用是集成电路产业链中不可或缺的重要环节,是集成电路最终进入消费者手中的必经之途。除众所周知的计算机、通信、网络、消费类产品的应用外,集成电路正在不断开拓新的应用领域,诸如微机电系统、微光机电系统、生物芯片(如DNA芯片)、超导等。这些创新的应用领域正在形成新的产业增长点。

例如,目前在笔记本、台式计算机和手机上普遍采用的彩色液晶显示器就是由薄膜晶体管组成的屏幕,它的每个液晶像素点都是由集成在像素点后面的薄膜晶体管来驱动的。显示屏上每个像素点后面都有四个(一个黑色、红绿蓝三个彩色)相互独立的薄膜晶体管驱动像素点发出彩色光,可显示24位色深的真彩色,可以做到高速度、高亮度、高对比度显示屏幕信息。

(4)微电子技术发展的特点。当前微电子技术发展的一个鲜明特点就是:系统级芯片(System On Chip,简称SOC)概念的出现。在集成电路发展初期,电路都从器件的物理版图设计入手,后来出现了IC单元库,使用IC设计从器件级进入逻辑级,这样的设计思路使大批电路和逻辑设计师可以直接参加IC设计,极大地推动了 IC 产业的发展。由于 IC 设计与工艺技术水平不断提高,集成电路规模越来越大,复杂程度越来越高,已经可以将整个系统集成为一个芯片。正是在需求牵引和技术推动的双重作用下,出现了将整个系统集成在一个 IC 芯片上的系统级芯片的概念。其进一步发展,可以将各种物理的、化学的和生物的敏感器(执行信息获取功能)和执行器与信息处理系统集成在一起,从而完成从信息获取、处理、存储、传输到执行的系统功能,这是一个更广义上的系统集成芯片。很多研究表明,与由 IC 组成的系统相比,由于 SOC 设计能够综合并全盘考虑整个系统的各种情况,可以在同样的工艺技术条件下实现更高性能的系统指标。微电子技术从 IC 向 SOC 转变,不仅是一种概念上的突破,同时也是信息技术发展的必然结果。目前,SOC 技术已经崭露头角,21 世纪将是 SOC 技术真正快速发展的时期。

集成电路最重要的生产过程包括:开发 EDA(电子设计自动化)工具,利用 EDA 进行集成电路设计,根据设计结果在硅圆片上加工芯片(主要流程为薄膜制造、曝光和刻蚀),对加工完毕的芯片进行测试,为芯片进行封装,最后经应用开发将其装备到整机系统上与最终消费者见面。

微电子技术的另一个显著特点就是其强大的生命力,它源于可以低成本、大批量地生产出具有高可靠性和高精度的微电子结构模块。这种技术一旦与其他学科相结合,便会诞生出一系列崭新的学科和重大的经济增长点。作为与微电子技术成功结合的典型例子便是 MEMS(微电子机械系统或称微机电系统)技术和生物芯片等。前者是微电子技术与机械、光学等领域结合而诞生的,后者则是与生物工程技术结合的产物。

可以认为,微电子技术的迅猛发展必将带来又一次革命性变革。相应的微电子产品将如同细胞组成人体一样,成为现代工农业、国防装备和家庭耐用消费品的细胞,改变着社会的生产方式和人们的生活方式。微电子技术不仅成为现代产业和科学技术的基础,而且正在创造着代表信息时代的硅文化。

(5)我国集成电路产业的发展。我国半导体产业的建设始于 20 世纪 60 年代,经过长期发展,已经建立起包括集成电路设计、集成电路制造、封装测试、半导体分立器件、半导体设备和材料等产业的基本架构。近几年的加速发展缩短了与国外先进技术的差距,有了一定的产业规模。但统计数据表明,多年来我国进口额最大的商品不是石油,也不是飞机和汽车,而是小小的芯片。原因在于芯片的关键技术掌握于发达国家手里,国内企业自给率仅达 9.8%,主要技术落后国际两代水平。

为推动集成电路产业加快发展,国务院发布了《国家集成电路产业发展推进纲要》(下文简写为《纲要》),旨在充分发挥国内市场优势,营造良好的发展环境,激发企业活动和创造力,努力实现集成电路产业跨越式发展。《纲要》明确指出,到 2020 年集成电路产业与国际先进水平的差距逐步缩小,全行业销售收入年均增速超过 20%，企业可持续发展能力大幅增强；到 2030 年，集成电路产业链主要环节达到国际先进水平，一批企业进入国际第一梯队实现跨越式发展。

目前，我国集成电路产业进入快速增长阶段，尤其是未来 5～10 年，将是我国集成电路产业发展的关键时期。我国集成电路产业将以集成电路设计为突破口，以芯片制造为重点，面向市场需求，努力实现集成电路产业的规模化经营和规模经济效益。

2．集成电路卡

本节以日常生活中接触越来越多的集成电路卡来具体说明集成电路应用的普遍性。

集成电路卡，即 IC 卡。它是将集成电路芯片封装成模块并嵌入塑料卡基中制成的卡片。IC 卡是随着计算机技术和微电子技术的发展、结合而产生的一种信息存储媒体。法国的布尔（BULL）公司于 1976 年首先制造出 IC 卡产品，并将这项技术应用到金融、交通、医疗、通信等多个领域。

（1）IC 卡的分类。

①按照 IC 卡与读卡器的通信方式，可将 IC 卡分为接触式 IC 卡和非接触式 IC 卡两种。接触式 IC 卡通过卡片表面 8 个金属触点与读卡器进行物理连接来完成通信和数据交换。非接触式 IC 卡通过无线通信方式与读卡器进行通信，通信时非接触式 IC 卡不需要与读卡器直接进行物理连接。

②按照是否带有微处理器，IC 卡可分为存储卡和智能卡两种。存储卡仅包含存储芯片而无微处理器，一般的电话 IC 卡即属于此类。将指甲盖大小的带有内存和微处理器芯片的大规模集成电路嵌入塑料基片中，就制成了智能卡。银行的 IC 卡通常是指智能卡。智能卡也称为 CPU（中央处理器）卡，它具有数据读写和处理功能，因而具有安全性高、可以离线操作等突出优点。所谓离线操作是与联机操作相对而言的，它可以在不联网的终端设备上使用。离线操作不仅大大减少了通信时间，也能够在移动收费点（如公共交通）或通信不顺畅的场所使用。

③按照应用领域来划分，IC 卡可以分为金融卡和非金融卡两种。金融卡又分为信用卡和现金储值卡；非金融卡是指应用于医疗、通信、交通等非金融领域的 IC 卡。

（2）IC 卡的优点。IC 卡的外形与磁卡相似，它与磁卡的区别在于数据存储的媒体不同。磁卡是通过卡上磁条的磁场变化来存储信息的，而 IC 卡是通过嵌入卡中的电擦除式可编程只读存储器集成电路芯片（EEPROM）来存储数据信息的。因此，与磁卡相比较，IC 卡具有以下优点：

①存储容量大。磁卡的存储容量大约在 200 个数字字符；IC 卡的存储容量根据型号不同，小的几百个字符，大的上百万个字符。

②安全保密性好。IC 卡上的信息能够随意读取、修改、擦除，但都需要密码。

③CPU 卡具有数据处理能力。在与读卡器进行数据交换时，可对数据进行加密、解密，以确保交换数据的准确可靠；而磁卡则无此功能。

④使用寿命长。

(3)IC 卡的主要技术。IC 卡的核心是集成电路芯片，是利用现代先进的微电子技术，将大规模集成电路芯片嵌在一块小小的塑料卡片之中。其开发与制造技术比磁卡复杂得多。IC 卡主要技术包括硬件技术、软件技术及相关业务技术等。硬件技术一般包含半导体技术、基板技术、封装技术、终端技术及其他零部件技术等；而软件技术一般包括应用软件技术、通信技术、安全技术及系统控制技术等。

①EEPROM 技术。电擦除式可编程只读存储器(Electrically Erasable Programmable Read Only Memory)是 IC 卡技术的核心。该技术使晶体管密度增大，改善了性能，增加了容量，达到在同样面积上存储更大数据量的目的。

作为数据或程序的存储空间，EEPROM 的数据可以至少保持 10 年的时间，擦写次数达 10 万次以上。EEPROM 技术还提供了很大的灵活性，通过设置不可修改的标志位，能够将 EEPROM 单元转变成可编程只读存储器、只读存储器或不可读的保密存储单元。

该技术的先进性使得带有保密存储器的 IC 卡得到快速发展和应用。例如，在各种收费系统(公用电话、电表、公路收费等)及访问控制等领域获得了广泛的应用。以 EEPROM 为核心的 CPU 卡也广泛应用于移动电话、银行部门、多应用卡及要求有公共密钥算法的高安全性应用领域。

②RFID 技术。射频识别 RFID(Radio Frequency Identification)技术是一种利用电磁波进行信号传输的识别方法，被识别的物体本身应具有电磁波的接收和发送装置。RFID 系统使用的通信频段范围为小于 135kHz 或大于 300MHz ~ GHz 级。

射频识别 IC 卡是一种使用电磁波和非触点来与终端通信的 IC 卡。使用此卡时，不需要把卡片插入到特定读写器插槽之中。一般来说，通信距离在几厘米至 1 米范围内，射频识别卡使用得较多，而且发展潜力较大。

射频识别 IC 卡有主动式和被动式之分。主动式卡是指卡片需要主动靠近读卡器，用户需要将卡在读卡器上晃过才完成交易；被动式卡不用出示卡片，只要走过读卡器的范围，即可完成交易。

目前世界上最先进的非接触 IC 卡就采用了独特的 RFID 技术。预计此种技术将有很大的市场潜力。

③加密技术。IC 卡中的 CPU 卡采用特殊的加密技术，不仅可以验证信息的正确性，同时还能检查通信双方身份的合法性，从而保证信息传送的安全性。这是通过 IC 卡中存储的银行密钥与读卡器兼黑盒子中存储的银行密钥的相互校验来实现的，从而保证了持卡者本身和读卡器双方都具有合法身份。总之，采用先进的加密技术后，不仅具有高度的安全性、严谨性，还具有灵活便捷、成本低等优势。

除上述技术之外,还有 Java 卡技术、IC 卡 ISO 标准化技术、IC 卡生物认证技术及数据压缩技术等软、硬件新技术。由于 IC 卡技术含量越来越高,功能越来越强,使得 IC 卡的应用领域不断向纵深方向拓展。

(4)IC 卡的主要应用。IC 卡的开发、研制与应用是一项系统工程,涉及计算机、通信、网络、软件、卡的读写设备、应用机具等多种产品领域的多种技术学科。因此,全球 IC 卡产业在技术、市场及应用的竞争中迅速发展起来。IC 卡已是当今国际电子信息产业的热点产品之一,除了在商业、医疗、保险、交通、能源、通信、安全管理、身份识别等非金融领域得到广泛应用外,在金融领域的应用也日益广泛,影响十分深远。

IC 卡虽然进入我国较晚,但在政府的大力支持下,发展迅速。1995 年底,国家金卡办为统筹规划全国 IC 卡的应用,组织拟定了《金卡工程非银行卡应用总体规划》。为了保证 IC 卡的健康发展,在国务院金卡办的领导下,信息产业部、公安部、卫生部、国家工商管理局等各个部委纷纷制定了 IC 卡在本行业的发展规划。

①IC 卡在银行系统的应用。银行卡大体分为两类:信用卡和储值卡。

信用卡,即贷记卡,有小额信贷功能,即可以小额透支。它要求持卡人有较高的信誉度,透支的钱应及时存入。

储值卡,即借记卡,不需要建档案,不需要担保,不能够透支,一般用于小额提取或消费。目前国内各商业银行所发放的银行卡大多数为借记卡。

据统计,发达国家的现钞流通量仅占流通实力的 8%,基本上是信用卡及各种金融卡主宰金融市场。而我国的现钞流通量则高达 25% 以上,大量现金的"体外循环"为腐败现象的滋生和各种经济犯罪提供了生存土壤,不仅扰乱了经济秩序,还严重影响社会的稳定及人民币的价值和信誉。电子货币或银行 IC 卡的普遍应用正是解决上述问题的有效办法。

目前的银行卡大多数仍为磁卡,在塑料卡片上有磁条和凸印字。磁条中记录账号和密码等基本信息,而实际款项存储在由网络连接的银行计算机硬盘上,用户提取或存入的款项在不同的银行账户之间进行资金往来。用户消费的款项由银行和商户之间进行结转和清算。这种磁卡在使用时需要访问主机账户,因此只能在联机处理时间内使用,其速度和稳定性取决于通信线路的质量,在网络达不到的场所则无法使用。

我国发展金卡的方针是"两卡并用,磁卡过渡,发展 IC 卡为主"。未来的发展趋势必将是 IC 卡逐步取代磁卡。

IC 卡既可以由银行独自发行,又可以与各企事业单位合作发行联名卡。这种联名卡形成银行 IC 卡的专用钱包账户。例如,医疗保险专用钱包不得消费,不得提取现金,只能在指定医院等场所使用。当前,联名卡主要有保险卡、财税卡、交通卡、校园卡等多种。

②IC 卡收费系统。它包括电费、水费、煤气费、通信费等各种消费资源费用的收取。该类系统可以提高管理效率和可靠性。通过预先收费,可以增加管理部门的可用资金,为居民提供优质服务,改变对资源先消费后收费的不合理状况。对于用户而言,IC 卡收费可消除收费人员入户的骚扰和准备现金零钱的烦恼;同时,还有利于用户根据自家用电、用水、用煤气的情况,进行计划消费。

③IC 卡医疗保险系统。随着我国医疗体制的改革,居民持保险公司发行的 IC 卡到医院就医,就医费用将由保险公司支付。医疗 IC 卡除了具有医疗费用的支付功能外,卡内还可以存储病人的病历。病人看病可以到不同的医院,医生可根据卡内的病历信息快速进行诊断和治疗。

④公交管理系统。乘客持公交管理部门发行的预先付费 IC 卡乘车,上车时只需在汽车门口的收费机前晃一下(主动式卡),收费机便自动完成收费。这样,能够有效地减少上下车时间,加快车辆周转速度,提高管理效益,杜绝贪污、假币现象。

其他,还有交警管理系统、工商管理系统、IC 卡电子门锁、IC 卡税务管理系统、高速公路收费系统等多种 IC 卡应用系统。

IC 卡随着半导体技术、大规模集成电路芯片的发展而产生,也必将随着计算机技术、网络技术等的高速发展而迅速发展壮大。不断扩大 IC 卡的应用领域已成为社会发展的必然需求。

在全球 IC 产业市场竞争更加激烈的情况下,IC 卡必然向更高层次方向发展。诸如从接触型 IC 卡向非接触型 IC 卡转移,从低存储容量的 IC 卡向高存储容量发展,从单功能 IC 卡向多功能 IC 卡转化,从单系统的 IC 卡向多系统 IC 卡转化,由非银行系统转向银行系统应用,由民用转向军用,由局域网向因特网迁移等。新技术不断涌现,IC 卡品种繁多,这充分说明了 IC 卡的强大生命力。IC 卡将会越来越多地渗入到人们的生活中。

二、计算机技术

计算机是 20 世纪 40 年代人类的伟大创造。计算机的出现使人们在物质和能量两大战略资源之外开发和利用了“信息”这一新的战略资源,开拓了人类认识世界、改造世界的新领域。在信息社会中,微电子技术是基础,计算机和通信设施是载体,软件技术是核心。

1. 计算机的发展

计算机是一种能够快速地自动完成信息处理的电子装置,它能按照程序引导的确定步骤,对输入数据进行加工处理、存储或者传递,以便获得所期望的输出信息。

(1)第一台电子计算机。世界上第一台真正意义上的电子数字计算机——电子数值积分计算机埃尼阿克(ENIAC Electronic Numerical Integrator and Calculator),开始研制于1943年,1946年2月交付使用。这台计算机是采用电子管作为基本元件的庞然大物,装有1.8万个电子管、7万个电阻器、1万个电容器和6 000个开关,重达30t,占地面积150m^2,耗电140kW。当它工作时,不得不对附近的居民区停止供电。

埃尼阿克用10进制进行计算,存储容量仅千位,平均无故障运行时间也只有7分钟,计算速度为5 000次/s,仅相当于现在一台普通个人电脑的几千分之一。这在当时已经是划时代的高速计算机了。它主要用来进行弹道计算的数值分析,计算炮弹着弹位置所需要的时间比炮弹离开炮口到达目标所需要的时间还要短,一度被誉为“比炮弹还要快的计算机”。

经过多次改进后,埃尼阿克成为一台能进行各种科学计算的通用计算机,共服役9年。当时曾有人认为,全世界只要有4台这样的计算机就足够了。

埃尼阿克奠定了电子计算机的发展基础,开辟了一个计算机科学技术的新纪元。有人将其称为人类第三次产业革命开始的标志。

埃尼阿克诞生后,数学家冯·诺依曼提出了重大的改进理论,主要有两点:其一是电子计算机应该以二进制为运算基础,其二是电子计算机应采用“存储程序”方式工作,并且进一步明确指出了整个计算机的结构应由五个部分组成:运算器、控制器、存储器、输入装置和输出装置。冯·诺依曼的这些理论的提出,解决了计算机的运算自动化的问题和速度配合问题,对后来计算机的发展起到了决定性的作用。直至今天,绝大部分的计算机还是采用冯·诺依曼方式工作。

(2)计算机的发展。按照计算机硬件结构及系统软件的特点,计算机分为四代。

①第一代(1946—1958年)计算机——电子管计算机。全世界共有100台左右的电子管计算机。其逻辑元件采用电子管;软件主要采用机器语言、汇编语言,使用穿孔卡片,主要应用于科学计算。其特点是:体积大、耗电大、可靠性差、价格昂贵、维修复杂。

②第二代(1958—1964年)计算机——晶体管计算机。其逻辑元件采用晶体管,体积大大缩小,耗电减少,可靠性提高,并把计算速度从每秒几千次提高到几十万次。

硬件设备性能的大幅度提高,为软件的发展打下了物理基础。计算机的程序设计告别了机器指令的时代,适用于科学计算的FORTRAN语言、面向商业应用的COBOL语言、通用性的PASCAL语言、简单易学的BASIC等高级编程语言纷纷问世,大大提高了编程的工作效率;同时,还出现了以批处理为主的操作系统。

此时的计算机主要应用于科学计算和各种事务处理,并开始用于工程控制。

③第三代(1964—1971 年)计算机——集成电路计算机。60 年代中期,计算机开始采用集成电路。计算机的体积、重量、功耗大幅度降低,性能大幅度提高。在外存储器方面,一种速度更快、记录密度更高的磁盘成为该代计算机的主流。

在系统结构方面,出现了系列化兼容的大、中型机和小型机,其中最有影响力的代表机型是 IBM 公司的 IBM 360(后来升级为 IBM 370)和 DEC(Digital Equipment Corporation,现已被康柏公司兼并)公司的 PDP-11,二者分别成为大、中型机和小型机的主流机型,其体系结构成为事实上的国际标准。

在软件方面,出现了操作系统,算法语言也更加丰富和完善。由多台计算机通过通信线路互联起来构成的计算机网络开始出现,其典型的代表是美国国防部的 ARPANET 网。

④第四代(1971 年至现在)计算机——大规模集成电路计算机。在第三代之前,计算机技术主要集中在大型机和小型机领域发展,但随着超大规模集成电路和微处理器技术的进步,计算机进入寻常百姓家的技术障碍已层层突破。特别是从英特尔(Intel)公司发布其面向个人机的微处理器 8080 之后,这一浪潮便汹涌澎湃起来。

微处理器的问世不仅使个人计算机异军突起,同时也真正实现了计算机技术向各行各业、各个领域的渗透。微处理器的功能大、体积小,可以把它安装到各种生产工具和生活用具上。现在人们常常讲"机电一体化",就是用微处理器改造传统的机器、通信设备和家用电器,使之接受处理器芯片的控制。

(3)电子计算机的发展方向。从 1946 年世界上第一台电子数学计算机诞生以来,到"微处理器改变全球",仅仅经历了半个多世纪。它的发展速度是世界上任何其他技术所不能比拟的。目前,计算机正在向以下四个方面发展:

①巨型化。天文、军事、气象、科学研究等领域需要进行大量的计算,要求计算机有更高的运算速度、更大的存储量,这就需要研制功能更强的巨型计算机,也称为超级计算机。

②微型化。专用微型机已经大量应用于仪器、仪表和家用电器中。通用微型机已经大量进入办公室和家庭,但人们需要体积更小、更轻便、易于携带的微型机,以便出门在外或在旅途中均可使用计算机。应运而生的便携式微型机和掌上微型机正在不断涌现,迅速普及。

从 20 世纪 80 年代起,后 PC 时代到来,使得人们开始越来越多地接触到嵌入式产品。像手机、PDA(如商务通等)、DVD 机、机顶盒等均属于嵌入式产品,而像车载 GPS 系统、数控机床、网络冰箱和许多其他的工业、电子设备,都内嵌有特定用途的电子计算机。这些电子计算机也通常被称之为"微控制器"或者嵌入式计算机(Embedded Computer)。

通用计算机具有计算机的标准形态,通过装配不同的应用软件,以类同面目出现并应用在社会的各个方面,其典型产品为 PC 机;而嵌入式计算机则是以嵌入式系统的形式隐藏在各种装置、产品和系统中。嵌入式系统应定义为:“嵌入到对象体系中的专用计算机系统”。如果说微型机的出现,使计算机进入现代计算机发展阶段,那么嵌入式计算机系统的诞生,则标志着计算机进入了通用计算机系统与嵌入式计算机系统两大分支并行发展时代,从而导致 20 世纪末、21 世纪初计算机的高速发展时期。

③网络化。将地理位置分散的计算机通过专用的电缆或通信线路互相连接,就组成了计算机网络。网络可以使分散的各种资源得到共享,使计算机的实际效用得到极大提高。计算机联网成为计算机应用中一个很重要的部分。因特网就是一个通过通信线路连接、覆盖全球的计算机网络。通过因特网,人们足不出户就可获取大量的信息,与世界各地的亲友快捷通信,进行网上贸易,接受远程教育等等。

除了有线网络之外,无线技术正在一步步贴近我们的生活。目前主流应用的无线网络分为 GPRS(通用分组无线业务)手机无线网络上网和无线局域网两种方式。应该说,GPRS 手机上网方式是目前真正意义上的一种无线网络。它是一种借助移动电话网络接入 Internet 的无线上网方式。未来,在无线网络范围内可实现计算机漫游。各种业务人员、部门负责人和工程技术专家,只要有移动终端或笔记本电脑,无论是在办公室、资料室、洽谈室,甚至在宿舍都可通过局域网或广域网随时查阅资料、获取信息。领导和管理人员可以在网络范围的任何地点发布指示、通知事项、联系业务。也就是说,可以随时随地进行移动办公。

④智能化。目前的计算机已能够部分地代替人的脑力劳动,因此也常称为“电脑”。但是人们希望计算机具有更多的类似人的智能,比如,能听懂人类的语言,能识别图形,会自行学习等,这就需要进一步进行研究。

近年来,通过进一步的深入研究,发现由于电子电路的局限性,理论上电子计算机的发展也有一定的局限,因此人们正在研制不使用集成电路的计算机,例如,生物计算机、光子计算机、超导计算机等。

2. 微处理器的升级

在计算机的发展史上,20 世纪 70 年代初问世的第四代大规模集成电路计算机具有特殊的重要意义。高度的集成化使得计算机的中央处理器(CPU)和其他主要功能可以集中到同一块半导体硅片(即微处理器芯片)上。其高度的集成性,不仅仅使体积缩小,更使速度加快,故障减少。

微处理器的不断升级为现代计算机插上了腾飞的翅膀,计算机技术经过多年的积累,终于驶上了用硅铺就的高速公路。

(1)微处理器的崛起。1971 年英特尔公司研制成功了第一台微处理器 4004 芯片。这块集成了 2 250 个晶体管的芯片的面积只有$(4.2\times3.2)mm^2$,用 $10\mu m$ 工艺制作而成,可执行 46 条简单指令,能控制的内存空间仅 4K 字节,然而其功能已相当于1950年时像房子那么大的电路板。

1981年，IBM公司采用8088为中央处理器，推出了IBM PC个人计算机，由于采用了全开放的结构和技术，PC机及兼容机得到了迅猛的发展。

能生产CPU的企业主要集中于美国，其中最著名的是英特尔（Intel）和AMD公司。从20世纪80年代开始，可容纳几十万个和上百万个元件的超大规模集成电路相继出现，使得计算机的体积、重量和价格不断下降，而功能和可靠性不断增强。

由于微处理器的工作主频率决定每秒执行指令的速度，在计算机性能的提升过程中，微处理器始终扮演着引擎的作用。而微处理器的进步在硬件上又带动了相关零部件和外设的发展，同时也为应用提供了更好的平台，从而形成一个互相促进的加速循环过程。

集成电路问世以来，计算机的性能提高了上万倍，价格却降至当初的1/10 000。如今中学生手里的一台笔记本计算机，其功能相当于20世纪60年代全世界计算机加起来的总和。一位德国工程师曾经感叹道，如果汽车工业也以这样的速度发展，则今天的一辆小汽车便只有5kg重，且时速高达5 000km，而售价却只有1美元。

（2）摩尔定律。1965年4月19日，《电子学》杂志刊登了一位36岁的工程师的文章——《往集成电路里塞进更多元件》，这位名叫戈登·摩尔（Gordon Moore）的工程师3年之后成为Intel公司的创始人之一。他对芯片业做了一个预言：芯片中的晶体管和电阻器的数量每年会翻番，原因是工程师可以不断缩小晶体管的体积。到1975年，摩尔把“翻番”的时间修正为2年，后来成了著名的半导体工业摩尔定律。该定律指出：固态硅集成电路芯片在保持售价不变的前提下，产品性能翻番的周期为18到24个月，其性能的提高主要是通过缩小晶体管的尺寸来实现的。摩尔定律的有效性已为40多年的历史所证实。

自从美国英特尔公司1971年设计制造出4位微处理器芯片以来，在30年的时间内，CPU从Intel 4004，80286，80386，80486发展到迅驰二代，字长从4位、8位、16位、32位发展到64位；主频从几兆到几个GHz；中央处理器CPU芯片里集成的晶体管数由2 300个跃升到2亿个以上；半导体制造技术的规模由小规模集成电路、中规模集成电路、大规模集成电路、超大规模集成电路，达到甚大规模集成电路。封装的输入/输出引脚从几十根逐渐增加到几百根。

根据美国半导体工业协会预测，器件的最小特征尺寸应该在13nm左右，这意味着只有二十几个原子那么大。达到这种程度，线宽可能还会继续缩小，但缩小的余地将非常有限。一种被称为超紫外线光刻技术（Extreme Ultra Violet EUV）的高级光刻技术被视为保证摩尔定律今后依旧适用的法宝。它可以使半导体制造商在芯片上蚀刻电路线的等级达到0.1μm，另外电子束光刻设备也在研究中，但这些仍然是未知数,所以半导体的加工手段能做到什么程度,实际上依赖于微细加工技术的发展。对于这项下一代光刻技术所能够达到的精度,可以将其类比为从航天飞机识别地球上一个区所需要达到的精度。

总而言之,1975 年后的计算机大规模应用主要归功于英特尔公司发明了微处理器,并得到不断发展。其次要归功于软件的开发与研制。计算机软件是计算机应用的灵魂,也是高新技术的重要组成部分。

(3)多核处理器与超级计算机。根据摩尔定律,半导体芯片上集成的晶体管数量将每两年翻一番,CPU 主频每隔两年就会增加一倍。但是,随着 CPU 主频飞速提升,功耗和发热量也是水涨船高,单核心的功耗控制问题非常严峻,摩尔定律受到了严峻的挑战,处理器遇到了棘手的发展瓶颈,改变设计思维刻不容缓,多核心处理器设计应运而生。

为了控制处理器功耗不断攀升的局面,研发人员转变研发思维,将处理器的发展方向由不断更新制作工艺、提高频率向多重平行处理转变,设计出两个以及两个以上核心的处理器机型。处理器的核心越多,并行计算的机会就越大,计算机工作的效率就越高。处理器的这种设计思维被人们称为后摩尔时代处理器发展趋势。

国际上通常将计算机划分为大型机、小型机、个人计算机、巨型机、小巨型机和工作站六类。巨型计算机亦称为超级计算机,通常由数百数千甚至更多的处理器(机)组成的、能计算普通 PC 机和服务器不能完成的大型复杂课题的计算机。如果把普通计算机的运算速度比做成人的走路速度,那么超级计算机就达到了火箭的速度。因此,超级计算机是计算机中功能最强、运算速度最快、存储容量最大和价格最贵的一类计算机,多用于国家高科技领域和国防尖端技术的研究,如核武器设计、核爆炸模拟、反导弹武器系统、空间技术、空气动力学、大范围气象预报、石油地质勘探等高科技领域和尖端技术研究,是国家科技发展水平和综合国力的重要标志。

超级计算机的界定具有显著的时代特征,与当时的计算机技术和应用的发展水平紧密相关。作为高科技发展的要素,超级计算机早已成为世界各国经济和国防方面的竞争利器。经过中国科技工作者几十年不懈的努力,中国的高性能计算机研制水平显著提高,成为继美国、日本之后的第三大高性能计算机研制生产国。

TOP500 榜是对全球已安装的超级计算机“排座次”的最知名排行榜。从 1993 年起,由国际 TOP500 组织以实测计算速度为基准每年发布两次。

在超级计算机 500 强榜单中,中国“神威 · 太湖之光”与“天河二号”多次夺得榜单前两位。

2013 年 6 月至 2016 年 6 月,“天河二号”为世界上最快的超级计算机。

2016 年 6 月至 2018 年 6 月,中国自主芯片制造的“神威 · 太湖之光”以持续性能每秒9.3亿亿次取代“天河二号”登上榜首。“天河二号”以每秒3.39亿亿次的浮点运算速度排名第二。

2018年6月25日，分布的超级计算机500强中，美国超级计算机“顶点(Summit)”名列第一，这是美国多年后重回榜首。“顶点(Summit)”超级计算机峰值计算能力达到每秒20亿亿次，比排名第二的中国超级计算机“神威·太湖之光”(峰值计算能力每秒12.5亿亿次)快了约60%。随后排在第三位至第五位的超级计算机依次是美国的“山脊”、中国的“天河二号”、日本的“人工智能桥接云基础设施”。

计算与理论研究、科学实验并称为人类探索未知世界的三大科学手段。超级计算属于战略高技术领域，是世界各国竞相角逐的科技制高点。未来几年，全球的科技强国都开始向号称“超级计算机的下一顶皇冠”的E级超算全力进军。E级超算是指每秒可进行百亿亿次数学运算的超级计算机，它在解决能源危机、污染和气候变化等人类共同面临的重大问题上将发挥超越以往的巨大作用。百亿亿次量级计算机的研制已经列入了我国“十三五”的攻坚目标。就目前的发展情况来看，2020年或许会成为这一重大突破的关键节点。

三、人工智能

人工智能是计算机学科的一个分支，20世纪70年代以来被称为世界三大尖端技术之一(空间技术、能源技术、人工智能)，也被认为是21世纪三大尖端技术(基因工程、纳米科学、人工智能)之一。这是因为近30年来它获得了迅速的发展，在很多学科领域都获得了广泛应用，并取得了丰硕的成果，人工智能已逐步成为一个独立的分支，无论在理论和实践上都已自成一个系统。

人工智能(Artificial Intelligence)，英文缩写为AI，是一门综合了计算机科学、生理学、哲学的交叉学科。AI是指用计算机模拟人的思维和行为过程，由计算机来表示和执行人类的智能活动，如判断、识别、理解、学习、规划和问题求解等。人工智能是计算机科学的一个分支，它企图了解智能的实质，并生产出一种新的能以人类智能相似的方式作出反应的智能机器。概括而言，人工智能研究用人工的方法和技术，模仿、延伸和扩展人的智能，实现机器智能。

目前，该领域的研究包括智能机器人、语言识别、机器视觉和模式识别、自然语言处理、专家系统、问题求解、公式推导、定理证明等许多领域。随着科学技术发展和社会进步，这些系统将获得越来越广泛的应用。

1.人工智能的发展

为了区分机器是否会“思考”，有必要给出“智能”(intelligence)的定义。究竟“会思考”到什么程度才叫智能？比方说，解决复杂的问题，还是能够进行概括和发现关联？什么是“知觉”(perception)，什么是“理解”(comprehension)？等等。

1950 年著名的计算机专家阿兰・图灵在《心灵》(mind)杂志上发表了一篇划时代的论文《计算机器和智能》。在这篇论文中,图灵认为,机器能不能思维的问题应当用机器能否通过他设计的著名的"图灵测试"的问题来代替。图灵实验的本质就是当人在不看外形的情况下不能区别是机器的行为还是人的行为时,这个机器就是有智能的。也就是说,如果一台机器的表现(Act)、反应(React)以及相互作用(Interact)都和有意识的人类个体一样,那么它就应该被认为是有意识的,具有智能的。

人的智能体现在思维、感知、行为三个层次,因此,计算机人工智能也要研究解决这三个层次的问题。①机器思维。具体讲是计算机思维、计算机学习、计算机诊断、计算机辅助设计、计算机证明、计算机编程、计算机下棋、计算机作曲、计算机绘画等。②机器感知。让计算机像人一样能感觉到气味、颜色、触觉。③机器行为。研究计算机模拟、延伸和扩展人的智能行为,例如语言、动作、智能监测、智能控制等行为。人工智能的应用十分广泛,如智能控制、智能管理、智能设计、智能优化、智能材料、智能家电、智能系统工程、智能经济、智能通信、智能商务等。

计算机诞生的初期主要用于帮助人们进行数值计算,在这方面计算机表现出卓越的能力。与此同时,人们也开始尝试用计算机进行下棋、翻译语言和定理证明等智能行为。在这方面,计算机的表现也非同凡响。1976 年,美国伊利诺伊大学的阿佩尔在三台计算机上用了1 200小时,作出了 200 亿个逻辑判断,终于证明了一百多年人们一直想证明而没能证明的四色定理。这一成果说明在专门领域内,计算机的运算能力远远超过了人类。1997 年 5 月 11 日,IBM"深蓝"计算机战胜国际象棋大师卡斯帕罗夫是机器智能水平的一次荣誉记录,也是人工智能软件的一个成功范例。对学习过程、语言和感官知觉的研究为科学家构建智能机器提供了帮助。现在,人工智能专家们面临的最大挑战之一是如何构造一个系统,可以模仿由上百亿个神经元组成的人脑的行为,去思考宇宙中最复杂的问题。

20 世纪 40 位图灵奖获得者中有 6 位人工智能学者,可见人工智能学科在信息科学中的地位。人工智能的研究发展实现了三次飞跃。第一次飞跃:实现问题求解,代替人完成部分逻辑推理工作,如机器定理证明和专家系统。第二次飞跃:智能系统能够和环境交互,从运行的环境中获取信息,代替人完成包括不确定性在内的部分思维工作,通过自身的动作,对环境施加影响,并适应环境的变化。如智能机器人。第三次飞跃:智能系统具有类人的认知和思维能力,能够发现新的知识,去完成面临的任务,如基于数据挖掘的系统。

人工智能进步最重要的条件是深度学习算法,它是当前人工智能最先进、应用最广泛的核心技术,深度神经网络(深度学习算法)。通过深度神经网络模型得到的优异的实验结果让人们开始重新关注人工智能。之后,深度神经网络模型成了人工智能领域的重要前沿阵地,深度学习算法模型也经历了一个快速迭代的周期。

(1)知识工程。人们解决问题时,不仅需要一定的策略,更需要有一定的技巧和知识,包括常识性和专门性知识。各个领域的专家之所以成为专家,其主要原因在于他们拥有大量的专门知识,特别是那些通过长期实践摸索出来的经验知识。因此,在一个模拟人类求解的程序中,不能没有知识,尤其是处理难解问题的专门知识。完善的知识系统加上合适的推理手段,才构成一个智能系统,即专家系统(Expert System,ES)。

专家系统是在某领域内具有专家水平,模拟专家的思维活动,推理判断,求解专门问题的计算机软件系统。专家系统一般包括5个组成部分:知识库、综合数据库、推理机、解释器以及接口。知识库一般是固定的,综合数据库一般包括控制策略、中间结果、假设、求解问题等。接口即系统同用户的界面。

专家系统的出现,标志着人工智能开始走向应用化阶段,应用的范围已经涉及化学、医学、地质学、气象学、教育学及军事学等各方面。实践表明,专家系统的采用可以大大提高工作效率和质量。今天,已经有成千个专家系统在各个领域工作。据统计,美国航空航天局的空间应用软件中有32%以上是基于人工智能的软件。

由于专家系统的知识都是由人事先整理后输入计算机的,工作量非常巨大,使得知识的获取就成为开发专家系统的瓶颈。计算机还远没有如人一样的自我归纳学习的能力,对高层次的智能虽已有近似专家的水平,但模拟低层次的智能,如听觉、视觉信息的识别还不如3岁小孩,对许多下意识的常识推理、不确定的知识和直觉思维无能为力。由此,知识工程应运而生。

知识工程是以知识本身为处理对象,研究如何运用人工智能和软件技术,设计、构造和维护知识系统。具体而言,就是在把人类知识整体与计算机结合的基础上,研究知识的结构、分类、预测、存取、获得、传输、转换、管理、利用、增殖、学习和表示等问题。

(2)模式识别。模式通常具有实体的形式,如声音、图片、图像、语言、文字、符号、物体、景象等等,可以用物理的、化学的、生物的传感器进行具体地采集和测量。人们在观察、认识事物和现象时,常常寻找它与其他事物和现象的相同与不同之处,根据使用目的进行分类、聚类和判断,人脑的这种思维能力就构成了模式和识别的能力。模式和类别分不开,识别和特殊分不开,判断的结果常常是相对的,这就构成了模式识别研究的基本内容。

模式识别呈现多样性和多元化趋势,可以在不同的概念粒度上进行,其中生物特征识别成为模式识别的新高潮,包括语音识别、文字识别、图像识别、人物景象识别、手语识别等;人们还要求通过识别语种、乐种、方言来检索相关的语音信息,通过识别人种、性别、表情来检索所需要的人脸图像;通过识别指纹(掌纹)、人脸、签名、虹膜、行为姿态识别身份。普遍利用小波变换、模糊聚类、遗传算法、贝叶斯理论、支持向量机等方法,进行识别对象分割、特征提取、分类、聚类和模式匹配。

目前,在模式识别方面,各种印刷文字、图形、图像(如面部、指纹、印鉴等)的实际应用正在迅速开展。

(3)智能机器人。机器人是自动执行工作的机器装置。机器人可接受人类指挥,也可以执行预先编排的程序,也可以根据以人工智能技术制定的原则纲领行动。机器人执行的是取代或是协助人类工作的工作,例如制造业、建筑业,或是危险的工作。

机器人研究从机械手开始,它是机械结构学、传感技术和人工智能结合的产物,是一种能模拟人的行为的机械。1948 年美国研制成功第一代遥控机械手,17 年后第一台工业机器人诞生,可通过编程灵活改变作业程序。20 世纪 60 年代人们把机器人作为人工智能的载体,研究如何使机器人具有环境识别、问题求解以及规划能力。20 世纪 80 年代,工业机器人产业得到巨大发展,如机器人用于汽车工业的点焊、孤焊、喷涂、上下料等。20 世纪 90 年代后,装配机器及柔性装配技术进入大发展时期。预计目前全球机器人接近 100 万台,其中日本就占 35 万台。

智能机器人的第一代为程序控制机器人,或者以"示教—再现"方式,一次又一次学习后实现再现,代替人类从事笨重、繁杂与重复的劳动。第二代为自适应机器人,配备有相应的感觉传感器,尤其是视觉传感器,能获取作业环境的简单信息,允许操作对象的微小变化,对环境具有一定适应能力。第三代为分布式协同机器人,装备有视觉、听觉、触觉多种类型传感器,在多个方向平台上感知多维信息,并具有较高的灵敏度,能对环境信息进行精确感知和实时分析,协同控制自己的多种行为,具有一定的自学习、自主决策和判断能力,能处理环境发生的变化,能和其他机器人进行交互。一年一度的机器人世界杯足球赛大大地促进了第三代机器人的研究。

随着人们对机器人技术智能化本质认识的加深,机器人技术开始源源不断地向人类活动的各个领域渗透。结合这些领域的应用特点,人们发展了各式各样的具有感知、决策、行动和交互能力的特种机器人和各种智能机器,如移动机器人、微机器人、水下机器人、医疗机器人、军用机器人、空中空间机器人、娱乐机器人等。对不同任务和特殊环境的适应性,也是机器人与一般自动化装备的重要区别。这些机器人从外观上已远远脱离了最初仿人型机器人和工业机器人所具有的形状,更加符合各种不同应用领域的特殊要求,其功能和智能程度也大大增强,从而为机器人技术开辟出更加广阔的发展空间。

机器人分为民用机器人和军用机器人。日本的民用机器人数量最多。我国"863"计划智能机器人的研究已进入实用阶段,6 000m 水下机器人应用获得成功标志着我国成为世界上少数能研制这种尖端设备的国家之一。

在纽约世贸大楼"9 · 11"事件中,救援队伍中就有十几个专门为搜寻废墟最新研制的小机器人。这些机器人体积很小,却神通广大。它们“行走”方式不同,有的是靠履带拖动,有的是滚动,有的如同甲虫般地爬行,但它们都很灵便,能钻入管道之内进行搜寻,也能从楼梯上爬上爬下。无论是熔化变软的钢支架,还是瓦砾灰尘深达几十米的废墟,都行动自由,如入无人之境。它们装备有灯光、摄像机、各种传感器,“火眼金睛”容易发现目标。就在事件发生的当天它们就在废墟中发现了一个空洞,从而使救援人员顺利找到尸体。与此同时,救援人员根据它们拍摄的图片,更好地决定搜寻方向和目标,大大减轻了救援工作的难度。

人工智能的应用研究并非一帆风顺。例如,20 世纪 80 年代,美国国防部高级研究计划署支持的“智能卡车”项目的目的是研制一种能完成许多战地任务的机器人。由于项目缺陷和成功无望,五角大楼停止了对项目的支持经费。

尽管经历了种种挫折,人工智能仍在不断发展,新的技术不断出现。例如,模糊逻辑可以从不确定的条件中作出决策;人工神经网络被视为实现人工智能的可能途径。

人工神经网络是最近几年重新发展起来的一项新技术,是模仿生物神经系统中神经元及大量神经元互联的一种信息处理方法。由于人工神经网络的并行处理方式、自学习能力、记忆能力、预测事件能力,在分类、诊断以及基于分类的智能控制和优化求解方面,该系统比传统的专家系统有更优越的性能。

2. 人工智能的应用

“智能化”是当前新技术、新产品、新产业的重要发展方向、开发策略和显著标志。例如,智能控制、智能自动化、智能管理、智能通信、智能计算机辅助设计、智能机器人、智能仪表、智能网络管理、智能优化、智能玩具、智能家电、智能汽车、智能材料、智能软件、智能仿真、智能商务等,几乎任何应用都能利用人工智能技术。

人工智能应用的主要领域,也就是计算机应用的主要领域。哪里有计算机应用,哪里就可以应用人工智能;哪里需要自动化或半自动化,人工智能的理论、方法和技术就能在哪里派上用场。

(1)智能控制。人工智能在控制领域中的应用发展了新一代的控制技术——“智能控制”(Intelligent Control),如专家控制、知识控制、神经控制、模式控制等。

智能控制为解决常规控制难以胜任和应用的问题提供了新途径。例如,缺乏准确数据、完备信息的难以建立数学模型的不确定和不确知的系统。智能控制比常规控制具有更高的智能水平,如具有自适应、自寻优、自学习、自识别、自组织、自协调等智能特性。

(2)智能管理。人工智能在管理领域中的应用发展了“智能管理”新技术和新一代的计算机管理系统,即“智能管理系统”,如智能管理信息系统、智能办公自动化系统、智能决策支持系统等。

智能管理系统不仅比常规的计算机管理系统具有更高的智能水平,可以为非结构化、半结构化的管理决策提供信息服务和决策支持，而且具有更全面的管理功能，能够同时具备信息管理、事务处理、决策支持等多种功能。

(3)智能通信。人工智能应用于通信领域，促进了“智能通信”技术的发展。为了保证通信及时，减少通信拥塞，需要压缩所传输的信息量。传统的信息压缩技术是采用各种信号编码的方法，人工智能的应用为信息压缩提供了新的途径。例如，具有“公共知识库”的智能通信系统，由于在发送端与接收端都采用了公共知识库，所以信道中只需要传输公共知识库中没有的新信息，从而压缩了信道传输的信息量。

(4)智能CAD。计算机辅助设计(Computer Aided Design，CAD)是计算机应用的重要领域，因而也是人工智能的重要应用场合。传统的CAD技术只是辅助设计人员进行绘图方面的工作，可以实现某些绘图业务的半自动化。

智能CAD系统应用人工智能方法和技术，可以提高CAD系统的智能水平。它不仅可以辅助绘图工作，而且能够模拟、延伸、扩展设计人员的智能，以实现设计工作的半自动化。

3．人工智能的发展策略

人工智能软件产业化主要体现在解决国民经济、科技、军事应用的迫切问题中采用人工智能技术，并与其他技术协同解决问题。例如，一个智能棋弈系统，包括启发式搜索、博弈算法、模式匹配、棋弈规则、并行处理等技术的综合。从人工智能应用系统开发的经验和教训中，可以总结出一些行之有效的策略。

(1)集成化。人工智能的新方法、新技术的应用，不一定要完全取代或排斥常规的或传统的方法和技术，采取“相互结合、取长补短”的“集成化”策略会更有效、更实用。例如，在智能控制系统中，不一定用“专家控制”去取代“常规控制”，而是要相互结合，构成上下两级的集散控制系统，上级为“专家控制”，运用控制专家的知识和经验，优选常规控制的参数，进行自整定；下级仍可用原有的“常规控制”系统。这样，使得性能价格比更高，也便于用户的现场改造和操作维护。

(2)协调化。计算机管理的大量实践经验表明：人机协调是成功的关键；人机失调是失败的原因。因此，如何将人工智能的方法和技术应用于计算机管理领域，设计和建造人机协调的智能管理系统，具有重要的意义和价值。

一方面，要将人工智能、模式识别、机器翻译、自然语言理解与生成，以及多媒体、三维动画、虚拟现实等方法和技术应用于设计和实现“人机智能界面”，以便进行人机友好交互、自然通信。另一方面，要正确地设计智能管理系统，进行人机合理分工，实现人机智能结合，以便人和计算机各得其所，各尽所能，取长补短，相互协调。例如，人机协调智能结合的基于专家系统的“智囊团决策支持系统”、设计者与计算机协调的具有集成智能的计算机辅助设计系统等。

(3)网络化。这是计算机及其应用系统的发展趋势，因此也是人工智能应用系统的发展方向和开发策略。

一方面,要开发基于计算机网络的适用于网络环境的人工智能应用系统,如分布式人工智能系统、群体专家系统、大型知识工程以及相应的设计方法和实现技术。例如,广义知识表达方法、分布式知识库、分布式推理机、多智能主体(Agent)技术等。另一方面,应将人工智能的方法和技术应用于计算机网络,研究与开发“智能网络”系统。人工智能应用系统的“网络化”,既可以适应信息高速公路的环境,也可以促进信息高速公路向“智能化”方向发展。

上述的“集成化”“协调化”“网络化”不仅是人工智能应用系统的发展方向与开发策略,而且也是人工智能学科及其方法、技术的发展方向与开发策略。

4. 我国人工智能的前景

2017 年 12 月中旬,工业和信息化部印发了《促进新一代人工智能产业发展三年行动计划(2018—2020 年)》,以信息技术与制造技术深度融合为主线,以新一代人工智能技术的产业化和集成应用为重点,推动人工智能和实体经济深度融合,加快制造强国和网络强国建设。

《行动计划》在深入调研基础上研究提出四方面重点任务:

一是重点培育和发展智能网联汽车、智能服务机器人、智能无人机、医疗影像辅助诊断系统、视频图像身份识别系统、智能语音交互系统、智能翻译系统、智能家居产品等智能化产品,推动智能产品在经济社会的集成应用。以上智能化产品已有较好的技术、产业基础,部分细分领域的产品已经走在了国际前列,在国家政策引导下有望实现规模化发展,形成由点到面的突破,并带动人工智能技术在行业中的深入应用。

二是重点发展智能传感器、神经网络芯片、开源开放平台等关键环节,夯实人工智能产业发展的软硬件基础。以上这些产品或平台市场竞争力不强,是产业链上的薄弱环节,对产业发展可能形成制约,亟待加快创新发展,夯实基础,补齐短板。

三是深化发展智能制造,鼓励新一代人工智能技术在工业领域各环节的探索应用,提升智能制造关键技术装备创新能力,培育推广智能制造新模式。制造业是人工智能最先落地的行业之一,“中国制造 2025”提出“以推进智能制造为主攻方向”的明确要求。近年来,我国制造业发展已取得积极进展,特别是在加快发展智能制造,推动制造业智能化升级改造方面开展大量工作。《行动计划》与“中国制造 2025”紧密对接,进一步突出了需要加快应用人工智能技术进行改造升级的具体任务,将为智能制造的深化发展提供有力支撑。

四是构建行业训练资源库、标准测试及知识产权服务平台、智能化网络基础设施、网络安全保障等产业公共支撑体系,完善人工智能发展环境。

然而,人工智能的目的不是代替人类智能,不应指望在不远的将来研制出不必人类动脑的智能计算机来。像其他技术一样，人工智能也有负面的特性，如“思维萎缩”问题。

在工业革命期间，由于各种机器的普遍使用，从而导致许多手艺失传。人们在智能时代也可能会失去一定的智慧技能，会做快速简单计算的儿童将越来越少。这就需要识别哪些是人类最基本的思维技能，并加强训练，从而保证这些技能不仅不会减弱，而且要增强。

总之，人工智能是20世纪后50年的伟大创造，在未来50年，将获得极大的发展，它将大大地改变人们的生活面貌。

四、计算机技术的发展趋势

目前，人类正在试图研制以人工智能为基础的新一代计算机。它将具有处理人的自然语言的能力，实现人机对话，而且有高度的智能——不仅可以在生产现场进行各种作业，而且能在办公室和商业服务等行业从事多种智力型劳动或服务工作。

1. 和谐的人机交互环境

和谐的人机交互环境，即智能接口，利用人工智能的技术使得人机交互变得更加和谐、更加友好。例如，通过语音识别和虚拟现实更加方便人机交互。

(1)语音技术的应用。让计算机听懂人的语言是20世纪人类的理想之一，语音识别和语音合成技术的应用将成为新一代计算机发展的一个趋势。

从20世纪90年代起，对语音技术(包括语音合成和语音识别)的研究取得了质的飞跃。微软公司总裁比尔·盖茨(Bill Gates)认为，下一代的操作系统以及应用程序的用户界面将摒弃键盘和鼠标，代之以真正意义上的人机对话。在经历了几十年以键盘、鼠标、显示器为工具的人机交互之后，应用语音技术可以使计算机“能听会说”，同时还能准确地实时翻译，更加方便实用。

①机器翻译。实现机器翻译的第一步就是语音识别，只有让机器“听懂”人的语言之后才谈得上翻译。目前，机器翻译大多停留在从文本到文本的书面阶段，而不是直接从语音到语音的翻译。国内市场上销售的文本翻译软件已达10余种，其正确率为80% ~85%。显然，这与人们理想中“能听会说”的智能翻译机相距甚远。可以相信，智能翻译机将随着语音识别技术的突破而走向实用，终会有一天，它将同个人计算机集成在一起。

②用语音下达指令。语音识别将成为数字化时代的生活方式。例如，在“智能型房屋”“智能型汽车”中，语音技术将在其中扮演着不可缺少的角色。国外的一些著名汽车公司希望研制出“数字式的、能听会说并具有一双慧眼的、优良的后座驾驶式汽车”，从而告别目前汽车驾驶依赖于人们双手的阶段。那时的汽车，只要车主告诉它行车路线和地点，便可直达目的地。目前，这种新式汽车已进入阶段性

的研究,而不再只是科学幻想。

③语音信息服务。随着语音合成技术的发展,语音查询系统将彻底摒弃传统的数字预录音回放技术,使海量信息和动态信息查询得到完美解决。对于信息高度发展的未来,以语音技术应用为基础的查询系统将成为信息服务的主流。

④军事和刑侦。语音识别还可用于军事和刑侦方面。每个人的声音就像指纹一样彼此相异,可以根据人们语音的特征来判断特定人。例如,对于高精密度的核启动系统,除了传统的总统密钥的制约外,指挥对象的语音将作为核系统的最后一道安全密钥(声钥)加以制约。只有当系统最后确认是总统本人在即时地发布命令时,核系统才会启动倒计时装置。

在刑侦破案方面,犯罪嫌疑人的语音数据将被作为破案的重要依据,并以此为线索追踪犯罪嫌疑人。利用语音技术破案在国外已开展了一段时间,我国近年来也已对此进行初步尝试。

可以预见,在 21 世纪,语音技术的发展将迅速走进大众的生活,它将使人们的学习、工作、生活和娱乐更加丰富多彩。

(2)虚拟现实环境。计算机信息系统用来收集、储存、传送、加工处理和利用信息,而信息传送可分为 3 个阶段:单纯符号信息传送阶段、多媒体信息传送阶段、虚拟现实信息传送阶段。

①单纯符号信息。20 世纪 90 年代以前的计算机中主要有 3 种信息:数据信息、文字信息和字符信息。数据信息也称为数值信息;文字信息和字符信息统称为非数值信息;数值信息和非数值信息又可以统称为符号信息。各种信息均以符号的形式在计算机系统中流动和相互传送。

②多媒体信息。20 世纪 90 年代是多媒体信息时代。多媒体信息载体不仅有符号信息,还有音频、图形、图像、动画和视频信息。多媒体信息存储和传递技术,使人和计算机之间的交互更加简便,对信息的收集、加工处理、存取和利用更加自然。人们利用多媒体信息技术,全面协调地实现了声像、图文一体化,产生出生动的信息效果。

多媒体信息传递技术的应用极为广泛。例如,在商业应用中有多媒体导购、导游、导医等。随着多媒体技术的发展,各种声、图、文协调统一的多媒体信息产品大量涌向社会,如各类字典、书籍、地图、计算机辅助教学等产品。

③虚拟现实。信息处理的声、图、文一体化,将从二维、三维向虚拟现实(Virtual Reality)过渡,利用虚拟现实技术创建一个与真实世界极其相似的虚拟世界,创造出更加和谐的人机环境。

高级的虚拟现实技术提供特制的头盔、眼镜、手套及服装,使人感受到立体声、立体视觉、触觉等感觉。人与虚拟情景可以相互作用,具有身临其境之感。

虚拟现实有别于可视化环境。可视化环境只能使用户通过监视器从外向内观察显示的空间,无法做到身临其境。而虚拟现实创建了一个相当逼真的三维视听、触摸和感觉的虚拟空间环境。用户或参加者通过虚拟现实技术进入该环境,通过计算机与该环境交换信息,从而亲身感受三维逼真环境并进行各种活动和操作。

人们正在深入研究和探讨虚拟现实和真实现实之间的关系,创建各种逼真的虚拟现实演示系统、操作系统和应用系统。利用虚拟现实技术可以使人们确实感觉到计算机展现的时空的存在,各种应用能够以新颖、真实的面貌为人类服务,如虚拟银行、虚拟医院、虚拟展览会和虚拟游乐场等。今后,虚拟现实技术将有更大的发展,首先值得重视的是在教育和职业培训中的作用。

近年来,虚拟实境描述建模语言 VRML(Virtual Reality Modeling Language)已成为信息技术业界的一种标准语言,人们利用 VRML,可以在因特网上建造三维虚拟世界,也可以在因特网上更替和变换虚拟世界。利用 VRML 浏览器(如 COS-MO),可以在一个虚拟现实的场景中自由移动,与虚拟场景具有良好的交互性,还可以与其中的实体进行相互联系。

由于 VRML 支持多媒体技术,支持复杂的脚本和人机交互,因此在虚拟现实世界开发研制中,要求有关设计人员和编程人员、导演、动画师、造型设计和实施人员进行密切的合作,充分发挥各类科技人员的聪明才智,不断提高三维空间的设计、研制能力,创建出更加丰富多彩的三维新世界。

(3)量子计算机。当代计算机硬件的基础是微电子技术,即以硅为主要原材料的大规模集成电路技术。集成电路中能对信息进行加工处理的是执行开关、放大等功能的晶体管,它们是现代计算机中最重要的积木块。一个芯片上能容纳的晶体管越多,计算机的存储能力就越大,计算机能力就越强。

科学家们指出,量子计算始于“摩尔定律”终结处。按照著名的“摩尔定律”,随着电路板蚀刻精度越来越高,中央处理器芯片上集成的晶体管器件越来越密,按目前的工艺水平,芯片中晶体管的直径大约为 90nm。当晶体管尺寸缩小过小,芯片上集成电路的尺寸会因为间隙过于狭小而面临相互干扰、散热困难等难以逾越的障碍,使得传统微电子晶体管的基本工作原理不再适用,达到了器件的物理极限。

现有芯片制造方法将在未来 10 多年内达到极限。为此,世界各国的研究人员正在加紧开发新型计算机。全新的计算机结构将代替硅芯片结构,可以预见的有:DNA 计算机、分子计算机、蛋白生命计算机、光子计算机、量子计算机。在这些结构全新的计算机当中,最强大的是量子计算机。

被人们普遍看好的量子计算机与传统计算机原理不同,它是建立在量子力学的原理上工作的。在量子计算机中,基本信息单元(称作一个量子位或者 qubit,也称作昆比特)不同于传统计算机,并不是二进制位而是按照性质四个一组组成的单元。qubit 具有这种性质的直接原因是因为它遵循了量子动力学的规律,而量子动力学从本质上说完全不同于传统物理学。qubit 不仅能在相应于传统计算机位的逻辑状态 0 和 1 稳定存在,而且也能在相应于这些传统位的混合或重叠状态存在。换句话说,qubit 能作为单个的 0 或 1 存在,也可以同时既作为 0 也作为 1,而且有用数字系数代表了每种状态的可能性。这种现象看起来和人的直觉不符,因为在人类的日常生活中发生的现象遵循的是传统物理规律,而不是量子力学的规律,量子规律只统治原子级的世界。

利用量子力学原理设计、由量子元件组装的量子计算机,不仅运算速度快、存储量大、功耗低,而且体积会大大缩小,一个超高速计算机可以放在口袋里,人造卫星的直径可以从数米减小到数十厘米。

2. 计算机技术与应用的新发展

计算机的发展和应用,已不仅仅是一种技术现象,而是一种政治、经济、军事和社会现象。世界各国都力图主动地驾驭这种社会计算机化和信息化的进程。应用需求的增长与扩大是计算机技术发展的最大驱动力。除传统的科学计算外,工业仿真、生物制药、细粒度精确天气预报、海量信息服务等应用都对计算机提出了新的需求。

(1)云计算(Cloud Computing)。云是网络、互联网的一种比喻说法。云计算是继 1980 年代大型计算机到客户端云计算 - 服务器的大转变之后的又一种巨变。云计算是分布式计算(Distributed Computing)、并行计算(Parallel Computing)、效用计算(Utility Computing)、网络存储(Network Storage Technologies)、虚拟化(Virtualization)、负载均衡(Load Balance)、热备份冗余(High Available)等传统计算机和网络技术发展融合的产物。

对云计算的定义有很多种说法。现阶段广为接受的是美国国家标准与技术研究院(NIST)所做的定义:云计算是一种按使用量付费的模式,这种模式提供可用的、便捷的、按需的网络访问,进入可配置的计算资源共享池(资源包括网络,服务器,存储,应用软件,服务),这些资源能够被快速提供,只需投入很少的管理工作,或与服务供应商进行很少的交互。

云计算主要经历了四个阶段才发展到现在这样比较成熟的水平,这四个阶段依次是电厂模式、效用计算、网格计算和云计算。

①电厂模式阶段:电厂模式就好比是利用电厂的规模效应,来降低电力的价格,并让用户使用起来更方便,且无须维护和购买任何发电设备。

②效用计算阶段:在 1960 年左右,当时计算设备的价格是非常高昂的,远非普通企业、学校和机构所能承受,所以很多人产生了共享计算资源的想法。1961 年,人工智能之父麦肯锡在一次会议上提出了“效用计算”这个概念,其核心借鉴了电厂模式,具体目标是整合分散在各地的服务器、存储系统以及应用程序来共享给多个用户,让用户能够像把灯泡插入灯座一样来使用计算机资源,并且根据其所使用

的量来付费。但由于当时整个 IT 产业还处于发展初期,很多强大的技术还未诞生,比如互联网等,所以虽然这个想法一直为人称道,但是总体而言“叫好不叫座”。

③网格计算阶段:网格计算研究如何把一个需要非常巨大的计算能力才能解决的问题分成许多小的部分,然后把这些部分分配给许多低性能的计算机来处理,最后把这些计算结果综合起来攻克大问题。可惜的是,由于网格计算在商业模式、技术和安全性方面的不足,使得其并没有在工程界和商业界取得预期的成功。

④云计算阶段:云计算的核心与效用计算和网格计算非常类似,也是希望 IT 技术能像使用电力那样方便,并且成本低廉。但与效用计算和网格计算不同的是,2014 年在需求方面已经有了一定的规模,同时在技术方面也已经基本成熟了。

云存储是在云计算概念上延伸和发展出来的一个新的概念,是指通过集群应用、网格技术或分布式文件系统等功能,将网络中大量的各种不同类型的存储设备通过应用软件集合起来协同工作,共同对外提供数据存储和业务访问功能的一个系统。当云计算系统运算和处理的核心是大量数据的存储和管理时,云计算系统中就需要配置大量的存储设备,那么云计算系统就转变成为一个云存储系统,所以云存储是一个以数据存储和管理为核心的云计算系统。

(2)大数据(Big Data, Mega Data)。“大数据”是近年来 IT 行业的热词,大数据在各个行业的应用逐渐变得广泛起来。大数据,指无法在一定时间范围内用常规软件工具进行捕捉、管理和处理的数据集合,是需要新处理模式才能具有更强的决策力、洞察发现力和流程优化能力的海量、高增长和多样化的信息资产。

从技术上看,大数据与云计算的关系就像一枚硬币的正反面一样密不可分。大数据必然无法用单台的计算机进行处理,必须采用分布式架构。它的特色在于对海量数据进行分布式数据挖掘,但它必须依托云计算的分布式处理、分布式数据库和云存储、虚拟化技术。

大数据的所谓 4 个 V 特征是,Volume(数据量大,海量数据),Variety(数据类型多,有文本/音频/视频/传感器数据),Velocity(产生速度快,一些实时监控的数据要求实时的进行处理),Value(价值大,大数据里面蕴含人们通过逻辑推理得不到的价值),我们需要搜索、处理、分析、归纳、总结其深层次的规律。

大数据技术的战略意义不在于掌握庞大的数据信息,而在于对这些含有意义的数据进行专业化处理,是实时交互式的查询效率和分析能力。换言之,如果把大数据比作一种产业,那么这种产业实现盈利的关键,在于提高对数据的“加工能力”,通过“加工”实现数据的“增值”。如购物网站的消费记录,这些数据只有进行处理整合才有意义。大数据的数据形态、处理技术、应用形式构成了区别于传统数据应用的大数据应用。基于大数据的成功应用,在各行各业都有凸显的作用。

数据越多,信息处理系统就越智能,这就是大数据对人工智能的意义。因此,大数据的应用主要是在人工智能领域。人工智能的进步在很大程度上是从传统建模和规则制定到今天对数据机器学习的依赖的根本转变。这种转变恰恰是因为我们今天有了数据,覆盖面越来越好,越来越准确,所以人们对更复杂的模型有足够的数据训练。

可以说,没有大数据,就没有支撑计算机进行下一步判断的依据。并且有物联网与云储存助力的大数据,可以节省大量的社会成本、提高社会效率,未来各行各业的进步都需要大数据的协助,从而极大地改变人类的生活方式。

例如,人们日常生活中接触到的电子垃圾邮件过滤、微信中的朋友圈广告、语音转文字、今日头条的内容推荐等,都离不开大数据技术。

又如,在新冠肺炎疫情防控期间,北京健康宝是北京市民人人都离不开的手机应用。该应用采用“简约前台、复杂后台、准实时数据、最小化采集”的设计理念,建立在北京健康宝大数据支撑平台之上。它通过大数据比对,可以将个人的健康状况显示为不同的颜色:绿码为未见异常、黄码为居家观察、红码为集中观察,精准识别个人的感染风险,旨在帮助市民及进京返京人员查询自身防疫相关的健康状态。

北京健康宝大数据支撑平台获得了第十九届“IT影响中国”盛典的“数字化转型最佳实践奖”。北京健康宝不仅是人工智能、大数据、移动通信、云计算等多种技术综合运用的一次实战练兵,更是基于多源数据融合的城市治理模式的有效探索。健康宝虽因“疫”而生,但在后疫情时代,它所切中的政务服务领域则更具备完整的生命力。这对推动社会治理创新与新型智慧城市建设有重要价值。

(3)物联网。物联网是新一代信息技术的重要组成部分,也是“信息化”时代的重要发展阶段,其英文名称是:“Internet of things(IoT)”。顾名思义,物联网就是物物相连的互联网。这有两层意思:其一,物联网的核心和基础仍然是互联网,是在互联网基础上的延伸和扩展的网络;其二,其用户端延伸和扩展到了任何物品与物品之间,进行信息交换和通信,也就是物物相息。物联网通过智能感知、识别技术与普适计算等通信感知技术,广泛应用于网络的融合中,也因此被称为继计算机、互联网之后世界信息产业发展的第三次浪潮。

物联网是新一代信息网络技术的高度集成和综合运用,是新一轮产业革命的重要方向和推动力量,对于培育新的经济增长点、推动产业结构转型升级、提升社会管理和公共服务的效率和水平具有重要意义。

物联网是互联网的应用拓展,与其说物联网是网络,不如说物联网是业务和应用。它通过各种信息传感设备,如传感器、射频识别(RFID)技术、全球定位系统、红外线感应器、激光扫描器、气体感应器等各种装置与技术,实时采集任何需要监控、连接、互动的物体或过程,采集其声、光、热、电、力学、化学、生物、位置等各种需要的信息,与互联网结合形成的一个巨大网络。其目的是实现物与物、物与人,所有的物品与网络的连接,方便识别、管理和控制。近年来迅速推广的人脸识别系统的“刷脸”应用就是一个生动的例子,刷脸考勤、刷脸进站、刷脸支付、刷脸门禁等等。

物联网的本质概括起来主要体现在三个方面:一是互联网特征,即对需要联网的物一定要能够实现互联互通的互联网络;二是识别与通信特征,即纳入物联网的"物"一定要具备自动识别与物物通信的功能;三是智能化特征,即网络系统应具有自动化、自我反馈与智能控制的特点。从技术架构上来看,物联网可分为三层:感知层、网络层和应用层:

①感知层的作用相当于人的眼耳鼻喉和皮肤等神经末梢,它是物联网识别物体、采集信息的来源,其主要功能是识别物体,采集信息。感知层由各种传感器以及传感器网关技术架构,包括二氧化碳浓度传感器、温度传感器、湿度传感器、二维码标签、RFID 标签和读写器、摄像头、GPS 等感知终端。

②网络层由各种私有网络、互联网、有线和无线通信网、网络管理系统和云计算平台等组成,相当于人的神经中枢和大脑,负责传递和处理感知层获取的信息。

③应用层是物联网和用户(包括人、组织和其他系统)的接口,它与行业需求结合,实现物联网的智能应用。

物联网的行业特性主要体现在其应用领域内,绿色农业、工业监控、公共安全、城市管理、远程医疗、智能家居、智能交通和环境监测等各个行业均有物联网应用的尝试,某些行业已经积累一些成功的案例。

(4)"互联网+"(Internet plus)。通俗来讲,"互联网+"就是"互联网+各个传统行业",但这并不是简单的两者相加,而是利用信息通信技术以及互联网平台,让互联网与传统行业进行深度融合,创造新的发展生态。

2015 年 3 月 5 日十二届全国人大三次会议上,李克强总理在政府工作报告中首次提出"互联网+"行动计划。"互联网+"代表一种新的经济形态,即充分发挥互联网在生产要素配置中的优化和集成作用,将互联网的创新成果深度融合于经济社会各领域之中,提升实体经济的创新力和生产力,形成更广泛的以互联网为基础设施和实现工具的经济发展新形态。

"互联网+"行动计划将重点促进以云计算、物联网、大数据为代表的新一代信息技术与现代制造业、生产性服务业等的融合创新,发展壮大新兴业态,打造新的产业增长点,为大众创业、万众创新提供环境,为产业智能化提供支撑,增强新的经济发展动力,促进国民经济提质增效升级。

"互联网+"是两化融合的升级版,将互联网作为当前信息化发展的核心特征提取出来,并与工业、商业、金融业等服务业全面融合。这其中的关键就是创新,只有创新才能让这个"+"真正有价值、有意义。

"互联网+"有七大特征:

一是跨界融合。"+"就是跨界,就是变革,就是开放,就是重塑融合。敢于跨界了,创新的基础就更坚实;融合协同了,群体智能才会实现,从研发到产业化的路径才会更垂直。融合本身也指代身份的融合,客户消费转化为投资,伙伴参与创新,等等,不一而足。

二是创新驱动。中国粗放的资源驱动型增长方式早就难以为继,必须转变到创新驱动发展这条正确的道路上来。这正是互联网的特质,用所谓的互联网思维来求变、自我革命,也更能发挥创新的力量。

三是重塑结构。信息革命、全球化、互联网业已打破了原有的社会结构、经济结构、地缘结构、文化结构。权力、议事规则、话语权不断在发生变化。“互联网 +”社会治理、虚拟社会治理会是很大的不同。

四是尊重人性。人性的光辉是推动科技进步、经济增长、社会进步、文化繁荣的最根本的力量,互联网力量之强大最根本地也来源于对人性的最大限度的尊重、对人体验的敬畏、对人的创造性发挥的重视。例如共享经济,包括共享单车、共享汽车等。

五是开放生态。关于“互联网 +”,生态是非常重要的特征,而生态的本身就是开放的。我们推进“互联网 +”,其中一个重要的方向就是要把过去制约创新的环节化解掉,把孤岛式创新连接起来,让研发由人性决定的市场驱动,让创业者有机会实现价值。

六是连接一切。连接是有层次的,可连接性是有差异的,连接的价值是相差很大的,但是连接一切是“互联网 +”的目标。

七是法制经济。“互联网 +”是建立在市场经济为基础之上的法制经济,更加注重对创新的法律保护,增加了对于知识产权的保护范围,是全世界对于虚拟经济的法律保护更加趋向于共通。

无所不在的计算、数据、知识。“互联网 +”不仅仅使互联网移动了、泛在了、应用于某个传统行业了,更加入了无所不在的计算和数据等,造就了无所不在的创新。

从现状来看,“互联网 +”尚处于初级阶段,各领域对“互联网 +”还在做论证与探索,特别是那些非常传统的行业,他们正努力借助互联网平台增加自身利益。例如传统行业开始尝试营销的互联网化,借助电子商务平台来实现网络营销渠道的扩建,增强线上推广与宣传力度,逐步尝试网络营销带来的便利。

与传统企业相反的是,在“全民创业”的常态下,企业与互联网相结合的项目越来越多,诞生之初便具有“互联网 +”的形态,因此它们不需要再像传统企业一样转型与升级。“互联网 +”正是要促进更多互联网创业项目的诞生,从而无须再耗费人力、物力及财力去研究与实施行业转型。可以说,每一个社会及商业阶段都有一个常态以及发展趋势,“互联网 +”的发展趋势则是大量“互联网 +”模式的爆发以及传统企业的“破与立”。

目前,世界正在进行第四代工业革命,即 4.0 工业革命。这一波工业革命简单而言就是:网络 + 机器人 + 自动化。包括智能化生产,例如三维打印(3D printing)。3D 打印是快速成型技术的一种,它是一种以数字模型文件为基础,运用粉末状金属或塑料等可黏合材料，通过逐层打印的方式来构造物体的技术。3D 打印通常是采用数字技术材料打印机来实现的。其常在模具制造、工业设计等领域被用于制造模型，后逐渐用于一些产品的直接制造。

思考题

1. 你认为“微电子技术是信息社会的基石”的说法正确吗？为什么？

2. 什么是“3C”革命和“3A”革命？

3. 查看一下你所持有的各种“卡”，它们都属于哪一种卡？你是根据什么判断的？

4. 半导体工业的摩尔定律是什么？

5. 现在使用的计算机属于第几代计算机？请描述它的发展方向。

6. 请举出几个你身边的嵌入式计算机系统的例子。

7. 什么是人工智能？请举出 2 个实际应用的例子。

8. 请简述人工智能的三个层次。

9. 你认为人工智能是否能代替人类智能，并请陈述理由。

10. 什么是大数据？它有哪些特征？

11. 请说出 3 个计算机技术与应用新发展的具体实例。

12. 物联网和“互联网 +”是一回事吗？二者有何区别？

第二节 通信技术

人类历史经历了农业社会、工业社会，正逐步进入信息社会。

信息是无时无处不存在的。它可以分为语音、数据、图像三大类型。在日常生活中，我们从电视或收音机里收视或收听的天气预报就是信息。当人们了解到天气变化时，就可以决定穿衣多少或者是否携带雨具。至于在经济、政治、军事等活动中，信息就更为重要了。

通信是为信息服务的，通信技术的任务就是要高速度、高质量、准确、及时、安全可靠地传递和交换各种形式的信息。

19 世纪以前，漫长的历史时期内，人类传递信息主要依靠人力、畜力，也曾使用信鸽或借助烽火等方式来实现。这些通信方式效率极低，都受到地理距离及地理障碍的极大限制。

1844 年，美国人莫尔斯(S. B. Morse)发明了莫尔斯电码，并在电报机上传递了

第一条电报，大大缩小了通信时空的差距。1876年贝尔发明了电话，首次使相距数百米的两个人可以直接清晰地进行对话。随着社会的发展，人们对信息传递和交换的要求越来越高，通信技术得到了迅猛的发展。

通信的基础设施是终端设备、传输设备和交换设备，它们共同构成了通信网或者通信系统。

终端设备即信息的发送和接收的设备，是通信网中的源头和终点。它包括电话机、传真机、电报机、电视机、数据终端和图像终端等。

按传输媒介的不同，通信系统分为有线通信系统和无线通信系统。固定电话、有线电视、因特网等利用有形传输线进行信号传输的系统都是有线通信系统。而无线广播、微波通信、移动通信、卫星通信等利用大气空间作为传输媒介的系统都属于无线通信系统。有线通信的传输设备有电线、电缆、海底电缆、光缆和海底光缆等。无线通信的传输设备有微波收信机、微波发信机、通信卫星等。

如今由于通信技术的发展，有线和无线通信系统有相互融合之处。如用手机与固定电话之间的通话，手机与基站之间是无线连接，而基站之间以及基站到固定电话之间大多是利用有线实现连接。

交换设备处在通信网络的中心，是实现用户终端设备中信号交换、接续的装置，如电话交换机、电报交换机等。

现代通信技术的进步，主要表现在数字程控交换技术、光纤通信、卫星通信、智能终端等方面，而覆盖全球的个人通信则是通信技术的发展方向。

一、数字程控交换技术

两部电话机用一对导线连接起来，就能实现两个用户间的通话。若3个用户，要实现任意两个用户间的通话，就需要3对导线；5个用户时，需要10对导线；10个用户时，需要45对导线；N个用户时，需要$N(N-1)/2$对导线。这种连线方式很不经济。经济的接线方式是每个用户的电话机用一对导线连接到各用户共同使用的一个交换设备上。该交换设备位于各用户的中心，这个设备就叫交换机。

最初的交换机也叫人工交换机，是由话务员来完成用户之间的连接的。以后又出现过“步进制交换机”“纵横制交换机”，它们都属于机电制自动交换机，但是由于是靠物理接触的方式传递信号，设备容易磨损。目前，世界上仍有一些国家和地区在使用纵横制交换机。

计算机产生以后，人们将交换机的各项功能预先编好程序，并存放在计算机的存储器中。这种用存储程序方式构成控制系统的交换机，就称为存储程序控制交换机，简称程控交换机（SPC）。程控交换机实质上就是计算机控制的交换机。

世界上第一台程控交换机是1965年由美国贝尔电话公司制造的。程控交换机最突出的优点是：改变系统的操作时，无须改动交换设备，只要改变程序的指令就可以了，这使交换系统具有很大的灵活性，便于开发新的通信业务，为用户提供多种服务项目，如电话网中传输数据等。

信息需要附着在某种物理形式和载体上才能够得以传递。这类物理形式的载体通常表现为具有一定电压或电流值的电信号或者一定光强的光信号，携带了信息的载体称为通信信号，简称信号。

在通信网中传输或交换的信号有两类：模拟信号和数字信号。相应的传输或交换方式分别称为模拟信号方式和数字信号方式。

模拟信号是连续的。例如，电话用户说话的声音引起电话机送话器中振动膜片的振动，振动膜片的振动导致了大小正负变化电流的产生。电流的这种变化，模拟了声波的振幅和频率。这种装载着声音信息的电流就是模拟信号，它在用户与交换机之间以及交换机内部未经任何加工地交换或传输下去，这就是模拟信号方式。

模拟信号方式简单易行，但是模拟化的声音信号经过长距离的传输以后，会受各种干扰的影响，声音的质量较差，甚至发生失真。

数字信号是不连续的。如果打电话的人说话的模拟信号传到交换机以后，交换机并不急于交换到被叫者，而是先将这个模拟信号通过编码器转变成数字信号，如果是二进制信号，就是一系列的“0”和“1”，这是最常用的数字信号。这样，人的声音由我们平时能听到的模拟信号转变成为一种人听不懂，只有计算机才能听懂的声音了。交换机在完成取样编码后，再将数字信号传输出去，最后数字信号经解码器再转变为模拟信号，被受话人接受。也就是利用调制解调器（modem）完成数字信号和模拟信号相互间的转换。

信号数字化的最大优点是抗干扰能力强。我们做两个假设：第一，信号“0”和“1”用电压的高低来表示，即5V的电压代表“1”，0V的电压代表“0”。第二，接收信号的设备收到一个电压在3～5V之间的信号，则认为收到一个“1”；收到电压在0～2V之间的信号，则认为收到一个“0”。我们现在要传输0110这4个数字的一串信号，在传输过程中由于干扰，代表“1”的5V电压变成了只有3.7V，接收设备收到电压为3.7V的信号后，计算机仍认为它代表对方传过来一个“1”，而不会认为是“0”。这样，即使传输过程有干扰，只要干扰在一定范围内，这一串数字信号还是被正确地接收下来了。

数字程控交换机与机电制交换机相比还有许多优点：接续速度快；容量大，阻塞概率低；节省建筑投资；减少维护人员；为用户提供新的业务，除提供电话外还可提供数据、传真、可视电话、可视数据等；具有新的服务性能，如缩位拨号、叫醒服务、呼叫转移等。

自1997年6月，我国各市县均使用上程序交换机，老百姓打电话难、装电话更难的问题得到了根本的解决。我国的程控交换技术位于世界的先进水平，每年向国外大量出口程控交换机。

目前的电话通信网中，交换机内部以及交换机之间信号的交换和传输都是采用数字信号方式,数字信号能够接入用户家,由于用户端延用模拟电话机,就要用解调器将数字信号转变为模拟信号后接入电话中;而用户打电话的模拟信号要由调制器转变为数字信号传送出去。一旦用户改用数字电话机,入户的数字信号就可直接接入电话机。

二、光纤通信

光纤是光导纤维的简称,它是一种传播光波的线路。利用光纤中传播的光波作载波传递信息的通信方式就叫光纤通信。

光纤通信与电通信的主要差异有两点:光通信传输的是光波信号;传输光信号的介质是光纤。光纤通信系统由光发送、光传输和光接收 3 部分构成。

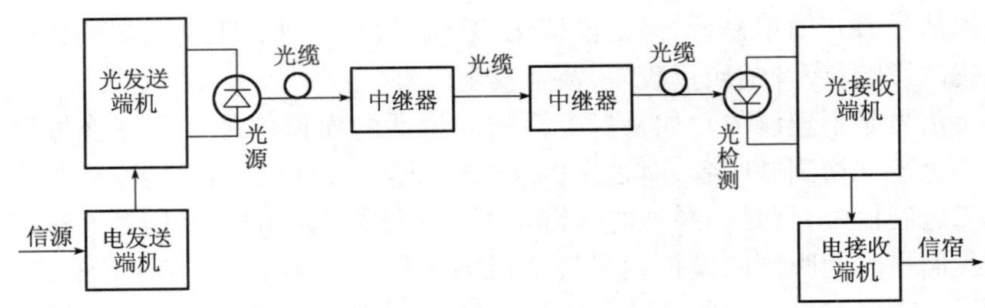

图 3－1　光纤通信系统组成框图

信源和信宿分别为通信系统中信息发送端和接收端能够把信息解读出来的设备或人,如接听电话的人、电视机或计算机等。信源和信宿之间的传输路径称为信道。

如果信源是模拟信号,需要电发送端机将信源转换成电数字信号;如果传递的是数字信号,则电端机即成为信源。电数字信号再送入光发送端机。

光发送端机的主要任务是将电信号变换成光信号,并送入光纤线路进行传输。光发送端机的核心是光源,用半导体激光器(LD)产生激光或用半导体发光二极管(LED)产生荧光。前者适用于长距离、大容量的传输系统,后者适用于短距离、小容量的传输系统。

中继器起到放大信号、增大传输距离的作用。

在光接收端机中光信号转换成电信号,其器件称为光电检测器。目前常用的半导体光电检测器是 PIN 光电二极管和 APD 雪崩光电二极管。APD 不但具有光电转换功能,而且具有内部放大功能。

由光接收端机送出的电信号,再由电接收端机还原成原始消息。

通信容量大是光纤通信最大的优点。根据通信原理,通信容量与电磁波的频率成正比。微波的频率在 10^{10} Hz 左右,光波的频率(10^{14} ~ 10^{15} Hz)比微波的频率大1 000～10 000倍，相应的光通信容量要比微波通信的容量大1万倍。英国华裔科学家高锟在1966年从理论上论证了光导纤维作为光通信介质的可能性，被尊称为“现代光通信之父”，并因此获得2009年诺贝尔物理学奖。

光纤比头发丝还要细，一般由两层不同的玻璃组成（见图3－2），里面一层叫纤芯或内芯，直径约为5～10μm；外面一层叫包层，外径约为100～300μm。为了保护光纤，包层外面涂一层很薄的树脂之后，再套上尼龙或聚乙烯等塑料。在光通信工程中应用的是光缆，它是由许多根光纤组合在一起并经加固处理而成的。

低损耗是光纤通信的又一优点。因为纤芯和包层的折射率不同，前者略大于后者。长距离光通信的光源是激光。当纤芯内的光线入射到包层界面时，只要其入射角大于某个临界值，光就会在纤芯内发生全反射，并且不断地全反射传播下去，不会有光漏射到包层中。光纤通信的中继距离比同轴电缆等其他通信方式长许多倍。现在已建成了欧亚大陆、亚欧海底、亚美海底等光缆系统。

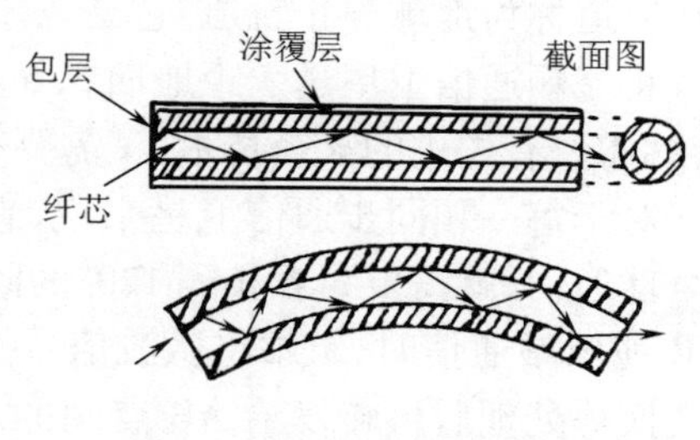

图3－2　光在光纤中传播

光缆与铜电缆相比，具有体积小、重量轻、柔韧性强、容量大、不怕干扰、不易泄密、安装维护容易、费用低廉等优点。在军事上也得到了广泛的应用。

光纤传输能力的提高取决于高质量的半导体激光器和低损耗（即高纯度）的二氧化硅光纤。现在比头发丝还要细的1根光纤可以同步传输几万路电话和几千套电视。按现在开发光纤容量的速度，专家预测，在几年内1对光纤可同步传输5 000万路电话和8万套电视，将能为用户提供接近无限的带宽。因此，光纤被称为信息传输的“超高速公路”。

光纤通信网分为3类：骨干网、城域网和接入网。我国骨干网包括1999年建成的8横8纵光缆工程56 000km，及其支线23 000km。

2017年80%以上的行政村实现光纤到村。2017年5月光纤接入用户总数达到2.55亿，占固定互联网宽带接入用户总数的80.2%。

三、卫星通信

卫星通信以微波为载波。微波是指波长为1m～1mm或频率为300MHz～300GHz范围内的电磁波。它是直线传播的。微波传输的优点是不需要敷设或架设线路，但是如果想要在地球上进行长距离的微波通信，由于地球是球形的，必须每隔50km就修建一座微波站，用于接力传输通信信号。从北京到广州，若用微波进行通信，则必须在北京和广州之间修建50座微波中继站。如此多的传输环节，不仅严重影响通信的质量,而且投资巨大。建立卫星通信系统,就可以解决微波通信中的众多中继站。一个卫星通信系统由通信卫星和地球站(或称卫星地面站)组成。卫星通信就是利用卫星作为中继站来转发微波,实现两个或多个地球站之间的通信。

1. 同步通信卫星和同步卫星通信

同步通信卫星在地球赤道上空约 3.6×10^4km 的圆形轨道上绕地球运行,它的运行轨道平面与赤道平面的夹角保持为零度,其运行一周的时间与地球自转一周的时间同为24h。这样,它与地球处于相对静止状态,因此称为静止轨道卫星,其运行轨道称为地球静止轨道,它是地球同步轨道中一条特殊轨道。

将一颗通信卫星送入距地面 3.6×10^4km 高的同步轨道是一项十分复杂的技术,既需要有先进的火箭技术,又需要有精确的遥测遥控技术。

对于每一颗同步通信卫星来说,它可以俯瞰地球表面约 40% 的面积,要想实现全球通信,就需要 3 颗相隔 120°的同步通信卫星。例如,A 地球站要与另一地区的 B 地球站通信时,A 站将微波信号发射给卫星,卫星将收到的信号进行放大、频率变换等处理后再转发给 AB 点间的地球站,该地球站又将信号发射给另一个卫星,该卫星再转给 B 站,信号经过地球站与卫星间的 2 次往返,于是 A,B 两个地球站就实现了通信联系(见图 3－3)。

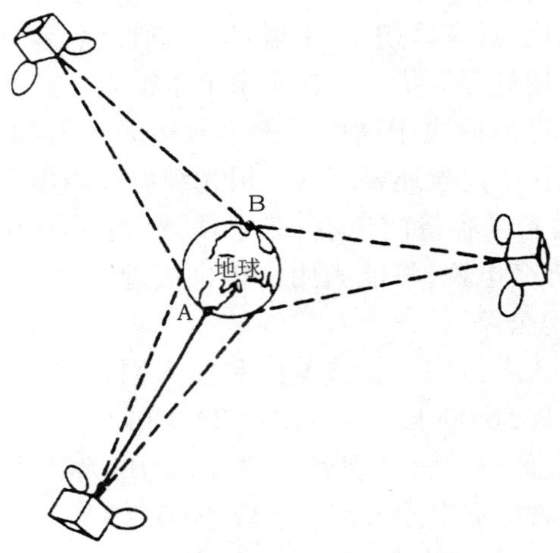

图 3－3　三颗卫星覆盖全球

同步卫星通信有许多优点:第一,通信距离远。因为卫星距地面高达 3.6×10^4km,经同一卫星直接传输地面的最远通信距离可达 1.8×10^4km。第二,通信不受地理条件(如山河海洋阻隔)的限制,也不受自然灾害或人为事件的影响。第三,通信质量高。第四,通信容量大。第八代国际通信卫星有 44 个转发器,可同时提供几万路电话线路或转发几十路电视。第五,可提供各种服务业务。

同步卫星通信的缺点:第一,传输时延大。信号由地球站到卫星再到地球站,传输距离大,发话方听到对方的回话至少在半秒钟之后。第二,由于同步轨道平面与赤道平面为同一平面,高纬度地区难以实现卫星通信,即地球两极附近,存在卫星通信的"盲区"。

同步卫星通信自20世纪60年代中期开始发展,至今全世界已有200个国家总共建立了上百万个地球站。世界上全部电视转播业务和2/3的跨洋电信业务由卫星通信系统承担。通信卫星还用于传送卫星云图,监测森林或草原的火情及洪涝灾害,测算受灾地区的面积等。

中国是世界上第五个独立研制和成功发射地球静止轨道通信卫星的国家,1984年4月8日首次成功发射了第一颗试验通信卫星。

中国卫通集团股份有限公司(简称:中国卫通)目前运营管理着15颗优质的在轨民用通信广播卫星,主要覆盖中国全境、澳大利亚、东南亚、南亚、中东以及欧洲、非洲等地区。公司拥有完善的基础设施、可靠的测控系统、优秀的专业化团队、卓越的系统集成和全天候高品质服务能力,为广大民众提供安全稳定的广播电视信号传输,为国家政府部门和重要行业客户提供专属服务,为重大活动和抢险救灾等突发事件提供及时可靠的通信保障,赢得了广大客户的好评和高度信赖,树立了良好的信誉和品牌形象。

2. 高倾斜度大椭圆轨道卫星通信

由于同步卫星通信在高纬度地区有通信"盲区",而苏联大部分领土处于北纬50°以上的地区,所以苏联于1965年发射了名为"闪电"的高倾斜度大椭圆轨道通信卫星,其运行轨道离地球最远处约4×10^4km,最近处约500km,在同一轨道上运行3颗且相距120°的卫星,构成对北半球高纬度地区的全时覆盖。

高倾斜度大椭圆轨道卫星通信,弥补了同步卫星通信在高纬度地区有"盲点"的不足。但这种卫星寿命较短,只有3~4年,约是同步通信卫星的1/3,而且系统中的地球站要长年跟踪卫星,设备磨损较大。

3. 甚小天线地球站(VSAT)

近年来,通信卫星的服务业务得到迅速的发展,这与20世纪80年代中期出现的甚小天线地球站(Very Small Aperture Terminal)密切相关。

VSAT是一种具有收发功能的小型卫星通信地球站。VSAT系统的通信天线口径小,一般在0.3~2.4m之间,它设备紧凑、架设方便、功耗小、价格低。VSAT系统中的用户小站对环境要求不高,可以直接安装在用户屋顶。用户只要坐在装有VSAT系统的屋内,就能直接通过卫星线路与世界各地进行数据、语音、图文传真等的高速传输。

目前,我国除了邮电部门提供的公用VSAT系统外,一些部委或企业如石油、煤炭、水利和电力等部门都有自己的VSAT系统,构成本系统内的专用通信网。例如，中国人民银行采用 VSAT 系统建成了覆盖全国的金融信息卫星通信专用网，形成全国性的资金清算及汇划系统，这个系统简称“电子联行”(EIS)。过去，由于信息不灵、调度迟缓，全国每天在途资金达 500 亿人民币。现在大大减少了在途资金，为银行平添了 250 亿的活动资金。

四、移动通信

移动体之间或移动体（或暂时停留在某一非预定的位置上）与固定体之间的通信称为移动通信。移动体可以是人、汽车、船只、飞机和卫星。

移动通信种类繁多，可分为陆地移动通信、海上移动通信、航空移动通信等。

最典型的移动通信系统有无线寻呼系统、蜂窝移动通信系统、无绳电话系统、卫星移动通信系统和集群通信系统。

移动通信使人们能够在移动过程中进行通信，以适应现代社会中快节奏、人员流动性强的需要。

1．蜂窝移动通信

通常所说的移动通信即指蜂窝移动通信，它是 20 世纪 70 年代中期发展的一种通信。第一代移动通信系统(1G Generation)是模拟语音移动通信，终端为蜂窝移动电话，简称手机，因个大如砖头俗称大哥大。

蜂窝移动电话的服务区域（如一个城市），被划分成若干个相邻的正六边形小区。小区的边长几百米至十几公里，每个小区设有一个无线基站。基站负责将本小区内移动电话的呼叫传送到移动电话业务交换中心（即移动电话局），并在移动电话局的控制下实现移动电话用户间的通话转接，以及移动电话用户与市话用户通话的转接。由于多个六边形小区组合起来的形状酷似蜂窝（见图 3－4），因此将这种移动电话系统称为蜂窝移动电话系统，所用的电话称为蜂窝移动电话。

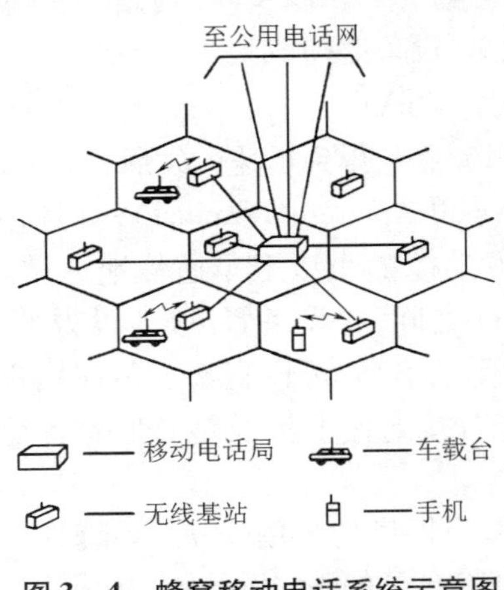

图 3－4　蜂窝移动电话系统示意图

为了避免相邻小区发生通信干扰，每个小区与相邻小区之间载波频率都不相同。蜂窝形设计使小区间的中心间隔最大，另外，无线基站的功率相对较小，这样，相隔一定距离的小区，使用相同的频率也不会相互干扰，即蜂窝移动电话有频率复用的特点。例如，我国引进的泛欧 GSM 系统，基站发射 900MHz 频段（935 ~ 960MHz），移动台发射 800MHz 频段（890 ~ 915MHz），每个频段宽 25MHz。频段中又按 200kHz 分成若干个频道，又称信道，这样就可分成 124 对频道。一对频道允许一对用户通话，124 对频道允许 124 对用户同时通话。要解决众多用户的需求，假如我们的服务区划分成 49 个小区，我们将 124 对频道分成 7 份，每份可有 15 ~ 20个频道不等（见图 3 – 5）。

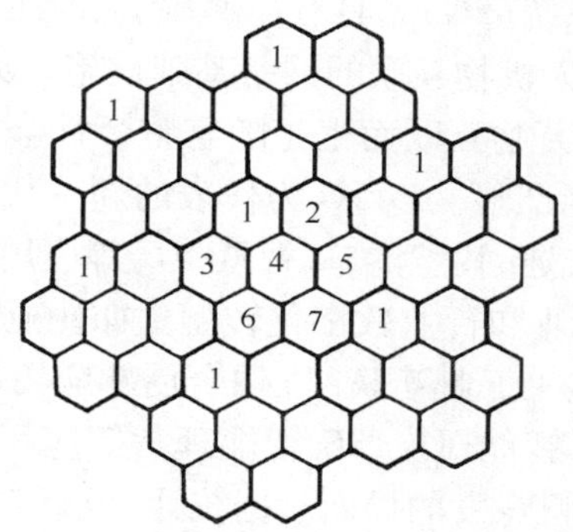

图 3 – 5　蜂窝网频率复用模式

我们可将这 7 份频道，安排 7 次，只要相同的频道相隔一定距离，相互就不会干扰。这样，整个服务区内最多允许 868 对用户同时通话，从而大大增加了通信的容量，解决了移动通信容量需求大与频率资源有限的矛盾。

如果一位手机使用者乘汽车时通话，汽车从一个小区跨越另一个小区时，由于收到的原小区基站的信号变弱，基站则请求移动电话局进行切换。移动电话局就会将频道切换到新的小区的频道上，整个切换过程是自动完成的，所需时间不到 1 秒，通话不会中断，用户也不会察觉。

因第一代移动通信系统传输的模拟信号易受外界电波干扰，语音品质欠佳等原因，20 世纪 90 年代后期逐渐被第二代数字语音通信系统（2G 或 2. 5G）所取代。由于微电子技术的发展，使得 2G 及之后的通信设备小型化、微型化，手机体积也大大缩小了。2G 数字语音通信系统具有不易被盗用的优点，语音品质令人满意。2G 系统除了可提供各类电话服务外，还具备接收数据的功能。

第二代移动通信系统在数据传输速度上远低于一般计算机的速度。2000 年 5 月，国际电信联盟认可 3 个第三代（3G）移动通信标准：日本和欧洲共同推出的 W – CDMA 系统；美国推出的 Cdma 2000 系统；中国推出的 TD – SCDMA（时分双工同步码分多址:Time Division-Synchronize CDMA)系统。3G移动通信系统是将无线通信与国际互联网等通信结合的新一代覆盖全球的多媒体移动通信系统。3G手机能够处理图像、音乐、视频流等各种媒体形式,提供包括网页浏览、电话会议、电子商务等各种增值服务。其特点是可以实现全球漫游,使任意时间、任意地点、任意人之间的交流成为可能。

第四代的移动信息系统(4G)是将WLAN技术和3G通信技术结合,可以实现软件、文件、图片和音视频的高清传输及高速下载。当下,全球移动通信网络技术走过了第一代模拟技术(1G)、第二代数字技术(2G)、第三代宽带数字技术(3G)和第四代移动互联网技术(4G),处于第五代移动通信技术(5G)的阶段。

第五代的移动信息系统(5G)是具有高速率、低时延和大连接特点的新一代宽带移动通信技术,是实现人机物互联的网络基础设施。如果说,3G解决的是通讯,4G为上网设计,5G则为万物互联而生。随着整个社会加速数字化、网络化、智能化,5G融合赋能效应日渐凸显。以5G为代表的新一代信息通信技术融入千行百业,催生智慧医疗、智慧交通、智慧港口、智慧工厂等应用,变革企业的生产方式,实现提质增效,加速助推企业和行业数字化转型。如比亚迪总装厂的5G+AI、5G+AR远程协作等13种"5G+工业互联网"融合创新应用;深圳妈湾港的5G港机远控应用、5G无人集卡、5G智能巡检、5G智能理货等应用。5G的融合应用,在各行各业呈现出百舸争流、千帆竞发的局面。据统计,截至2021年上半年,我国"5G+工业互联网"项目已超过1 500个,138个钢铁企业、194个电力企业、175个矿山、89个港口实现5G应用商用落地。

截至2021年底,我国已建成5G基站超过115万个,占全球70%以上,是全球规模最大、技术最先进的5G独立组网网络;全国所有地级市城区、超过97%的县城城区和40%的乡镇镇区实现5G网络覆盖;5G终端用户达到4.5亿户,占全球80%以上。我国移动电话用户规模16.43亿户,其中5G用户达到3.55亿户,在移动电话用户数中占比达21.61%。

2.无线寻呼接收机

无线寻呼接收机常称为"BP"机、"BB"机、"Call"机。它是无线寻呼系统的终端设备。无线寻呼系统是一种单向(只叫不发)移动通信系统。

如果要寻找某一个带了寻呼机外出的人,只要利用市内电话将被寻找者的寻呼编号、简短的信息内容以及本人的电话号码告诉话务员,话务员就会记录下这些信息,并用特殊的信号,经过无线电发射机发出,这时被寻呼者身上的接收机就会响起"嘀—嘀—"声或发出振动,同时在屏幕上显示出主叫号码或简短的信息。被寻呼者欲与寻呼者联系,还需借助于电话。

无线寻呼通信在我国自1984年问世以来,短短十几年内发展很快,一些新业务如天气预报、股票信息等都进入了服务范围。到2000年,已有1 000多个城市开办了无线寻呼业务,用户超过8 000 万。进入 21 世纪,由于蜂窝移动通信的快速发展,无线寻呼通信的大量用户流失,传统寻呼业已趋于萎缩。

3.无绳电话

无绳电话是指手机(送话器和受话器)与主机(电话机的基座)之间不用物理连线的一种电话机。手机与主机之间的连线被各自配备的小功率无线电发射机所取代,而主机仍是通过电话线与电话网的交换机相连。无绳电话系统是固定市话网的一种补充和延伸。

使用无绳电话时,用户既可以在主机上拨号,也可以在手机上拨号。当有电话呼入时,手机和主机都会振铃,手机和连在机座上的电话也都可以进行通话。这样,手机如同大哥大一样可以随身携带,随时使用。但是手机与主机的距离不能太远,一般是 200m 至几千米之间。一般在家庭内使用。

第二代无绳电话系统,简称 CT－2 系统。它采用的是数字技术,通话质量和保密性均比一般无绳电话有很大的提高。CT－2 系统不仅适用于家庭电话业务,同时还适用于公用网和专用网业务。经营公用网的机构可以在酒店、车站、商场、机场和地铁等处设立无线基站(又称电信点),基站外接一条或几条市话线,它的作用相当于有线通信的公用电话亭。携有 CT－2 电话的用户只要与基站的距离不超过 200m,便可以使用手机。其呼叫与一般移动电话相同,所以有人又称 CT－2 为二哥大。

CT－2 一个主机可以登记多个用户使用,同时还可以限制某些手机的服务项目。这样,在一个家庭中,申请 1 个 CT－2 号码,每个成员都可以有一个手机,还可以限制某些成员(如小孩)打国际或国内长途电话。在办公室场合,由于人员较多,通话量也大,所以 CT－2 系统还需要一个无绳管理器,它类似于一个小交换机的功能。

CT－2 系统价格低廉,投资也较小,因此引起一些国家(如泰国、马来西亚、新加坡等)的兴趣。它的使用、收费极便宜,因此受到广大用户的欢迎。我国香港、深圳等地开通了 CT－2 系统。瑞典爱立信公司现已开发 CT－3 系统,该系统适用于办公大楼使用的数字无绳电话系统。

4.卫星移动通信

利用通信卫星作为中继站,可以实现固定通信,也可以实现移动通信。

卫星移动通信系统是以太空的通信卫星为基础,在全球或区域范围内为行驶的车辆、船舶、飞机等移动体提供各种通信业务的移动通信系统。

移动卫星系统按运行轨道分为:静止轨道卫星移动通信系统、中轨道卫星移动通信系统和低轨道卫星移动通信系统。第一种系统的组成基本上与静止卫星固定通信系统相同,海事移动卫星通信系统就属此类。后两种系统则采用多颗低轨道卫星组成星座,与前者有较大的不同。

(1)海事卫星移动通信系统。其最初的宗旨是改善海上救援工作,提高船舶使用效率和管理水平,增强海上通信业务和无线电定位能力。1979 年 7 月 16 日,国际海事卫星组织(INMARSAT)宣告成立,我国是创始成员国之一。1999 年改革后更名为国际移动卫星公司,其英文缩写不变仍为"INMARSAT"。

INMARSAT 系统主要由空间段卫星、网络操作控制中心、网路协调站、地面站和用户终端组成。INMARSAT 系统采用静止卫星,卫星按四大洋区分布,分别是大西洋东区、大西洋西区、太平洋区和印度洋区。在每个洋区上均有多颗卫星,并不断更新换代,第四代群星实现了除极地外的宽带服务的全球覆盖。网络操作控制中心位于英国伦敦总部的大楼内,它的任务是监视、协调和控制 INMARSAT 网络中所有卫星的工作运行情况。每个洋区分别有一个岸站兼作网路协调站,该站作为接线员对本洋区的船站与岸站之间的电话和电传信道进行分配、控制和监视。

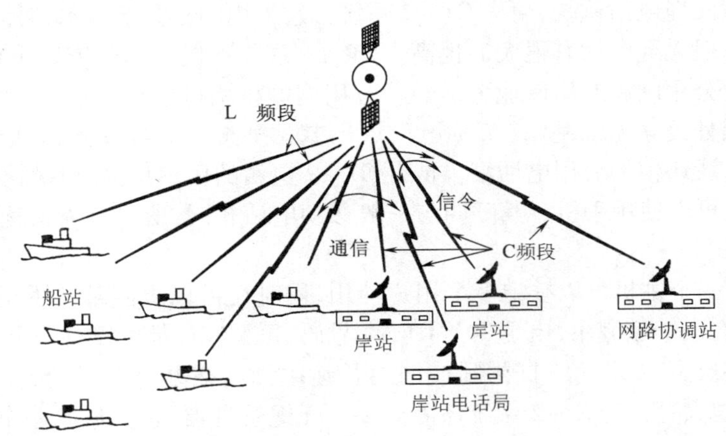

图 3-6 INMARSAT 系统组成

INMARSAT 系统的标准移动终端主要有 6 种基本类型,即进行海上和陆地业务的 A、B、C、M、Mini-M 标准以及进行航空业务的航空标准(Aero)。INMARSAT-C 终端装有 GPS,可提供全球定位服务。INMARSAT-C 陆用终端小巧,体积只有公文包大小,重量仅有 3kg,可装在手提箱中;车载式的卫星终端具有全向性天线,能在行进中进行通信;便携式或固定式的终端采用小型定向天线,可方便携带及降低能耗。

海事卫星通信最重要的用途是确保海上船舶的安全。它可提供全球定位系统(GPS)的监测业务,提供增强型船群呼叫业务,通过大容量、高可靠的卫星广播信道向一群船只或某特定区域发送海事安全信息,如天气预报、暴风警报、险情报告等。

海事卫星通信还应用于森林防火、地质调查、勘察设计等方面。近几年我国在南极和北极的科学考察中,科考队员和新闻工作者使用海事卫星通信系统,实现了极地考察的实地跟踪报道和通信联系。2003 年美伊战争中,我国新闻记者通过海事卫星不断向国内发送语音、数据和图片信息,使全国人民及时了解到前线的战况。

(2)低轨道卫星移动通信系统。同步卫星距地面高度达3.6×10^{4}km,对它在空间的位置又有精确的要求,因此发射同步卫星的投资费用高达数亿美元,技术要求也很高。1988 年,美国摩托罗拉公司的几位工程师在聊天时提出了用多颗低轨道卫星来覆盖全球,提供移动通信的想法。这一想法很快得到公司总部的支持,并组织人员研究方案。最初设计为 77 颗小型卫星,因卫星数与铱原子的核外电子数目相同,故取名为铱星计划。实际上,在轨道有 66 颗卫星运行即可满足全球移动通信。

铱星系统由 3 个主要部分组成:卫星、关口站和用户单元。其中,卫星是一种小型相对简单的卫星,由于轨道高度在地球 765km 上空,比静止卫星低了许多,就必须用多颗卫星来覆盖地球。66 颗卫星分布在互成 60°的 6 个轨道平面上,每个平面有 11 颗卫星。每颗卫星在与地面用户终端及关口站进行通信的同时,还与星座中其他卫星相互通信。星座的管理由系统控制中心执行。关口站是提供铱星系统和公众电话系统之间接口的地球站,它可使铱星系统用户单元与公众电话网中任何类型的电话、传真或数据终端进行通信。关口站还有为注册用户收集和保存通话记录、计费信息、用户定位等功能。用户单元是为直接与上空卫星进行通信而设计的一系列产品,包括寻呼机、便携式手机、移动式电话、传真机等。

铱星系统可提供从南极到北极全球范围内的电话、传真、寻呼、数据传输、地球定位和全球呼叫等通信业务。开发铱星系统的目的不是取代或替换现有的容量大、费率低的电话系统或蜂窝电话系统,而是作为已有移动通信系统的补充或备用。其市场主要是那些业务需求量不大,不足以建立地面通信设施的人口稀少地区,或难以用其他手段解决移动通信业务的地方。铱星系统可以向海上、陆地和航空的运输业、钻井平台救援,以及向其他紧急通信提供服务。

1991 年,铱星公司成立。1994 年,铱星系统财团发射头 7 颗卫星,系统控制中心投入运行,4 个关口站投入使用,1996 年提供早期的铱星系统业务,完成卫星星座的部署,1998 年 11 月 1 日铱星系统正式投入使用。1999 年 3 月 17 日,因为成本、价格和市场等问题,铱星公司宣告破产。

2007 年,铱星公司宣布了第二代“铱星计划”(Iridium NEXT)。该计划同样包括 66 颗近地卫星,以全面替换现有卫星。此外还有 6 颗在轨备用卫星和 9 颗地面备用卫星。原计划于 2015—2017 年间布星完毕。由于一系列原因第二代“铱星计划”的发射计划推迟。

铱星计划首次提出并实施的低轨道移动卫星通信系统的思路,推动了移动卫星通信技术的发展。现已运行着多种中、低轨道非同步卫星移动通信系统。例如,由 12 颗中圆轨道卫星组成的 ICO 卫星移动通信系统,由 48 颗中轨道卫星组成的全球星(Globalstar)系统等。

5. 集群通信

集群通信系统,是一种高级移动调度系统,代表着专用移动通信的发展方向。

传统的专用移动通信系统指的是应用于某个行业或某个部门内,以调度指挥为主要特征的移动通信系统,它可由几部普通步话机组成一个无线电调度网,这种网在厂矿等部门仍被大量采用。但这种网的功能过于简单,它的主要特点在于信道是“专有”的。也就是说通话过程中用户只能在这一专用信道上,如果这一信道已被其他用户占用,则它就不能选择其他空闲信道,从而出现阻塞。由此可见,传统的专用业务通信系统频率利用率低。针对上述专用业务移动通信系统中存在的缺点,就产生了高层次的专用业务移动通信形式——集群通信系统。

从理论上说,数字集群基本技术与数字蜂窝移动通信系统没有本质的区别。系统由移动台、基站、调度台、控制中心构成。调度台主要对移动台进行指挥、调度和管理。控制中心主要控制和管理整个集群通信系统的运行、交换和接续,包括市内用户与移动用户间的接续。

一个集群通信系统拥有许多移动用户,用户之间进行可选呼通信,即可选单呼、组呼、群呼和全呼;因而可广泛应用于消防、救护、防洪抢险、出租车、警察、军队的指挥、调度与通信。除此之外的特点是:共用频率,将原来配给各部门专有的频率加以集中,供各家共用;共用设施,可将各家分建的控制中心和基站等设施集中合建;共享覆盖区,可将各家邻近覆盖区的网络互连起来,从而获得更大覆盖区。

总之,集群通信系统是共享资源,分担费用,可向用户提供优良服务的多用途、高效能而又廉价的先进无线调度通信系统。

6. 近距离无线通信

近距离(或称短距离)无线通信泛指在较小的区域内收发双方通过无线电波传输信息的通信技术。由于对无线通信需求越来越大,近距离无线通信技术正在不断发展,并日益走向成熟。电气和电子工程师协会(IEEE)制定了一系列无线局域网(WLAN)的标准,最通用的标准是IEEE802.11 系列。

无线局域网的主干网路通常使用有线电缆,无线局域网用户通过一个或多个无线接取器接入无线局域网。无线局域网现在已经广泛地应用在商务区、大学、机场及其他公共区域。

(1)蓝牙(bluetooth)。蓝牙是一种支持设备近距离通信的无线电通信技术。有两个功率级别,Clacc1 是 100m 距离,Clacc2 是 10m 之内,内置蓝牙一般为Clacc2。工作频率2.4GHz,这是国际协议规定的工业、科学、医学(ISM)不必申请的频率。蓝牙技术规范由蓝牙技术联盟(SIG)开发。蓝牙技术支持语音与无线数据的传输,最高速率 1Mbps(见本节六、2. 宽带化)。采用蓝牙技术的设备有手机、耳机、鼠标、键盘、相机、微机、传真机、激光打印机、车载蓝牙免提等。蓝牙技术支持一种灵活的组网方式。即通过无线方式将若干蓝牙设备组织成微微网,多个微微网之间又可以互连成为分散网。同时,蓝牙也是唯一能够嵌入手机中的短距离全向射频通信技术。

(2)Wi－Fi(wireless fidelity)。原先是无线保真的缩写,在无线局域网的范畴是指“无线相容性认证”,实质上是一种商业认证,同时也是一种无线联网技术的品牌,由 Wi－Fi 联盟所持有。

以前通过网线连接电脑,而现在则是通过无线电波来联网,常见的就是一个无线路由器,在这个无线路由器的电波覆盖的有效范围(100m 左右)都可以免费采用 Wi－Fi 连接方式进行上网浏览,如果无线路由器连接了一条 ADSL 线路或者别的上网线路,则又被称为“热点”。热点就是提供 Wi－Fi 上网的发射点。现在机场、酒店、商场、部分公交车和飞机等许多公共场所都提供 Wi－Fi 热点,以方便网民使用。如果企业或机关在每个部门或楼层设有 Wi－Fi 接入点,则可以省去铺设线缆的麻烦和资金。

Wi－Fi 速率最高可达 11Mbps。电波的覆盖不受墙壁阻隔,但在建筑物内的有效传输距离小于户外。它的工作频率也是 2.4GHz,与无绳电话、蓝牙等许多不需频率使用许可证的无线设备共享同一频段。

在数据安全性方面比蓝牙技术要差一些,如果误入黑客的 Wi－Fi 钓鱼热点,个人信息会被披露,若网购还可能造成个人资产损失。因而谨慎使用公共场合的 Wi－Fi 热点。若是官方机构提供的而且有验证机制的 Wi－Fi,找工作人员确认后连接使用。不管在手机端还是电脑端都应安装安全软件。

属于近距离无线通信的还有一些,蓝牙和 Wi－Fi 是目前应用最广的。

五、未来通信技术的展望

通信技术在 20 世纪得到飞速发展,21 世纪的通信技术继续向着宽带化、智能化、个人化的综合业务数字网技术的方向发展。

1. 全程数字化

全程数字化是指在通信网中任何一部分(即交换、传输、终端)所有信号都是数字信号。所有的信息,不论是声音、文字还是图像都全部变成数字化信息以后再入网通信,网络中不再存在模拟信号。全程数字化是实现综合业务数字网的基础。

以现在的电话通信网为例,它不是全程数字化的,用户线路上传输的是模拟信号。若要实现全程数字化,就要将模拟数字转换器从交换机一侧搬到电话机中,这是在经济上和技术上都有待解决的问题。

2. 宽带化

信息的单位是比特(bit),在二进制的数字信息中,1bit 就代表 1 个“0”或 1 个“1”。通信比特速率单位为 bit/s(简写 bps,即 bit per second),表示每秒钟所传输的信息数。

不同的通信业务需要不同的通信速率(见图 3 – 7)。例如,用数字式电话的通信速率为 64kbit/s;可视电话终端的通信速率至少要 128kbit/s 才能产生连续的活动图像;高清晰度电视的通信速率达 135Mbit/s。

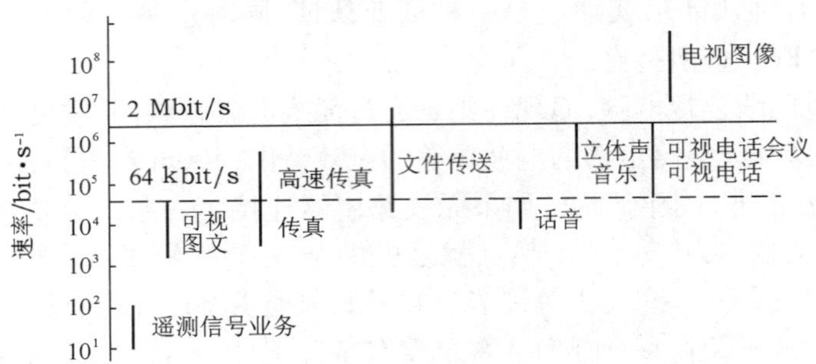

图 3 – 7　几种业务的速率范围

在电话网的交换机实行数字化之后,对每个用户来说,最高的通信速率为 64kbit/s。在电话网之后陆续建立起来的数字通信网,经过一系列的技术改造之后,单一用户的最高通信速率可达2Mbit/s,即每秒钟可传输 200 万个“0”或“1”,相当于 1 秒钟之内可以传送近 100 万个汉字。可是,如此高的传输速率并不能满足传输活动图像(如录像、电影、电子游戏等)的需求,它们的传输速率至少 10Mbit/s 才行。这个要求是速率为 64kbit/s 的通信网力所不能及的。要达到这个目的,就必须对低速通信网进行彻底的改造,重建一个高速的通信网。为了区分低速通信网与高速通信网,我们称通信速率小于或等于 64kbit/s(或 1Mbit/s)数据的通信网为“窄带通信网”,而把那些不仅能传输低速的窄带信息,而且还能传输高速信息(如电影等)的通信网称之为“宽带通信网”。

由于我国通信技术的飞快发展,很多城市已建成 1 000Mbps 的通信网,宽带通信网的覆盖面越来越大。

3. 智能化

通信网智能化,亦称智能网。它不仅能传送和交换信息,还能存储、处理和灵活控制信息。它能使通信网在各种条件下以最优化的方式处理和传递信息,如同一位精明能干的秘书,会根据不同的情况,处理不同的文件。在智能网中,如果需要增加新业务,可不用改造交换机,只要在大型数据库中增加一个或几个模块即可,并且不会对正在运营的业务产生任何影响。

移动通信技术的智能化推动移动互联网的快速发展,层出不穷的应用同时也不断改变着人们的消费、支付及娱乐方式。随着智能手机的普及,人们依赖于各种手机 App 软件,出门仅仅需要一部手机就可以解决一切问题。在微信以及支付宝这两大 App 上市之后,扫码支付已经成为最便捷的支付方式。目前支付宝和微信所占据的市场份额已经超过了95%,意味着我国14亿的人民中,有超过13亿以上的人都在使用扫码支付。而时下很火的抖音App则是一款社交娱乐的软件,通过短视频,人们可以分享自己的生活自娱自乐,同时也可以了解各种奇闻趣事,结交更多朋友。自2019年与中央电视台春晚深度合作起,抖音飞速发展,风头正劲,在2022年3月全球热门移动应用下载TOP10中,TikTok(抖音海外版) & 抖音排名第一。

4. 个人化

通信个人化,就是指通信要真正实现到个人。它的目标被人们简称为5W,即个人通信的基本概念是无论任何人(Whoever),在任何时候(Whenever)和任何地方(Wherever),都能自由地与世界上其他任何人(Whomever)进行任何形式(Whatever)的通信。能提供这种通信服务的通信网,就叫"个人通信网"(Personal Communication Network,PCN)。

个人通信需要全球性的大规模的网络容量和灵活的智能化的网络功能。人们普遍认为,数字蜂窝移动通信技术、数字无绳通信系统和低轨道卫星技术的综合,将可能成为全球个人通信网络的基石。

5. 综合化

通信网的综合化有两个含义:一是技术的综合,即全程数字化,实现网络技术一体化;二是业务的综合,即把各项通信业务(如电话、传真、电子信箱、会议电视等)综合在同一通信网中传送、交换和处理。

综合业务数字网(Integrated Services Digital Network,ISDN)就是技术和业务的综合网。它是以电话综合数字网(Integrated Digital Network,IDN)为基础发展而成的通信网,在各用户终端之间实现以64kbit/s速率为基础的数字传输。它可承载包括话音和非话音在内的各种电信业务,客户能够通过有限的一组标准多用途用户网络接口接入这个网络。此网是窄带ISDN(N-ISDN)。

为了满足日益增长的高速数据传输、高速文件传输、可视电话、会议电视、高清晰度电视以及多媒体、多功能终端等新的宽带业务的要求,我国许多城市已经开通了宽带综合业务数字网(B-ISDN)。

6. 量子通信

在微观世界里,基本粒子的质量、能量、角动量、体积等许多物理量的数值会是一些特定的值,而不是任意值,就说这些物理量是量子化的,其物理量的最小单元称之为量子。微观粒子运动状态是用它的量子数来描述的。例如,我们描述一个稳定原子的核外电子的状态就用4个量子数:主量子数、角量子数、磁量子数和自旋量子数。

量子通信主要研究量子密码传送、量子隐形传态和远距离量子通信技术。

量子密码通信是利用量子纠缠效应进行信息加密,仍用目前技术传递信息的通信方式。

有共同来源的两个光子，具有相同的量子态，无论他们相距多远，只要其中一个量子状态发生变化，另一个光子就能立即“感应”，并做出相应的变化，称之为纠缠效应。在通信的两端加上光量子态的发送和接收设备，通信双方手中具有缠绕态光量子，它是随机产生的，如果遭到拦截，双方都能立刻察觉有人窥探，密钥失效，信息也会被破坏，并非原有的信息，因此无法破解。而传统的通信加密协议，源于复杂的算法和公式。同传统通信相比，量子密码基于量子的不可克隆原理，是绝对安全的。

量子隐形传态完全用量子技术来传递信息，不用铺设有形的光缆，而是无形的在空中传输，又称空中量子通信。

近年来我国在量子通信领域成果卓越。2013 年启动了光纤量子通信骨干网工程“京沪干线”项目，连接北京与上海，贯穿济南、合肥等地。2016 年 8 月 16 日，我国在酒泉卫星发射中心成功将世界首颗量子科学实验卫星“墨子号”发射升空。2017 年 9 月 29 日，世界首条量子保密通信干线——京沪干线正式开通，全长 2 000 余公里。结合“墨子号”卫星，我国科学家又成功与奥地利科学家实现了世界首次洲际量子视频通信。星地高速量子密钥分发实验采用卫星上一块能产生纠缠光子对的晶体，量子卫星将这两个光子分别发射到中国和奥地利的地面卫星接收站，形成量子密钥分发，实现星地的量子保密通信。实验结果显示，在 1 200km 的通信距离上，星地量子密钥的传输效率比同等距离地面光纤信道高万亿亿倍。

“墨子号”卫星也进行了量子隐形传态实验，采用地面发射纠缠光子、天上接受的方式。“墨子号”卫星过境时，与海拔 5 100 米的西藏阿里地面站建立光链路。地面光源每秒产生8 000个量子隐形传态事例，实验通信距离从 500km 到 1 400km，所有 6 个待传送态事例均以大于 99.7% 的置信度超越经典极限。假设在同样长度的光纤中重复这一工作，需要 3 800 亿年，也就是宇宙年龄的 20 倍，才能观察到一个事例。可见量子通信不仅安全同时高效，其安全性和高效性是其他通信方式无法相提并论的。

我国潘建伟院士科研团队在量子通信三方面的实验成功，说明量子通信为未来最安全、高效的通信方式，可以从根本上解决国防、金融、政务、商业等领域的信息安全和需求。许多国家也在进行这方面的研究。

思考题

1. 通信网包括哪些设备？每种设备各举出两例。

2. 交换机的作用是什么？现在使用的是哪一种交换机？

3. 信号分为哪两种类型？它们各有什么特点？
4. 简述光通信系统的构成。光纤通信有哪些主要特点？
5. 何为地球静止卫星？通信卫星通信有哪些优缺点？
6. 何为移动通信？简述蜂窝移动通信系统的构成。
7. 信息的单位是什么？通信速率的单位是什么？
8. 何为通信技术的全程数字化、宽带化、智能化、个人化和综合化？
9. 比较量子通信、光纤通信、无线电通信的安全性。

第三节　生物技术

当前，在高新技术中，处于显著地位的可以说是生物技术。生物技术（又称生物工程）一词以它极快的发展速度和可喜的成就吸引越来越多人的关注，它被认为是有可能改变人类未来的最重大的新技术之一。世界各国均投入了巨额资金，我国的“863”计划也把生物技术列为重点发展项目，该技术在计划实施30多年中，科技成果纷至沓来。生物技术的一个个突破性成果在经济发展中得到了广泛的应用，充分显示了生命科学促进经济发展的巨大威力。作为一门高新技术，它已广泛应用于医药卫生、农林牧渔、食品能源及环境保护等领域。生物技术对解决世界人口、资源、粮食和环境危机问题都是至关重要的。

一、生物技术概述

1. 生物技术的含义

生物技术不完全是一门新兴学科，生物技术这个名词也不是近些年才出现的。它最初是由一名匈牙利工程师埃赖基（K. Ereky）于1917年提出的，当时的含义是用甜菜作为饲料进行大规模养猪，即利用生物将材料转变为产品。

后来由于生物技术的发展迅速，国际合作及发展组织于1982年对这一名词进行了重新定义，它的含义是：应用自然科学及工程学的原理，依靠微生物、动物、植物体作为反应器，将物料进行加工以提供产品来为社会服务的技术。

美国政府技术顾问委员会（OAT）对生物技术的定义是：应用生物或来自生物体的物质制造或改进一种商品的技术，其中还包括改良有重要经济价值的植物与动物和利用微生物改良环境的技术。

生物技术是一门涉及多种学科而又分支众多的综合性技术，它以微生物学、分子生物学、生物化学、遗传学、免疫学、生理学及化工工程作为基础。根据操作的对象及技术，把生物技术分为五大工程，即发酵工程、细胞工程、酶工程、基因工程、蛋白质工程。根据它应用的领域分支为农业生物技术、医药生物技术、生物技术疫苗、生物技术诊断、家畜生物技术、海洋生物技术等(见图 3－8)。

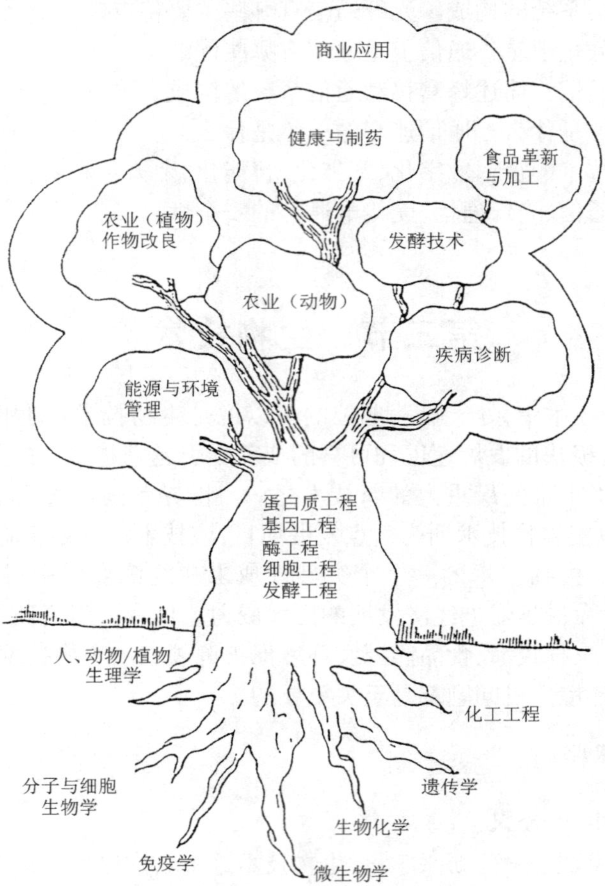

图 3－8　生物技术的学科基础及分支

生物技术是一门既古老传统又充满青春朝气的综合性技术,可以把它的发展历程分为传统生物技术和现代生物技术。

2.传统生物技术

传统生物技术主要通过微生物的初级发酵来生产产品。很早以前,人们就会用微生物的发酵法来制醋、做酱、酿酒等。公元前 221 年的周代后期,我国人民就能制作豆腐、酱和醋,并一直沿用至今。在西方,苏美尔人和巴比伦人在公元前 6 000年就已开始啤酒发酵。埃及人则在公元前 4 000 年就开始制作面包,但他们不知道微生物的存在,更不懂得什么是发酵。

19 世纪中期,法国微生物学家巴斯德(L. Pasteur)发现了发酵现象,这可以说是生物技术的一个里程碑,他的微生物纯种培养技术的建立使发酵技术纳入了科学的轨道。这时,人们懂得用酵母进行大规模生产,其产品有乳酸、酒精、面包酵母、柠檬酸等。

1929 年,英国的弗莱明(Flemming)爵士发现了青霉素,从此生物技术产品中增加了一大类新的产品——抗生素。20 世纪 40 年代,抗生素工业开始出现,并成为生物技术的支柱产业。

20 世纪 50 年代,生物技术产业增加了氨基酸发酵工程。20 世纪 60 年代,又增加了酶制剂这一新成员。

20 世纪初,遗传学的建立和发展,产生了遗传育种,并于 20 世纪 60 年代取得了辉煌的成就,被誉为"第一次绿色革命"。细胞学的理论被应用到实践中,从而产生了细胞工程。

上述发酵工程、细胞工程、酶工程及遗传育种等技术被视为传统生物技术。

3. 现代生物技术

现代生物技术是以 DNA 重组技术的建立为标志的。

1973 年,美国加利福尼亚大学旧金山分校的博耶(H. Boyer)教授和斯坦福大学的科恩(S. Coher)教授把两段 DNA 片段组合在一起,形成了一个重组 DNA 分子,这是人类历史上第一次有目的的基因重组的尝试,产生了基因工程,它标志着现代生物技术的产生,也使得新一代的基因工程——蛋白质工程应运而生。

DNA 重组技术的诞生给生物技术这一领域带来了一场变革,它使得生物转化这个环节更为直接有效。DNA 重组所提供的方法不仅可以分离高产的微生物菌株,还可以人工制造高产的菌株,使它按照我们的需要生产产品。DNA 重组技术能够赋予动植物优良的品性,创造自然状态下无法产生的新物种;它还用于人类疾病的诊断和治疗。这项技术使得生物技术的发展日新月异,一日千里,成为 20 世纪以来发展最快的学科之一,从原来一项鲜为人知的传统产业一跃而成为代表 21 世纪的发展方向,具有远大发展前景的新兴学科和产业。

二、基因工程

基因工程是现代生物技术的核心,它主要研究基因的分离、合成、切割、重组、转移、表达等。也就是把一种生物中的 DNA 或基因分离提取出来,在体外经过切割,与载体重组,形成重组 DNA 分子并导入受体细胞,使外源基因在受体细胞中表达的过程。它是 20 世纪 70 年代发展起来的一门边缘学科,它的诞生源于现代生物学理论上的发展和技术上的发明。

1. DNA 双螺旋结构的诞生和遗传信息传递方式的确立

(1)DNA 的发现。应该说 DNA 的发现是科学家们共同智慧的结晶。1869 年,瑞士科学家米歇尔(J. F. Miescher)从病人的脓细胞中分离出一种特殊的含磷物质,他取名为核素,这被公认为是核酸的最早发现。德国的生化学家科赛尔(A. Kossell)于1879年研究核酸,先后发现了腺嘌呤和胸腺嘧啶等碱基,被认为是核酸研究的先导者。20世纪初,美国的生化学家列文(P. A. Levene)对核酸的化学结构和性质的测定做了大量工作,并把核酸分为脱氧核糖核酸(DNA)和核糖核酸(RNA)两类。1928年,英国的科学家格里费思(F. Griffith)通过肺炎双球菌转化实验发现有一种转化因子能使有膜病菌变为无膜病菌,这令他感到非常奇怪。1944年,美国细菌学家艾弗里(T. Arery)领导的研究小组花了10年的时间最终证明了这种转化因子就是DNA。另一个证明DNA是遗传物质的更有说服力的证据是1952年赫尔希(A. Hershey)和蔡斯(M. Chase)的噬菌体侵染细菌的实验。至此DNA是遗传物质、蛋白质不是遗传物质的结论才被全世界的科学家所接受。

当遗传物质被确定以后,吸引了更多的科学家对这一物质结构进行研究,最终于1953年由美国的沃森(J. Watson)和英国的克里克(F. Crick)阐明了DNA的双螺旋结构,他们的论文刊登在英国的《自然》杂志第4356期上,题目是《核酸的分子结构——脱氧核糖核酸的一个结构模型》。这篇仅1 000多字的论文及附加的一幅DNA双螺旋结构示意图,引起了科学界的极大反响。他们的发现使生物科学的研究从细胞水平推向分子水平,奠定了分子生物学的基础,从而给整个生物学乃至整个人类社会带来一场革命。1958年,他们又提出了遗传信息的传递学说——中心法则,从而把结构、信息和性状联系在一起。

(2)DNA的结构。DNA主要存在于细胞核中,它是由许多个单位的脱氧核苷酸组成的生物大分子,每个脱氧核苷酸由脱氧核糖、含氮碱基、磷酸基团三部分构成。其中,含氮碱基有四种:腺嘌呤(A)、鸟嘌呤(G)、胸腺嘧啶(T)、胞嘧啶(C)。它们的分子结构如下:

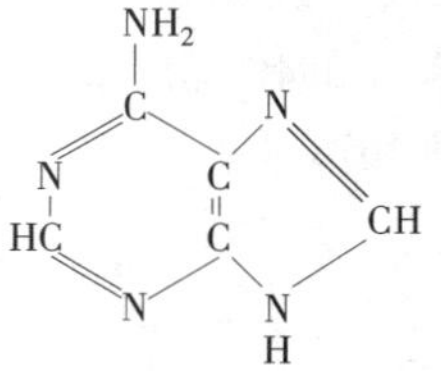

腺嘌呤(A) 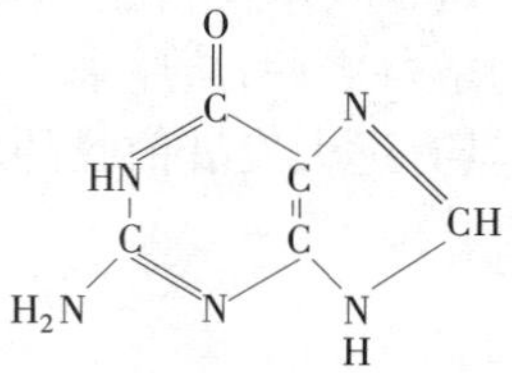　　鸟嘌呤(G)

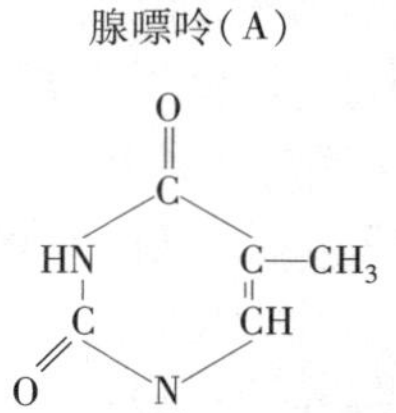

胸腺嘧啶(T) 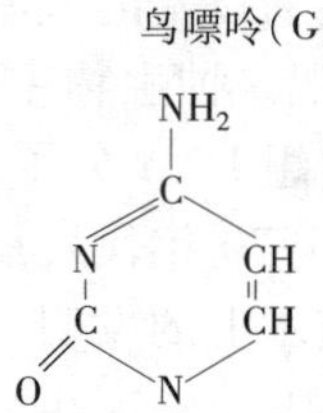　　胞嘧啶(C)

数目不等的脱氧核苷酸"手拉手"连接成一条长链,单位之间靠磷酸二酯键相连。DNA 分子就是由这样方向相反的两条脱氧核苷酸长链构成的生物大分子(见图 3-9)。两条长链不是位于一个平面上,而是形成独特的双螺旋结构(见图 3-10)。双螺旋的外侧是磷酸、脱氧核糖构成的基本骨架,内侧是靠氢键连接成的碱基对。碱基对是靠两种非常特异的配对形式形成的,A 只能与 T 配对,G 只能与 C 配对,这就是碱基互补配对原则,这是由碱基的结构和两条链之间的距离决定的。

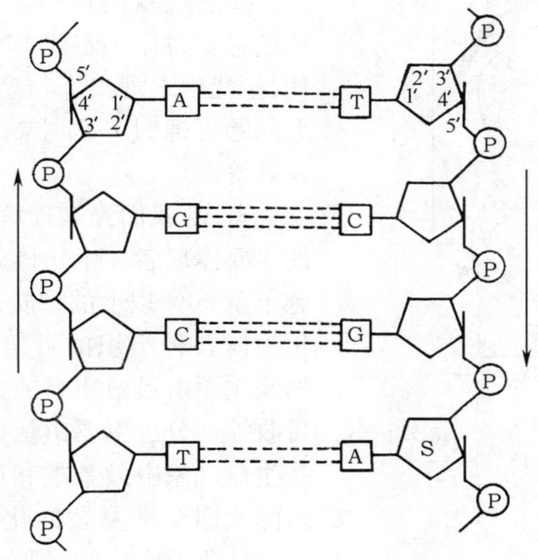

图 3-9 DNA 中部分多核苷酸链的结构示意图

A—腺嘌呤;G—鸟嘌呤;T—胸腺嘧啶;C—胞嘧啶;P—磷酸;S—脱氧核糖

从双螺旋的模型可以看出,由脱氧核糖和磷酸组成的双螺旋结构的基本骨架是稳定不变的,而碱基对的排列顺序是千变万化的。虽然碱基只有 4 种,但它们不同的数目和排列顺序,就可以使 DNA 分子构成多种结构形式,形成 DNA 分子的多样性,这也是世界上的生物形形色色、多种多样的奥秘所在。DNA 分子的多样性也就决定了它的特异性,这就是不同物种以及同一物种的不同个体之间性状产生差异的最根本的原因。在这个分子上记录着生物体生长发育的"蓝图",个体发育过程就是按照"蓝图"而逐步实现的。

(3)DNA 的功能。

①通过复制传递遗传信息。这里所说的遗传信息是指 DNA 上的脱氧核苷酸的排列顺序,亲代的这个顺序依靠 DNA 自我复制能力传给子代。由于 DNA 双螺旋结构为复制提供了精确的膜板,碱基互补配对原则保证了复制准确无误地进行,

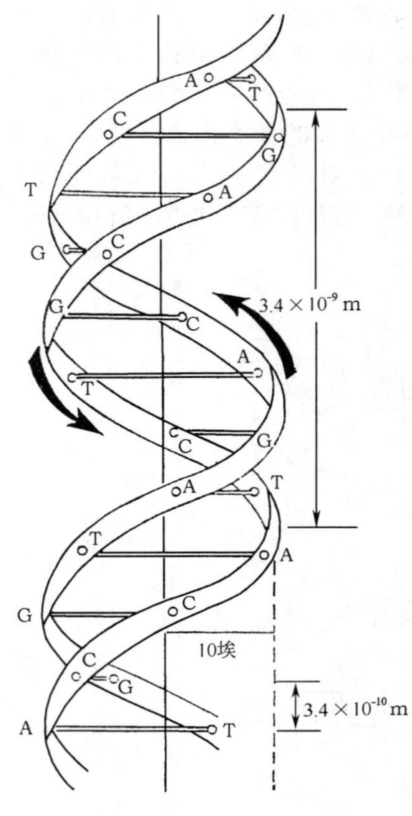

图 3－10　DNA 双螺旋结构

新形成的 DNA 分子就成为原有 DNA 分子的复制品。复制的两个 DNA 分子通过细胞分裂平均分到子细胞中去,也就是亲代把生长发育的“蓝图”又复制了一张给子代。按照“蓝图”进行的生长发育,就把亲代的性状在子代中表现出来,因而使亲代和子代之间保持了遗传性状的稳定性。

②通过基因控制蛋白质的合成表达遗传信息。为什么亲代 DNA 通过复制传给子代,子代就表现出了与亲代相似的性状?这个问题可通过基因控制蛋白质的合成过程找到答案。

首先,我们先来理解蛋白质是生物性状的主要体现者。生物体的化学成分中,占细胞干重 50% 以上的物质是蛋白质,它构成了生物体各种组织的骨架。细胞膜及其他生物膜主要由蛋白质组成,结缔组织和肌肉的可收缩部分也主要由蛋白质组成;新陈代谢是生命现象中最基本和最显著的特征,构成新陈代谢全部复杂的化学反应过程都是在酶的催化下完成的,现在已知的酶几乎都是蛋白质;调节新陈代谢和个体发育的一类物质——激素,其中有些也是蛋白质;免疫反应也要通过蛋白质来体现。因此,蛋白质的结构体现了生物体的特定性状。

再来看一看 DNA 上的基因如何指导蛋白质的合成。其整个过程分为两步:第一步,以编码蛋白质的基因作膜板产生 RNA 分子,即信使 RNA,这个过程称为转录。第二步,信使 RNA 分子在其他的细胞组分(包括核糖体、tRNA 和酶)的帮助下合成蛋白质分子,这个过程叫翻译。通过这两步,储存在 DNA 上的遗传信息通过 mRNA 传递给蛋白质。mRNA 上的碱基和蛋白质之间是通过遗传密码联系在一起的。

遗传密码是指 mRNA 上的三个相邻的碱基组成的三联体。遗传密码的破译工作是在 1961—1966 年完成的,20 种氨基酸的密码子都被找到。有了这套密码,我们就可以更加主动地去改造遗传物质。如果改变了密码子,就可以改变蛋白质中氨基酸的种类和数量,从而实现创造具有优良性状新类型的美好愿望。

2. 基因概念的不断发展

基因是一个不断发展而且仍在发展的概念。遗传学发展的历程伴随着对基因概念认识的不断深入。

基因最初的概念源于遗传学之父孟德尔(G. J. Mendel)的遗传因子。1909 年,丹麦的遗传学家约翰逊(Johannsen)首次提出基因一词,用来代替孟德尔的遗传因子和遗传颗粒。19 世纪 30 年代,摩尔根(T. H. Morgan)通过果蝇的杂交实验创立了染色体和基因的遗传学说,说明了基因与染色体的关系,基因在染色体上成线形排列。

现在,我们对基因的认识更加丰富。基因从功能上分为结构基因、调节基因和操纵基因。结构基因是编码一种蛋白质结构的相应的一段 DNA。人的基因组虽大,但只有 1% ~5% 为结构基因。调节基因和操纵基因都是调节操纵结构基因工作的。我们可以看到基因是有分工的。

20 世纪 70 年代,断裂基因的概念被提出,把鸡的卵清蛋白基因 mRNA 反转录成 cDNA,然后与该基因杂交,发现与该基因的单链 DNA 比 cDNA 长,在互补的区段外单联 DNA 生成多个环状图像。成环的 DNA 区段就是基因中的非编码序列,叫作内含子,而把出现在成熟 RNA 中的有效区段称为外显子。这种能表达的外显子被不能表达的内含子隔开的基因就称为断裂基因。

近些年来,通过对一些生物 DNA 的研究发现,同一部分的 DNA 能编码两种不同的蛋白质,即存在重叠基因。这一现象的发现,修正了传统上认为基因的核苷酸链是彼此分离的观念。后来又发现了跳跃基因,使人们进一步认识到基因不是稳定静止的实体。另外,DNA 上还存在着假基因,它与结构基因顺序相似,但并不表达。

我们把基因概念归纳如下:基因是控制生物性状的结构单位和功能单位,它在染色体上呈线形排列,但并不是固定在染色体上的静止结构;基因是有遗传效应的 DNA(有时是 RNA)片段,它的脱氧核苷酸的排列顺序代表遗传信息;基因是遗传信息传递、表达、性状分化发育的依据;基因是可分的,也是可以移动的。随着分子生物学研究的深入,基因的概念还会被赋予新的内容。

3. 基因工程的操作流程

一个典型的 DNA 重组技术包括以下几个步骤(见图 3 -11):

(1)获取目的基因和载体。

①获取目的基因的方法。目的基因(也称外源基因)的获得目前已有多种方法。例如,用化学方法合成基因,从构建的基因文库中钓取目的基因,应用 mRNA 逆转录形成。近些年出现一种最有效的获得目的基因的方法——PCR 技术,它是 1985 年美国的缪里斯(K. B. Mullis)等人建立起的一套大量快速地扩增特异 DNA 片段的系统,称为聚合酶链式反应系统。由于这项工作,缪里斯在 1993 年获得了诺贝尔化学奖。在一项实用性的发明做出后仅仅 8 年的时间就荣膺诺贝尔奖,这

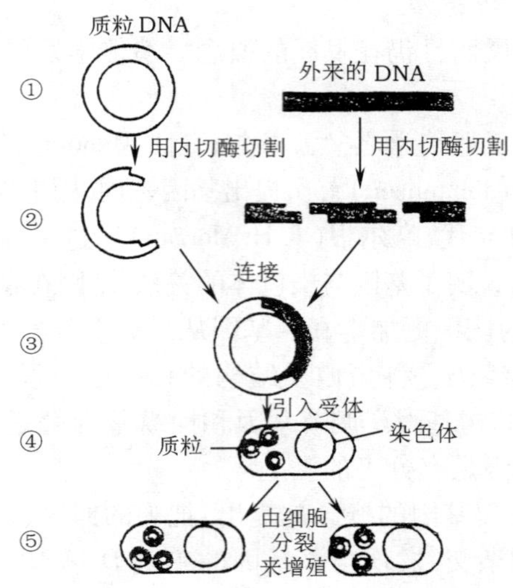

图 3－11　基因工程的操作过程

在科学史上是绝无仅有的，足以说明这一技术的重大应用价值。

PCR 反应过程包括以下几步（见图 3－12）：第一步是变性，将膜板 DNA 置于 95℃的高温下，使 DNA 的双链解开，变成单链 DNA；第二步是退火，将反应体系的温度降至 55℃左右，使得一对引物能分别与变性后的两条膜板链相配对；第三步是延伸，将反应体系温度调整到聚合酶作用的最适宜温度 72℃，然后以目的基因为膜板，合成新的 DNA 链。如此进行约 30 个循环，即可扩增得到目的基因 DNA 序列。

PCR 技术除用于扩增目的基因以外，还有更广阔的应用。它可以用来检测遗传病，检验病毒和其他病原微生物，鉴定胎儿的性别，鉴定罪犯；它还可以应用在考古学上。

②基因载体。载体，就是要把目的基因送到受体细胞中，以使其增殖和表达。作为载体必须具备以下几个条件：一是在受体细胞中，载体可以独立地进行复制，并且具有较高的相对独立的复制率，这样才能使目的基因扩增；二是载体上应有合适的限制酶切点，便于外源DNA 整合到载体 DNA 的一定位置上；三是易于鉴定和筛选，即容易将带有外源 DNA 的重组载体与不带外源 DNA 的载体区别开来；四是易于引入受体细胞。

现在常用的载体有：质粒（能自主复制的环状 DNA 分子）、噬菌体、病毒以及人工建造和人工改造的一些载体。

（2）切割、连接形成重组 DNA 分子。切割，就是用限制性内切酶将目的基因和载体形成片段和打开缺口。

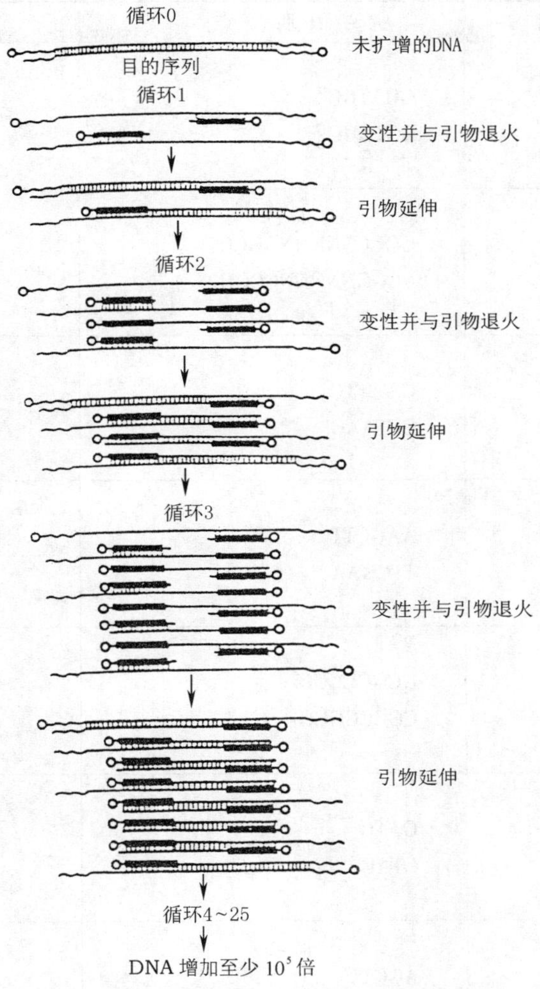

图 3-12　PCR 反应过程的原理

首先要了解 DNA 切割和连接时的工具——酶。

①限制性内切酶。它是 20 世纪 60 年代末 70 年代初发展起来的一项重要的基因操作技术。限制性内切酶的最大特点是专一性强，能够识别 DNA 的一定数目的序列，在一定的位点上切割 DNA 分子，形成 DNA 片段。切割一般是交错切割，形成“黏性末端”（几个碱基形成的单链尾巴），有时也是平整切割，形成没有单链尾巴的“平整末端”（见表 3-1）。

表3-1　一些限制性内切酶的识别位点

限制性内切酶	识别位点	产生的末端类型
Bbu Ⅰ	↓ GCATGC CGTACG ↑	3′突出
Sfi Ⅰ	↓ GGCCNNNNNGGCC CCGGNNNNNCCGG ↑	3′突出
Ec o R Ⅰ	↓ GAATTC CTTAAG ↑	5′突出
Hind Ⅲ	↓ AAGCTT TTCGAA ↑	5′突出
Not Ⅰ	↓ GCGGCCGC CGCCGGCG ↑	5′突出
Sau3 A Ⅰ	↓ GATC CTAG ↑	5′突出
Alu Ⅰ	↓ AGCT TCGA ↑	平末端
Hpa Ⅰ	↓ GTTAAC CAATTG ↑	平末端

注:表中N表示任意碱基。

②DNA连接酶。上面已经提到限制性内切酶切割DNA时产生了“黏性末端”和“平整末端”。“黏性末端”的DNA片段通过碱基互补就可以进行“黏接”了,但是,黏接不可能严丝合缝,总是留下几个碱基大小的缺口。DNA连接酶则

能把这些缺口修复,形成一个完整的双链。若切割时形成平整末端,则用 T4 噬菌体产生的 DNA 连接酶来连接。这种连接酶可以使齐头的 DNA 双链末端直接连接起来。

如果用同一种限制性内切酶切割的 DNA 分子,就会形成相同的黏性末端。于是,这两种带有互补的黏性末端异源 DNA 分子相遇时,就可以重新建立起氢键连接,并在连接酶的作用下发生重组现象而形成重组体。

(3)重组 DNA 分子导入受体细胞。这一步是指重组 DNA 分子转入受体细胞,并在受体细胞中复制保存。这里所说的受体细胞,从实验技术上讲是能摄取外源 DNA(基因)并使其稳定的细胞;从实验目的讲是有应用价值和理论研究价值的细胞。原核细胞和真核细胞都可以作为受体细胞,但不是所有细胞都可以作为受体细胞。原核生物细胞是一类很好的受体细胞,容易摄取外源 DNA,增殖快,基因组简单,便于培养和操作。目前,最常用的原核生物是大肠杆菌。真核生物细胞作为基因受体,近些年来得到广泛的重视,如酵母和某些动植物细胞。由于酵母的某些性状类似于原核生物,所以较早地被用来做受体细胞。动物细胞也已被用来做受体细胞,但由于体细胞大多不具有分化成新个体的全能性,所以采用生殖细胞、受精卵细胞或胚体细胞作为基因转移的受体细胞,进一步把它培养成转基因动物。植物细胞由于具有再生植株的全能性,因此植物细胞比动物细胞更适合做受体细胞。正是由于这个原因,近些年植物基因工程发展非常迅速。

将外源重组 DNA 分子导入受体细胞的途径依不同的受体细胞而方式不同。其主要方式有:转化、转导、显微注射,微粒轰击和电穿孔等方式。转化和转导主要适用于细菌一类的原核细胞和酵母这样的低等真核细胞,其他方式主要应用于高等动植物的真核细胞。

(4)对吸收了重组 DNA 的受体细胞进行筛选和鉴定。无论哪一种导入 DNA 的方法都会带来接受外源 DNA 的细胞的死亡。在活下来的细胞中,也总是只有一小部分真正接受了外来的 DNA。因此,必须有一种方法来检出这些细胞。目前,常用的方法主要有以下 3 种:

①遗传学方法。现在使用的载体分子都携带一个可供选择的遗传标记,或是具有一种能选择的遗传特性。例如,如果质粒上有一个抗氯霉素基因,那么把经转化处理的细菌接种在含氯霉素的固体培养基上,在这上面长出的菌落必然由含有这一质粒的细菌所长成。这是获得重组体细胞群的一个重要方法。

②免疫化学方法。这是一种根据外来基因编码的多肽序列特性的检验。

③核酸分子杂交法。这是根据外来 DNA 的核苷酸序列的特性进行检验。

(5)对含有重组 DNA 的细胞大量培养,使外源基因得到表达。从 DNA 到蛋白质的过程叫作基因的表达。外源基因的表达有 3 个条件:一是基因的编码区不能被插入序列所中断;二是基因启动要有启动子,而启动子必须能被寄主细胞的

RNA 多聚酶有效地识别;三是 mRNA 必须相当稳定并有效地被翻译,产生的外来蛋白必须不为寄主细胞的蛋白酶所降解。

基因工程的最终目的是获得目的基因的表达产物,即蛋白质(酶)。人们掌握上述基因操作的时间并不长,但已经获得了多种多样的表达产物。用基因工程改造过的微生物、动物、植物层出不穷,它们都被人为地赋予了某种使命。

4.基因工程的应用

基因工程诞生 40 多年来,作为一个新兴的研究领域得到了迅速的发展。从基础研究这个角度讲,它在分子生物学的研究中起核心作用;从应用研究来看,它已广泛应用于农业、工业、制药、疾病的诊断和治疗等。下面仅从转基因植物、转基因动物、基因工程药物、疾病的基因诊断及基因治疗作简单介绍。

(1)转基因植物。通过基因工程获得的植物称为转基因植物。基因工程技术给传统的育种方法带来巨大的变革,不但可以改良物种,还可以制造出具有一些奇特性质的新品种。在育种的过程中,基因工程技术可以克服传统的育种方法所具有的时间长、过程繁琐、耗费大量的人力和物力,以及很难进行远源杂交的缺陷;可以不受作物亲本的限制而获得所需性状;可以在一种植物中表达另一种植物甚至动物的基因,在提高农作物的抗性及品质改良方面发挥了十分重要的作用。

现在,人们通过不同的方式把外源基因转入植物体内,使植物获得各种抗性。例如,抗虫的棉花、抗病毒的烟草、抗真菌的水稻、抗软化的番茄等。另外,抵抗不良环境的转基因作物也不断地诞生。虽然植物不像动物那样通过走动的办法来躲避不良的生存环境,但人们可以帮助它,赋予它在某种逆境下生存的能力。抗寒的转基因烟草、水稻、甜椒、玫瑰已经表现出一定的抗寒特性。抗旱、抗涝、抗盐的转基因农作物也在研究之中。

此外,我们还可以改良农作物的品质,主要是增加油料作物中脂肪酸的含量,增加农作物可食部分必需氨基酸的种类和数量,改变农作物中淀粉的质量和含量,开发新的糖类等。油菜是世界四大油料作物之一,在世界范围内目前有 31% 是转基因品种,预计不远的将来,脂肪酸含量达 90% 的转基因油菜就会问世。

我们还可以使植物成为绿色生物反应器。比利时 PGS 公司的科研人员把一种神经肽的编码基因转入烟草,得到的转基因烟草高效表达出神经肽,意外地找到了一条利用转基因植物生产神经肽的途径。现在已经在植物体中生产可降解的塑料原料、凝血因子血蛭素及多种抗体等。当前研究的热点是用植物系统生产疫苗,在这方面目前已有成功的报道。例如,番茄、马铃薯、莴苣和烟草等植物已被用来生产疫苗;香蕉被认为是最合适生产疫苗的植物。可能不久的将来,市场出售的水果会依次标明它们各有什么样的疫苗。

我们也可以让花卉多姿多彩。你见过蓝色的玫瑰、杂色的矮牵牛、黑色的郁金香吗？基因工程会把这些变为现实。事实上，目前已经成功地将外源基因转入玫瑰、矮牵牛、康乃馨、郁金香、菊花等重要的花卉。植物的花色是由植物合成哪种色素决定的，也受细胞内 pH 的影响。植物激素在花朵形状和大小方面起着重要的作用，而色素合成过程中的酶及植物激素的合成又是由基因控制的，如果我们对这些途径了解得非常清楚，则人为控制花卉的色彩及其式样终将变为现实。

(2)转基因动物。把外源 DNA 或 mRNA 通过逆转录病毒法、显微注射法、胚干细胞法等转入受精卵内，经过筛选，那些体内带有外源遗传物质的动物就是转基因动物。从 1976 年延施(Jaensch)获得第一只转基因鼠到现在，转基因动物的种类在不断扩展，如转基因的牛、羊、猪、禽类、兔、鱼等。转入目的基因的种类也越来越多，如小鼠，人们已经将上百种不同的基因转入小鼠体内。转基因动物主要从三个方面去发展：一是使动物获得优良性状，如产奶量、产毛品质、增重快慢、下蛋频率等；二是把动物体作为生物反应器生产有医学价值的蛋白质药物；三是增强动物的免疫力。

转基因鼠可以作为人类疾病的转基因动物模型，它能帮助我们了解复杂疾病的病因和发展过程。目前已经建立了老年性痴呆症、关节炎、肌肉营养缺乏症、肿瘤、高血压、神经衰变症、内分泌功能障碍和动脉硬化症等的鼠模型。另外，还可以用转基因鼠来研究细胞的功能。我们可以将毒素基因转入某一类型的细胞，这样就可以特异性地杀死某一类型的细胞，进一步确定缺失这类细胞的转基因鼠在发育过程中的异常表现，从而确定该类细胞在发育过程中的作用。转基因鼠还可以用来研究基因的结构和功能。

转基因猪、牛、羊等纷纷出现，并逐步走出实验室而进入使用性阶段。转基因家畜除了与植物一样增加其抗病性以外，还在药物生产、器官移植、血液供应等方面显示出特殊的价值。

转生长素基因以加快生长的研究已有不少报道，如：转生长素基因猪的饲料转化率及增重率提高而脂肪减少。转基因鱼的研究主要集中在提高生长速度和抗逆性上。迄今为止，人们已经用显微注射法向很多鱼的受精卵中导入外源基因，鱼类品种有鲤鱼、鲶鱼、鳟鱼、鲑鱼和罗非鱼等。特别是转基因的家畜作为生物反应器来生产新一代药物的例子则更多。乳腺作为反应器来生产药用蛋白，产物已进入市场，首例是荷兰研制的转人乳铁蛋白基因牛。乳铁蛋白能促进婴儿对铁的吸收，提高婴儿的免疫力，抵抗消化道疾病感染。最近又培育出促红细胞生成素的基因牛。红细胞生成素能促进红细胞生成，对肿瘤化疗红细胞减少症有积极疗效，目前商业价值很大。英国科学家培育成功 1—抗胰蛋白酶(ATT)转基因羊，ATT 用于治疗囊性纤维化和肺气肿。目前正在研制的新药还有很多。我国在这方面也达到了国际领先水平，1998 年，我国宣布成功地培育出了能够产生用于治疗血友病的药物蛋白的转基因山羊。

除了乳腺以外,药用蛋白也可以在血液和鸡蛋中产生。转基因猪的血液已经表达出了人血红蛋白,将开辟血液供应的另一条途径。

除此以外,研究人员培育出转基因家蚕,能够表达出蛛丝/蚕丝复合纤维。2012 年新年伊始,美国科学院院刊上刊登了一篇论文,来自美国圣母大学、怀俄明大学和我国浙江大学的研究人员论述了他们的研究思路和方法:使用一种特殊的载体,将编码蛛丝蛋白的基因导入家蚕体内,培育出转基因家蚕,并使蛛丝蛋白的基因在蚕丝腺内表达,表达出的蛛丝蛋白能与蚕丝腺内原来表达的蚕丝蛋白一起,共同组装成蚕丝/蛛丝复合纤维。根据测定,这种复合纤维的性能比蚕丝强,与蛛丝不相上下。这种转基因蚕的问世,向大规模制备具有原始蛛丝特性的生物材料迈进一大步。

(3)人类疾病的基因诊断及基因治疗。

①基因诊断。1978 年,卡恩(Kan)和多奇(Dozy)首先应用羊水细胞 DNA 限制性片段作镰刀形细胞贫血症的产前诊断,从而开辟了基因诊断的新技术。基因诊断又称 DNA 诊断或分子诊断,由于基因的功能与人类疾病密切相关,通过分子生物学和分子遗传学技术,直接检测分子结构水平或表达水平是否异常,从而对疾病作出判断。基因诊断是继形态学、生物化学和免疫学诊断之后的第 4 代诊断技术,它的诞生与发展得益于分子生物学理论和技术的迅速发展。30 多年来,DNA 诊断技术得到了飞速的发展,建立了多种多样的检测方法,这些检测方法可以用于遗传性疾病、肿瘤、传染性疾病等多种疾病的诊断。随着科学的发展,在传染病通过注射疫苗的方式日益受到控制的时代中,遗传病的诊断和治疗就显得尤为重要。

与传统诊断方法相比较,基因诊断更灵敏、准确、快捷。根据对致病基因的了解程度,基因诊断可采用不同的方法。分子诊断未来的发展方向是发挥其在疾病预测、预防和个体化治疗中的作用,充分发挥分子诊断在克服耐药性治疗中不可替代的作用,同时必须关注分子诊断中的医学伦理和生物安全问题,并加强基因诊断技术的质量控制。

②基因治疗。该治疗是向靶细胞或组织中引入外源基因,以纠正或补偿基因的缺陷,关闭或抑制异常表达的基因,从而达到治疗的目的。

最早进行人体基因治疗试验是在 1973 年,由美国的一名科学家和几名医生在德国进行的,第一个成功的基因治疗是 1990 年 9 月 14 日,针对的是一名严重综合免疫缺损症患者,这名 4 岁的女孩由于体内缺少腺苷脱氨酶基因,因而缺少腺苷脱氨酶。这种酶是免疫系统完成正常功能所必需的,所以这个女孩免疫力特别差,平日只能在无菌室里生存,否则会被感染而死去。接受基因治疗以后,这个女孩的病情大为好转,她是基因治疗的第一个受益者。从这以后,又有治疗成功的报道,像黑色素瘤、肺癌、血友病等。其中,血友病的基因治疗是我国科学工作者于 1991 年试验成功的。

目前主要有四种基因治疗的方式:体外原位基因治疗、体内基因治疗、反义基因治疗和通过核酶进行基因治疗。

体外原位基因治疗就是把患者体内有基因缺陷的细胞取出,在体外进行遗传修正后再转入患者体内。这种方法适于对骨髓移植会产生过敏反应的遗传疾病,现在正在探讨是否用这种方法治疗肝病。

体内基因治疗是将具有治疗功能的基因直接转入病人的某一特定组织中。这种疗法对只需局部治疗的疾病效果特别好,如肌肉萎缩症、囊性纤维化。

反义基因治疗法主要是通过抑制或降低目的基因的表达而达到治疗的目的。这种方法适用于致病基因由于失去控制而大量表达的疾病,如癌症。

核酶是指具有催化裂解活性的 RNA 分子,它可以特异性地切割某基因组。目前,在利用核酶进行基因治疗方面做了大量工作,其中,利用核酶抗 HIV 感染工作尤其受到重视。细胞实验结果表明,核酶确实有切割 HIV 基因组 RNA 并阻断其复制的效果,预计很快会在临床上得到广泛应用。

基因治疗是用于人体的基因工程,最初用于遗传病的治疗,现在已经推广到治疗癌症和艾滋病。这种治疗方式自提出来以后发展很快,临床治疗的方案层出不穷,但它仍处在不成熟阶段。随着分子生物学、分子遗传学以及临床医学的发展,它将日益走向成熟。2002 年 8 月,英国科学家宣布,他们在研究针对人类的胚胎进行基因矫正,使得婴儿的遗传缺陷在出生前得到修正。2007 年 5 月 23 日,美国生物技术公司对外公布了几项基因治疗研究的最新进展,包括尼曼 - 皮克病的基因治疗、外周动脉疾病的基因治疗以及帕金森病的基因治疗。除上述三项主要研究外,该公司还与其他公司合作研究针对动脉纤维化和视网膜血管退化等疾病的基因治疗,均在临床前阶段。截止到 2017 年 4 月,全球在 Clinical Trial 网站上登记了 2 463 项基因治疗临床试验方案,其中进入Ⅱ/Ⅲ期的基因治疗临床试验方案近 500 项,共有 7 个基因治疗产品已经在美国、欧盟、中国等国家上市。我国在基因编辑治疗领域也处在世界前列。2015 年 4 月,中山大学的黄军就团队首次在人类胚胎细胞中进行了基于 CRISPR 技术的基因编辑操作,并于 2017 年 9 月再次报道利用单碱基编辑系统在人类胚胎基因组精确修复特定类型的单碱基突变(地中海贫血症 HBB - 28)。2016 年,四川大学华西医院在国际上率先开展了 CRISPR/Cas9 基因编辑技术治疗肺癌的临床研究。

③人类基因组计划(HGP)。它是自然科学史上最伟大的创举之一,是世纪之交人类历史上最重要的事件之一。它与“曼哈顿”原子弹计划、“阿波罗”登月计划并称为自然科学史上的“三计划”。

基因组是携带细胞或生物机体的一整套遗传指令的核酸量,人类基因组就是人的 46 条染色体、30 亿个碱基对的排列顺序,进而了解 3 万 ~3.5 万(最初的估计是8万~10万)个基因的结构和功能。

这项计划于1986年首先由美国提出设想，于1990年开始实施，由美、英、日、德、法和中国科学家联手完成。对这一计划的参与过程，实际上也是各个国家技术实力与经济实力的竞争。我国科学家不甘落后，积极参与承担其中3号染色体短臂上的约30Mb区域的测序任务，该区域占整个基因组的1%。正是这1%，显示了我国基因组研究的实力，使我国理所当然地分享人类基因组计划的全部成果，拥有有关事物的发言权。

人类基因组计划要先后画出遗传连锁图、物理图、转录图和DNA序列图。其中，最实质的内容就是DNA序列图，这也是人类基因组计划的核心。当21世纪到来之际，这个计划已取得突破性进展，其中最令人振奋的是2000年6月，六国科学家联合宣布，人类基因组草图已初步绘制完成。2001年2月，中、美、日、德、法、英六国科学家和美国塞莱拉公司联合公布人类基因组图谱及初步分析结果。这是科学家们送给新世纪的第一份大礼。2003年4月15日，美、英、日、德、法、中六个国家政府首脑正式宣布，人类基因组序列图测定完成，至此从1990年起步的人类基因组计划的核心部分——基因组测序画上了一个圆满的句号。

那么，这项计划的实施到底有什么意义呢？第一，它可以使人类对自身的了解进一步加深，给整个生命科学和人类社会带来巨大的影响；第二，对人类基因组的精确了解，有助于对人类基因的表达、调控等进行更为深入的研究；第三，获得人类基因的全部序列，有助于人类认识许多遗传疾病以及癌症等的致病机理，为分子诊断、基因治疗提供理论依据；第四，对于人类基因组的了解将有助于人们认识人类发展、进化的历史。

自人类基因组计划完成以后，主要依托中国深圳华大基因研究院、英国桑格研究所、美国国立人类基因组研究所等于2008年1月22日启动了“千人基因组计划”，旨在绘制迄今为止最详尽、最有医学应用价值的人类基因组遗传多态性图谱。“千人基因组计划”将测序的人群包括：尼日利亚伊巴丹区域的约鲁巴人；居住于东京的日本人；居住于北京的中国人；美国犹他州的北欧和西欧人后裔；肯尼亚Webuye的Luhya人和Kinyawa的Maasai人；意大利的Toscani居民；居住于休斯敦的Gujarati印第安人；居住于丹佛的中国人；居住于洛杉矶的墨西哥人后裔；居住于美国西南部的非洲人后裔。2012年11月大型国际科研合作项目“千人基因组计划”的研究人员在新一期英国期刊《自然》上发布了1092人的基因数据，这一成果将有助于更广泛地分析与疾病有关的基因变异。“千人基因组计划”，是举世闻名的人类基因组计划的延续和发展，是基因组科学研究向临床医学迈进的重要转折点。“千人基因组计划”产生的数据和研究成果将迅速通过公共数据库发布，供全球科学家免费共享。

2017年底，我国启动“中国十万人基因组计划”，这是我国在人类基因组研究领域实施的首个重大国家计划，也是目前世界最大规模的人类基因组计划。此次启动的“中国十万人基因组计划”覆盖地域包含我国主要地区，涉及人群除汉族外，还将选择人口数量在500万以上的壮族、回族等9个少数民族。此次计划的主要目标是研究中国人从健康到疾病是怎么转化的，为中国的医学研究或者是临床诊断、治疗疾病提供参考。

(4)基因工程药物。用基因工程生产的药物称为基因工程药物。自1973年基因工程诞生以来，作为现代生物技术核心的基因工程技术得到飞速的发展，同时作为该技术应用的制药领域也迅速发展起来。

1982年美国第一个重组基因胰岛素投放市场，标志着世界第一个基因工程药物的诞生。美国是现代医药生物技术的发源地，也是率先应用基因工程药物的国家，其基因工程技术研究开发以及产业化居于世界领先地位。欧洲在发展基因工程药物方而也进展较快，英、法、德、俄等国在开发研制和生产基因工程药物方面成绩斐然，在基因工程技术与产业的某些领域甚至赶上并超过了美国。

我国基因工程药物的研究和开发虽然起步较晚，但在国家产业政策的大力支持下，这一领域发展迅速，逐步缩短了与先进国家的差距，使我国生物医药行业达到国际领先水平。1989年我国批准了第一个在我国生产的基因工程药物——重组人干扰素alb，标志着我国生产的基因工程药物实现了零的突破。重组人干扰素alb是世界上第一个采用中国人基因克隆和表达的基因工程药物，也是我国第一个自主研制成功的拥有自主知识产权的基因工程一类新药。从此以后，我国基因工程制药产业从无到有，不断发展壮大。我国已有生物制药企业200多家，并有30种左右的基因工程药物批准上市，世界上销售前10位的生物技术药物，我国已能生产8种，已有多种具有自主知识产权的基因工程药物和疫苗获得新药证书，表明我国基因工程药物研究已步入自主创新开发的新阶段。

基因工程技术开发的药品之所以受到各国制药工业的高度重视，是由于基因工程药物具有独特的优越性。其优越性表现在：第一，它提供了大规模制取人体内活物质的技术。例如，治疗糖尿病的重要药物胰岛素，以往都是从猪的胰脏分离提取，450kg的胰脏才能得到10g胰岛素。由于动物胰脏来源所限，胰岛素产量受到限制。而基因工程技术用大肠杆菌生产之，一只200升的发酵罐就可生产10g人胰岛素。第二，基因工程药品对过去难以治疗的一些病症有突出疗效，这是别的药物所无法代替的。例如，人促红细胞生成素(EPO)是治疗由肾衰竭引起的贫血特效药，粒细胞集落刺激因子(GCSF)则是治疗肿瘤引起的骨髓抑制的特效药。这两种产品都是目前市场上的畅销药品，开发上市这两个产品的美国安进公司也一举成为生物技术公司的“首富”。第三，基因工程药物是体内活性物质，是人体内蛋白质、多肽或激素，一般来说，毒副作用较小。生产这类产品与化学合成药物不同，一般不需要庞大的厂房，污染问题也易于解决，开发周期较短。虽然技术密集、投资强度大，但若开发成功，效益很可观。

从水稻里“种”出供人体使用的血清白蛋白，这一曾被视作天方夜谭的科学设想，2017 年 5 月在武汉光谷获得重大突破。人血清白蛋白被称为“黄金救命药”，目前全球都只能从血浆中提取，用于肝硬化腹水、烧伤烫伤、失血过多导致的休克、脑水肿、癌症和艾滋病人放化疗的治疗等。我国每年需求量约在 420 吨，但由于血浆短缺，国内企业的生产量只有 100 吨左右，60% 依赖进口，还仍有近 100 吨市场短缺，不仅昂贵，还“一药难求”。禾元生物研发的植物源重组人血清白蛋白探索了和“血浆提取”完全不同的路径，将人的血清白蛋白基因转入水稻中，使水稻作为“生物反应器”，在水稻生长成熟的过程中，人血清白蛋白不断地被合成、积累在稻米里，再被提取出来。其安全性和有效性通过临床验证并获得生产批件后，产品即可进入市场。

以上我们只是从转基因植物、转基因动物、人类疾病的基因诊断与基因治疗、基因工程约物四个方面作简单介绍。实际上，基因工程应用的领域远不止这些，它在研制疫苗、环境保护、能源的开发等方面起着举足轻重的作用。

三、发酵工程

发酵工程是传统生物技术的重要方面，是生物技术产业化的重要环节。由于 DNA 重组技术的诞生，又给它注入了新的活力。

1．发酵工程的概念

发酵工程是发酵原理与工程学的结合，是研究生物细胞（包括微生物、动植物细胞）参与的工艺过程的科学，是研究利用生物材料生产有用物质服务于人类的一门综合性科学技术。简单地说，发酵工程是通过研究、改造发酵所用的菌以及应用技术手段控制发酵过程来大规模生产发酵产品。在发酵技术中唱主角的是微生物。微生物是一些肉眼看不见的小生命，包括细菌、病毒、真菌、原生生物等。因此，发酵工程又叫微生物工程。

作为现代科学概念的微生物发酵工业，是在 20 世纪 40 年代随着抗生素工业的兴起而得到迅速发展的。在现代微生物学、生物化学和遗传学等基础理论的推动下，逐步形成了一些大有发展前途的新兴工业部门，如抗生素、氨基酸、有机酸、酶制剂等工业的迅速崛起，在国民经济众多领域中发挥了巨大作用。

2．发酵工程的步骤

从广义上讲，发酵过程分三个步骤：上游处理过程、发酵和转化、下游处理过程。发酵生产的基本流程如图 3－13 所示。

（1）上游处理过程。此步骤主要是对粗材料进行加工，以作为微生物的营养来源和能量来源。这些营养和能量是菌体生长繁殖和合成大量代谢产物所必不可少的。

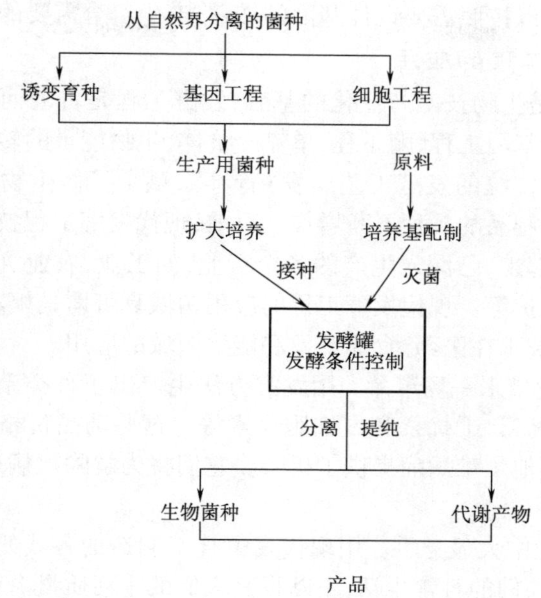

图 3-13　发酵工程流程[①]

(2)发酵和转化。该步骤主要是筛选出能够产生生物活性物质的菌株,并让其大量生长,连续地生产某一目的产品。例如,生产青霉素,就要筛选出能产生青霉素的青霉菌。优良菌种的获得可以从自然突变的群体中去寻找,也可以用物理或化学方法去人工诱变。现在更多的是用基因工程的方法改造菌种,甚至是创造新种。产品从初始阶段的乳酸、酒精、面包酵母、柠檬酸和蛋白酶等发展到近 200 个品种的抗生素及农用抗生素。此外,还包括氨基酸、核苷酸、维生素、甾体激素、黄原胶、工业用酶等。我们生活中的味精、维生素也是发酵工程的产品。现在,可以把细菌作为制药厂来生产贵重的药品和更安全有效的疫苗。

(3)下游处理过程。该过程主要是产品的分离纯化,可以从细胞的培养液中去纯化,也可以从细胞中直接纯化。这一步的完成依赖于对微生物代谢过程的研究。

发酵工程研究的主要目的是最大限度地提高这三个步骤的整体效率。20 世纪六七十年代,研究主要集中在上游处理过程、生物反应器的设计和下游的纯化过程方面。这些方面确实有了很大的发展,但生物转化环节往往是最难优化的。传统方法确实改良了菌种,但提高产量的幅度是有限的,且具有过程繁琐、耗时、费用高等缺点。另外,传统的发酵工程只能提高微生物一种已有的遗传性质,并不能赋予这种微生物以其他的遗传性质。随着 DNA 重组技术的诞生,这一过程将发生根本性的改变,人们可以按照需要设计基因的转移,产生符合需要的产品。

3. 现代发酵工程的应用

现代发酵工程是生物技术产业化的基础,发酵工程是古老而大有潜力的生物技术,生物技术中的基因工程、酶工程、单克隆抗体、生物能量的转化等研究成果为它注入新的内容,使传统的发酵工艺焕发"青春",赋予了微生物发酵技术新的生命力,使微生物发酵制品的品种不断增加。目前,现代发酵工程技术已作为一种新兴的工业体系发展起来,已深入生产的各个行业,如工业、农业、矿业、化工、医药、食品、能源和环境保护等。现代发酵工程的应用领域真可谓是繁花似锦,下面简要介绍现代发酵工程技术在医药、食品开发和能源领域的应用。

(1)为医药工业带来一场革命。用发酵方法生产出了种类繁多的基因工程药物,如生长激素、胰岛素、干扰素和白细胞介素等。这些药品价格降低的同时也为诊断、治疗癌症和其他疑难病症提供了机会。它们将为解除疾病患者的痛苦,使人延年益寿做出贡献。

(2)在食品工业中大显身手。用现代发酵技术制造的各式奶酪、新型甜味剂、天然色素等已进入人们的日常生活,不断提高人们的生活质量。

目前,利用微生物发酵生产的食品添加剂主要有维生素、甜味剂、增香剂和色素等产品。发酵工程生产的天然色素、天然新型香味剂,正在逐步取代人工合成的色素和香精,这也是现今食品添加剂研究的方向。

除此以外,现代发酵工程还应用于开发功能性食品。所谓功能性食品,是指在有些食品中含有某些有效成分,它们具有对人体生理作用产生功能性影响及调节之功效,实现"医食同源",使人们的膳食具有良好的营养性、保健性和治疗性,从而达到健康及延年益寿的目的。因此,这类功能性食品在保健食品产业中形成一个新的主流,也是它发展的必然趋势。例如:灵芝、冬虫夏草、茯苓、香菇、蜜环菌等药用真菌。

(3)为开发新能源开创新途径。近年来,随着传统能源供需失衡矛盾的日益加剧,世界各国纷纷加大对新能源的开发与利用,这些新能源包括核能、太阳能、生物能、海洋能、地热能、氢能和风能等,因其发展潜力大、环境污染低、可永续利用等诸多优点,得到了各国的普遍重视。

宾夕法尼亚州州立大学的布鲁斯·格根(Bruce Logan)认为,未来甲烷将会是一种引人注目的新能源。在实验中,他们发现微生物在通电情况下可将二氧化碳和水转化为甲烷,其中水解细胞可将电能转换为存贮于甲烷中的能量,效率高

① 来源:http://www.0592jj.com/wangxiao/gaoer/shengwu/data/06151655019/SW 22 02 019/SW 22 02 019/index.html

达80%。

除此以外,它在研制生物肥料、生物农药和环境污染的防治上都有用武之地。

四、细胞工程

关于细胞工程的定义和范围还没有一个统一的说法,不过一般认为,细胞工程是细胞水平上的生物工程,是指在细胞和亚细胞水平上的遗传操作,人为地使细胞某些生物学特性按照人们的意愿发生改变,从而产生人类所需要的新类型。也就是说,有目的、有计划地改造细胞,能达到细胞产物及组织本身的规模生产。细胞工程主要包括动植物细胞的组织培养技术、细胞融合技术、细胞核及细胞器移植技术等。

1.植物细胞组织培养与快速繁殖

组织培养是人为控制外因(营养成分、光、温度、湿度)条件下,培养、研究植物组织器官,甚至进而从中分化、发育出整体植株的技术。

近20年来,利用植物细胞组织培养的方法,不但在探索植物学的理论问题上已成为一个重要的手段,更重要的是在应用上逐渐表现出巨大潜力,在遗传育种、保持优良种质、加快经济植物的无性繁殖、保持无病毒品系、植物次生代谢产物的工厂化生产等的应用中,取得了越来越多的成功。

植物体细胞组织培养是在试管里进行的,所以也叫试管育苗。这种方法能大大加快植物的繁殖速度,能在比较短的时间里和比较小的空间内,用比普通方法快得多的速度培育出大量的种苗。这种快速繁殖的方法,由于材料均来自单一的个体,遗传性状非常一致,实验与生产过程可以微型化、精密化,而且节约人力、物力。可人为控制培养基中的营养成分以及环境条件中的温度、湿度与光强、光质、光周期,全年均可连续试验与生产,因此近年来在农业上的应用发展十分迅速。现在已有600多种植物能够借助组织培养的手段进行快速繁殖,多种具有重要经济价值的粮食作物、蔬菜、花卉、果树、药用植物等实现了大规模的工业化、商品化生产。

利用体细胞的组织培养技术还能培育扦插难以成活的林木苗,如泡桐。另外,一些濒临灭绝的植物也可以通过体细胞的组织培养方法进行挽救。我国稀有的植物石银杉和水杉就是用此法繁殖成功的。

利用体细胞的组织培养技术还能消除病毒。科学家们发现,植物的顶端分生组织,即茎尖的一小群细胞,一般不被病毒所感染。若把这一小块组织进行培养,就可以获得无病毒的种苗。无病毒种苗的生产已广泛应用于花卉、果树、蔬菜、林木和药用植物,脱毒种苗的快速繁殖已成为植物组织培养在应用上的主流之一。

2.细胞融合与单克隆抗体

(1)细胞融合,也叫体细胞杂交。这是将不同遗传型的体细胞融合在一起,形成的新的杂种个体。它可以在植物与植物之间、动物与动物之间、微生物与微生物之间进行远源杂交,产生出自然无法出现的新品种。例如,泡马豆(Pomato),它是土豆(Potato)、番茄(Tomato)体细胞融合的产物,是1978年德国的科学家利用细胞融合的方法初步培育成功的。泡马豆外形倾向番茄,花、叶、果实具有杂种特点。遗憾的是地下部分没有长出科学家们想象的大土豆。类似的植物还有蘑菇—白菜、大豆—烟草、芹菜—胡萝卜等。

动物细胞可以直接融合,而植物细胞融合时,要先用纤维素酶去掉细胞壁,然后才能融合。融合的方法一般有:病毒介导融合、化学物质介导融合、电融合。病毒介导一般要用灭活的病毒帮助细胞凝集融合。仙台病毒是最早应用于实践的,它的蛋白质外膜上具有许多糖蛋白以及多种酶,这些糖蛋白及酶能与细胞膜上的糖蛋白发生作用,从而导致细胞融合。化学物质介导最常用的是聚乙二醇,当细胞接触到这种物质后,就会因轻微失水而凝集,同时,细胞膜表面的电荷发生变化,细胞膜上的蛋白质和磷脂也随之重排,因而相互靠近的细胞就发生了融合。电融合技术是20世纪80年代发明的,将悬浮细胞在低压交流电场中聚集成串珠状细胞群,或将培养细胞形成单层接触,然后加高压电脉冲促使细胞融合。

实验表明,凡是亲缘关系很近的细胞融合以后,核型比较稳定,连续培养中染色体丢失得很慢。但在亲缘关系很远的细胞融合以后,出现染色体迅速被排斥、丢失的现象。例如,人—鼠杂交细胞中,人的染色体丢失很快。人的染色体被排斥掉,只剩下1~3条。利用杂交细胞的某条染色体丢失同蛋白质种类减少的相应关系,可以进行基因定位。

总之,神奇的细胞工程可以打破远源生物间不能杂交的屏障,创造新奇的物种。它还能进行基因定位及绘制基因连锁图,也能研究基因间的相互作用,在肿瘤的研究和遗传缺陷的矫正上有用武之地。

(2)单克隆抗体。单克隆抗体技术一直被认为是细胞工程发展的一项典范。1975年,英国科学家米尔斯坦(Milstein)和科勒尔(Kohler)开创了将产生抗体的单个细胞同肿瘤细胞杂交的技术,他们因此而获得了1984年的诺贝尔奖。

动物受到抗原刺激后可以发生免疫反应,产生相应的抗体,这一职能是由B淋巴细胞承担的。肿瘤细胞在体外培养条件下可以无限传代,是"永久"的细胞。我们可以把"短命"的B淋巴细胞和无限增殖的肿瘤细胞融合,融合后的杂交瘤细胞具有两种细胞的特性。米尔斯坦和科勒尔把小鼠骨髓瘤细胞同经绵羊红细胞免疫过的小鼠脾细胞(B淋巴细胞)在聚乙二醇或灭活病毒的介导下发生融合,杂交瘤细胞一方面可以分泌绵羊红细胞的抗体,另一方面可以无限增殖。这样,可以获得大量只对某一特定抗原决定簇的抗体分子——单克隆抗体(见图3-14)。

用这种方法产生的抗体不但专一性强,而且便于大规模生产。单克隆抗体以它明显的优越性得到迅速的发展,全世界研制成功的对病毒、细菌、寄生虫、肿瘤细胞及各种组织细胞、蛋白质、核酸的单克隆抗体有上万种,在医学、生命科学及医药

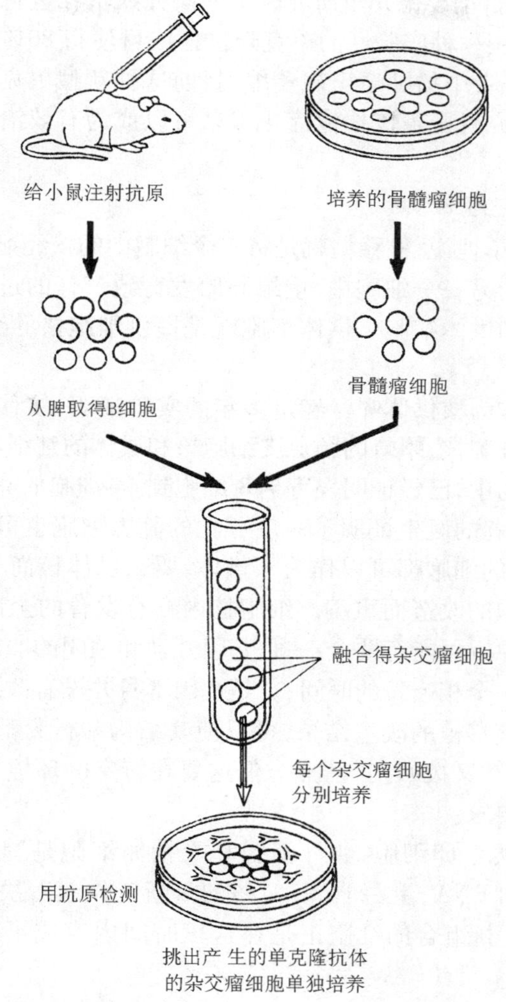

图 3－14 单克隆抗体的制备

工业的许多领域得到了广泛的应用。其销售量也不断增加，成为生物制品的主要来源之一。单克隆抗体主要用于临床诊断、治疗试剂、特异杀伤肿瘤细胞和科学研究，甚至在环境保护方面也发挥其重要作用。

例如，中科院上海生命科学研究院生物化学与细胞生物学研究所与第二军医大学在 2009 年 4 月联合公布了一项研究成果，该项研究揭示了单克隆抗体药物治疗银屑病（牛皮癣）的分子基础对于研制治疗该病有针对性的药物提供了理论支持。

2016 年 6 月,来自圣裘德儿童研究医院的研究人员在进行神经细胞瘤的Ⅱ期临床试验中发现,利用一种实验性的单克隆抗体或可使得 80% 新诊断的高风险年轻的神经母细胞瘤患者中的肿瘤出现萎缩,目前这种新型单克隆抗体疗法正在进行Ⅱ期临床试验,研究者希望该抗体疗法未来可以成为有效治疗神经母细胞瘤的新型疗法。

3. 核移植与克隆动物

(1)核移植。简单地说,核移植就是将一个细胞中的核经显微手术和细胞融合的方法移植到去核的另一个细胞中,重组胚胎发育致产仔的过程。这个过程首先分离得到受体细胞和供体细胞。供体细胞就是提供细胞核的细胞,受体细胞就是接受细胞核的细胞。

哪些细胞可以作为核供体呢? 经过多年的实验证明,核移植最早的研究对象是两栖动物的囊胚细胞核、蝌蚪的肠上皮细胞核和成体的红细胞核,它们均能用于核移植。在哺乳动物中,已经证明发育到 8 细胞到 64 细胞的卵裂球细胞可以作为核供体,而克隆羊多莉的诞生证明了高度分化的乳腺细胞也可以作为核供体。也就是说,并不是所有的细胞都可以作为核供体,要么供体核尚未分化,要么分化的核可以接受受体细胞的改造而重编。细胞核内存有发育的全部程序,核在发育过程中丧失全能性的原因可能有两个:一是基因开动和关闭的顺序一旦发生,再要回到原来的状态需要一个相当长的时间;二是基因本身并没有改变,但各种基因的活动顺序不能逆转。核移植的改造结果,可以使其结构和行为都与受精卵的原核一样,从而把生命的时钟又拨回到“0”点。但这要在特定的环境下才能完成,受体细胞就是要满足这个要求。

谁是受体细胞呢? 卵细胞、卵母细胞和受精卵细胞是受体细胞。这些细胞中的大分子物质(如 RNA、蛋白质等)对核的重新工作起着决定性的作用。虽然作用时间很短,但重新组合的细胞正是在这段时间内完成了“遗传信息书”的重新编排。

从早期两栖动物的核移植到现在的高等哺乳动物的核移植,从胚胎细胞核移植到体细胞的核移植,不论是在基础研究还是在生产实践中都发挥着重要的作用。我国科学家童第周先生在这方面做了大量工作。他通过鱼类的核移植培育出了“鲤鲫核质杂交鱼”,不仅在研究细胞核与细胞质遗传物质相互关系上有一定的意义,而且在生产上很有价值。核移植的另一个有意义的例子是有人将黑色素细胞核移进小鼠的肌细胞中,发现受体细胞有黑色素的合成。这表明异源核在受体细胞中已显示出正常的功能,这对于矫正遗传缺陷,防治遗传病是很有意义的。现在发展较快的哺乳动物的核移植可以复制出相同基因型的家畜,从而为家畜育种提供了珍贵的遗传资料,同时,可以控制家畜的性别,加快家畜遗传育种的进程。此项技术一旦在家畜育种和畜牧业生产中得到广泛应用，势必会出现以无性繁殖代替或部分代替有性生殖，出现畜牧业生产再次腾飞的局面。

随着科学的发展，机器人操作体细胞克隆的技术日益成熟。2017 年 4 月，机器人操作体细胞克隆猪诞生，“机器人操作体细胞克隆猪”研究来自南开大学机器人所赵新教授领导的跨学科研究团队。较之以往的“手工操作”克隆技术，此次机器人自动化“操刀”，用力更小，对细胞伤害更少，精度更高，体细胞克隆技术成功的关键指标“囊胚率”也从 10% 提高至 20%。

（2）克隆动物。1996 年 7 月的一天，一只与众不同名叫多莉的小羊在英国爱丁堡研究所诞生。这条消息于 1997 年 2 月 27 日通过英国的《自然》杂志公布于世，在全世界引起了轰动。一个新鲜的名词也逐渐为越来越多的人所知晓，它就是“克隆”。

“克隆”一词是英语“clone”的音译，广义的说法就是不经过受精作用而获得新个体的方法，即无性繁殖。

目前，克隆动物产生的方法主要有两种：一是胚胎分割技术，就是在胚胎发育的早期，即胚胎发育到几个或几十个细胞的时候，把胚胎分割成 2，3，4 部分，每一部分发育成新的个体；二是细胞核移植技术。核移植从简单到复杂的过程是：胚胎细胞核移植、胚胎干细胞核移植、胎儿成纤维细胞核移植、体细胞核移植。其中，哺乳动物体细胞核移植成功的首例是克隆羊“多莉”（见图 3－15）。这也是克隆羊“多莉”引起轰动的原因。

各国之所以看好克隆动物的前景，是因为克隆动物用途广泛。第一，克隆动物技术的成熟对于动物种质资源的保存，尽可能多地保存地球生物圈的多样性具有重要的意义。目前，我国的国宝大熊猫已开始用克隆的方法进行繁殖。从 1998 年中国科学院动物研究所首席科学家、动物克隆与受精生物学学科带头人陈大元首次正式提出克隆大熊猫，到现在已经 10 多年过去了，研究取得了阶段性成果，但距离大熊猫的真正克隆成功还有一段距离。第二，克隆动物可以成为制药工厂。我们可以把能产生药用蛋白的微生物和动物克隆、扩增，就可以大量获得这些药品。第三，为医学实验提供更合适的动物。克隆动物可以满足医学、医学实验的不断重复和对照的要求，从而使实验结果更加准确。2017 年 11 月 27 日，世界上首个体细胞克隆猴“中中”在中科院神经科学研究所、脑科学与智能技术卓越创新中心的非人灵长类平台诞生；12 月 5 日第二个克隆猴“华华”诞生。面向国家重大需求，脑疾病模型猴的制作将为脑疾病的机理研究、干预、诊治带来前所未有的光明前景。体细胞克隆猴的成功，将推动我国率先发展出基于非人灵长类疾病动物模型的全新医药研发产业链，促进针对阿尔茨海默病、自闭症等脑疾病，以及免疫缺陷、肿瘤、代谢性疾病的新药研发进程。

另外，克隆动物还用于生产移植器官，解决器官来源不足的问题。猪的生理特

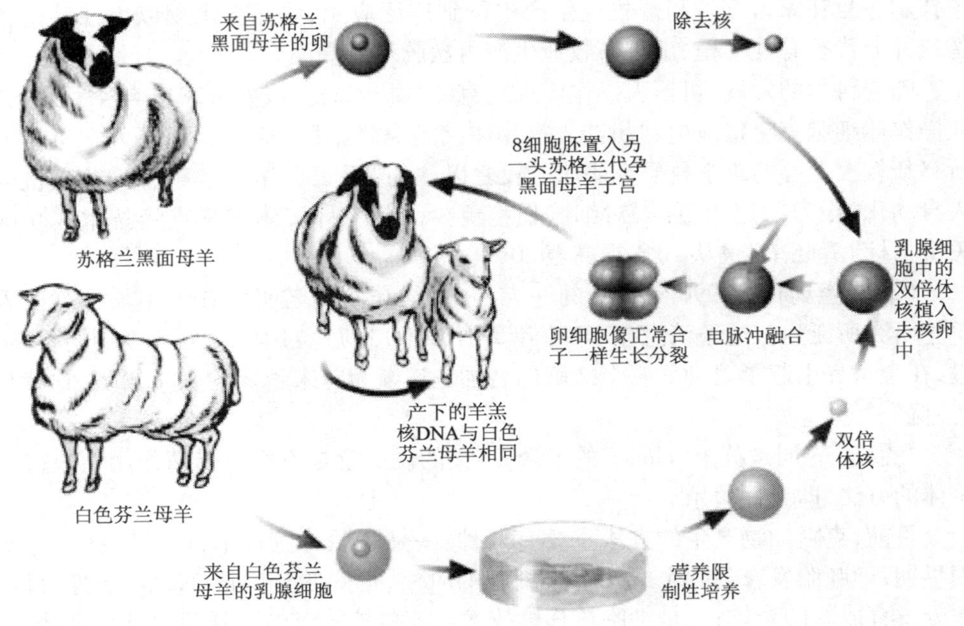

图 3-15　克隆羊多莉的培育过程

征、器官组织结构和人类比较类似，特别是猪的肝脏、心脏等器官与人类的相似性也很高，因此猪等大动物的诱导多能性干细胞(iPS)研究受到世界各国科学家的重视，科学家们一直在寻找将猪作为人源化器官培养体的方式。在中科院广州生物医药与健康研究院赖良学博士、浙江大学肖磊博士和华大基因研究所杜玉涛博士等的努力下，第一只成活 iPS 克隆猪问世，研究成果于 2012 年 12 月 18 日在线发表于国际期刊 Cell Research 上。

克隆动物带来广泛用途的同时也陆续暴露出一些问题。曾经引起轰动的克隆羊多莉由于严重的肺部感染于 2003 年 2 月实施了安乐死，引发人们对克隆动物的早衰和免疫功能低下等问题的讨论，这给克隆技术的广泛应用提出了质疑。2016 年 7 月，科学家首次评估克隆对健康的长期影响。7 月 26 日 23 时许，在线发表在《自然-通讯》(Nature Communication)的一篇研究论文，否定了“克隆动物早衰”的观点，该论文的标题为《健康衰老的克隆羊》(Healthy ageing of cloned sheep)，英国诺丁汉大学发育生物学系教授凯文·辛克莱(Kevin Sinclair)是该论文的通讯作者。

五、酶工程

“酶工程”这一术语出现在 20 世纪 60 年代末和 70 年代初，1971 年在美国召开了第一次国际酶工程会议，以后发展迅速，现代意义上的酶工程是近几十年兴起的高科技。

1. 酶及酶工程

酶是活细胞产生的具有催化能力的蛋白质，具有高效性、专一性、多样性的特点。生命活动是由新陈代谢的正常运转来维持的，由于许多化学反应有秩序地进行，新陈代谢才能进行下去。生物体内的化学反应几乎都是在酶的催化下完成的。酶是个大家族，至今已知的酶有 3 000 多种。根据酶催化的专一性，可以把酶分为氧化还原酶、转移酶、水解酶、裂解酶、异构酶和合成酶 6 类。

酶工程是研究酶的生产和应用的一门技术性学科，它包括酶分子的改造技术、酶制剂的改造、酶的固定化、酶的修饰与改造以及酶反应器等内容。进入 20 世纪以来，随着微生物发酵技术的发展、酶分离纯化技术的更新，酶制剂的研究得到不断推进并实现了商业化生产，现已开发出多种酶制剂。自 20 世纪 70 年代初基因工程诞生以来，酶工程的发展进入了一个非常重要的时期，科学家仅需将含有目的基因的载体转入宿主细胞内，然后通过发酵，就能大量生产人们所需要的酶。而近年来发展的蛋白质工程技术，使得酶的定向改造成为可能，它不仅可以改变酶的特性，还可按需要设计出某种新型酶，使酶的家族更加丰富多彩。

2. 酶制剂

酶虽然是活细胞产生的，但脱离活细胞后仍能保留催化活性。所有生物都有酶，因此都可以作为酶源，工业上就可以把酶制成合适的制剂来使用，酶制剂泛指具有催化功能的生物制品。

目标明确地采用生物体生产酶制剂是从 19 世纪末开始的。继微生物发酵法生产酶之后，20 世纪 80 年代迅速发展起来的动植物细胞培养技术，已成为酶生产的又一种途径。“十一五”以来，我国科研投入的力度显著加大，开始重塑我国酶工程的自主创新能力。近年来我国在酶工程研究方面取得了较大进步，目前已研究开发的较成熟的酶制剂有：用于洗涤的蛋白酶、纤维素酶、淀粉酶、脂肪酶等，已获批的食品加工助剂用酶制剂 50 余种，饲料用酶和纺织用酶近几年快速增长，生物能源用酶、石油开采用酶和造纸用酶也正在发展。

植物细胞和动物细胞都可以如同微生物细胞一样，在人工控制条件的生物反应器中进行培养，通过细胞的生命活动，得到人们所需的各种产物，其中包括各种酶。根据酶制剂的用途，可以将其分为以下几类：

（1）药物酶，用于治疗酶的先天缺失或功能异常的疾病。

（2）工业用酶，用于食品、酿造、纺织、制革、造纸、日用化工、废水处理、制药等多种行业。它可以为食品加香，并能成为洗衣刷碗的好帮手；它还能使皮革变软（见表 3－2）。

表 3-2 应用于食品工业的酶制剂

酶	用　　途
蛋白酶	乳酪生产，啤酒去浊，浓缩鱼胨，制酱油，制蛋白胨
脂肪酶	鱼片脱脂，毛皮脱脂等
淀粉酶	麦芽糖生产，醇生产等
纤维素酶和半纤维素酶	用于乙醇生产，植物抽提物的澄清和将纤维素转化为糖
糖化酶	酶法制糖
果胶酶	用于葡萄酒和果汁的澄清及减少其黏度
植酸酶	可将饲料中的植酸盐降解成无机磷类物质
葡萄糖异构酶	制造高果糖浆

(3)诊断检测用酶，用于疾病的诊断。

3. 固定化酶

随着酶生产的发展，酶的应用越来越广泛。由于酶具有专一性强、催化效率高、作用条件温和等显著特点，在医药、食品、轻工、化工、能源、环保和科研等领域广泛应用。在酶的应用过程中，人们也注意到了酶的一些不足之处。例如：大多数酶不能耐受高温、强酸、强碱、有机溶剂等作用，稳定性较差；酶通常在水溶液中与底物作用，只能作用一次；酶在反应液中与反应产物混在一起，使产物的分离纯化较为困难等。针对这些不足，人们从多方面进行研究，寻找解决方法，以便更好地发挥酶的催化功能，满足人们对酶的使用要求。

将酶用物理或化学的方法固定在不溶于水的载体上，形成一种可以重复使用的酶，叫固定化酶。固定化酶既保持了酶的催化特性，又克服了游离酶的不稳定性，具有可反复或连续使用、易与反应产物分离等显著优点，广泛应用于医药、轻工、食品等行业。

制备固定化酶的方法很多，有包埋法、吸附法、共价偶联法以及交联法。包埋法是将酶或含酶菌体包埋在多孔载体中，使酶固定化的方法。吸附法是利用各种固体吸附剂将酶或含酶菌体吸附在其表面而使酶固定化的方法。共价偶联法是利用酶活性中心外的非必需基团与固相载体上的基团共价结合而制成固定化酶的方法，也叫共价结合法。交联法是采用双功能试剂使酶分子之间或酶分子与固相载体之间发生交联作用而制成固定化酶的方法。

4. 酶的修饰与改造

酶的性质和催化功能是由酶分子的特定结构决定的。如果酶分子的结构发生改变，就可能引起酶的性质和催化功能的改变。为了更好地发挥酶的催化功能，根本的办法是进行酶分子修饰。通过各种方法使酶分子的结构发生某些改变,从而改变酶的某些特性和功能的技术过程称为酶分子修饰。

20 世纪 80 年代以来,酶分子修饰技术发展很快。修饰方法主要有:酶分子主链修饰、酶分子侧链基团修饰、酶分子组成单位置换修饰、酶分子中金属离子置换修饰和物理修饰等。广义来说,酶的固定化技术也属于酶分子修饰技术的一种。两者的主要区别在于固定化酶是水不溶性的,而修饰酶则仍旧是水溶性的。

通过酶分子修饰,可以提高酶活力,增加酶的稳定性,消除或降低酶的抗原性等。因此,酶分子修饰技术已经成为酶工程中具有重要意义和广阔应用前景的研究、开发领域。尤其是 20 世纪 80 年代中期发展起来的蛋白质工程,已把酶分子修饰与基因工程技术结合在一起。通过基因定位突变技术,可把酶分子修饰的信息贮存于 DNA 之中,经过基因克隆和表达,就可以通过生物合成的方法不获得具有新的特性和功能的酶,使酶分子修饰展现出更广阔的前景。

六、蛋白质工程

蛋白质工程被称为新一代的基因工程,它指的是通过蛋白质化学、蛋白质晶体学和动力学的研究,获得关于蛋白质物理、化学等方面的信息,在此基础上对编码蛋白的基因进行有目的的设计改造并通过基因工程等手段将其进行表达和分离纯化,最终将其投入实际应用。它的中心内容是改造现有的蛋白质,生产新的、自然界并不存在的蛋白质以满足人们的要求。

蛋白质工程这一名词是 1981 年由美国基因公司的乌尔默(Ulmer)提出的,随着分子生物学、晶体学及计算机技术的迅猛发展,这一工程取得了长足的进步。要改造蛋白质,首先要了解蛋白质的空间结构和功能。X 光蛋白质晶体学的发展,使复杂蛋白质分子空间结构的研究变得十分方便,只需有合适的蛋白质晶体,就不愁解不出它的三维结构。计算机图像系统的完善,使蛋白质三维结构的数据可直接通过计算机显示并进行模拟。基因工程的发展,使得通过改造基因而改造蛋白质的设想得以实现。因此,蛋白质工程的诞生离不开以上的理论和技术。

蛋白质工程中最常用的技术是定点诱变,即专一改变基因中某个或某些氨基酸序列的技术。其基本步骤是:第一,要分离纯化需改造的目的蛋白;第二,对分离纯化的蛋白质进行氨基酸序列测定,尽可能多地获得该蛋白结构和功能的数据;第三,获取该蛋白的基因序列;第四,设计改造方案,确定需要加工修饰的部位;第五,对基因序列进行改造;第六,将经过改造的基因片段插入适当的表达载体并加以表达;第七,分离纯化表达产物并对其进行功能检测。通过这些步骤就达到了改造、生产蛋白质的目的。

蛋白质工程虽然问世不久,但取得的成果已经令人刮目相看:-70℃的低温难以保存的干扰素,经蛋白质工程点化,两个半胱氨酸被换成丝氨酸,一下子就可以保存半年之久了;一种生产上很有用的酪氨酸转移核糖核酸酶,只是在一个位点上用脯氨酸取代了苏氨酸,催化能力一下子就提高了25倍。蛋白质工程不仅要对那些生物工程的产品进行再加工,还要对一些天然的蛋白质进行模拟和改造。例如,那绵软飘逸的蚕丝,那蓬松暖和的羊毛,那纤细坚韧的蛛丝,它们本质上都是蛋白质,对它们进行模拟和改造,再实现大量生产,将获得性能比蚕丝、羊毛、蛛丝更优异的材料,以满足人们的需要。

蛋白质工程取得的进展向人们展示出诱人的前景。例如,科学家通过对胰岛素的改造,已使其成为速效型药品。如今,生物和材料科学家正积极探索将蛋白质工程应用于微电子方面。用蛋白质工程方法制成的电子元件,具有体积小、耗电少和效率高的特点,因此有极为广阔的发展前景。

七、现代生物技术的发展趋势

现代生物技术在40多年的发展中受到了各方面人士的普遍关注,更有许多专家将21世纪称为生命科学的世纪。将现代生物技术产业称为21世纪的朝阳产业,一方面是由于现代生物技术发展迅速,用途广泛;另一个方面是由于现代生物技术具有其他技术所无法比拟的优越性,即可持续发展。面对人口膨胀、资源枯竭、环境污染等一系列直接关系到整个人类生死存亡的严重问题,人们越来越深切地认识到发展有利于人类可持续发展的新技术、新产业的必要性和紧迫性。现在生物技术的发展趋势总结起来表现在以下几个方面:

其一,随着人类基因组计划的完成,各种模式生物的基因组计划和蛋白组计划是生物技术发展的一个主流方向。其中,与人类重大疾病相关的基因和与农作物产量、质量、抗性等有关的基因的结构、功能及其应用是今后一个时期研究的重点,人类一些遗传缺陷将在基因组中找到位置。特别是蛋白组计划将成为后基因组时代生物技术的主旋律,蛋白组计划的实施将对新药开发、阐明疾病的发病机制、对病原微生物进行蛋白组学分析具有重大的战略意义。除此以外,小核糖核酸(miRNA)组计划将会启动,科学家希望能够借助RNA的力量治疗恶性疾病并更好地控制基因的表达。

2004年6月,为整合国内外优势资源,中国科学院在当时最年轻的贺福初院士的推动下,由军事医学科学院、中国科学院、中国医学科学院、清华大学、北京大学、江中集团及北京生物技术和新医药产业促进中心共同创建了北京蛋白质组研究中心。2005年10月,中心正式入驻中关村生命科学园,开始作为国际"人类肝脏蛋白质组计划"总部,负责计划的全面实施。截至目前,已吸引了全球共18个国家、100多家实验室的数千名优秀科学家参与此项研究工作。

人类肝脏蛋白质组研究计划的实施,无疑将会发掘出一批重要的功能蛋白,发现一批全新的药物靶标，催生一批治疗药物，为肝病预防、诊疗提供新策略、新技术，从而大大降低肝脏领域疾病医疗成本，提升中国和世界人民的健康水平。2010年金秋十月，在中心成立5周年之际，人类肝脏蛋白质组表达谱和修饰谱，定位图和连锁图，生理组与病理组，样本库、抗体库和数据库，基本架构已经完成，标志着蛋白质组架构里第一个“人体器官”正式诞生，进一步奠定了我国在该领域的国际核心地位，将有效帮助科学家通过对肝脏蛋白质全景式、高通量和规模化的研究，解析肝脏蛋白质在生理、病理过程中的功能意义，为肝脏疾病的预警、预防、诊断和治疗提供科学依据。

其二，转基因动植物研究将会取得重大进展并进入产业化阶段。现代生物技术不仅会给传统的育种方法带来巨大的改革，而且还可以制造出一些具有奇特性质的动植物新品种。像彩色的羊毛与棉花、蓝色的郁金香与康乃馨、能够产生疫苗的植物、含有药物蛋白的羊奶等。

其三，基因工程药物和疫苗的研究与开发突飞猛进。基因工程在医药上的应用是开发得最早、进展得最快也最有前景的领域。现在已取得的研究成果中有60%是医学领域的。伴随现代生物技术进入它的第五个十年，越来越多的新产品正在被开发并应用于人类的健康保健以及疾病的防治，尤其是近两年新冠疫苗的研发上。随着分子和细胞技术的不断发展，重线蛋白质药物的产量物质量也会有很大提高，加工周期大幅缩短。国家发改委发布关于印发《“十四五”生物经济发展规划》的通知中提到，加快疫苗研发生产技术迭代升级，开发多联多价疫苗，发展新型基因工程疫苗、治疗性疫苗，提高重大烈性传染病应对能力。推动基因检测、生物遗传等先进技术与疾病预防深度融合，开展遗传病、出生缺陷、肿瘤、心血管疾病、代谢疾病等重大疾病早期筛查，为个体化治疗提供精准解决方案和决策支持。

其四，蛋白质工程作为第二代基因工程在21世纪将有重大发展，它将分子生物学、结构生物学、计算机技术结合起来，形成一门高度综合的学科。

其五，信息技术的飞速发展渗透到生物技术领域，形成引人注目、用途广泛的生物信息学。网络的扩大和完善会大大加速生物技术的研究、应用和开发。

总之，不久的将来，生物技术产品将走进寻常百姓家，提高我们的生活质量；转基因动植物会逐步走上我们的餐桌，为我们提供质量更高、营养搭配更合理的膳食；对胎儿将可以进行基因检测，以确定其是否带有基因缺陷，避免有先天缺陷的胎儿出生，从而提高人口的质量；基因工程生产的新药和疫苗会投放市场，疾病的治疗和预防会更加迅速、准确、有效；基因诊断会及早地查出疾病，基因治疗会使遗传病“去根”；DNA会用于案件的准确侦破。总之，现代生物技术将渗入我们生活的方方面面。

八、生物技术的安全性

生物技术的发展正像其他科学技术一样,在带来巨大的经济效益的同时,也可能带来意想不到的冲击和始料未及的后果,还会触及一些伦理道德方面的问题。因此,随着生物技术日新月异的发展,人们对其产生的后果越来越忧心忡忡,主要体现在以下几个方面:

1.转基因生物体的扩散问题

转基因微生物很多都带有致病基因,用其研究传染病。如果它们从实验室逸出且扩散,有可能造成类似鼠疫那样可怕的流行疾病。转基因植物的扩散有可能影响其他生物的生存。

2.转基因食品的安全性问题

转基因食品随着它的发展会陆陆续续走上人们的餐桌。目前,各种转基因食品已经在美国上市。转基因食品的安全性目前是人们探讨的热点问题,有人担心,为了达到抗虫、抗病的目的,作物中有了对人体十分陌生的蛋白质,经常食用它,会不会对人体有伤害。有的观点认为,转基因是传统育种技术的延伸发展,安全性是可控有保证的,经过安全评价批准的转基因食品除了增加人们预期的抗虫抗旱等功能以外,并不增加额外风险。目前世界上没有发现一例被证实的转基因食品安全性问题。

3.生物武器带给人们的恐慌

人们担心生物技术被别有用心的人利用,制造出生物武器,给世界人民带来灾难。

除此以外,现代生物技术还会在伦理道德方面引发争论:转基因植物由于转入了动物基因,从而含有动物蛋白,这样会引起宗教界人士及素食主义者的反对;随着人类基因组计划的完成,由谁决定基因的优与劣进而进行基因的改造,个人的基因缺陷是否应属于个人隐私;能否把克隆的方式用于人类的繁衍。

这些担忧与争论是正常的,是与科学技术的发展相伴而生的,但这不应该成为生物技术向前发展的障碍。努力使生物技术造福于人类,努力克服其负面影响是生物科学工作者和各国政府共同的方向。科学家结合自己多年的实践经验,会提出对现代生物技术的指导方案,同时,也会出现一些相关的规则与公约来指导生物技术,使其朝着有益于人类的方向发展。

思考题

1. 简述生物技术的含义及发展历程。

2. 简述基因工程的概念及操作流程。
3. 简述克隆动物的产生方式及积极意义。
4. 简述人类基因组计划的目的及意义。
5. 分析生物技术可能引发的伦理及社会问题。

第四节 新材料技术

一、材料的重要作用及分类

1. 材料的重要作用

翻开人类的文明史,我们不难发现,材料一直是人类赖以生存及发展、征服自然和改造自然的物质基础,也是人类社会进步的重要标志。人们常说的新石器时代、青铜器时代、铁器时代等历史分期,都是以人类使用工具的材料来划分的。纵观人类利用材料的历史,可以清楚地看到,每一种重要新材料的发现与应用,都把人类支配自然的能力提高到一个新的水平。例如,人们在大量烧制陶瓷的实践中,熟练地掌握了高温加工技术,并用这种技术来烧炼矿石,逐渐冶炼出铜及其合金——青铜。而且炼铜技术发展为炼铁应是顺理成章的事。用铁作为材料来制造农具,使农业生产力得到空前的提高,并促使奴隶社会解体和封建社会兴起。材料科学技术的每一次重大突破都会引起生产技术的革命,大大加速社会发展的进程,给社会生产和人们生活带来巨大变化。例如,对于电子技术的核心——信息处理技术,如果没有新的半导体材料和磁性材料的发明和发展,就不会有今日的蓬勃发展;超导材料一旦进入实用化,也将引起新的技术革命。

2. 材料的分类

所谓材料,是指人类能用来制作有用物件的物质。所谓新材料,主要是指最近发展或正在发展之中的具有比传统材料性能更为优异的一类材料。目前,世界上传统材料已有几十万种,而新材料的品种每年大约以5%的速度在增加。

材料有不同的分类方法。若按用途分类,可将材料分为结构材料和功能材料两大类。结构材料的使用性能主要是力学性能,广泛应用于机械制造、工程建设、交通运输和能源等各个工业部门。功能材料的使用性能主要是光、电、热、磁、声等性能,用于激光、通信、能源和生物工程等许多高新技术领域。若按材料的成分和特性分类,可将材料分为金属材料、陶瓷材料、高分子材料和复合材料。若从材料的应用对象来划分,它又可以分为信息材料、能源材料、建筑材料、生物材料和航空航天材料等多种类别。

二、金属材料

1. 金属材料概述

金属材料一般分为黑色金属材料和有色金属材料两大类。黑色金属材料通常包括铁、锰、铬以及它们的合金。合金是由两种或两种以上的金属元素,或者金属元素与非金属元属组成的具有金属性质的物质。由铁和碳组成的合金——钢铁,是黑色金属材料的代表,长期以来一直是建筑业、机器制造业等多种行业最基本的结构材料。钢铁产量往往成为衡量一个国家工业水平和生产实力的标准。虽然近半个世纪以来,随着高分子材料、无机金属材料以及多种新型复合材料的不断涌现,钢铁材料逐渐被部分取代,但是钢铁材料的应用仍占据主导地位。其原因是钢铁具有多种良好的物理、机械性能,资源丰富,价格低廉,并且工艺性能好,便于加工制造。

除黑色金属以外的其他各种金属及其合金都称为有色金属。有色金属品种繁多,又可分为轻金属、重金属、高熔点金属和贵金属等。常用的有铝、铜、钛、镁、镍、钴、锡、铅、金和银等。它们的耗用量虽然比钢铁少得多,但由于具有导电、导热性好,化学性质稳定,耐热、耐腐蚀和工艺性好等优良性能,所以是现代电子、机械、轻工、仪表、航空航天等技术领域不可缺少的材料。在有色金属材料中,铝的用途最广泛,而且与人们的日常生活息息相关。例如,家庭使用的烹饪器皿、厨房用具大都是铝制品;作为货币的硬币,也是铝合金做的。铝合金强度高、重量轻,是制造飞机的好材料,所以被用于飞机制造业。

2. 新型金属材料

新型金属材料是在传统金属材料的基础上不断推陈出新而创造出来的新材料。它的种类繁多,下面仅介绍几种有代表性的新型金属材料。

(1) 形状记忆合金。这是指某种合金在一定温度下,给它一固定的形状,在温度下降时,很容易把它变为另一种形状,当把温度恢复到原来的温度时,它又恢复到原来形状的合金。这种奇特的“记忆”本领可以重复进行,其“记忆”能力绝不会降低。目前已发现具有“记忆”功能的合金有金镉合金、镍钛合金、镍锌合金、铜铝镍合金、铜金锌合金等。

形状记忆合金的一个重要特性是有确定的转变温度。例如,镍钛合金的转变温度为40℃,当温度一旦达到转变温度时,它会被立即“唤醒”,恢复“知觉”,立即有“记忆力”,还原到本来面目。形状记忆合金的另一个重要特性是超弹性。在外力的作用下,它发生很大的形变,变形量可以超过4%甚至更高,但当温度达到转变温度时,它像突然“醒”了一样,会狠狠地弹回到原来的形状。形状记忆合金还有一个可贵的特性,那就是抗疲劳性。它的回忆变形本领可以反复使用500万次左右而不产生疲劳断裂,而且可以几乎100%地恢复到原形。此外,它还有耐腐蚀性。由于形状记忆合金具有以上这么多特性,所以它的应用非常广泛。在飞机上有许多液压管路的连接就是采用这种合金来完成的,即先把形状记忆合金连接件的内径做得比管径稍大一些,在低温下把管子连接两端压入连接件,然后在室温下放置,连接件恢复其原有内径,把管道紧紧固定住。在飞机修理中,也使用了形状记忆合金。修理过程中有的铆接部位铆接有困难,就可采用形状记忆合金铆钉。将这种铆钉在低温时穿入铆接部位,受热后尾部自动撑开,这种方法铆接的质量很好。在航空、航天、核工业和海底输油管等危险场合,为了保证系统万无一失,管道连接处常采用记忆合金套管。还有一些国家用镍钛合金制成了卫星用自展天线,即在稍高的温度下用镍钛合金焊接成一定形状的天线,在室温下将其折叠,装在卫星上发射。卫星上天后,由于受到强日光照射,温度会升高,此时天线会自动展开。

形状记忆合金在工业的主要用途是制造形状记忆合金发动机。这种发动机不需要汽缸和活塞,只要供给它一个冷水槽和一个热水槽就行了,利用它不停地形变和恢复所产生的力量,推动主轴旋转,将机器发动起来。这样的发动机既不消耗煤、油,也不消耗电能,无废渣、废气污染环境。它还可以利用太阳能、海洋能、地热能等自然资源或工厂的余热作为能源,既经济又干净。

形状记忆合金具有极好的耐腐蚀和耐磨损性能,特别是它具有良好的生物相容性,所以被广泛用作人体修复材料,可用于血栓过滤器、人造心脏、牙齿矫形、人工关节等医疗控制装置。在生活中,它可用于自动开启门窗装置,达到自动调节温度的目的。

(2) 贮氢合金。氢是21世纪需要开发的新能源之一。若要大量开发氢能源来作为常规能源,必须解决氢的贮存和运输问题。传统的贮氢方法是气态或液态贮存,前者是在高压下(大约1.52×10^{7}Pa)把氢气压入钢瓶,后者是在-253℃低温下将氢气液化后,灌入钢瓶。由于运送笨重的钢瓶极不方便,另外,氢气遇到火花或与氧气等混合时,容易引起爆炸,所以钢瓶贮氢气,既不安全,又不经济。一种新型的金属材料——贮氢合金能够很好地解决贮氢问题。

贮氢合金是利用金属或合金与氢形成氢化物而把氢贮存起来。金属都是密堆积的结构,结构中存在着很多空隙,可以容纳半径较小的氢原子。在贮氢合金中,一个金属原子能与2~3个甚至更多的氢原子结合,生成金属氢化物。贮氢合金的贮氢能力很强,其单位体积贮氢的密度,是相同温度、相同压力条件下气态氢的1 000倍,也就是相当于贮存了1.01×10^{8}Pa的高压氢气。同时,贮氢合金生成的金属氢化物的结合力很弱,稍稍加热又容易分解而放出氢气。需要贮氢时,使合金与氢反应生成金属氢化物并放出热量;需要用氢时,通过加热让氢释放出来。这如同蓄电池的充、放电一样。因此贮氢合金是一种理想的贮氢方法。目前,发展中的贮氢合金主要有镁系贮氢合金、钛系贮氢合金、锆系贮氢合金、铁系贮氢合金和稀土系贮氢合金等。

贮氢合金的应用非常广泛。它可用于汽车和高速飞机上。我国已经研制成功了一种氢能汽车,它使用贮氢材料90kg,可行驶40km,时速超过50km。用氢气作高速飞机的燃料,可以大大提高飞机的有效载荷、航速和航程。国外正在研究设计几倍于音速的燃氢飞机。

贮氢合金不仅有贮氢的本领,而且还能将贮氢过程中的化学能转换成机械能或热能。贮氢合金在贮氢时放热,在放氢时吸热,利用这种放热—吸热循环,可进行热的贮存和传输,制造制冷或采暖设备。

制造镍氢电池也是贮氢合金的一个重要应用领域。目前,使用的镍镉电池中的镉有毒,使废电池处理复杂,环境受到污染。镍氢电池与之相比,具有容量大、无毒、使用寿命长和无污染等优点,是很有发展前途的产品。

贮氢合金不仅是一种能源,而且也是一种紧急救生材料。人们把氢化锂一类的贮氢材料制成药片大小的救生丸,只要随身带几粒氢化锂和折叠好的超轻型救生艇、救生衣或其他救生设备,就可使落水者得救,因为氢化锂一遇到水就立即释放出大量氢气,使救生设备充气膨胀而浮上水面。

(3) 非晶态合金,也称"金属玻璃"。它是一种新的、特殊的物质状态。称之为"金属玻璃"是因为它在化学成分上是金属或合金,而在原子结构上呈现出典型的玻璃态。

熔融状态的合金缓慢冷却得到的是晶态合金,因为从熔融的液态到晶态需要时间使原子排列有序化。如果将熔融状态的合金以极高的速度骤冷,不给原子有序化排列的时间,而将原子瞬间冻结在像液态一样的无序排列状态,得到的是非晶态合金。这种合金整体呈现均匀性和各向同性,因而具有优良的力学性能,如拉伸强度大,强度和硬度都比一般晶态合金高。非晶态合金中的原子是无序排列的,因而没有晶界存在,所以合金具有高电阻率、高磁导率、高抗耐腐蚀性等优点,在一些领域的应用比较广泛。

非晶态合金的电阻率比晶态合金高几倍,这样可以大大减少涡流损失,所以特别适合做变压器和电动机的铁芯材料。采用非晶态合金做铁芯,能耗将减少4/5,所以非晶态合金得到广泛应用。另外,非晶态合金在磁放电器、脉冲变压器、高速磁泡头存储器、超大规模集成电路板、光磁记录材料等方面均有应用。

三、陶瓷材料

1. 陶瓷材料概述

陶瓷材料是人类最早利用自然界所提供的原料制造而成的材料。它分为传统陶瓷和新型(精细)陶瓷。

传统陶瓷是以黏土和石粉为原料,用水拌和,成型干燥后烧制而成的。它的主要成分是硅酸盐。自然界存在大量天然的硅酸盐(如岩石、沙子、黏土等)和许多矿物(如滑石、高岭石、云母、石英等),它们都属于天然的硅酸盐。传统陶瓷的耐热温度比较低,并且易碎。

新型陶瓷,也称精细陶瓷、先进陶瓷等,是以精制高纯的化工产品为原料,并采用先进的成型、烧结等制备工艺技术,严格控制工艺过程所制备的具有优异性能的陶瓷制品。它的化学组成远远超出了硅酸盐的范围。新型陶瓷与传统陶瓷有着本质的区别,它具有一系列优越的物理、化学和生物性能,可以满足现代高新技术对材料的要求,并进一步推动高新技术和产业的发展,其应用范围是传统陶瓷远远不能相比的。

新型陶瓷若按化学成分来划分,可分为氧化物陶瓷、氮化物陶瓷、碳化物陶瓷、硼化物陶瓷、硅化物陶瓷和氟化物陶瓷等;若按使用性能来划分,可分为结构陶瓷和功能陶瓷两大类。结构陶瓷以耐高温、超硬度、高强度、耐磨损、抗腐蚀等机械力学性能为主要特征,在能源、机械、冶金、宇航、光学等领域有重要应用。功能陶瓷以电、磁、光、热和力学等性能及其相互转换为主要特征,在通信电子、自动控制、集成电路、计算机、信息处理等方面的应用日益普及。下面介绍几种新型的陶瓷材料。

2. 几种新型陶瓷材料

(1) 高温结构陶瓷。它是用纯度很高的氮化硅、碳化硅、氧化锆等粉末原料,在1 700℃的高温下烧结而成的。目前所说的陶瓷发动机,就是用高温结构陶瓷制成的。汽车发动机一般用铸铁制造,耐热性有一定的限度。由于需要冷却水冷却,热能损失严重,热效率只有30%左右。如果采用高温结构陶瓷材料制造陶瓷发动机,则该发动机的工作温度可以稳定在1 300℃左右,由于燃料充分燃烧又不需要水冷系统,使热效率大幅度提高。另外,用陶瓷材料做发动机,还可减轻汽车的质量。用高温结构陶瓷取代高温合金来制造飞机上的涡轮发动机,其效果更好。

高温结构陶瓷可以制成切削难加工材料的陶瓷刀具,这种陶瓷刀具比硬质合金刀具的切削速度约快5倍,使用寿命长20~30倍。用高温结构陶瓷制成的水泥和冶金用的各种工业窑炉,不仅能耐1 200~1 600℃的高温,而且可以节省燃料40%左右。

(2) 透明陶瓷。一般陶瓷是不透明的,但光学陶瓷像玻璃一样透明,所以称为透明陶瓷。一般陶瓷不透明的原因是其内部存有杂质和气孔,前者能吸收光,后者能将光散射,因此就不透明了。透明陶瓷是选用高纯原料,并通过工艺手段排除气孔而得到的产品。目前已开发利用的透明陶瓷有几十种,如烧结白刚玉、氧化镁、氧化钍—氧化钇、氧化钇—氧化锆、氟化钙等。

透明陶瓷不仅有优异的光学性能,而且耐高温,它们的熔点一般都在2 000℃以上。例如,透明氧化钍—氧化钇的熔点高达3 100℃。透明陶瓷的重要用途是制造高压钠灯,它的发光效率比高压汞灯提高一倍,使用寿命达20 000h,是使用寿命最长的高效电光源。由透明氧化铝陶瓷制成的高压钠灯,其工作温度高达1 200℃,平均寿命10 000~20 000h,是目前世界上寿命最长、发光效率最高的灯。透明陶瓷的透明度、强度、硬度都高于普通玻璃,所以还可以用来制造防弹汽车的窗户、坦克的观察窗、轰炸机的轰炸瞄准器和高级防护眼镜等。利用透明陶瓷所制造的镜片,可以把镜头组的尺寸缩小20%,使用这种陶瓷镜片,可以造出更轻更薄的数码相机。

(3) 光导纤维,简称"光纤"。它是一种能利用光的全反射来传导光线的透明度极高的玻璃细丝,是精细陶瓷的一种。

常用的光导纤维有石英、氟化物等玻璃光纤,还有晶体光纤和塑料光纤等。在实际使用时,常把千百根光导纤维组合在一起并加以增强处理,制成像电缆一样的光缆,这样既提高了光导纤维的强度,又大大增加了通信容量。

光导纤维具有不受电磁干扰、保密性好、耐腐蚀、原料充足和成本低等优点。光纤通信与数字技术及计算机结合起来,可以用于传送电话、图像、数据控制电子设备和智能终端等,起到部分取代通信卫星的作用。

光损耗大的光导纤维可在短距离使用,特别适合制作各种人体内窥镜,如胃镜、子宫镜、膀胱镜和直肠镜等,对诊断疾病很有帮助。

(4) 生物陶瓷。它是新型陶瓷的一个重要分支,是指用于生物医学及生物化学工程的各种陶瓷材料。生物陶瓷目前主要用于人体器官和组织的修复和再造。作为人体器官和组织的再造材料,必须要求生物相容性好,对肌体无免疫排异反应;血液相容性好,不会引起代谢作用异常现象;对人体无毒,不会致癌。目前发展起来的生物合金、生物高分子和生物陶瓷,基本上能满足以上要求,但生物合金容易出现腐蚀斑,生物高分子容易老化,相比之下,生物陶瓷是惰性材料,耐腐蚀,更适合植入人体。例如,氧化铝做成的假牙、肘关节、肩关节、指关节,以及用均质的复合石墨陶瓷制成的人体心脏瓣膜都获得了成功。

四、高分子材料

1.高分子材料概述

高分子化合物,也称聚合物或高聚物,是由许多结构相同的单体聚合而成的,分子量高达几万到几百万,甚至几千万。高分子由单体彼此连成长链,有些长链之间又有短链相联结而成网状,并且互相缠绕,分子之间作用力强。其结构上的这些特点,使高分子具有一定的强度和程度不同的弹性。高分子化合物受热时,长链不易传热,熔化前有一个软化过程,所以具有良好的可塑性;同时,高分子化合物还具有良好的电绝缘性。高分子材料是以高分子化合物为主要原料,加入各种填料或助剂制成的材料。它既包括常见的塑料、合成橡胶和合成纤维(三者被称为三大合成材料),也包括人们经常使用的涂料、黏合剂以及一些新型高分子材料。

2. 新型高分子材料

在合成高分子的主链或支链上接上带有显示某种功能的官能团,使高分子具有特殊的功能,满足光、电、磁、化学、生物、医学等方面的功能要求,这类高分子称为功能高分子,用它做成的材料叫功能高分子材料。下面介绍几种功能高分子材料。

(1) 生物高分子材料。它是一类对有机体组织进行修复、替代与再生,具有特殊功能作用的高分子材料。合成高分子与人体器官组织的天然高分子有着极其相似的化学结构和物理性能,所以用高分子材料做成的人工器官植入人体后,具有很好的生物相容性,不会与人体产生排斥和其他作用,可以部分或全部取代有关器官。合成高分子材料已成为现代医学的重要支柱材料。目前,可用于制作人造器官的高分子材料有:环氧树脂、聚乙烯、聚乙烯醇、聚甲醛、聚甲基丙烯酸甲酯、聚四氟乙烯、硅橡胶等。高分子材料制造的人造器官,除了脑、胃和内分泌器官外,几乎遍及全身。例如,人造心脏,可以用硅橡胶和聚氨酯制造;人工肾可以用乙酸纤维和聚酯纤维制造;人造肺,可以用聚四氟乙烯、聚碳酸酯和聚丙烯制造。

(2) 吸水高分子材料。它是近年来发展起来的一种具有高吸水和保水能力的聚合物。吸水性高分子材料的吸水能力因聚合物的种类不同而有很大的差别,有的甚至在纯水中能够吸收相当于自重的几十倍到上千倍的水。吸水高分子材料不但吸水量大,而且能将其所吸收的水牢固地保留在材料之内,即便施加压力,也不会将水挤出。它的这种优异的吸水和保水性能,使它能在人们生活和许多工农业领域中显示出良好的应用效益。在日用生活方面,可用来制作纸巾、餐巾和“尿不湿”等;在医疗卫生方面,可用来制作人造肾脏过滤材料、人工玻璃体、血液吸收剂等;在农业方面,可作为土壤保水剂、种子包膜、农艺用塑料薄膜等;在工业方面,可用来制作干燥剂、空气过滤器、水分离剂、密封材料等。

(3) 导电高分子材料。一般高分子材料不导电,具有绝缘性,这是由它的结构所决定的。但像聚乙炔这样的材料却具有导电性能。这是因为聚乙炔是双键与单键间隔相连接的线性高分子结构,分子中存在共轭 π 键,π 电子可以在整个共轭体系中自由运动,所以能导电。若将碘掺杂到聚乙炔中,导电率会大幅度增大。目前,相继开发了聚苯胺、聚噻吩、聚吡咯、聚苯硫醚等一系列导电高分子。其中,聚乙炔的导电能力已超过铜。这些导电聚合物由于掺杂、脱杂的原因,会发生从绝缘体到导电体之间的不同变化。这种变化会同时带来吸收光谱的变化,聚合物的颜色也就随之发生变化,所以用其做电变色显示元件是很理想的材料。用导电高分子材料做成的电池已进入市场。例如,用于计算机和照相机辅助电源的锂—聚合物电池,其中一个电极是锂铝合金,另一个电极就是用导电高分子聚苯胺制成的。这种电池只有一个硬币大小,可以反复充电使用,工作寿命长。目前,又研制成功了一种薄型的可弯曲、可充电的锂—聚吡咯电池,使用更方便。

(4)光电导高分子材料。根据对传感器需求情况的调查,发现对光电传感器的需求量最多,超过其他任何传感器的需求量,它被广泛用于光通讯、太阳能电池、静电复印、电子照相和自动控制等方面。聚－N－乙烯咔唑(PVK)是光电导性能高分子材料的代表,也是最实用的材料。

五、复合材料

1. 复合材料概述

复合材料是指由两种或两种以上组分材料所组成的新材料。这种新材料既保持了原材料的特点,又使各组分之间取长补短,互相协同,形成一种优于原有材料的特性,即产生复合效应。

复合材料具有强度高、材料轻、刚性大、抗疲劳、减振性和耐温性能好等特点,所以在人类生活中起着重要的作用。

最原始的复合材料就是黏土泥浆中掺稻草而制成的土砖;在灰泥中掺马鬃或在熟石膏里加纸浆,可以制成纤维增强复合材料。当然,现在的复合材料已经有了新的内涵,所用的原材料包括高分子材料、金属材料和无机非金属材料等。

复合材料包括三大要素,即基体材料、增强剂及复合方式。复合材料按增强剂形状不同,可分为粒子、纤维和层状复合材料等;按基体材料不同,可分为树脂基(高聚物)、金属基和陶瓷基等复合材料;按复合方式不同,可分为结构复合材料和功能复合材料。结构复合材料主要用于撑力结构,可以根据材料在使用中受力的要求进行选材设计及复合结构设计。功能复合材料一般由功能体和基体组成,基体不仅起到构成整体的作用,而且能产生协同或加强功能的作用。功能复合材料的制作难度较大,目前尚处于研制探索阶段,有的已经付诸应用。估计在21世纪,它的应用将会大大扩展。

2. 结构复合材料

(1) 树脂基复合材料。它是复合材料中开发最早,也是比较成熟的一种。其中,生产量最大的是玻璃纤维增强树脂复合材料,即玻璃钢,它是由玻璃纤维与聚酯类树脂复合而成的。玻璃是非常易碎的脆性材料,但如果将玻璃熔化并以极快的速度拉成细丝,这种玻璃异常柔软,可以纺织。玻璃纤维的强度很高,比钢的硬度还高出两倍。在制造玻璃钢时,可将玻璃纤维制成纱织物或带材,然后加到树脂中;也可以把玻璃纤维切成短纤维,再加入基体中。玻璃钢具有优良的性能,它的强度高、质量轻、耐腐蚀、抗冲击、绝缘性好,因而被广泛用于飞机、汽车、船舶、建筑和家具等行业。例如,美国波音747飞机使用的玻璃钢部件多达一万多种。在汽车工业中,玻璃钢已大量用作车身,以减轻车身重量,是节约能源的一种措施。玻璃钢还可以作为火箭、导弹中的耐烧蚀材料。

(2)金属基复合材料。虽然树脂基复合材料已有了较大发展,并在许多方面显示了重要作用,但其耐热性能低,一般不超过300℃;不导电、传热性能差,也是其主要弱点,这就限制了它在某些条件下的使用。而金属基复合材料恰好在这些方面具有优势,所以成为各国竞相发展的新材料。

金属基复合材料是采用高强度、高模量的耐热纤维(如碳纤维、硼纤维和碳化硅纤维等)与金属特别是轻金属复合而成。它既可保持金属原有的耐热、导电、导热等性能,又可提高强度模量,降低相对密度。金属基复合材料一般具有耐磨、耐疲劳、阻尼性好、不吸潮、不放气、低膨胀系数等特性,是用于航空、航天等尖端技术领域的理想材料。例如,在人造卫星中,金属基复合材料可用来制作抛物面天线摄影的镜筒和光学望远镜的扇形反射面等部件。此外,它可以代替贵金属制造大规模集成电路的基板,大幅度降低生产成本。

(3)陶瓷基复合材料。它是刚兴起的一种高比强、高比模、耐高温、抗氧化、耐磨损及热稳定性较好的新材料。基体陶瓷有 Al_2O_3,SiO_2,Si_3N 和 SiC 等。增强材料有碳纤维、碳化硅纤维和碳化硅晶须。所谓晶须,就是由晶体生长形成的针状短纤维。

陶瓷基复合材料保持了陶瓷材料本身具有的耐高温、抗热震、超硬、耐磨、耐腐蚀等优良性能,而且可以用增强剂改进其脆性。例如,氮化硅、碳化物等复合陶瓷材料,由于大幅度改进了抗摩擦及增强韧性、抗疲劳磨损等性能,不仅比一般的硬质合金刀具的耐用度提高30倍,甚至还能用于高硬度冷铸铁的切削加工。陶瓷基复合材料还广泛用来制作滑动构件、航空航天部件、发动机制件和能源构件等。

3. 功能复合材料

功能复合材料是近年来迅速发展起来的另一大类复合材料,其效能往往比一般单质功能材料好。按不同的功能作用,功能复合材料可分为换能复合材料、导电导磁复合材料和屏蔽功能复合材料。比如,当前已经在军用飞机上试用的隐身复合材料,就是把增强纤维与吸波(包括雷达波和红外光波)材料、基体复合在一起制成机身,以产生多功能效果,即所谓的隐形飞机。再如,钛酸锆铅是一种较好的压电功能材料,如果把它粉碎后与塑料或橡胶制成功能复合材料,则它的优值要比原材料大几十倍。最近,国际上又出现了一种高性能纳米复合陶瓷材料,其主要特征是在基体中或晶界上分散纳米级颗粒或晶须,以提高材料的超强度和超韧性性能。

由于复合材料可以通过选择设计而具有满足各种需要的材料性,所以它在新能源技术、信息技术、航天技术以及海洋工程等方面有着广泛的应用,已成为高技术领域中重要的新材料之一。复合材料的发展方向是由结构材料为主,向功能复合材料和多功能复合材料并重的局面发展;由宏观复合的形式向微观复合的形式发展;由双元混杂复合向多元混杂和超混杂的复合方向发展(即除了增强纤维混杂外,还可加入颗粒填料;所用基体亦可用两种以上来进行混杂,以满足使用的要求);由被动型复合材料向主动型复合材料发展,即向机敏复合材料和智能复合材料发展。

六、电子与光电子及纳米材料

1. 电子材料

电子材料是指在电子技术和微电子技术中使用的材料,包括半导体材料、介电材料、压电及铁电材料、磁性材料等,其中最重要的是半导体材料。半导体材料主要用来制造晶体管、集成电路、固态激光器和探测器等器件。而硅单晶是主要的半导体材料。硅的主要特性是机械强度高、结晶性好、自然界中储量丰富、成本低。目前制造集成电路的主要材料是硅单晶,可以说硅材料是大规模集成电路的基石。在自然界中,硅以石英砂和硅酸盐化合物的形式存在于地壳中,但它含有大量的杂质,必须经过提纯和拉制单晶体,才能显示半导体的性能。由于半导体的敏感性,只要在纯硅中掺入1/1 000 000的硼元素和磷元素,就可以使硅的电阻率降到原来的1/100 000。所以,我们可以根据需要在纯单晶硅中有目的地掺入所需要的杂质,制造出我们所需要的半导体、晶体管或集成电路。由于集成度的提高,版图的条宽越来越小,芯片宽度的减小对制作集成电路的单晶硅材料的质量要求越来越高,容不得一点杂质,一粒灰尘,否则可能会毁掉一个甚至几个晶体管,所以半导体材料的研究也在不断发展:从元素半导体扩展到化合物半导体;从单晶体扩展到外延薄膜;从自然晶格扩展到人工晶格——超晶格。

砷化镓单晶材料是化合物半导体材料,它的性能优于单晶硅元素半导体材料。因为与硅相比,砷化镓具有更高的禁带宽度,所以砷化镓器件可以用于更高的工作温度。又由于砷化镓单晶材料具有更高的电子迁移率,是硅的 5 ~6 倍,所以可用于要求更高频率和更高开关速度的场合,这就使它成为制造高速计算机的关键材料。砷化镓更重要的一个特性是光电效应,可以使它成为激光光源,这是实现光纤通讯的关键。砷化镓具有比硅更优异的特性,所以被用在微波通信、军事、电子技术和卫星数据传输系统、移动通信,以及计算机的关键部件上,许多高科技领域都迫切需要砷化镓单晶材料。

超晶格材料是利用定向分子束流在单晶衬底上生长结晶薄膜制备而成的,它可以使原子或分子一个一个地在衬上沉积,所以能够精确地控制薄层的厚度,其精确度可达到单原子层的程度。由于超晶格材料具有可人工设计和控制的奇异特性,所以将成为 21 世纪新型电子器件的支柱材料。材料的种类已由开始的砷化镓—镓铝砷超晶格结构扩展到铟铝砷—铟镓砷、铟砷—镓锑、碲镉—碲汞等,近来又从化合物发展到锗、硅元素半导体,现已研制成硅—锗硅超晶格。

2.光电子材料

当今的时代是信息的时代,信息材料是实现高度信息化所需元件的基础。信息材料涉及信息探测、传输、存储、显示、运算和处理等方方面面。以往谈到的信息材料基本上是指电子信息材料,因为信息的传递媒介主要是依靠电子,信息的运算则是从电子管到以大规模集成电路为基础的电子计算机等。随着高容量、高速度的信息技术的快速发展,电子在传输速度等方面具有局限性,于是光子与电子共同参与,出现了光电子信息材料。光电子信息材料是整个光电子技术的基础和先导。光电子信息材料包括光源和信息获取材料、信息传输材料、信息存储材料以及信息处理和运算材料等。其中,主要是各类光电子半导体材料、各种光纤和薄膜材料、各种液晶显示材料和电色材料等。

信息的获取材料是指能高度灵敏地获取信息的敏感材料。这种材料是材料中的“千里眼”与“顺风耳”,它们对光、电、热、声、磁等信号的变化反应很灵敏,是用来制造电子计算机和自动控制装置不可缺少的敏感元件。例如,目前的新型信息材料 $MgCr_2O_4$—TiO_2、$BaTiO_3$—$SrTiO_3$ 为多孔陶瓷材料,它既可以用作气敏元件,又可作为湿敏元件。

信息光纤是传输材料的代表。光纤通信的出现是信息传输的一场革命。通常看到的电线是依靠电流来传输信号的,而光纤通信则是通过光脉冲来传输信号的。低损耗的光学纤维是光纤通信的关键材料。目前光纤多以石英玻璃为基础,为了进一步降低损耗,新一代的光纤改为以氟化物玻璃为基础。

信息社会中仅次于信息传输技术的便是信息的存储和处理技术,对容量大、密度高、速度快和成本低的信息存储材料的研制和开发已成为社会的迫切要求,磁记录材料就是适应我国社会发展的低成本磁性材料。磁记录材料已经从最初的 γ—Fe_2O_3磁粉、CrO_2 磁粉、Co—γ—Fe_2O_3 磁粉发展到今天的连续薄膜磁记录材料。目前,磁记录材料的世界产值已达到数百亿美元,并且每年以30%的速度迅速增长。磁光盘是一种新型的存储器,采用光照射取代磁头与盘面相接触,而且有高可靠性和长命性,有高存储密度、存储速度快、信息的面密度高、保存期长等明显优点。在不久的将来,人们将利用光存储材料存储量大的特点,将成千上万本书的内容存储在光盘里,实现像提公文包那样提起一个大型图书馆所存图书的美好愿望。

3.超导材料

一切材料在一定低温下电阻突然变为零的现象称为超导现象。这种材料叫作超导材料。超导现象是荷兰科学家昂奎奈斯(H. K. Onnes)1911 年发现的。昂奎奈斯用液氦冷却水银时发现,当温度降低到4.2K(即 -269°C)时,水银的电阻突然消失,出现零电阻现象;接着又发现其他一些金属也有这样的现象。昂奎奈斯便把这种导体呈现零电阻的现象称为超导现象;电阻变为零的温度称为临界温度。在此之后相当长的一段时间里,人们从零电阻现象出发,一直认为超导体只不过是电阻为零的理想导体。1933 年,法国科学家迈斯纳(W. F. Meissner)又发现了超导体的另一个基本特征——完全抗磁性,即当超导体处在超导状态时,它始终保持内部磁场为零,外部磁场的磁力线将无法穿透并被统统排斥到体外。这种特性使超导体又成了一个理想的抗磁体。超导电性和抗磁性是超导体的两个重要特征。

在“高温”超导材料发现以前,所研究的超导材料都是“低温”超导材料,主要是多种合金,如铌锆合金、铌钛合金、钒镓合金等。“低温”超导材料要用液氦做冷却剂才能呈现超导态,因此在应用上受到很大的限制。人们迫切希望找到“高温”超导体,终于在 1986 年发现 γ—Ba—CuO 系“高温”超导材料,其转变温度在 92K(已高于液氮 77K 的温度)。目前,新的超导材料不断涌现,如 Bi—Sr—Ca—CuO、Ti—Ba—Ca—CuO 等,它们的超导转变温度超过了 120K。高温超导材料的研究方兴未艾,人们殷切地期待着室温超导材料的出现。

超导材料的研究不仅具有重大的科学价值,而且它在非常广泛的领域内有着实际应用的价值。下面简单介绍几方面的应用。

一是超导发电机。制造大容量的发电机,关键部件是线圈和磁体。由于导线存在电阻,造成线圈严重发热,因此如何使线圈冷却便成为难题。如果用超导材料制造超导发电机,线圈是由无电阻的超导材料绕制的,根本不会发热,因而冷却难的问题迎刃而解,而且发电效率提高 50%。2017 年上半年,国内首台基于国产 YBCO($YBa_2Cu_3O_{7-x}$)超导带材的高温超导发电机经过测试,电机运行良好。

二是超导输电线路。发电站通过漫长的输电线向用户送电,由于电线存在电阻,使电流通过输电线时电能被消耗一部分。如果用超导材料制造超导线和超导变压器,电力就几乎无损耗地被输送给用户。这是节能的一种好方法。

三是超导磁悬浮列车。超导磁悬浮是利用低温超导材料或高温超导材料实现悬浮的一种技术。超导磁悬浮技术被广泛用于交通领域,其中超导磁悬浮高速列车最引人注目。科学家们利用超导材料开发研制的磁悬浮列车,时速可达 500km 以上,是陆地上行驶速度最快的交通工具。这种技术是把超导磁体装在列车内,在地面轨道上敷设铝环,利用它们之间发生的相对运动,使铝环中产生感应电流,从而产生磁排斥作用,把列车托起离地面约 10cm,使列车能悬浮在地面上而高速前进。目前在国际上超导磁悬浮列车技术上不够成熟,尚处在实验阶段(少数几个国家正在运营的皆非超导磁悬浮列车,包括我国的上海线、长沙线和北京的 S1 线)。2000 年底,我国研制成功了世界首辆载人高温超导磁悬浮列车“世纪号”。2014 年 5 月,西南交通大学搭建了全球首个真空管道超高速磁悬浮列车原型实验平台,希望通过建造真空环境,减少对磁悬浮列车的阻力。日本所研制的低温超导磁悬浮列车在 2015 年 4 月 21 日创造了地面轨道交通载人时速 603km 的世界新纪录，并计划于2027年修建中央新干线磁悬浮线。美国Hyperloop one的目标是实现每小时1 000km的实验速度。2021年，我国研发的世界第一台高温超导磁悬浮列车正式亮相，这台车的设计时速高达每小时620km，最高时速可达每小时1000km。

以上所列举的例子，仅仅是超导材料应用领域的一部分。另外，超导材料还会引起电子通讯、医疗、军事等各方面的巨大变化，它的应用前景是十分令人神往的。

4．纳米材料

纳米材料是当今材料科学研究中的热点之一。纳米材料是指由纳米颗粒构成的固体材料，其中纳米颗粒的尺寸最多不超过100nm，通常情况下不超过10nm。其微粒尺寸只有普通元素原子直径的几倍至十几倍。世界上第一种纳米材料是由德国的格莱特(H. Gleiter)首先研制出来的。纳米材料具有奇特的光、电、磁、声、热、力和化学性质，与宏观物体迥然不同，由此人们可以制造出各种性能优良的特性材料。

(1) 纳米陶瓷。普通的陶瓷坚硬质脆，易于破碎，如果将其磨碎，使它变成纳米微粒，然后再制成纳米微晶陶瓷，这种陶瓷坚韧，有塑性。纳米陶瓷坚硬、耐磨、永不生锈，比金属材料优越得多，如果用这种陶瓷做成发电机的轮子，将广泛用于未来的汽车和高速列车。

(2) 纳米金属。纳米铁材料由6nm的铁晶体压制而成，比普通钢铁强度提高12倍，硬度提高2～3个数量级。利用纳米铁材料，可以制成高强度、高韧性的特殊钢材。随着金属颗粒的减小，金属的熔点会降低。例如，金的熔点为1 063℃，而纳米金的熔点只有330℃，熔点降低近700℃；金属银的熔点为960.8℃，而纳米银的熔点只有100℃。纳米金属熔点的降低不仅使低温烧结制备合金成为现实，而且还可使不互溶的金属冶炼成合金。

(3)碳纳米管。这是纳米技术研究的一大热点。1991年被科学家研制的碳纳米管，是由石墨碳原子层卷曲　而成的从一层到几十层不等的同轴圆管［分别称为单壁纳米管(见图3－16)和多壁碳纳米管］，管的直径一般为几个纳米到几十个纳米，5万个这种碳管并排起来只有一根头发丝那么粗。其质量是同体积钢的1/6，强度却是钢的100倍，热导与金刚石相仿，电导高于铜。碳纳米管存在着潜在的应用前景，可用来制造高能纤维，还可广泛用于制造超微导线、超微开关及纳米

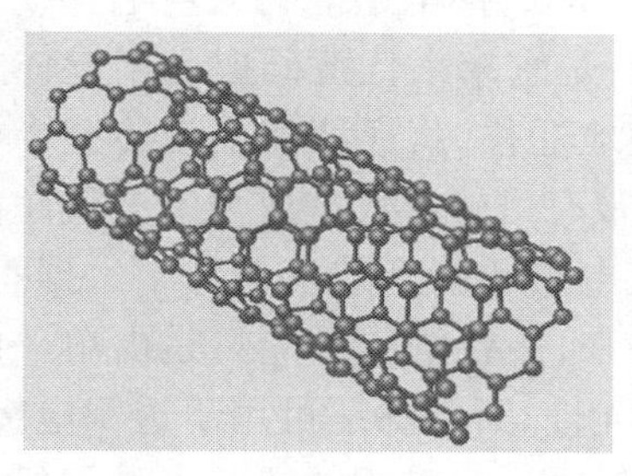

图3－16　单壁碳纳米管结构模型图[①]

① 来源：http://www.360yiqi.com/bbs/showtopic－6033.html

级电子线路,也是理想的储氢材料。

(4)石墨烯。石墨烯是最新发现的一种具有很多潜在应用的纳米级材料。它的发现在纳米科技上具有划时代的意义。

2004 年,英国曼彻斯特大学的安德烈 · K. 海姆(Andre K. Geim)等用胶带这样的简单设备制备出了石墨烯。2010 年他与另一位合作者因此获得了诺贝尔物理学奖。

石墨烯就是单层的石墨片层(分别见图 3－17, 图 3－18)。

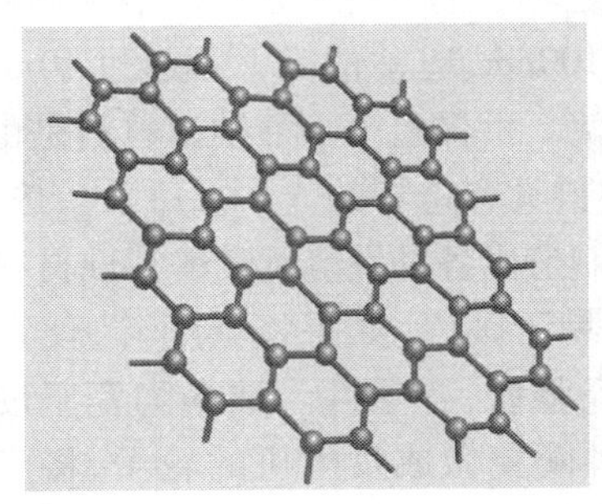

图 3－17　石墨烯结构模型图②

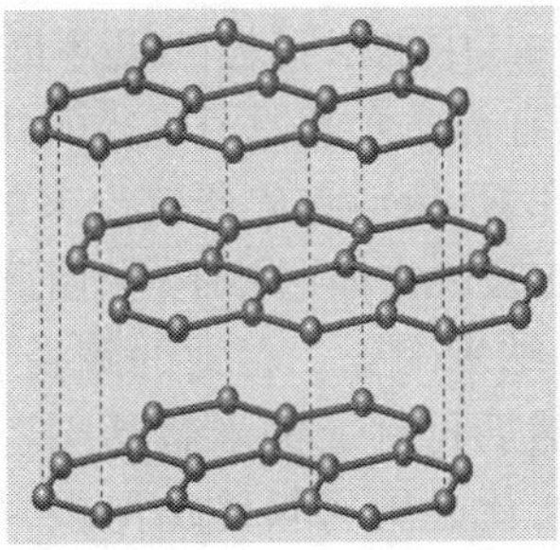

图 3－18　石墨结构模型图③

我们从小时候起便开始制备石墨烯——用铅笔写字时极轻微的用力可以将单层的石墨片层剥离下来形成石墨烯。

石墨烯的特殊结构决定它是目前已知材料中最薄(只有一个原子厚度),最轻(每平方米的重量只有 0.77mg,几克这种材料就能覆盖整个足球场)、强度最高(是钢的 200 倍)、传递电子速度最快的物质。

正是由于以上的奇妙性质,石墨烯有着广泛的潜在应用。它不仅可以用来开发制造出纸片般薄的超轻型飞机材料、超坚韧的防弹衣,甚至还能为太空电梯缆线的制造打开希望之门。而最让科学界为之兴奋的,是它未来代替硅成为半导体材料的巨大潜力。电子能在石墨烯平面上畅通无阻地迁移,其迁移速率为传统半导体硅材料的数十至上百倍。这一优势使得石墨烯很有可能取代硅成为下一代超高频率晶体管的基础材料而广泛应用于高性能集成电路和新型纳米器件中。据悉,科学家们已经研制出了石墨烯晶体管的原型。将来,一台电脑可能只是由单一的一个石墨烯片来制成。凭借其很高的导电性和透光性,石墨烯还可用于透明电极、触摸屏、液晶显示、有机光伏电池以及超级电容器等领域。韩国的研究人员已经制造出由多层石墨烯等材料组成的透明可弯曲显示屏。美国科研人员用石墨烯制成

① 来源:http://www.360yiqi.com/bbs/showtopic－6033.html

② 来源:http://www.360yiqi.com/bbs/showtopic－6033.html

了一种新型超级电容器，只需不到1ms的时间即可完成充电。石墨烯片层是单层的原子，哪怕是一个外来的分子与它接触，它的某些性质都将有所变化，因此石墨烯可以敏感地探测到哪怕是一个分子的物质，这将是制作探测装置或是传感器的良好材料。

以上只是纳米材料在几方面的应用，它的应用远不止这些。由于篇幅有限，不能一一列举。纳米材料在各个方面的应用，充分显示了这种材料在材料科学中举足轻重的作用。纳米材料将成为21世纪的主要材料。

我国科学家在纳米材料和纳米技术中作出了突出的成绩。

1993年，中国科学院北京真空物理实验室自如地操纵原子，成功地写出"中国"二字。它标志着我国开始在国际纳米科技领域占有一席之地，并居于国际科技前沿。

1998年，清华大学成功地制备出直径为3~50nm，长度达微米量级的氮化镓半导体一维纳米棒，使我国在国际上首次把氮化镓制备成一维纳米晶体。同年，我国科学家用非水热合成法，制备出金刚石纳米粉，被国际刊物誉为"稻草变黄金——从四氯化碳制备金刚石"。

1999年，北京大学纳米技术研究所取得重大突破，在世界上首次将单壁碳纳米管组装竖立在金属表面，并组装出世界上最细且性能良好的扫描隧道显微镜用探针。同年，中国科学院金属研究所合成出高质量的单壁碳纳米管，并测定了其储氢容量，使我国新型贮氢材料研究一举跃上世界先进水平。中国科学院物理所成功地制备出当时世界上最细的碳纳米管——直径为0.5nm的碳纳米管。不久，中国香港科技大学的科学家又把这一纪录提高到0.4nm，这被认为是达到了碳纳米管直径的理论极限值。

2000年，中国科学院金属研究所在国际上首次发现纳米晶体铜的室温延展超塑性，纳米晶体铜在室温下竟然可拉伸50倍而不断裂。此发现被誉为"本领域的一次突破"，第一次向人们展示了无空隙纳米材料是如何变形的。

2002年，清华大学物理系在研究实验中得到了一根长达30cm的纯碳纳米管线，这一成果惊动了国际学术界，基于这项工作，纯粹由碳纳米管制成的货真价实的宏观器件已依稀可辨。

2004年中国科学院化学研究所研制成功纳米"超级开关"材料，在功能纳米界面材料研究领域取得了重要进展。

2009年中科院金属所制备出表面均匀致密的单层石墨烯薄膜，并开展了石墨烯在场发射体、超级电容器、锂离子电池和透明导电膜等方面的应用探索。

2012年，清华大学研制出碳纳米管手机电池，充一次电可使用几个月。

2013年，清华大学制备出了世界上最长的碳纳米管，其单根长度可达到半米以上。其目标是制备出公里级以上长度的碳纳米管，为"太空电梯"的制备开启一线曙光。

在纳米产业方面,国内外都还处于起步阶段。

七、新材料技术展望

无论哪一代新技术的形成与发展,很多都依赖于材料工业的发展。在现代文明社会中,高新技术的发展更是紧密依赖于新材料的发展。发展新材料是当前发展高新技术必不可少的组成部分。新材料也是高新技术的组成部分,各发达国家都把新材料的研究与开发放在突出的地位。我国一贯重视新材料的研究和开发,从而保证了尖端技术"两弹一星"的顺利发展。在"863"计划中,我国把新材料定为重要研究发展领域之一。

新材料技术正在日新月异地发展变化着。现代科学技术的发展,促进新材料研究日益向微观层次和自组装结构深入。用新的现代化仪器和新的思想,集中探索、研究材料中的微观现象,把宏观性能同微观现象的联系更深刻地揭示出来,总结规律,建立专家系统、数据库,按预定性能进行新材料的设计和制造是当前材料科学技术进步的必然趋势,也是21世纪新材料发展的主要方向和任务。我们可以满怀信心地预测,材料科学技术必将在当代科学技术迅猛发展的基础上,朝着高功能化、超高性能化、复杂化和智能化的方向发展,从而为人类社会的物质文明建设作出巨大的贡献。

思考题

1. 何为材料?何为新材料?材料有哪几种分类方法?
2. 形状记忆合金、贮氢合金属于哪一类材料?它们的主要用途分别是什么?
3. 新型陶瓷材料有什么特殊性能和用途?
4. 新型高分子材料有什么特殊的功能?试举例说明。
5. 复合材料的特点是什么?结构复合材料分几大类?
6. 什么是超导现象?什么是超导材料?超导材料的特点和用途是什么?
7. 什么是纳米材料?它的特点和用途是什么?

第五节 激光技术

1917年,伟大的物理学家爱因斯坦(A. Einstein)提出了受激辐射的理论。1958年,美国贝尔实验室的肖洛(A. I. Schawlaw)和哥伦比亚大学的汤斯(C. H. Townes)在《物理评论》上发表了题为《红外线和光的微波激射》的论文,宣布了激光的发明。1960 年,美国休斯飞机公司的梅曼(T. H. Maiman)研制成功世界上第一台激光器——红宝石激光器。

激光是一种根据受激发射放大原理产生的相干辐射,与普通光源相比,它具有许多优异性能,因此被广泛应用到工农业生产、能源动力、通信、医疗卫生、文化艺术、军事等领域。激光是 20 世纪最伟大的发明之一。

一、激光的产生和性质

1. 激光的特性

激光是一种非常奇异的光,它具有许多普通光源无法比拟的特点,如能量集中、亮度高、单色性好、相干性强。

(1)能量集中、定向发光、亮度极高。普通光源一般是持续不断地向四面八方发光,因此它发出的光能量无论在时间上还是空间上都弥散开去,很难产生极高的强度。而激光则与此截然不同,它的能量可以在非常短的时间内爆发出来,脉冲激光的闪光时间很短,可达 6×10^{-15}s。利用这一特性,激光帮助人类实现了在 10^{-6}s 内对瞬态粒子进行追踪观察,在 10^{-12}s 内对原子距离进行观测;实现了对 10^{-12}s 的化学过程进行观测,而且按照人类的意愿控制化学反应的方向。

在空间上,激光器朝一个方向发射激光,而且光束发散度极小,约 1×10^{-3}rad(弧度)。若把光束再通过望远镜发射出去,发散度还可减小到 $10^{-5}\sim10^{-6}$rad,其能量往往集中在一条极细的光束中,光束直径只有若干微米。利用激光束可在计算机的芯片上打出孔径只有几十微米的配线微孔。据国外某公司提供的最新数据,一个光脉冲可打出孔径为 0.5μm 的微细孔。

激光的能量在空间和时间上高度集中,再加上它的单色性强,使激光可以产生极高的亮度。激光器(如红宝石激光器)发出的激光亮度比太阳光高千亿倍。

因为激光的亮度极高,所以它能够照亮极远距离的物体。1962 年,人类第一次用从地球发射的激光光束照亮了月球表面。

激光可以产生如此高的亮度,也就是说,激光具有极高的发光强度,它能把物质加热到 1×10^{5}℃以上的高温。地球上任何一种已知材料,无论其熔点多高,在强激光照射下 1s 内即可开始气化。任何一种钻石,即使硬度非常大,激光也可轻而易举地对它打孔。

(2)单色性好,相干时间长、相干长度长。激光器发出的光,其颜色极纯。光学中利用光辐射的波长分布区间来评价光色的单纯性或单色性。光辐射的波长分布的区间越窄,其单色性越好。太阳光的波长覆盖了从紫外至红外整个波段,所以它谈不上单色性,因此太阳光是复色光。常见的单色光源单色性最好的是氪灯,它发射的红光分布的波长范围仅为 9.5×10^{-5}nm。然而激光器的单色性比氪灯的单色性还好许多倍。以输出红光的氦氖激光器为例,其光的波长分布范围只

有 2×10^{-9}nm,是氪灯波长分布范围的1/50 000。因此,激光器是非常好的单色光源。

光源的单色性有什么用处呢?下面以精密测长的例子来给予说明。在光学加工和精密制造中,要求测量的精度在1μm以内。人们发现,利用光波作为长度的单位,也就是用光波的波长作为"尺子"来测量一个物体的长度,其精度可达1/10个波长,即其精度在0.1μm以内。

用激光测距,对远在天外8 000km的卫星进行计测,测量误差只有2cm,其测量精度令人惊叹。2007年10月24"嫦娥一号"卫星激光高度计随"嫦娥一号"卫星发射升空,在环月轨道上开机后,获取了共计912万点有效月球三维高层数据,圆满地完成了探测任务。激光高度计是我国第一次自行研制的空间应用的激光遥感仪器,卫星激光高度计的核心是激光测距。激光高度计从卫星上发射一束大功率的窄脉冲激光到月球表面,并接收月球表面散射的激光信号,通过测量激光往返延迟时间来计算卫星到月表的距离。

此外,激光器输出的光频率极其稳定,其频率相对变化量可以达到 10^{-14} s,或者说其相干时间长。如果用这种激光器做时钟,计时准确度可以达 10^{-14} s,或者说,经历100万年才误差1s。

为什么激光具有上述特殊的性质?激光器是如何发出激光的呢?

2.激光的产生

激光器发明于20世纪60年代,但是其基础理论的提出却要比激光器的发明超前了几乎半个世纪。

早在1917年,著名物理学家爱因斯坦发表了两篇关于光辐射的论文——《按照量子论辐射的发射和吸收》《关于辐射的量子理论》。论文中,爱因斯坦用量子论的观点讨论了受激辐射过程,提出了一个具有创造性的假设。他认为,受激辐射是处于高能态的原子,受到外来辐射的激励,在一定条件下发射一个光子,原子由激发态返回基态或较低能态的辐射过程。在提出受激辐射理论之后,爱因斯坦又对辐射机理作了进一步的研究。他第一次从动量的角度研究了辐射过程。爱因斯坦认为,伴随辐射过程能量转移的同时,还应有动量的传递。也就是说,入射光子与原子碰撞发生受激辐射时,将辐射出与入射光子频率相同、方向一致的光子来,即进去一个光子,出来两个完全相同的光子。事实上,在20世纪50年代初,实验证明受激辐射光与入射光具有相同的频率、相同的位相和偏振态,并沿相同的方向传播(如图3-19所示)。

在这里,爱因斯坦明确地提出了光放大的思想。不仅如此,他还提出了具有创造性的假设,即在单位时间内,吸收跃迁平均发生的次数应当等于自发跃迁和受激跃迁发生的次数之和,而且还导出了一个自发辐射与受激跃迁的几率比值关系。这一结果对辐射理论的发展起到了十分重要的指导作用。

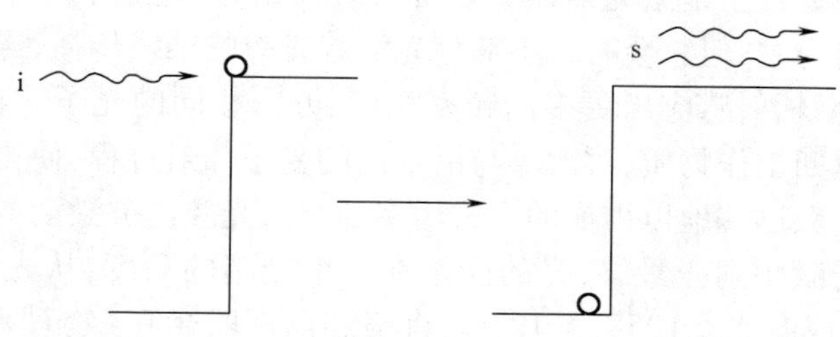

图 3-19 原子受激辐射示意图

i—入射光 s—受激辐射光

受激辐射的提出,揭示了光能的集中与放大的条件,为激光器的研制成功奠定了基础。由于原子总是力图处于能量最低状态,因而在正常情况下,低能级的粒子数总是多于高能级粒子数,即系统对光的吸收总是占主导地位。为了得到光放大,必须设法使高能级的粒子数超过低能级的粒子数。因此,实现受激辐射的条件是实现粒子数的反转。

事实上,受激辐射的研究首先在电子学领域取得突破。1951 年,美国物理学家在进行微波波谱学研究时,观察到了频率为50kHz的受激辐射。与此同时,另一位美国物理学家汤斯致力于缩短雷达波长的研究,以期找到一种能产生高强度微波的器件。他终于在 1954 年研制成功波长为 1. 25cm 的氨分子振荡器,并称之为受激辐射微波放大器,简称为麦泽。后来,又受到美国物理学家研制成功的固体整流与放大器件的启发,汤斯与其他人合作,研制出固体麦泽。氨分子振荡器与固体微波激射器的研制成功,对激光器的发明起着非常重要的作用。

二、激光器

1. 激光器的发明

1957 年 9 月,汤斯草拟了一个计划,拟研制一台在光波波段工作的激光器。美国国防部高级计划局关注到激光将对国防作出重要贡献,因此拨款资助该项研究。第一台激光器正是在美国著名的休斯飞机制造公司的支持下研制成功的。

然而,像其他大部分发明一样,激光器的发明经历了一个漫长的曲折过程。汤斯在研制过程中,首先遇到的麻烦是振荡器的尺寸。振荡器的长度应与波长相当,可是在当时,制造 1cm 以下的振荡器非常困难。即使这样小的振荡器被制造出来,也会由于尺寸小,内含的工作物质中可激励的分子太少,将严重地影响振荡器的放大性能。

在谐振腔尺寸的困境中,美国物理学家肖洛提出了创造性的设想,即把原来谐振腔的大部分腔壁除去,用两个反射镜代替腔体,使沿轴线来回反射的光波振荡。

这种开放式光腔装置正是激光器的关键部分。开始时，光腔中工作物质的激发态原子以自发辐射为主，但总会有一小部分光沿着光腔的轴线传播，遇到其他的受激原子，并通过受激辐射感应出更多的频率相同、方向相同的光子。在反射镜处，一部分光子又将返回工作物质，再次参与沿轴向的受激辐射过程，使得沿光腔轴向传播的同频率光子数迅速地以雪崩的方式增多；同时，光腔内被激活的原子以越来越大的速率产生受激辐射。最终，光的能量在一个极窄的角度，从光腔的两端集中地输出，于是形成激光。1958 年 12 月，肖洛和汤斯联名在《物理评论》上发表了题为《红外线和光的微波激射》的论文。该论文指出了受激辐射光产生的必要条件，提出了用光腔代替微波共振腔，并提出以钾灯为泵浦源的红外激射器的设计方案。

谐振腔的难题解决以后，接下来是如何实现粒子数反转及选择工作物质和泵浦源。成功地解决上述问题，摘取激光器发明桂冠的是美国物理学家梅曼。梅曼的成功不是偶然的，他曾提出利用粒子数反转分布，使氢原子的不同能态间产生受激辐射的设想；并在休斯飞机公司下属的研究所致力于红宝石微波放大器的研究。1959 年，他开始转向激光器的研制。梅曼研制的第一台激光器，其工作物质是长 2cm、直径 1cm 的掺铬红宝石棒，泵浦光源是螺旋氙灯。1960 年 7 月 7 日，休斯公司将这一激动人心的消息公布于世。梅曼博士被誉为“激光器之父”。中国第一台红宝石激光器于 1961 年 9 月诞生在中国科学院长春光学精密机械研究所，并在技术和原理上都有所创新，对我国激光科学技术起到了开拓作用。我国第一台激光器与世界上第一台激光器问世时间相差仅一年时间，一项新技术能够如此迅速赶上世界行列，在我国近代科学发展史上也是少有的。

2. 激光器的结构简介

激光器主要由以下 3 个部分组成：

(1)工作物质。激光器中首先要包括某种工作物质，它是赖以产生激光的基础。到目前为止，已发现了数百种可用来制造激光器的材料，其中包括晶体、玻璃、气体、半导体、有机染料等。无论哪种材料用来做激光器的工作物质，必须满足两个基本要求：一是材料的原子必须有合乎要求的能级，即它们能级之间的距离可以提供所需的激光频率；二是材料的原子必须有可能在它们的能级之间形成粒子数反转分布状态。

(2)泵浦源。这是向工作物质输入能量，把原子从基态泵浦至高能级的能源。要使工作物质处于粒子数反转分布状态，就需要向物质提供适当的能量，将足够数量的粒子从低能级“抽运”到高能级，这就像水泵将水从低处抽往高处一样。因此，常称上述“抽运”过程为“泵浦”。而提供泵浦能量的设备则称为“泵浦源”。激光器常用的泵浦源有普通光源、气体放电(利用气体放电中产生的电子碰撞气体原子，把它泵浦至高能级)、电子束、化学反应能等。

(3)谐振腔。这是由放置在工作物质两端的两块反射镜组成的光学系统。其中一块反射镜的反射率接近100%,另一块有适量的透射率,激光从这块反射镜输出来。谐振腔的作用一是让工作物质产生的受激辐射来回多次通过工作物质,增强受激辐射强度,最后达到激光振荡;二是有选择地只允许沿光轴附近传播的波长在原子谱线中心附近的受激辐射不断地受到工作物质的放大,以达到激光振荡,这有助于加强激光器的方向性和单色性。

3.激光器的种类及其发展

自从梅曼的第一台激光器诞生以来,迄今已有上百种激光器问世。其中,尺寸小的微型激光器只有几个微米,而最大的激光器足以充满几间房屋。有的激光器的输出功率弱到只有一只普通照明灯泡的1/10 000,而强激光器的峰值功率则可达普通灯泡功率的亿万倍。

激光器按工作状态分类,有连续运转及脉冲运转之分,而脉冲运转又分单脉冲输出和重复频率输出;按泵浦方式分为电泵浦、光泵浦、化学能泵浦和核能泵浦等;按工作物质的形态可分为气体激光器、固体激光器、液体激光器和半导体激光器等;还可按激光器的输出波长和输出频率特性来分类,如X射线激光器、纳米激光器等。

固体激光器是以固态基质中掺入少量的稀土元素为工作物质的激光器。如掺钕离子的钇铝石榴石激光器、掺钕硅盐玻璃激光器、掺钛蓝宝石激光器等。

随着激光通信技术的发展,以光纤作为激光介质的光纤激光器有了广泛的应用。在石英或玻璃光纤中掺入稀土离子,用半导体二极管或固体激光器作泵浦源也可产生可调谐激光。当激光在光纤中传输时,光纤中的铒离子受微型激光器发出的激光激发,经过能级跃迁,不断把能量传递给光子,使得激光在传输中所损耗的能量不断地得到补充,经过数百千米甚至数千千米的行程后,被减弱的光信号又恢复了活力。用掺铒光纤做成的光纤激光器,是光纤通信中不可缺少的部分。1962年第一个砷化镓同质结激光器实现受激辐射,开辟了半导体激光器的新时代,它与几乎同时发明的光导纤维技术一起奠定了今天光纤通信技术的基础。1963年提出的双异质结概念使激光器的性能得到显著改善,半导体激光器在20世纪70年代末80年代初已有商品出售。基于1978年电子、光子分别限制的概念的提出和分子束外延及金属有机物化学气相淀积技术的不断发展与完善,导致了1980年量子阱激光器的研制成功,大大加快了半导体激光器,特别是大功率激光器及其阵列的实用化步伐,并逐步形成了高技术产业。量子点激光器是对注入载流子具有三维量子限制结构的半导体激光器,量子点激光器已显示出从大功率、光计算到光纤数字传输用高速光源以及红外探测器等方面极重要的应用前景,是目前国际上最前沿的重点研究方向之一。中国在量子点激光器理论研究方面,已处于世界最领先地位。中国拥有超强功率的固态激光器,激光束可在3 000公里距离获得每平方厘米35K焦耳能量密度，这比攻击导弹的破坏力高出近1个数量级，有效杀伤力超过3万公里。

气体激光器，从原子、分子、离子气体激光器到金属蒸气以及惰性气体激光器，已有数十种之多。

准分子激光器。准分子是一种在激发态复合成分子，而在基态离解成原子的不稳定缔合物。准分子激光可分为四类：第一类是稀有气体准分子，如 Xe_2，Kr_2，Ar_2；第二类是稀有气体卤化物准分子，如 XeF，ArF，XeCl；第三类是卤素气体准分子，如 F_2 等；第四类是稀有气体和卤素气体三原子准分子，如 Ar_2Cl，Ar_2F 等。不同准分子激光发射波长不同。可作为光刻技术的光刻光源，通过光刻技术可决定每个芯片内晶体管的数目。自20世纪90年代中期后，深紫外光刻技术开始逐步占据光刻技术的主导地位。工业上开始使用248nm和193nm的准分子激光器作为曝光光源。

液体激光器中最常见的是以有机溶液为工作物质的染料激光器。液体激光器最主要的特点之一是其工作波长可以在近紫外到近红外调谐，在一定条件下，可得到脉宽只有 6×10^{-15}s 的输出，这是目前最窄的脉冲。

大功率半导体激光器。半导体激光器最早被用于光纤通信中的光（信号）发射器、条形码阅读器和光盘刻录器等方面，如今，各种大功率半导体激光器不断被引入工业制造中。大功率半导体激光器具有体积小、波长短、效率高、与光纤的良好耦合、易于调制等优良特性，而且在价格方面也变得越来越吸引人，因此引起许多工业国家的重视。

X射线激光器。X射线是原子内部壳层的电子跃迁产生的光子，其光子能量非常高。目前，最短的X射线波长已达到4.483nm水窗范围。因为水是吸收X射线的，只有在4.483nm附近，水分子有个不吸收区，X射线可顺利通过，损耗很小，故称水窗。由于生物细胞活性组织内均含有很多水分，因此这种波长的X射线激光用于生物学、医学、生命科学的研究。已经用波长4.483nmX射线激光制成了X射线显微镜，并成功地得到了老鼠精子内核的图像，用于DNA在精子细胞内排列的研究。

纳米激光器。据2001年美国《科学》杂志报道，美国加利福尼亚大学伯克利分校的研究人员在仅有头发丝千分之一的纳米导线上制造出世界上最小的激光器——纳米激光器。研究人员希望用电流来激活纳米激光器，这样就可用于电路。最终有可能被用于鉴别化学物质，提高计算机磁盘和光子计算机的信息储存量。

在各式各样的激光器不断被研制及应用时，人们又期待着能够研制出激光器件的集成片，即制造出一种尺寸极小的激光器，将数以百万计的这种微型激光器蚀刻在一个芯片上，并将这种芯片用在未来的光计算机上及光通信领域中。近年来，研究人员已成功地将100万个微型激光器制备到一块宽约7mm、长约8mm的半导体芯片上，这种微型激光器的尺寸约 1μm，比普通的微型二极管激光器还要小两个数量级。

另外，超短脉冲激光也是十分活跃的前沿领域。超短脉冲激光是指脉冲的宽度接近或小于皮秒（$1ps = 10^{-12}s$）量级的激光。1999—2000 年，中国科学院物理研究所主要利用国产元件，建成了脉冲宽度 25fs 飞秒（$1fs = 10^{-15}s$），峰值功率 1.4TW（$1TW = 10^{12}W$）的超短脉冲激光装置——极光Ⅰ号。2001 年，又建成了脉冲宽度 30fs、输出能量大于 640mJ、峰值功率大于 20TW 的极光Ⅱ号装置。为科学研究提供了极其重要的实验平台。2017 年，据科技日报报道，华裔科学家常增虎领导的科研团队，创造出仅 53as（$1as = 10^{-18}s$）的 X 光脉冲，这一成果发表在《自然·通讯》杂志上。阿秒（as）是一种时间量程，原子核内部作用过程的持续时间可用阿秒表示。在 53as 的时间里，光线的行进距离不到人类头发直径的千分之一。此项成果开辟了观看和记录超快动态原子现象的新领域，帮助生物学家、材料学家在更小的空间进行高水平的研究，特别是在量子力学的微小尺度上观察能量和物质。2017 年 11 月，苏黎世联邦理工学院（ETH）研究人员成功地将 X 射线激光器的脉冲持续时间缩短到43as。在时间分辨率为阿秒级的范围内，他们第一次观察到了电子在慢速化学反应过程中的运动。

三、激光技术及其应用

激光器发明以来，激光的波长从 X 射线波延伸到远红外波段，其功率及可靠程度不断提高，体积不断地微型化。近半个世纪以来，以激光器为基础的激光技术广泛应用到工农业生产、能源动力、通信及信息处理、医疗卫生、军事、文化、艺术以及科学技术研究等各个领域。

1. 激光存储技术

由于计算机技术和通信技术的飞速发展，人类社会已进入信息时代，信息的存储和管理已成为人们社会生活中的重要组成部分。光存储技术是 20 世纪 70 年代开拓出来的一种新的信息存储手段，由于它存储量大，可靠性高，所以得到了飞速的发展。

（1）光盘存储技术。光盘存储技术是用具有很高的相干性和单色性的激光束，经透镜汇聚到光存储介质上，使光照区域的光学性质（如折射率、反射率、旋光性等）与未照射的周围介质有较大的反衬度。要存储的信息用调制激光束载入，在光存储介质上产生记录花样，读出时采用连续激光束从介质上反射回的信号，经解调取出信息。

正因为信息的存取都离不开激光，所以，高密度的信息存储载体——CD 盘的名称也常与激光联系在一起。例如，存放音乐的 CD 盘称为激光唱片；存放图像的 VCD 盘称为激光影碟；而计算机用于存放信息的 CD 盘则简称为光盘。

激光用于CD信息存储,除了存储信息量大,声音、图像清晰外,CD盘还有许多优点,如激光读出时,不与盘片发生机械接触,因而没有表面各种噪声,且CD盘不会像传统唱片那样被探针磨损,存储寿命长,一般在10年以上。

近年来,光盘技术的发展更是迅猛异常,很多新书出版,同时发行相同内容的光盘。另外,激光光盘技术对迈向21世纪的教育改革所发挥的重要作用也是有目共睹的。

CD系列的光存储技术虽然取得了长足的进展,但无论是音像电子消费市场还是计算机应用,都要求能进一步增大其存储容量。例如,用目前的VCD记录一部电影,必须用两张以上的盘片,如果要存储高清晰度图像,则需要更多的盘片。这些市场需求促使现有的CD系列向第二代CD(即高密度CD)发展,这就是人们更关注的DVD——激光数字视盘。DVD的未来充满希望,作为下一代的记录介质,将可能成为光存储技术的主流。

(2)全息存储技术。1947年,英国科学家丹尼斯·盖伯(D. Gabor)发明了全息照相原理,但是,为获得清晰的全息图,要求照明光具有很高的亮度和非常好的相干性,所以直到20世纪60年代激光问世以后,才使盖伯的理论得到完全的证实。又经过30多年的努力,用激光产生高质量全息图的技术在众多领域得到广泛应用。

全息照相技术与普通照相技术有着本质上的区别。普通照相是把从物体表面反射来的光或物体本身发出来的光的强弱变化,即物光振幅记录在底片上,再在相纸上显现出物体的平面图像。而全息照相则是利用光的干涉和衍射原理,将物体发射的特定光波,以干涉条纹的形式记录下物体的全部信息,即振幅和位相,并在一定条件下使其再现形成原物体逼真的立体图像。再现的图像立体感强,全息图相的每一部分都可以再现完整的物体图像,通过多次曝光,还可以在同一张底片上记录多个不同的图像,图像能够分别显示出来,并且互不干扰。

伴随着计算机科学技术和光纤网络的爆炸式发展,物联网时代的到来,对数据的高速存取、资源共享提出了更高的要求。激光全息技术的出现为海量数据的存储和共享提供了强大的全息数字图像存储能力和更优的数据查询效率。

全息技术与计算机作图相结合,可以制作三维图,使人们在开始建造之前就可以看到某一作品或某一建筑物的全貌,并在必要时对其方案进行修正。

特别是印刷全息图的出现,使全息照相技术进入了人们的日常生活,这是全息照相与印刷技术相结合的成就。全世界有许多人携带的电话卡、信用卡、债务卡、身份证及车票等都有防止假冒和装饰的浮雕全息图,各种商品贴有激光防伪商标。

借助全息技术实现大容量高密度信息存储的效果更是惊人。一张10cm×15cm的全息卡片上就可记录30Mbit的计算机信息。

在某些固体介质中,可以用全息技术对信息进行分层存储,这样,整块材料可以存储许多信息,使信息存储的密度和容量达到令人难以想象的程度。例如,按照理论推算,世界上最大的图书馆之一——美国国会图书馆的全部资料,竟可全部存储在一块水果糖大小的全息记录介质之中!

2. 激光在工业中的应用

激光制造是一种崭新的加工技术。从计算机芯片到大型飞机和舰船,激光制造都是不可或缺的重要手段。自20世纪70年代大功率激光器诞生以来,已形成了激光焊接、激光切割、激光打孔、激光表面处理、激光合金化、激光熔覆、激光快速原型制造、金属零件激光直接成形、激光刻槽、激光标记和激光掺杂等十几种应用工艺。3D打印正在引发全球制造业革命性变革,通过3D软件建模结合打印机成型,可以灵活地实现不同材料在任意空间上的增材制造,快速、精准地实现产品成型。其中,选区激光烧结/熔融技术采用粉末为打印材料,打印过程中平铺的粉末通过控制高能激光融化规划区域的材料,选择性地融化、烧结材料使之固化。打印完一层再铺粉打印下一层,通过这种过程循环,粉末层层熔融堆积成三维实体,其打印产品成型精度高,力学性能好。激光制造技术是光、机、电、材料及检测等多学科的综合技术,激光制造系统与计算机数控技术相结合可构成高效自动化加工设备,是制造业企业进行适时生产的重要技术,工业发达国家都把激光制造技术的研发和应用作为提升国家制造业水平的重要举措,我国中长期发展规划已将激光制造技术定位为国家建设的关键支撑技术。激光制造技术在汽车、电子、航空航天、机械、冶金、铁路和船舶等工业部门广泛应用。

(1)激光在传统加工业中的应用。激光加工设备一般由三部分组成,即激光器、导光系统和激光加工机。其中,激光器能辐射激光,是激光加工设备的核心。导光系统则是激光器与加工机的连接部分。加工机是承受加工件并使加工件与激光束做相对运动的部分。加工机如果与良好的数控技术结合并加上可靠的检验、反馈系统,可以实现高精度的激光加工。

激光加工的实质是将激光束照射到被加工物体的表面,去除或者熔化材料以及改变物体表面性能,从而达到加工的目的。它大体上可分为激光热加工和光化学反应加工(激光冷加工)两类。激光热加工是由于激光束加于物体所引起的热效应;激光冷加工则是将某一波长的激光束照射到聚合物一类的材料上,产生光化学反应的刻蚀加工。激光冷加工主要用于半导体工业,激光热加工应用最多的是激光切割、激光焊接和激光热处理。

激光切割。它是将大功率的激光束经聚焦后照射到被切割的工件上,引起照射点材料温度急剧上升,从而熔化、气化被切割材料。激光切割已广泛用于汽车工业中的薄钢板切割。近年来,由于激光器功率的提高和光束模式的改进,激光切割中又增加了厚钢板的切割,用于钢铁、船舶等工业中。另外,激光也可用于切割非金属,如切割汽车箱内装饰板、地毯、橡皮垫和裁剪服装等。

激光焊接。它是将聚焦后的高强度激光直接辐射至材料表面,材料吸收的光能量通过热传导向内部扩散来实现焊接。激光焊接在汽车工业中被广泛地采用。例如,用激光焊接汽车同步齿轮、轮盘钢圈、汽车底架等。我国于1992年在南昌建成第一条激光焊接齿轮生产线,年产量为21万件。另外,激光焊接还广泛用于钢铁、船舶、航天、电子仪表、电器、机械、轻工业等领域。

激光热处理。它主要包括激光淬火、激光退火、激光表面涂敷、激光非晶化等。它具有加工速度快、效率高、质量好、变形微小、控制方便、易于实现自动化生产等优点,广泛用于汽车、冶金、航空、航天、军事工业、农用机械、重型机械、模具制造及修复等行业中易磨损零部件的表面改性。

激光淬火是以高能量激光束快速扫描工件,使其表面极薄一层迅速实现高温。由于热传导的作用,激光束移走后,表面热量迅速传到工件内部,冷却速度可达10 000℃/s,实现自冷淬火。淬火后的工件表面发生相变硬化,而中心部分保持原始组织,因而表层和心部具有不同的机械性能。表层硬度高,耐磨性好;心部硬度低,韧性好。例如,我国采用2kW CO_2 激光器对汽车发动机汽缸内壁进行激光淬火,延长发动机大修里程到15万km,寿命提高3倍以上。

激光表面涂敷是将合金粉末均匀喷涂在工件表面,利用高功率激光将其熔化后依附在工件表面,但粉末不与工件发生合金化过程。由新的化学成分构成的涂敷层可以提高工件表面的机械性能。这种激光热处理新工艺可以使廉价的普通材料的表面变成昂贵的优质合金材料表面,具有显著的经济效益。

另外,激光打孔也是常用的激光加工技术。由于激光具有良好的聚焦特性,能使光束斑点汇聚到波长量级,在很小的区域内集中很高的能量,故而特别适合于加工微细深孔,最小孔径仅有几微米。激光打孔具有效率高、成本低、变形小、适用范围广等优点。它既可用于金属材料,也适用于各种难加工的硬质非金属材料,如金刚石、宝石、石英、陶瓷、玻璃等;不仅可以加工圆孔,还能加工异形孔和微细孔。我国很早就在钟表行业中采用该技术,国外则多用于航天航空、汽车制造、电子、仪表、化工等行业中,如美国惠普公司用钕玻璃激光器在镍钴合金涡轮叶片上加工直径为0.5nm、深度为3mm的冷却孔,时间只需7s。

(2)激光在微加工中的应用。激光微加工技术广泛地用于半导体材料加工。激光作为一种非接触加工,可以保证绝对的清洁,这一点对半导体工业十分重要。例如,激光微调是在大规模集成电路生产中最成熟的工艺。它利用激光在电阻上刻画一系列交叠槽,直到达到预期电阻值,可以使电阻精度高达±0.01%。

近年来,新兴起的另一大类半导体激光微加工技术是激光光化学加工,主要包括激光化学气相沉积、激光诱导刻蚀和激光诱导掺杂。它们都是利用激光照射在半导体上之后与材料发生的光化学反应或热化学反应。目前激光已经可以直接用来制作微小的三维零件。例如,德国科学家制成的微型埃菲尔铁塔模型只有火柴头大小。其做法是利用激光化学气相沉积技术将三氧化铝气体中的铝沉积到一个事先做好的埃菲尔铁塔的聚酯模型上，再用激光使气体热化学分解。当铝在模型上沉积完毕后，将其浸入氯仿溶液，使聚酯溶解，只留下铝栅构成的支架。近年来，正在开发一种不需要模子，可以直接在材料上进行三维加工的激光技术。该技术可制得任意形状的陶瓷或金属模型，其加工精度可达到几微米。

随着手机、电脑等大量高科技产品在人们生活中的普及，高功率激光、先进制造、新材料等相关产业的飞速发展将促进半导体产业和光刻技术的不断更新。

(3)激光在新材料制备方面的应用。材料科学是当代新技术革命的一个组成部分，激光已经成为制备、合成新材料的一种重要工具。脉冲激光沉积技术，作为一种物理沉积薄膜的薄膜制备技术被材料科学研究领域广泛采用。近年来，采用准分子激光器的脉冲激光沉积法，在制备半导体薄膜材料、超巨磁电阻材料、高温超导体、超晶格材料、铁电体为代表的复杂氧化物薄膜和高熔点薄膜方面取得了很大的成功。

一定能量的激光与固体作用时，在固体表面附近区域会产生一个由该固体成分粒子形成的发光的等离子体区，在等离子体区设置衬底就会得到相应的薄膜沉积，这就是激光成膜。由于高功率、短脉冲、长时间稳定输出、光子能量高等特点，准分子激光是激光成膜光源的最好选择。

激光制备纳米材料的方法主要有三种：激光诱导气相沉积法、液相沉积法和激光消融法。激光诱导气相沉积法制备纳米粉末，是用特定波长的激光束照射到反应气体分子上，诱导气体分子发生热化学或光化学反应，从而得到纳米粒子。现在比较成熟的工艺是用 CO_2 激光制备 Si，Si_3N_4 和 SiC 超细粉。其中，后两者为精细陶瓷粉，在陶瓷发动机、微电子学和核动力工程中有广阔的应用前景。

近年来，德国激光技术实验室成功地制备金属纳米结构，微粒尺寸为 10nm。据报道，这种材料在超高密度数字信号存储、半导体掩膜修复和光谱学领域有极为诱人的应用前景，能使当前光盘的存储密度提高 10 000 倍。

3．激光在科技领域中的应用

20 世纪是科学技术获得高速发展的年代。在宏观领域内，人类研究的“触角”伸展到了遥远的星球，去探寻宇宙的奥秘。而在微观世界中，科学家可以用 10^{-12}N 的力把微小的粒子移动到指定的位置；可以给细胞钻孔、截断、焊接及融合；可以在 10^{-12}s 内对原子距离进行观测，甚至钳住单个原子，使其不动长达 0.5s……这些成就的取得与激光技术在科研领域的应用是分不开的。

(1)超快与超慢现象的研究。通常，在人们能感受到的现实世界里，光的速度快达 300 000km/s，光在 1s 之内可绕地球 7 周！然而，在人类无法直接感受的微观世界中，很多现象会在非常短的时间内瞬息即逝。例如，热原子与分子的碰撞是在

1ps 甚至更短的时间内发生，在这种情况下，时间不宜用“秒”这样“大”的单位度量。在 1ps 时间间隔内，光只能传播 0.3mm。

相应的，为了研究微观世界所发生的现象，就需要本身具有同样时间尺度的工具。由于这一缘故，以及其他很多应用场合也要求超短脉冲。自 1960 年激光问世以来，不断寻求脉冲宽度越来越短的激光脉冲一直成为科学家追求的目标。在发展初期，科学家很快就超越了电子学可以得到的最快速度。随后，利用可见光和近红外波段激光，几乎每年都创造出脉冲宽度的新纪录。皮秒量级的脉冲早已屡见不鲜，脉宽只有若干飞秒（$1fs = 10^{-15}s$）的激光也已经出现。例如，应用脉宽为 50fs 的超短脉冲飞秒激光器，获得超连续谱激光光源，其成果可应用于光谱探测、显微测量和化学传感等领域。目前，研究人员正在为寻求阿秒（$1as = 10^{-18}s$）量级的脉冲而努力探索。

超短脉冲激光由于具有脉宽短、峰值功率高和波长可调谐的范围大等特点，已广泛用于物理学、化学、生物学和光电子学的研究。它对揭示皮秒至飞秒时域内物质内部的运动规律具有重大的意义。固体和液体中的能量转移、液体中分子的快速化学反应、生物的光合作用、DNA 能量转移、人的视觉过程、超高速光通信的光电转换、光电开关等过程的发生和演变均在皮秒至飞秒范围内，研究这些重要过程，只有利用超短脉冲激光才能实现。此外，科学家期望通过掌握和完善超短脉冲激光技术，深入揭示物质内部微观动力学，为基础研究和新技术的发展做出贡献。

在医学和生物学中，测量“超慢”运动几乎与测量超快运动一样重要。而神奇的激光既可以探测超快现象，又可以测量3mm/h的超慢运动，从而为研究人员提供观察细胞原生质运动的新信息。这种测量所依据的是激光多普勒测速技术。根据多普勒原理，由运动物体反射的光具有与入射光不同的频率。频率的偏移量正比于物体运动的速度，运动速度越小，频率偏移也越小。为了能探测到如此微小的偏移，就要求测量光本身具有极高的频率稳定性，而激光就具有这种性能。

（2）激光微光束技术。

①激光光钳技术。科技发展到今天，人们能够操纵微小粒子、分子，甚至原子。激光器的发明为人类提供了高强度、高准直的光源，使光辐射压力的实际应用成为可能。据估算，功率为毫瓦数量级的光，大约只能产生皮牛（$1pN = 10^{-12}N$）量级的辐射压力。事实证明，皮牛量级的力恰好适合于移动细胞和生物大分子。这就是 20 世纪 70 年代发展起来的光钳技术。

所谓光钳，其实就是一束聚焦得很好的细激光。利用该束激光所产生的辐射压力，可以驱动微小的粒子。实验证明，这种驱动力的控制范围可以在 10nm ~ 10μm之间，可以捕获微小的细胞及细胞内的细胞器，非常适合于生物学显微层次的研究。用这样大小的力，可以移动细胞、弯曲细胞的骨架，以及切断大分子的链键等，利用光钳技术还可以给细胞钻孔，孔径只有微米量级。研究人员利用光钳技术使 DNA 分子拉伸,对 DNA 大分子进行观察,并测定它的力学系数。

光钳技术不仅提供了全新的实验环境,也给出了特殊的实验条件,使在单个分子和单个细胞层次上的研究成为可能。这项技术在生命科学、细胞生物学、医学、化学中具有极大的开发价值。人们渴望通过这项技术,了解生命过程的规律,建立基因数据库,改良物种,研究人类的各种疑难病症的形成机理和治疗方法等。

②激光显微照射技术。通过光学系统把激光束引入显微镜之中,聚焦成微米级的微光束,其焦点处的光斑直径可小至 0.5μm,因而可准确地照射到细胞内某一特定的位置,如染色体、线粒体等。用这种微光束有选择地照射细胞的某一部分或某些细胞器,使受照射处受到损伤而不损伤其他部位,从而分析研究细胞内各种结构和功能的关系,探讨细胞的合成、分裂和遗传等生命活动。现在,激光显微照射技术已经广泛地应用在细胞显微外科、细胞遗传学、肿瘤细胞学和实验胚胎学等领域。

③激光细胞打孔术。将要研究的细胞浸在含有基因物质的培养基中,用激光束经显微镜聚焦在细胞膜上,由于焦点处光斑直径极小,所以在功率适当的条件下可在细胞膜上打一个小孔,这个小孔能在 1 秒钟内自动闭合,而基因物质使可以在小孔自动闭合前流入细胞内,完成基因的转移,当小孔自动闭合后,细胞恢复原状,成为一个携带新基因的细胞。激光细胞打孔术可以摆脱有性生殖过程和种属的限制,实现遗传物质的交换,从而为培养新的物种及治疗遗传性疾病提供有效的手段。

④激光细胞融合术。利用短脉冲(宽度为纳秒级)的激光微米束同时照射在两个或两个以上相邻的细胞膜上,在适当的条件下,把相邻的细胞膜融合在一起制成新型细胞。现在激光细胞融合术已成为人工定向创造新点系细胞的重要手段,对生物遗工程的研究也具有重要意义。

(3)激光冷却和捕陷原子技术。前面涉及激光在工业加工等领域的很多应用,几乎都是基于激光的热效应,即当激光与物质相互作用时,会将物质加热,甚至熔融、气化。而激光也可以做完全相反的事,即激光的冷却效应。

1997 年 10 月,美国斯坦福大学朱棣文(Zhu Steven)教授和另外两名物理学家同获诺贝尔物理学奖,以表彰他们在发展激光冷却和捕陷中性原子技术方面的杰出贡献。特别使我们感到鼓舞的是朱棣文教授是继李政道等人之后,第 5 位获得诺贝尔奖的华裔科学家。

在常温下,组成物质的原子的运动速度达 1 000m/s,这使得研究气体的原子与分子相当困难。冷却是唯一可行之道,但是一般冷却方法会使气体凝结为液体进而冻结。朱棣文等人利用激光达到冷却气体的效果,温度达到 10^{-4}K,原子一旦陷入其中,速度变得非常缓慢,可以把原子“抓住”,加上光与原子的交互作用时间很长,于是可以精确测量其物理量。

激光冷却和捕陷原子研究在科学上有着重大的意义，它将有力地推动原子、分子物理学的发展。如果将原子的热运动速度降至极低，并将其捕陷在一个极小区域，可以长时间地观察研究，还可以大大提高观测的灵敏度。另外，激光冷却和捕陷原子的研究还开辟了新的原子、分子物理和光物理的研究领域。例如，采用激光冷却和捕陷技术形成所谓“超冷原子”后，人们已经注意到这些“超冷原子”具有很多新特点。“超冷原子”物理是一个非常有生命力的新的研究领域。

激光冷却和捕陷原子的研究也有很大的实用意义，其中最有前途的是制造出更精确的原子钟。原子钟是利用原子内的电子振动作为计时标准，也是目前最精确的计时方法。利用最先进的激光冷却技术，可望将目前原子钟的精度进一步提高。

另外，激光冷却技术还可用来测量地心引力，并以此为基础进行探矿，观测油田，解开地球上的许多谜团。其方法是：当激光光束聚焦之后，突然停止激光光束，此时原来几乎不动的、被“冷却”的原子受地心引力加速度的影响会向下掉落。这一现象称为“原子喷泉”。然后，科学家再通过测量“原子喷泉”的速度，就可得到精确的地心引力加速度。由于有矿藏的土壤其质量密度比其他土壤的质量密度高，相应的，地表的地心引力就会大一些，以此便可确定矿藏的位置及相关信息。

在生物技术上，以激光冷却与陷获原子的方法，用激光束来固定住细胞内的染色体，深入研究活细胞，为解开 DNA 密码提供全新的科学实验工具。

4. 激光在武器与战争中的应用

自 1960 年激光问世以来，人们就考虑用它研制新式武器。激光可以成功地用于军事测距、目标指示与跟踪、激光雷达和激光制导等武器辅助系统，使常规武器性能明显改善，威力大大增强。人眼和光电传感器致盲用的“轻型”激光武器已开始实用化，战术防空和战区防御用的“中型”激光武器具备初始作战能力。神话和科幻片中的“死光”武器也逐步变为现实。从战术上讲，陆军、海军陆战队和海军的激光武器主要用于防御，而空军的激光武器攻击性更多一些。把激光武器装上飞机，执行目前由老式的火炮和导弹完成的各种任务，可大大提高空军的作战效率、精度和速度，以使战机比敌方战机具有极大的优势。激光和常规武器的组合将导致在 20 ~ 25 年内作战空间的彻底转变。2013 年美国《空军》杂志撰文称，中国军方已经研制出一种被称为“太空地雷”的微型卫星，这种卫星遨游于太空，能随时利用随身携带的激光武器，将对手的卫星“打瞎”或者对其功能进行限制，使其在一定时间范围内无法正常工作。另外，据外媒报道，中国已研发出一种高精度激光武器系统，该系统能在几秒钟内击落小型飞行器和无人机，中国的激光武器项目已在西方国家中引发了忧虑。据英国泰晤士报发表文章称，中国 2017 年在阿布扎比防务展上，展出了最新研制的“寂静的狩猎者”陆基激光武器，该激光武器标准输出功率为 30kW，最大射程可高 4km，可在 800m 的距离上击穿 5 层 2mm 的钢板，主要用途是拦截低空无人机,是一款威力巨大的武器,这足以表现出中国在激光武器领域已经达到世界的领先水平。

(1)激光武器的破坏机理和特点。激光武器是一种新型武器,它的破坏机理同炸弹、炮弹和导弹完全不同。激光武器靠照射在目标上的很高的能量密度来破坏目标。通常将激光的破坏机理分为“软破坏”和“硬破坏”两类。“软破坏”是指用激光破坏精确制导武器的导引头,使其丧失制导能力而偏离原定目标。例如,直接破坏导引头的光电传感器,或使头罩炸裂、烧蚀炭化;又如,对侦察卫星或侦察飞机光电传感器的破坏。“硬破坏”是指对目标结构的破坏,包括目标外壳穿孔、破裂等。对弹道式导弹初始阶段的“硬破坏”,将使导弹的核弹头或生物、化学弹头坠落在敌人境内,因而激光武器的威慑作用不亚于核武器和生化武器。

激光武器的优点可以归结为以下两点:

第一,激光武器以激光脉冲或连续波杀伤目标,它发射的激光以光速飞行,其速度为300 000km/s,无需对运动轨迹或航迹作修正,瞄准哪里就打到哪里,而且刚一发射,立即命中。例如,对30km外的目标,激光飞行时间仅为1×10^{-4}s,对以音速飞行的目标来说,仅移动了3.3cm。激光武器的这一优点在对付精确制导武器时是十分重要的。

第二,激光武器效费比高。以接近成熟的化学激光武器为例,每发射一次的成本仅为数千美元,而反导弹用的“爱国者”导弹每枚成本高达30万~50万美元,肩扛式“毒刺”地空导弹每枚也要2万美元。2014年12月美国海军在海上试验一种新型激光炮,该激光炮可摧毁小型敌舰、击落无人侦察机。美海研究部门负责人称,发射一组集束激光的费用低于一美元。

然而,激光武器也有其固有的缺点,主要是:激光传输受天气影响很大,大气湍流会使激光的光束质量变坏;大气中的尘埃、烟雾和水蒸气等对激光有散射和吸收作用,将激光能量衰减。这些因素都会削弱激光器的杀伤力。因此,激光武器用于防御精确制导的来袭武器时,一般都要同其他武器结合使用,而不是单独使用。

(2)激光测距机。适时而准确地知道目标与武器系统之间的距离,是有效而高概率地击中目标的前提条件之一。早在20世纪60年代中期,激光测距机就开始在部队中服役,各式各样的激光测距机散布在世界很多国家的武装力量中。目前,它已是现代火控系统不可缺少的组成部分,而手持式小型激光测距机则正在逐渐成为现代化步兵战士的得力装备。

激光测距的基本原理是:由激光发射系统发射激光,光束穿过大气到达目标,经目标反射后返回,并由探测器接收,测出从激光发射到反射光被接收所经历的时间,然后根据运动学中最基本的关系即可求出目标的距离。

目前常见的激光测距机,除有一部分采用二氧化碳气体激光器外,大多数使用固体激光器。现代火控系统还有模块化的趋势,要求将测距机与其他功能组合为一体。例如,测距机与瞄准镜、指示器等组合在一起,构成一个更加有效的火控系统。另外,计算机化的激光瞄准镜,最大限度地提高了火炮的发射精度和有效距离。

激光测距已广泛用于各种测绘中,如地形测绘、地图测绘。2001 年 9 月 11 日美国纽约世贸中心大楼遭受袭击后,为了更好地在 18.3 米高的废墟上进行救援工作,救援人员急需这一地区的新地图。有关人员运用激光制图技术,借助激光探测和卫星定位技术,将地图精确度控制在几厘米之内。另外,激光测距还特别适宜于高温或人体不宜接近的有害场所的距离测量。利用这种技术制作的图片可以跟踪世贸大楼废墟底下的温度,以此来掌握火势蔓延的方向,降低救援工作的危险程度。

(3)激光雷达。激光雷达与上面介绍的激光测距机有密切的关系。测距机只测量某一点的距离,而雷达则测量视场中每一点的距离,并由此构造整幅图像。此外,雷达还能给出关于目标的其他信息。例如,可以根据多普勒效应或其他原理,得到目标的速度并对其进行跟踪。正因为如此,雷达已成为现代化战争必不可少的工具。

那么,为什么要缩短雷达波的波长,使用激光雷达呢? 我们从物理光学中知道,当电磁波在传播路径上遇到尺寸比波长小的物体时,将会发生衍射现象,即波的大部分能流绕过物体继续向前方传播,反射回来可供雷达接收的能量则很小。由于这一原因,普通的无线电雷达无法探测大量存在的小型目标,即使是毫米波雷达,也探测不到直径很小的线状目标。而用于雷达系统的激光,其波长一般只有微米的量级,因而它足以探测迄今军事上所碰到的任意微小目标。

正是由于激光雷达对于军事目标有如此强大的探测功效,所以雷达系统也就成为高科技战争中对方攻击的首选目标之一。例如,在震惊世界的海湾战争中,以美国为首的多国部队空军,之所以能对伊拉克首都巴格达地区进行狂轰滥炸而未受到沉重打击,就是因为战争开始不久便首先摧毁了伊拉克的雷达基地,使其防空部队无法在足够远的距离上发现多国部队的飞机。

(4)激光制导。精密制导武器具有制导能力自主、摧毁力大、命中率高、效费比高等特点。20 世纪 70 年代以来,在世界上所爆发的一些局部战争中,精密制导武器都显示出了它们超常的作战威力。精密制导的方式很多,有微波雷达制导、惯性制导和激光制导等。其中,激光制导是 20 世纪 60 年代激光出现以后新发展起来的一种制导技术。由于激光的相干性极好、单色性强、方向性好、能量集中,因此,它一出现就引起了军事科学家们的重视。激光制导已经成为激光在军事领域中的重要应用项目之一。例如,在 2001 年 10 月,美国在报复"9 · 11"恐怖活动的军事打击中,美国轰炸机在阿富汗首次使用了激光制导"GBU—28"巨型炸弹。作战使用时,攻击飞机必须与本机、他机、地面的激光照射器配合工作,命中目标可穿透30米厚的土地、6米厚的加固混凝土。

在激光制导技术中,发展较为成功的是半主动式的激光制导。它是把激光发射器装置在车辆、飞机上,或由地面侦察人员携带,当激光发射器发射出激光,照射军事目标,由目标反射回来的激光,被装有激光寻的器和控制系统的激光制导炸弹接收,激光穿过透镜并透过滤光片,再由聚焦透镜聚焦到探测器上,经处理后变为控制信号,操纵炸弹的飞行方向,大大地提高了命中率。另外,还有一种更为理想的全主动式的激光制导方式,它是将激光器与目标寻的器都装置在导弹上,当激光发射器向目标发射激光时,导弹自身的目标寻的器就能接收由目标反射回来的信号,通过导弹上的控制系统,就能把导弹引向目标。

还有一些反坦克导弹是用激光进行光纤制导的。在导弹的头部装有一个小型摄像机,在其尾部装有一段光纤。在导弹飞行过程中,通过弹头上的摄像机,摄取战场景象及目标情况,再由弹尾处的光纤把摄取来的信号传送到地面的控制系统,经地面显示器显示,再由射手发出击毁目标的指令。该指令经计算机处理后,向空中发射,又通过导弹上的光纤接收,导弹上的控制系统可以控制导弹直接飞向目标,自动完成袭击任务。由光纤制导的导弹,无须人的视力瞄准,等于在导弹上安装了眼睛。另外,还可以把导弹上的复杂电子系统从弹上移到地面,既降低了导弹的成本,又降低了对发射场的要求,发射人员还可以很好地隐蔽自己。由于光纤制导的指令可以在光纤中来回双向传递,使敌方无法干涉,也无法探测,即使光纤浸入水中,制导系统仍能正常工作,其功能远远超过金属导线制导的导弹。

5.激光在医疗卫生领域的应用

(1)激光技术用于医学诊断。由于人体正常组织和病变组织对激光的荧光反应不同,首先让人体组织吸收某种光敏物质,再用激光照射,就可知道人体是否患病了。通过激光诱发的荧光,可以发现癌细胞,测量血液中的血糖、血氧、胆固醇及尿酸的含量,以此来诊断疾病。

(2)激光技术用于治疗疾病。各种激光治疗手段在临床上发挥着巨大的作用。利用激光的光化学效应,可以破坏癌细胞,这是早期癌症治疗的好方法。激光治疗机利用准分子激光切削角膜以改善眼球的曲率,可用于治疗近视眼以及其他眼病。由于准分子激光的光子能量高,可以有效地切断组织分子内化学链而不产生过多的热能,能最大限度地减小受伤组织范围。另外,准分子激光衍射极限小,切割的深度和宽度都非常精细。因此在医疗领域,准分子激光也同样应用广泛。193nm的ArF准分子激光非常适合于处理生物组织。由于其吸收深度小于0.25μm并且作用时间只有数十纳秒,伴随的热影响非常小,使得193nm的准分子激光自1983年首先用于角膜切割的实验研究后,便逐渐开始应用于眼科临床中。20世纪90年代初,由于美国食品和药物管理局(FDA)的正式批准,准分子激光开始大量应用于治疗眼屈光不正矫正手术,相关的设备和技术得以快速发展。目前眼科行业广泛采用 PRK(Photo refractivekeratectomy),PTK(Photo therapeutic keratectomy)和 LASIK(Laser in situ keratomileusis)等手术对近视、散光、远视进行矫正。

另外,准分子激光还被用于银屑病、白癜风等皮肤病的临床治疗。在心血管疾病的治疗方面,可采用智能化激光血管成形仪,一方面有效地将血管中的血栓消融,另一方面可防止多余的激光能量打穿冠状动脉管壁。用激光治疗冠心病的另一种较好的激光治疗手段是血管再造术,这一技术是使激光能量直接穿透左心室壁,"再造"出数十个直径约 1mm 的血管通道,改善供血状况,以达到治疗的目的。另外,用激光手术刀可以切除表皮的肿瘤和内脏肿块,还可以修补内脏。激光手术具有无血、无痛和无菌的特点。

6. 激光在农业及其他领域中的应用

在农业中,激光技术的应用也十分普遍。激光育种是通过植物种子对激光的吸收,由于强激光的热效应、压力效应及电磁场作用,使植物种子细胞内的染色体产生变异,从而改变种子的遗传因素而培养出良种;用激光照射已发芽的幼苗,可起到增加生长速度,促使早开花、多结果的作用。

激光还可以培育出微生物的新品种。例如,用二氧化碳激光照射霉菌株,能提高酶制剂的产量达 3 倍之多;用可见光 He - Ne、氩离子或铜蒸气激光照射放线菌,可提高其产生抗生素的有效组分及产量;照射真菌单细胞酵母菌,可改善啤酒的风味。另外,经过激光处理,牲畜的产仔率、乳牛的出奶率及禽蛋和鱼卵的孵化率都有较大幅度的提高。

在环境检测和保护方面,激光技术发挥着不可替代的作用。例如,多环芳烃类化合物是世界性常见污染物,已被各国列为优先控制的污染源。多环芳烃类化合物具有很强的荧光性,同时在紫外波段有很强的吸收,因此激光诱导荧光光谱的方法检测多环芳烃类化合物已经发展为相当成熟的技术,准分子激光可以很好地应用于这种方法中用来检测大气、水体和土壤中的多环芳烃类化合物。

随着激光技术的不断发展,激光应用已经渗透到科研、产业的各个方面,在汽车制造、航空航天、钢铁、金属加工、冶金、太阳能以及医疗设备等领域都起着重要的作用。在中国嫦娥探月工程中,嫦娥五号探测器上所搭载的"激光测距敏感器"核心测距器件 SPD - 052 型近红外增强型雪崩激光探测器由中国兵器工业集团北方激光研究院自主研制,是嫦娥五号探测器落月过程中必不可少的"火眼金睛",是确保探测器安全着陆的关键、核心器件,在嫦娥五号着陆下降阶段测量对月表距离,为着陆器提供距月面的距离信息,保障着陆器的正常工作以及卫星的精准软着陆。2020 年 12 月 17 日,我国嫦娥五号月球探测器成功着陆于内蒙古四子王旗,将 1 731克月壤带回了地球,轰动了世界。激光制造技术将对我国制造业产业调整和结构优化、技术创新、提高市场竞争力起到引领和支撑作用,在我国实现跨越式发展、构建和谐社会中扮演重要角色。目前世界上已经形成了一个围绕激光技术的庞大高附加值的产业群，而且有人预言未来激光时代有可能取代以微芯片为代表的硅时代。

思考题

1. 激光的特点是什么？
2. 什么是受激辐射？
3. 第二次世界大战期间，雷达工程师们为什么努力缩短雷达波长？
4. 激光技术在科学研究领域有哪些应用？
5. 写一篇500字左右的科技短文，说明激光技术应用的实例。

第六节　航天技术

航天技术是20世纪发展起来的一项高技术，也是一项新兴的系统工程技术，是指探索、开发和利用太空及地球以外天体的综合性工程技术。20世纪初，俄国科学家齐奥尔科夫斯基（К. Э. Циолковский）创立宇航理论，随后，美国科学家戈达德（R. H. Goddard）和德国科学家奥伯特（H. Oberth）开始将宇航理论运用于实践，逐步把航天技术从少数人的研究实验变成为成千上万人协同研制的浩大工程，从而推动了该项技术的诞生和发展。

20世纪中叶以后，随着火箭研制工作的突破性进展和人造地球卫星的发射成功，航天技术日新月异，方兴未艾，成为当今世界上最引人注目的一项宏伟事业。

航天技术包括空间技术、空间应用和空间科学3个部分，通常指人类研究如何进入外层空间，开发和利用空间资源的一项综合性工程技术。它涉及微电子、能源、材料、自动控制、计算机、推进动力、测控、热控、结构工艺、环境模拟、仿真等技术领域和机械、电子、冶金、化工和材料等工业部门，包括喷气推进技术、制导和测控技术、能源技术、空间通信技术、遥测遥控技术、生命保障技术、火箭和航天器设计制造技术、航天器发射返回技术、飞行器环境工程等。它不仅规模庞大、技术复杂，而且耗资巨大、工程周期长，是现代科学技术和基础工业的高度集成，体现一个国家的综合实力，对于推动工业、农业、国防和国民经济其他部门的现代化具有重要的作用。

根据航天技术的发展实践，它的主要内容包括：

第一，运载器技术。这是研究将空间飞行器送入外层空间，并使其在规定的轨道上运行的技术。目前，运载器基本上是指多级火箭，也就是航天运载火箭，它是航天技术的基础，在很大程度上决定航天技术发展的规模和程度。

第二，航天器技术。这是研究在太空完成各种探索与利用开发任务的空间飞行器技术。航天器也称空间飞行器，包括人造地球卫星、载人飞船、货运飞船、空间探测器、空间站、航天飞机,以及空间平台、空天飞机等。

第三,地面发射与测控技术。这是研究对航天器进行发射、监视、测量、控制和管理的技术。它要保证在轨道上运行的航天器和地面之间的联系,以便让航天器按规定的要求完成各项任务。

自 1957 年世界上第一颗人造地球卫星发射上天以来,航天技术拓宽和加深了人类对自然的认识,扩大了人类的活动范围,向着更广、更深的应用领域发展,并取得了举世瞩目的成就。人类从此进入了一个崭新的航天时代。

中国的航天技术经过 60 多年的发展,已经形成研究、设计、生产、试验、发射和应用的完整体系,已具有发射各种轨道人造卫星的能力,并成功地发射了载人飞船、货运飞船、空间实验室、月球探测器和火星探测器,给国民经济建设带来了新的活力,为增强国家的综合国力作出了积极贡献。

一、太空和航天

太空泛指宇宙空间,即在地球大气层以外的外层空间,是人类在陆地、海洋、大气层空间以外的第四活动领域,被称为人类的第四环境(陆地、海洋、大气层空间分别被称为第一、第二、第三环境)。

航天,即指把载人或不载人的航天器发射到外层空间,并按一定轨道运行。它包括环绕地球的运行、飞往月球或各行星的航行、行星际空间的航行和飞出太阳系的航行,其目的是开发和利用太空资源以及探索地球以外天体的演变和生命起源。

1. 空间环境

航天的范围是地球大气层以外(即大约 150km 高度以上)的宇宙空间,这一范围简称空间或太空。人类在大气层内的航行活动称航空,在大气层外到太阳系内的航行活动称航天,在太阳系以外的航行活动称航宇。通常把航天和航宇统称为宇宙航行或宇航。

航天的空间环境研究领域,从太阳表面开始,向内包括行星际空间、地球磁层、电离层和部分大气层。这一区域是人类航天活动的主要区域。

人类进入第四环境,比进入第二、第三环境要困难得多,因为它必须闯过四道难关,即克服地球引力、克服真空、适应剧烈变化的温度环境及防护有害辐射。正因如此,人类进入空间才经历了漫长和艰苦的历程。

2. 空间资源

人类从事航天活动的目的,在于探寻、开发和利用空间资源,以满足和改善人类社会生产、生活的需求及条件,为造福人类服务。

迄今,人类已进入在某种程度上适应了地球引力区的空间环境。在这个空间环境里,人类已探明可资利用的空间资源有以下五大类:

(1)高位置资源。航天器相对于地表的高远位置,是空间轨道上的一种具有巨大价值的资源。航天器到达外层空间的高远位置并在轨道上不停地运行，它的最低点一般也高于200km，其可观测的地域之广、时间之长，都是在空中飞行的飞机或气球所望尘莫及的。这项资源对地球及其大气层的观测和通信特别有用，世界上所有的应用卫星都利用其相对于地面的高远位置和广阔的覆盖面积而获得了巨大的实用价值。

(2)微重力环境资源。航天器进入太空的内部微重力环境，有许多不同于地球重力环境下的基本物理现象。在航天器内，可以获得地球上难以制备的纯净、难混熔的材料，可以提纯对生物工程起重要作用的高纯度微生物，可以生长出高质量的单晶、多元晶和半导体，可以制造出性能优良的玻璃和合金，可以生产治疗疑难疾病的优良药物等。

(3)高真空和超洁净环境资源。太空的高真空和超洁净环境，使航天器不受气动阻力和气动加热的作用就可维持长期的轨道飞行。这意味着无杂质、无污染和无干扰，是高纯度和高质量冶炼、焊接和分离提纯的理想条件，可以制造出地球上难以得到的高级材料和特殊产品。由于没有大气对光线和各种辐射的吸收、反射、折射和散射作用，航天器也是天文观测的最佳场所。

(4)太阳能资源。在太空，可利用的太阳能十分丰足，如在地球静止轨道上的航天器，有99%的时间都能受到太阳光的照射，比在地面上的日照时间大一倍；太空没有大气对太阳光的反射和吸收，也不受天气、尘埃和有害气体的影响，因而太阳的辐射损失很小，太阳能的利用率就高；太空不受地域的限制，也不需加清洗和排水机构，有利于构筑大型太阳能转换装置，可以建造大型的太阳能发电站。

(5)月球资源。通过对月球的探测和载人登月考察，证实月球上拥有供人类享用的物质资源。月岩中含有60多种矿物，其中硅、铁、铝等非常丰富；月面尘埃中含有大量的氦3，这是清洁的核聚变原料；月球土壤中含有40%的氧，可用于解决航天所需的燃料；特别是发现月球南北极存在大量的冰冻水。此外，月球的引力小，有一个真空、无菌的环境，是进行材料生产和生命科学研究的良好场所；月球无大气包围，背面不受地球无线电干扰，是进行天文观测和天文物理实验的理想基地；月面低重力、无大气，易于发射航天器，成为人类飞往其他星球的中转站等。

若将以上五类空间资源中的任何一类加以利用开发，都会给人类带来巨大的利益。

此外，还有地球引力区之外的火星和小行星资源。许多小行星上含有极其丰富的铁、镍、铜等金属和宝贵的稀土元素；火星上蕴藏有赤铁矿、冰冻水，富有磷、钾、钙、镁、硫和其他微量元素，还有极为丰富的风能、地热能以及可利用的太阳能。火星还是太阳系中除地球以外最适宜人居住的星球。

3. 火箭和航天飞行

人类要开发利用丰富的空间资源，必须掌握摆脱地球引力束缚的手段，把航天器送入太空预定轨道,以实现航天飞行。

航天飞行的最大困难就是要赋予航天器巨大的能量,以达到能够克服地球引力的速度。根据计算,如果航天器速度达到7.9km/s,就可环绕地球运行,这个速度称为第一宇宙速度,又叫环绕速度。如果航天器速度达到11.2km/s,它就会脱离地球引力而绕太阳运行,这个速度称为第二宇宙速度,又叫逃逸速度。如果速度达到16.7km/s,则航天器会脱离太阳引力场而飞出太阳系,这个速度称为第三宇宙速度。

俄国科学家、宇航理论的奠基人齐奥尔科夫斯基首次证明,火箭能在空间真空环境中工作,因而只有火箭才是实现宇宙航行最理想的交通工具。后来,他又提出了火箭在自由空间中运动的基本原理,推导出描述火箭在重力场运动所能达到的最大速度公式,从而奠定了航天技术的理论基础。通过计算,当时性能最好的单级液体燃料火箭,其最大理想速度只有7km/s左右,而且在飞行过程中还要受到地球引力、空气阻力、大气压力等因素的影响,实际飞行速度比理想速度要小,达不到7.9km/s的第一宇宙速度。所以,后来齐奥尔科夫斯基提出了“太空火箭列车”的设想,指出多级火箭可以达到很高的宇宙速度,可以完成航天运载任务。

这个多级火箭的概念,其中心思想是“质量抛扔原理”,即火箭点火工作后,逐一把已完成飞行任务的无用结构抛掉,使火箭发动机的能量最大限度地提高航天器的能量,从而间接地减轻火箭的结构质量,提高火箭的质量比。这样,在使用同样性能的火箭发动机和相同技术水平的箭体结构的条件下,用多级火箭就能达到单级火箭无法实现的宇宙速度。

多级火箭是由几个子级火箭经串联或并联组合而成的飞行整体。串联式多级火箭的各子级依次轴向配置,并依次相继点火工作;并联式多级火箭又称捆绑式火箭,各子级之间横向连接,发射时各子级的发动机同时点火工作。为了提高多级火箭的运载能力,还有串联和并联同时使用的组合式运载火箭。多级火箭能有效地提高火箭的运载性能,解决航天器获得空间飞行所要求的高能量或高速度,因而已成为一种有效实用的航天运载工具。

4. 航天器和航天系统

(1)航天器。它是航天工程的核心组成部分,是人类进行航天活动的主体。它由运载器携带,从发射场升空,在航天测控站的跟踪测量和控制下进入特定的空间轨道,并基本上遵循天体力学的规律在太空中运行。除此之外,它还必须具有满足地面特定需求的功能,才能在太空中探测、研究空间环境,开发利用空间资源,从而成为造福人类的得力工具。

现阶段的航天活动,还局限在太阳系的范围,因此航天器在外层空间的运动方式主要有两种:一种是环绕地球的运动;另一种是飞离地球到月球和行星际空间的运动。其中,更多而又常见的是前一种。

航天器按是否载人,划分为无人航天器和载人航天器两大类。若按执行任务和飞行方式,还可进一步分类。

在无人航天器中,主要有人造地球卫星、货运飞船和空间探测器。特别是人造地球卫星,它是航天器发射数量最多且应用最广的一种。

人造地球卫星(简称人造卫星),是指在环绕地球的太空轨道上运行的无人航天器;货运飞船,是指为在轨道上的空间站运送补给物品的卫星式宇宙飞船;空间探测器,是指对月球以及月球以外的天体和宇宙空间进行探测的无人航天器。

在载人航天器中,主要有载人飞船、空间站和航天飞机。载人航天器上的航天员,通常参与操纵设备、开展实验工作和执行航天任务,航天员的主观能动作用有助于提高完成航天活动的质量和效率。

载人飞船,是指能保障航天员在太空短期生活和工作,执行航天任务并返回地面的航天器,包括卫星式宇宙飞船和登月飞船;空间站是可供多名航天员在太空轨道上巡访、长期工作和居住的航天器,其中包括依附于其他航天器的太空实验室;航天飞机是指部分可重复使用和载人往返于天地之间的航天器。

(2)航天系统。它是将航天器送入外层空间,并保证航天器按预定要求完成任务的工程系统。航天系统是一个现代典型的复杂大系统,通常由航天运载器、航天器任务系统、航天基地三大部分组成。航天运载器是携带航天器升空,并利用其产生的巨大能量将航天器送入空间预定轨道的工具,因而又称运载工具。航天器任务系统由航天器本身和为完成航天任务而配备的分系统组成。例如,通信卫星要配备接收和发送信息的地面站。航天基地由航天发射场和航天测控系统组成。发射场内有整套试验设施和设备,执行运输、存储、装配、检测和发射任务;测控系统由航天测控中心和分布在各地的测控站组成,执行对航天器的跟踪测量、监测和控制任务。

二、运载火箭

航天运载器包括运载火箭和空间运输系统两类。运载火箭,一般是一次使用的多级火箭,它是航天技术的基础;空间运输系统(如航天飞机),它是把运载器和航天器结合于一体,成为部分重复使用的一种航天运载器。

1. 运载火箭的组成

运载火箭一般为二级至四级。例如,苏联发射第一颗卫星的运载火箭“卫星”号是二级;美国发射第一颗卫星的“丘比特 C”火箭是四级;中国发射第一颗卫星的“长征”一号火箭是三级。运载火箭由有效载荷、箭体结构、推进系统、制导系统、安全系统、遥测系统、外弹道测量系统等组成。前四部分均在火箭本体上,后三部分则有箭上和地面分系统。

(1)有效载荷,即指航天器,是运载火箭的运载对象。根据发射任务的不同,一次可以允许运载几个航天器。有效载荷装在火箭的顶部,外面通常配有整流罩。

(2)箭体结构,是火箭各个受力和支承结构的总成,用以安装连接有效载荷和仪器设备、贮存推进剂、承受地面操作和飞行中的载荷,将组成火箭的各个部分牢固地结合成一个整体。

(3)推进系统,是使运载火箭飞行的动力来源,目前均采用化学火箭发动机。按其使用化学推进剂的状态,推进系统又分为液体火箭发动机和固体火箭发动机。通常把使用液体火箭发动机的火箭称为液体火箭,把使用固体火箭发动机的火箭称为固体火箭。

(4)制导系统,是控制系统和导引系统的综合。它的功用是实时测量和控制火箭的飞行姿态、位置和速度,保证火箭姿态稳定,能按预定弹道飞行,并控制火箭发动机关机,使航天器精确进入空间轨道。运载火箭大多采用自主式全惯性制导系统,星际航行火箭还要采用天文制导和无线电制导系统。

(5)安全系统,是在火箭飞行中出现故障或落点出现偏差而危及地面安全时,对火箭实施控制,终止火箭的动力飞行并将其在空中炸毁的系统。

(6)遥测系统,是把火箭飞行过程中各个系统的工作性能参数、各个部位环境条件参数以及飞行故障参数,通过无线电多路通信方式传到地面,为鉴定和改进火箭以及分析故障提供依据的工作系统。

(7)外弹道测量系统,是用于对飞行中的火箭进行不间断的观测,以测定它的运动参数的测量工具,主要有雷达应答机、天线等。

2. 运载火箭的飞行

运载火箭发射后要按一定的弹道飞行。运载火箭的弹道,即指火箭从地面起飞直至达到一定飞行高度,把航天器送入运行轨道的飞行轨迹。航天器进入运行轨道称为入轨,进入轨道的初始点称为入轨点。航天器入轨点的位置和速度等运动状态参数,决定航天器的运行轨道。当航天器进入的实际运行轨道与预定的运行轨道之间的偏差在设计要求范围之内时,称为精确入轨。运载火箭发射航天器必须达到精确入轨的要求,才能实现它的飞行使命。运载火箭从地面起飞直到进入预定轨道,通常要经过以下几个飞行阶段:

(1)垂直起飞段。火箭发射的初始加速度很小,采用垂直起飞容易保证飞行稳定,可使地面发射设备比较简单,而且也有助于火箭能尽快飞出大气层,减小空气阻力引起的速度损失。垂直起飞段一般只有10s左右的时间。

(2)转弯飞行段。为了使航天器入轨,运载火箭达到一定速度后,必须在制导系统作用下,通过执行机构的相应动作,偏离垂直飞行状态,逐渐使速度方向转向水平,并在入轨点达到所要求的速度方向。火箭的转弯要缓慢进行,以便使第一级火箭飞行期间的攻角接近于零度。当第二级火箭飞行处于稠密大气层以外时,便采用接近最省能量的飞行程序,以等角速度作低头飞行。

(3)过渡飞行段。对于低轨道航天器,当运载火箭达到所要求的轨道高度和相应的轨道速度时,火箭就完成了运载任务,航天器即与末级火箭分离而进入运行轨道。对于高轨道或星际飞行的航天器，末级火箭通常要先进入一条低轨道，这是为了转移到目标轨道而暂时停留的中间轨道，称为停泊轨道或驻留轨道。末级火箭经过一段时间运行后，再次使航天器加速到进入过渡轨道或达到逃逸速度，然后航天器与末级火箭分离而进入最后的目标轨道。

3．运载火箭的发展

1957 年 10 月 4 日，苏联在航天总设计师科罗廖夫（С. П. Королев）的主持下，用 P－7（R－7）地地弹道导弹改装、研制成功"卫星"号运载火箭，把世界上第一颗人造卫星成功地送上太空轨道运行；1958 年 2 月 1 日，美国在著名火箭专家布劳恩（W. V. Braun）的组织下，在"红石"导弹的基础上研制成功"丘比特 C"运载火箭，成功地发射了人造卫星"探险者"1 号。此后，法国、日本、中国、英国等国家相继研制成功自己的运载火箭，参与日益活跃和激烈竞争的航天活动。

最初阶段的航天运载火箭，都是只能将小型人造卫星送入低地球轨道的小推力运载火箭。

在过渡阶段，航天运载火箭开始采用低温高能推进剂的上面级或采用捆绑方式，能够将航天器送入高地球轨道，具有较高的运载能力。

在独立发展阶段，随着空间商业化和发射重型航天器的需要，各国竞相研制高性能的大型运载火箭。例如，美国的"土星"5 号、"宇宙神"5 型、"德尔塔"4 型、"大力神"4 型；俄罗斯的"质子"K 号、"联盟"FG 号、"能源"号；欧空局的"阿丽亚娜"4 型和 5 型；日本的 H－2 系列；中国的"长征"3 号甲系列；印度的 GSLV 号（静止轨道卫星运载火箭）等。

由于航天任务不同，世界各国的运载火箭千姿百态，争奇斗艳，能够发射不同质量、多种用途、各种轨道的航天器。60 多年来，已使用的运载火箭有数十种之多。目前，正向着研制成本低、可靠性高、无污染、高性能的运载火箭的方向发展。

中国在钱学森的带领下开始发展航天技术事业。自 1970 年成功发射"长征"1 号运载火箭以来，已经研制出 20 种型号，形成了较为完整配套的长征系列火箭，覆盖了近地轨道、太阳同步轨道、地球静止转移轨道和地月转移轨道的轨道范围。截至 2021 年 12 月，长征系列运载火箭已有 400 次发射纪录，其中"长征"3 号乙运载火箭近地轨道的运载能力达到13t，地球静止转移轨道的运载能力达到 5.1t；掌握了低温高能发动机、火箭捆绑、高空二次点火等先进技术，具有较高的可靠性和精度。2016 年 11 月 3 日首飞成功的"长征"5 号运载火箭，其近地轨道运载能力达到 25t，地球静止转移轨道运载能力达到 14t，完全可以与世界上其他大型火箭媲美，已跻身于世界先进行列。

4．航天发射场

运载火箭要将航天器送入太空轨道，必须有地面设施和技术手段的配合，即需要发射起飞的场所，这就是航天发射场。航天发射场是航天系统的一个组成部分。

运载火箭的发射也是一项规模庞大、技术复杂、耗资巨大的系统工程。

航天发射场一般选在人烟稀少、地势开阔,地质、水源、地形和气候条件适宜的内陆沙漠、草原或滨海地区,也有选在山区或岛屿上的。总之,要考虑到优越的地理位置、良好的自然条件、有利的工作环境,以及具有方便的交通运输和供电通信条件,有利于环境保护,不危及居民安全,特别是能满足发射不同倾角航天器的射向要求。发射场场址的地理位置,其纬度以尽量靠近赤道附近为好,这是为了满足航天器的轨道要求。发射场的地理纬度低,可以在发射航天器时充分利用地球自转的速度,以减少运载火箭发射所需的能量。

航天发射场由技术测试区、发射区、发射指挥控制中心、综合测量系统和勤务保障系统组成。

目前,世界上主要有 18 座航天发射场。其中,俄罗斯 4 个,美国 3 个,中国 5 个,法国和欧空局 1 个,日本 2 个,印度 1 个,以色列 1 个,意大利 1 个。

这些发射场中,规模最大、发射频繁的是俄罗斯建在哈萨克斯坦境内的拜科努尔航天发射场和美国佛罗里达州卡纳维拉尔角的肯尼迪航天中心。这两个发射场因发射载人飞船、空间站和航天飞机而遐迩闻名。中国的西昌卫星发射中心,主要用于发射地球同步轨道卫星,已成为世界上能够发射大型运载火箭的少数几个发射场之一;太原卫星发射中心,主要用于发射太阳同步轨道卫星;酒泉卫星发射中心,主要用于发射近地轨道航天器,特别是因实现中国首次载人航天飞行而引起世界瞩目。法国和欧洲空间局在南美洲圭亚那的库鲁发射场,因建在赤道附近,是发射地球同步静止轨道卫星的最佳场所。中国于 2016 年最新建成并投入使用的海南文昌航天发射场,为用大型运载火箭发射大吨位、大尺寸的航天器创造了良好条件。

三、人造卫星

人类最早发射的航天器就是人造卫星。从 1957 年到 2020 年,世界上已发射 8 000 多个航天器,其中 90% 以上是人造卫星。

人造卫星到太空遨游,在空间进行科学研究,以及在对地观测、通信广播、气象预报、导航定位、资源勘查、军事应用等方面发挥着重要作用。它已深入人类生产和生活的各个领域,成为现代社会必不可少的有机组成部分。

1. 人造卫星的轨道

人造卫星是指在空间轨道上环绕地球运行的无人航天器。它的运行轨道按形状划分,有圆轨道和椭圆轨道;按与地球的距离划分,有低轨道(一般在 500km 以下)、中轨道(一般在 600 ~ 2 000km)和高轨道(一般在 2 000km 以上);按卫星的飞行方向划分,有与地球自转方向相同的顺行轨道、与地球自转方向相反的逆行轨道、在地球赤道上空绕地球飞行的赤道轨道,以及通过地球南北两极的极地轨道。另外,还有一些具有特殊意义称谓的轨道,如近地轨道、地球同步轨道、地球静止轨道、太阳同步轨道、极地轨道等。

(1)近地轨道,即指地球低轨道,有圆轨道和椭圆轨道。如果卫星入轨速度正好是第一宇宙速度,而且入轨速度方向与当地水平线平行,就能形成圆轨道。如果卫星的入轨速度大小和方向中,只有一个满足,就形成椭圆轨道,严重的还不能形成轨道,而进入大气层陨毁。多数人造卫星选择在近地轨道上运行。

(2)地球同步轨道,是指卫星运行周期等于地球自转一周(即23小时56分4秒)的顺行轨道。

(3)地球静止轨道,是指卫星轨道倾角等于零度的圆形地球同步轨道。这是十分特殊的轨道,位于赤道平面上空,仅有一条。卫星在这条轨道上相对于地球是静止的,距地面高度为35 786km(通常说36 000km),运行速度为3.074 6km/s。一颗在静止轨道上的卫星能覆盖地球表面约40%的面积,只要有3颗这样的卫星等距部署在这条轨道上,就可实现覆盖全球。通信广播、跟踪与数据中继、气象、导航卫星多用这条轨道。

(4)太阳同步轨道,是指卫星轨道平面绕地球自转轴进动的方向与地球绕太阳公转的方向相同,且进动角速度等于地球公转平均角速度的轨道。卫星沿此轨道运行,每天从南到北经过同一纬度的当地时间相同,然后从北向南经过同一纬度的当地时间也相同,即与地面的光照条件大致相同。太阳同步轨道的倾角必定大于90°,即是一条逆行轨道。若轨道为圆形,因倾角最大为180°,所以圆形太阳同步轨道的高度不超过6 000km。只要选择好适当发射时间,可使卫星经过指定地区上空时始终有较好的光照条件。对地观测卫星,如气象卫星、地球资源卫星、侦察卫星等,一般多采用这一轨道。

(5)极地轨道,指轨道倾角在90°附近的轨道。在这种轨道上运行的人造卫星每圈都经过地球南北两极,可以达到覆盖全球的目的。气象卫星、地球资源卫星等遥感卫星常采用这种轨道。

人造卫星根据所承担的任务不同而选择不同的轨道。

2. 人造卫星的结构

人造卫星的结构分为两大部分:一部分是有效载荷,即指完成特定任务的专用设备,如通信卫星的无线电接收和转发设备、遥感卫星的遥感成像设备等;另一部分是基本结构,即为保证人造卫星完成各自特有使命所共同具有的支持系统。人造卫星的基本结构包括:

(1)结构系统。它是整个卫星的承力骨架,有一定的外形和容积,用以保证卫星有适当的强度和刚度。

(2)热控制系统。在轨道上运行的人造卫星,受到太阳光的辐射热、地球反射太阳光的热和仪器设备产生的热,温度可达到100℃以上;而当卫星进入地球阴影区,没有太阳光的照射时,温度又会低达-100℃。热控制系统就是要让卫星内部保持适当温度,使卫星上各种仪器、设备能正常工作。

(3)姿态控制系统。人造卫星在轨道上运行,受到空气阻力、地球重力的影响和卫星内部运动机构产生的干扰力,姿态会发生变化。姿态控制系统的作用,就是要使卫星保持一定的姿态。

(4)电源系统。它是为人造卫星上的电子设备提供电源的系统。其电源主要有太阳能电池和银锌蓄电池、镍镉蓄电池、氢氧燃料电池等化学能电池,少数用核电源。

(5)无线电遥测、遥控和跟踪系统。它是用来保证卫星与地面的联系,把卫星的运行情况和工作成果传到地面,并接受地面指令的系统。

(6)回收系统。这是返回式卫星所特有的系统,其作用是保证卫星准确和安全返回预定地区。回收系统主要包括制动火箭、降落伞等。

在某些卫星上还有实施变轨的动力系统。

3. 人造卫星的种类及应用

人造卫星的种类繁多,应用广泛。按人造卫星的用途,可划分为科学卫星、技术试验卫星和应用卫星三大类。特别是世界上发射最多的应用卫星,直接为国民经济、国防和人类生活服务,在促进生产力发展和社会进步中显示出重要作用。

应用卫星大致分为如下几类:

第一,无线电信号中继类。人造卫星作为在太空的无线电中继站,一是用于地面上相隔很远的地点之间的电话、电报、电视、传真和数据传输,如国际通信卫星、国内通信卫星、军用通信卫星、海事卫星、广播卫星等;二是用于卫星与地面之间的电视和数据传输,如跟踪与数据中继卫星等。这类卫星装有转发器和天线,转发来自地面、海上、空中和太空的无线电信号。它们大多采用静止轨道,部分采用大椭圆轨道和中低轨道。

第二,对地观测平台类。卫星从太空观测地面,视野广阔,连续不断,一览无余,是最理想的观测平台。这类卫星有气象卫星、地球资源卫星、侦察卫星等。这些卫星都装有对地观测的紫外线到远红外波长的遥感器和其他探测仪器。

第三,导航定位基准类。人造卫星作为船舶、飞机、车辆、行人等导航和进行大地测量的基准点,通过卫星向地面发出的稳定的无线电波,使船只、飞机甚至飞行中的导弹等接收卫星的电磁波信号来确定自己的位置,如导航卫星、测地卫星等。

美国和俄罗斯是世界上研制、发射人造卫星最多的国家。中国是继苏、美、法、日之后世界上第五个独立研制和发射人造卫星的国家。自 1970 年 4 月 24 日成功发射第一颗人造卫星“东方红”1 号以来,截至 2022 年 3 月,中国已经成功地发射 300 多颗国产卫星,其中包括科学技术试验卫星、返回式卫星、通信卫星、气象卫星、资源卫星、导航卫星、海洋卫星、环境监测卫星等。这些卫星已广泛应用于我国的经济、科技、文化和国防建设的各个领域,取得了辉煌成就。

中国第一颗卫星的发射质量为173kg，比苏、美、法、日四个国家第一颗卫星质量的总和还超出33.8kg，而且在卫星的跟踪手段、信息传递方式、星体温度控制方面达到了世界先进水平。此后50年，中国的人造卫星从试验阶段走上了应用阶段。

从1971年到2019年，中国先后有32颗“实践”号科学实验卫星发射升空飞行。它们分别测量了高空地磁场、X射线等空间环境参数，探测了近地空间环境参数和高能粒子效应，进行了空间单粒子测量、空间带电粒子测量，以及太阳能电池供电系统、遥测设备技术性能、流体科学试验，获得了大量空间物理探测数据。此外，中国已开发了3种小卫星平台，技术发展进入一个新阶段。

1975年11月26日，中国首次成功发射返回式遥感卫星，卫星在太空正常运行3天后按预定计划返回地面。中国成为世界上继美、苏之后第三个掌握卫星回收技术和空间遥感技术的国家。截至2006年，中国共成功发射23颗返回式卫星，其中22颗回收成功，卫星在轨工作时间由3天延长到27天。这些卫星应用于国土普查、地质调查、水利建设、矿藏勘探、地图测绘、环境监测、地震预报、铁路选线等领域并发挥了很好的作用。

从1984年到2020年，中国先后研制发射成功三代基于“东方红”卫星平台的静止轨道通信卫星30多颗，卫星上的转发器已从2台增加到54台，卫星设计寿命达到15年。中国是世界上第五个独立研制和成功发射地球静止轨道通信卫星的国家，这些通信卫星用于国内通信、广播、电视、传真和数据传输，开辟了卫星通信的广阔道路。中国的“东方红”3号平台和“东方红”4号平台的通信卫星已进入国际商业市场。

1988年以来，中国先后研制发射成功4颗“风云”1号和5颗“风云”3号太阳同步轨道气象卫星，以及8颗“风云”2号和2颗“风云”4号地球静止轨道气象卫星。这两类气象卫星发挥各自的优势，所拍摄的云图照片图像清晰、纹理清楚、层次丰富，提供全球气象资料，在天气预报、气象研究、减灾防灾、监测环境中作出了很大贡献。

1999年10月以来，先后成功发射6颗“资源”1号卫星、3颗“资源”2号卫星和3颗“资源”3号卫星。资源卫星的主要功能是监测国土资源，评估森林储量和农作物产量，监测灾害和评估灾害损失，勘探地下资源，监测空间环境，在国民经济各部门获得广泛用途。2002年5月以来，又先后成功发射了9颗“海洋”1号卫星和4颗“海洋”2号卫星，结束了我国这样一个海洋大国没有海洋卫星的历史。

2000年10月以来，中国先后发射55颗“北斗”导航卫星，前4颗建立起“北斗”一号区域性试验导航定位系统，2012年由16颗“北斗”二号导航卫星组成了覆盖亚太地区的区域卫星导航定位系统，为国民经济的各部门提供高性能、高精度的定位、授时和短报文通信服务。2020年，中国建成“北斗”三号全球卫星导航系统。中国成为世界上第三个拥有全球卫星导航系统的国家。

2013年4月以来，中国又先后发射成功14颗“高分”对地观测卫星，对国土资源、勘测、环境保护、城市规划、水利交通和农林建设、地震监测、天气预报、防疫监测、公共安全、防灾减灾等领域发挥重要作用。

2015 年 12 月以来,中国先后成功发射“悟空”号暗物质粒子探测卫星、“墨子”号量子科学实验卫星、“慧眼”号 X 射线空间天文卫星,空间科学探测实验取得了新的进展。

中国基本上拥有了各种用途的人造卫星,包括试验、返回、通信、气象、资源、导航、对地观测、海洋和环境监测等系列卫星,进一步扩展了卫星应用领域,把空间技术提高到了一个新水平。

中国科学院发布的《2016—2030 空间科学规划研究报告》指出,至 2030 年前我国预计将发射近 20 颗科学卫星。

随着人类太空技术的发展,越来越多的卫星被发射到太空轨道,太空轨道变得日益“拥堵”,发生碰撞意外的可能性正在增大。同时,太空轨道显然已成为一种抢手资源。目前太空在轨卫星约 4 800 颗,俄罗斯卫星数量不到 200 颗,美国1 000颗左右,我国约 200 颗。中、美、俄的卫星加起来,远远不到4 800颗,剩余的卫星其实不属于哪个国家,而是一家私人航天企业 Space X 所有。美国的马斯克野心勃勃,打算在太空打造“星链”卫星网,以向地面提供通信网络支持。为了实现这一计划,Space X 向太空发射了大量卫星,目前已发射超过 2 200 颗卫星,未来还将继续发射,直到数量达到 1.2 万颗。因为其属于美国企业,所以美国整体拥有的卫星数量将远远超过其他国家。而这也意味着其将占领大量轨道资源,进一步造成轨道“拥堵”情况出现,类似变轨靠近他国空间站、卫星的情况也会增加。因此,各国应重视这一问题,不仅要预防美国占据太多资源,也得警惕“星链”卫星的靠近,同时应对太空垃圾的能力也应提高。

四、载人航天

载人航天是指人类驾驶和乘坐航天器在太空从事探测、试验、研究和生产的往返飞行活动。1961 年 4 月 12 日,苏联航天员加加林(Ю. А. Гагарин)乘“东方”1号飞船到达地球轨道飞行一圈后安全返回地面,开创了载人航天的新纪元。

世界上,原仅有俄罗斯(包括苏联)、美国拥有载人航天工具和进行载人航天活动。自 1999 年开始,中国成为世界上第三个掌握载人航天技术的国家。截至 2021 年 6 月,这三个国家已把 575 名(1 270 人次)航天员送上太空遨游,其中有 65 名女航天员(包括中国的刘洋、王亚平两位女航天员),进入太空参与研究、试验和利用开发空间资源的工作,扩展了航天器的功能和用途,提高了航天活动的效益。

1. 载人航天器的特点

载人航天器按其飞行轨道分为两类:一类是往返于地面和太空的载人飞船和航天飞机,这类载人航天器称为天地往返运输器;另一类是不返回地面、在空间轨道上较长期运行的空间站。

载人航天器有许多特点：

(1)航天器上要有一个适宜航天员生活的环境，必须解决密封、温度湿度控制、有害气体过滤、废物处理等一系列问题。也就是说，要有保证航天员工作和生活必备的环境控制和生命保障系统。

(2)航天员在进入太空和返回地球时会出现超重，而在轨道上运行时又会遇到失重。这对人体都是有害的，且会造成活动不便等问题，因此要解决超重、失重对航天员的影响。

(3)在航天器发射升空和返回地球的过程中，可能会发生危及生命安全的问题，因此必须有应急救生装置。

(4)对载人航天器来说，运载火箭发射的可靠性和航天员的安全性，有比无人航天器更高的要求。

载人航天器不仅要解决发射、回收、控制、联络、仪器设备、密封、隔热等一般技术问题，而且为了保证航天员在太空正常工作和生活，还要解决生命保障和返回地球等特殊难题。例如，为了使航天员座舱有适于生存的空气、压力和温度等环境条件，需要研制专用的成套设备，即研制所谓的生命保障系统；为了防止航天器在太空飞行时受到宇宙辐射的伤害，需要有防辐射装置；为了防止太空微流星撞击穿透座舱，需要采取防护措施；航天员在太空活动，需穿特制的航天服(宇航服)；在太空环境，航天员的饮食、排泄、行走、身体状况监测等，都需要通过特殊的方法和设备来完成。此外，还要有特设的报话通信系统、载人机动装置和逃逸救生系统等。

载人航天器的最大优点，就是由航天员直接操作，发挥人的主观能动作用。人以载人航天器为基础，可以在空间直接观察和操作机器，根据发现的问题及时修改程序、获取信息、综合和处理数据等，可以在空间进行各种实验、搬运补给物资、更换试验样品、维修安装设备和调试仪器等。人在航天器上的识别、分析、判断、机动和操作能力，对于完成航天任务有着重大的作用。

2. 载人飞船和登月壮举

载人飞船是最早将人送入空间轨道的航天器。它在太空的运行时间有限，仅能一次使用，既可独立进行航天活动，又可作为地面与空间站联系的空间渡船，还可与空间站或其他航天器对接后进行联合飞行。完成任务后，飞船返回舱载回航天员和飞行成果。

载人飞船通常由乘员返回舱、轨道舱、服务舱、对接舱和应急救生装置等部分组成；登月飞船还有登月舱。60 多年来，美国和俄罗斯都已发展了三代载人飞船，进行了卓有成效的载人航天活动。中国研制发射了“神舟”载人飞船。中国第一名航天员杨利伟乘“神舟”5 号飞船升空飞行，“神舟”飞船首次载人飞行获得圆满成功。从 2003 年到 2021 年，“神舟”飞船进行了 8 次载人飞行，实现了从一人一天飞行到多人多天开展空间实验活动，从载人舱内活动到舱外太空行走，从载人飞船单独飞行到航天器交会对接飞行，为建设空间站奠定了坚实的技术基础。中国成为世界上第三个掌握载人飞船技术（包括航天员太空行走技术、空间交会对接飞行技术）和独立开展载人航天活动的国家。

俄罗斯（包括苏联）的载人飞船有“东方”号、“上升”号和“联盟”号三代飞船系列。其中，“联盟”号飞船共有6种型号，可载3名航天员。第一种“联盟”号飞船，最初8艘为进入地球轨道单独飞行；后来发射的27艘“联盟”号飞船，作为向空间站运送轮换航天员的太空渡船，与“礼炮”号空间站对接飞行。第二种“联盟”T号飞船发射14艘，共载44人次航天员与“礼炮”号、“和平”号空间站对接飞行。第三种“联盟”TM号飞船共发射34艘，载90人次航天员到“和平”号空间站和国际空间站对接飞行。第四种“联盟”TMA号飞船共发射16艘，载53人次航天员到国际空间站对接飞行。第五种“联盟”TMA－M号飞船共发射20艘，共载60人次航天员到国际空间站对接进行长期飞行。第六种“联盟”MS号截至2021年4月已发射16艘，共载47人次航天员到国际空间站长驻飞行。俄罗斯的“联盟”号载人飞船至今仍在配合国际空间站定期换人联合飞行。

美国的载人飞船有“水星”号、“双子星座”号和“阿波罗”号三代飞船系列。1961—1963年发射成功6艘载1人的“水星”号飞船，其中前两艘是亚轨道飞行；1964—1966年发射成功10艘载两人的“双子星座”号飞船；1968年开始发射载3人的“阿波罗”号飞船。“阿波罗”号飞船除了一次与苏联的“联盟”号载人飞船联袂飞行和3次为天空实验室运送航天员到空间站飞行以外，最为壮观和举世瞩目的是实现人类登月的壮举。

美国从1966年开始执行载人登月计划。经过3年的努力，1969年7月16日“阿波罗”11号飞船载3名航天员进行首次登月活动，7月20日航天员阿姆斯特朗（N. A. Armstrong）第一个踏上月球。此后到1972年，一共有7艘“阿波罗”号飞船载21名航天员参加登月飞行，其中6艘登月成功，12名航天员在月球上留下了人类的足迹。他们在月球上共停留302小时20分钟，行程90.6km，开展了一系列科学实验活动，包括采集带回地面384.2kg月球土壤、岩石样品，为进一步探测、开发和利用月球奠定了基础。

3. 空间站的长期飞行

空间站又称轨道站、航天站，系供多名航天员在太空轨道上长期巡访、工作和居住的航天器。空间站由轨道舱、生活舱、服务舱、对接舱、气闸舱、专用设备舱、太阳能电池装置等几部分组成。空间站为维持长期载人飞行，需要由货运飞船定期向空间站运送补给燃料和航天员的食物、饮水及各种生活用品。由于空间站有对接口，可与其他航天器一起连成更庞大、复杂的组合空间站，又称轨道联合体。这种大型空间站可以补给和装载更多的科学仪器、设备和生活用品，可以容纳更多的航天员在太空长期从事空间科学研究、工业生产、发射卫星、组装修理设备和开展军事活动。空间站的载人长期飞行,为开发、利用空间资源创造了更为有利的条件。

美国只在1973年5月发射过一座名为天空实验室的空间站,在轨运行2 249天,直到1979年7月才坠入南太平洋上空烧毁。天空实验室有过3次载人航天活动,先后共9名航天员用58种科学仪器进行了270多项空间物理探测、地球资源勘测、工艺技术试验和生物医学研究工作,拍摄了数万张太阳活动和地球表面照片,取得了丰硕成果。

苏联从1971年4月19日发射世界上第一座空间站"礼炮"1号,共发展三代8座空间站,共有160人次航天员到站上居留和工作。第一代空间站为"礼炮"1号至5号,第二代空间站是"礼炮"6号和"礼炮"7号。1986年2月发射的第三代空间站"和平"号,有6个对接口,除前后两个对接口供"联盟"TM号载人飞船和"进步"M号货运飞船停靠外,4个侧向对接口还用来接纳各种专用实验舱。"和平"号核心舱先后实现与"量子"1号、"量子"2号、"晶体"号、"光谱"号和"自然"号五个科学实验舱的对接,和"联盟"TM号载人飞船一起,组装完成一座20世纪世界上最大的空间站。它长约50m,重123t,共有30艘飞船载78人次航天员到站上工作,完成2.2万次科学实验任务,其中航天员波利亚科夫(В. В. Поляков)创造了一次太空飞行438天的最高纪录,阿乌杰耶夫(С. В. Авдеев)创造了三次太空飞行累计时间747天的最高纪录。"和平"号原设计寿命为5年,但它在太空运行15年。2001年3月23日,"和平"号完成历史使命后在太空解体,坠落于南太平洋。

1998年11月,由俄、美等16个国家共同建造国际空间站。历经13年,到2011年7月,由俄罗斯载人飞船、美国航天飞机进行100多次飞行,载人载物到轨道上组装建成了国际空间站。国际空间站包括两大部分:第一部分包括"曙光"号多功能货舱、"团结"号节点舱、"星辰"号服务舱等12个舱段;第二部分包括7副桁架、4副太阳能电池板以及遥控机械臂等。总质量达到423t,长108m,宽88m,可供7名航天员长期居住工作,最多可接待15人同时开展空间科学实验活动。截至2018年7月,国际空间站已经接待了美、俄等国55个长期考察组151人次航天员到站上长期居留并开展各种科学实验活动,甚至已有7名太空游客到站上旅游了。俄罗斯航天员克里卡廖夫(С. К. Крикалев)于2005年10月11日从国际空间站上飞行179天后返回地面,他创造了6次太空飞行累计时间803天的最高纪录。2015年3月28日,俄罗斯航天员根纳季·帕达尔卡(Геннадчú Падалка)乘"联盟"TMA-16M飞船升空,飞往国际空间站,在太空生活168天,于同年9月12日返回地面。他参加5次太空飞行累计879天,打破克里卡廖夫在太空停留803天的纪录。航天员在国际空间站上居留时间最少的115天,最长的288天。2016年11月18日,美国女航天员佩姬·惠特森(Peggy Whitson)乘俄罗斯"联盟"MS-03号飞船飞往国际空间站,在太空驻留288天,2017年9月3日乘"联盟"MS-04号飞船返回地面。她三上太空累计飞行665天,成为在太空生活时间最长的女航天员。国际空间站运行预计要到2030年。

4．航天飞机载人飞行

航天飞机是一种往返于地球和近地轨道之间运送航天员和有效载荷并可重复使用的航天器。美国的航天飞机实际上把运载火箭和航天器结合在一起，成为一个统一的天地往返运输系统。1988年11月苏联仅做过一次不载人的“暴风雪”号航天飞机飞行活动，“暴风雪”号航天飞机也承担部分运载器的功能，与“能源”号运载火箭组成一个整体系统。

航天飞机兼有火箭、航天和航空的技术特点。它的火箭技术特点表现在起飞到入轨的上升飞行段；航天技术特点表现在进入太空轨道的飞行段；航空技术特点表现在再入大气层滑行飞行和水平着陆段。航天飞机可多次重复使用，除具有人造卫星、宇宙飞船和小型空间站的功能外，还可用来向近地轨道施放卫星，向高轨道发射空间探测器，在空间轨道上捕捉、维修和回收卫星，搭载太空实验室开展各项空间实验活动。

美国航天飞机由轨道飞行器、外挂燃料贮箱和固体助推器三大部分组成。美国从1971年开始把建造可重复使用的载人航天运输工具列入研制计划。经过5年时间，于1976年研制成一架名叫“企业”号的航天飞机轨道器，经过航天员参加的挂机飞行，检验了它在大气层内飞行和返回着陆的性能。它是航天飞机的雏形。

美国载人飞行的航天飞机于1981年4月成功首航，一共研制发射5架，依次命名为“哥伦比亚”号、“挑战者”号、“发现”号、“亚特兰蒂斯”号和“奋进”号，共飞行135次，其中“挑战者”号航天飞机于1986年进行第10次飞行时升空爆炸，“哥伦比亚”号航天飞机于2003年2月1日返航途中解体，酿成航天史上两次机毁人亡的惨祸。这5架航天飞机把814人次航天员载上太空飞行，行程8亿多千米，运送了1 750吨货物。在135次飞行中，有89次是搭载科学实验载荷和应用有效载荷，进行大量的医学、生物学、生命科学、流体物理学、天文学和其他技术领域的基础科学研究，开展了大量的对地观测、通信导航、材料工艺等空间实验，发射部署和维修了各类人造卫星和空间探测器；有9次与俄罗斯和平号空间站进行对接试验飞行，有37次主要执行建造国际空间站的任务。2001年3月至2002年11月，美国“发现”号和“奋进”号航天飞机5次载送5个基本考察组15名航天员到国际空间站上开展较长期的空间科学实验活动。

五、航天技术展望

在20世纪，航天技术已获得卓越成就和巨大发展，它已成为促进生产力增长、国民经济发展和社会进步的一个重要手段。同时，航天技术的成果以及它的新技术、新工艺、新材料、新器件向国民经济各个部门移植和转移，加快了空间产业化的进程。

在21世纪，为了解决信息、生态、环境、资源以及其他经济和社会发展各方面问题的需要,航天技术必将升华到一个崭新的阶段,获得进一步的发展。

1. 运载系统更新

航天运载系统正向着经济、可靠和重复使用的方向发展。作为发展主流的一次性运载火箭将采用大直径、少级数、大运载能力,使用无毒推进剂,降低成本,提高可靠性,提高发射成功率。中国正在研制新一代无毒、无污染的大推力运载火箭。这种新一代火箭贯彻"通用化、组合化、系列化"的设计思想,以研制500千牛($1KN=10^3N$)的液氢液氧发动机和1 200KN的液氧煤油发动机为基础,采用直径5m、3.35m和2.25m三种模块组合,建成"长征"5号14种型谱系列运载火箭,达到近地轨道运载能力覆盖10~25t、地球同步转移轨道运载能力覆盖6~14t,大幅度地提升运载火箭的运载能力和技术水平。其中,新一代大型运载火箭"长征"5号、中型运载火箭"长征"7号、小型运载火箭"长征"6号都已首飞成功。

美俄在分别研制新一代"战神"号、"猎鹰"9号和"安加拉"号一次性运载火箭的同时,还在另辟新的途径,发展热核火箭推进系统。

(1)单级入轨火箭、重型运载火箭和可重复使用运载器。单级入轨火箭在技术上有两大关键:一是要有一种轻型可重复使用且推力能在大范围内调节的新型发动机;二是要大大减轻火箭的结构重量。重型运载火箭如美国于2018年2月首次发射成功的"重型猎鹰"号,其近地轨道运载能力达到63.8t、地球同步轨道运载能力达到26.7t,而且美国的"猎鹰"9号运载火箭已经实现了部分重复使用的目标。

(2)垂直起飞、水平降落的空间运载系统。由于航天飞机的发射和维修费用昂贵,美国提出一个代替航天飞机的RLV(重复运载器)计划,研制轨道航天飞机、机组探测飞行器。俄罗斯、日本和欧空局都在研制可重复使用的运载器或空间飞行器。

(3)水平起飞、水平降落的空间运载系统。它能像飞机那样在跑道上起飞和降落,称为空天飞机,分单级入轨和双级入轨两种。

除此之外,随着微型卫星的兴起以及火箭设计、固体推进剂、新型材料和电子技术的不断进展,开发各种高性能、高质量的小型运载火箭也将成为新世纪的发展趋向。

2. 人造卫星换代

人造卫星已经成为开发利用太空资源的主力军。各种各样的人造卫星具有很高的实用价值,其发展前途无量,特别是商用卫星和军用卫星将继续换代,以提高性能,降低造价,扩大应用范围。卫星技术朝着两个方向发展:一是大型卫星寿命越来越长,可靠性越来越高,性能越来越好;二是小型卫星越来越小,出现了纳卫星,且常通过编队组网执行任务。

(1)通信卫星将进一步推进全球通信时代的到来。静止轨道通信卫星在通信广播的容量、功率、可靠性和转发器性能方面会有大幅度的提高;卫星直播电视、可视电话将迅速发展。研制发展宽带多媒体通信卫星;卫星固定、卫星移动和卫星直播三种通信方式实现融合，建立全球无缝隙覆盖的天地一体化综合通信网。解决静止轨道位置的拥挤和单星故障的技术途径是开发中、低轨道的卫星通信资源，发展星座通信的创新技术，因此低轨道小卫星会异军突起，由小卫星星座构筑起太空信息高速公路，全球移动卫星信息系统将会迅速发展起来。中国发射采用"东方红"4 号平台的通信卫星，已在大容量广播通信、电视直播、数字音频广播、宽带多媒体等通信领域展现出了广泛的应用前景。

(2)遥感卫星将进一步提高技术应用水平。航天与遥感相结合，进一步提高空间和时间分辨率，为资源勘测、环境监测、军事侦察提供了现代化手段，会推动地球资源卫星、海洋卫星、侦察卫星等向高层次发展，实现遥感卫星对全球资源和生态的管理。对与人类生产和生活密切相关的气象、洪水、地震、火山活动进行准确预测，对城市、铁路、公路、水利、资源开发进行有效规划，对全球厄尔尼诺和拉尼娜现象、臭氧空洞和温室效应进行有成效的研究，遥感卫星都将发挥更大的作用。这样，高分辨率、多谱段的大型综合遥感器、小型遥感卫星星座和遥感信息技术结合发展，将达到一个更高的水平。中国于 2020 年 12 月发射成功的"高分"14 号对地观测卫星，分辨率达到亚米级，具有高分辨率、大成像幅宽、多成像模式、长寿命运行等特点，主要技术指标已达到国际同类卫星的先进水平。

(3)卫星全球定位系统将进一步发挥作用。20 世纪末开始建立起来的全球定位系统，可在任何时候、任何地方为用户提供实时、连续、全天候的高精度的三维位置、三维速度、三维姿态和时间数据。它用于高精度测绘，为汽车、船只、飞机、导弹导航，为卫星、飞船、空间站、航天飞机定轨定姿，为国际空间站交会对接进行相对导航。特别是今后世界各国的飞机、船舶、火车、汽车以及手持电话、便携式个人电脑，都将普遍使用全球定位系统。美国将建立定位精度更高、抗干扰能力更强、寿命更长的 GPS 导航星全球定位系统；俄罗斯部署完成第三代"格罗拉斯"全球卫星导航系统；欧洲空间局已开始发射导航卫星，将建成"伽利略"卫星导航定位系统。中国于 2020 年 6 月建成了"北斗"全球卫星导航系统。日本、印度也在积极发展本国的区域性卫星导航系统。

(4)今后人造卫星技术的发展趋势：一是研制大平台、大容量、长寿命的卫星；二是发展微型和轻型卫星；三是使用多功能卫星。由于大型卫星研制周期长、技术风险大，所以研制周期短、成本低、易于制造生产的小卫星受到越来越多的青睐。中国研制人造卫星在技术上和应用上已进入第三代，将跨上一个新的台阶。

3. 建设载人基地

未来载人航天技术发展主要有两个方面：一是研制发射新型载人飞船和货运飞船，继续使用国际空间站，开展地球轨道载人航天活动；二是实现载人月球和火星探测。这两个方面需要采用先进可靠的航天运载器技术、空间交会对接技术、空间舱外活动技术、深空探测技术等作为保障。

2011 年建成的国际空间站，已成为一个空前规模的载人活动的太空基地。截至 2021 年 4 月，已有 63 个长期考察组的 175 人次航天员到国际空间站上开展长期的空间科学实验活动。航天工程耗资巨大，技术创新很多，涉及的问题很广，原来由一个国家独立发展越来越显得力不从心，难以为继，不得不采取国际合作、联合开发的方式，集中力量，取长补短，逐步从竞争走向合作，共同发展。现除了俄罗斯定期发射“联盟”MS 号载人飞船和“进步”MS 号货运飞船外，美国已开始发射“龙”和“天鹅座”货运飞船，欧空局发射 ATV（自动转移飞行器）货运飞船，日本发射 HTV（H－2 转移飞行器）货运飞船，参加国际空间站的载人航天活动。

在太空建设起载人居住的大型基地之后，进行工业化生产的太空工厂、太空太阳能电站等就会相继出现，在太空组装大型卫星，然后使用轨道机动飞行器将卫星送至地球同步轨道，同时空间修建业、旅游、医疗事业也都会得到发展。美国和俄罗斯正在研制新一代载人飞船“猎户座”号和“联邦”号，将继续派人飞往国际空间站执行飞行任务。在 21 世纪中期，这种大型空间站将变成人类的太空家园。

特别是随着对月球、火星探测的进展，人类将重返月球，远征火星。如果证实月球和火星上有丰富的水源，那么航天技术将加快对月球和火星的开发，逐步建立起适合人类长期居留并进行科研生产的月球基地和火星基地，甚至实现向这些地外星球移民，这是一幅令人向往的美好图景。在 21 世纪，这并不是毫无根据和没有把握的梦想。

中国的载人航天技术分 3 步实施。第一步是研制和发射载人飞船，将航天员安全送上近地轨道，开展对地观测和科学实验，并使航天员安全返回地面，实现载人航天的历史突破；第二步是建成完整配套的空间载人工程系统，完成航天员出舱活动，进行交会对接试验，并发射短期有人照料的空间实验室，2016 年 10 月，“神舟”11 号载人飞船与“天宫”2 号空间实验室实现交会对接飞行，完成第二步目标；第三步是研制建造更大的长期载人飞行的空间站。预计不久，中国将建成由一个核心舱和两个实验舱组成、总重 60t 以上的“天宫”号空间站，然后定期发射载人飞船和货运飞船为空间站送人运货，让航天员驻站开展长期的空间科学实验活动。

4. 空间探测扩展

航天技术的不断进步，为空间探测提供了先进手段和良好条件。空间探测器的出现，为天文观测插上了翅膀，使人类对月球和太阳系各大行星以至整个宇宙空间的探测取得了重大进展。

世界各国特别是美国和俄罗斯发射了从月球到各大行星的空间探测器，不仅对太阳系的八大行星进行了卓有成效的探测，而且到月球、火星上着陆进行了实地考察，取得了许多重大成果。21 世纪，空间探测器将深入扩大其探测成果。

（1）开发月球。今后探测月球，是为了解决人类面临的日益恶化的生存环境、矿产资源的日趋枯竭和能源的短缺等问题。经过对月球的多次探测和实地考察，已经发现月球上有丰富的矿物资源,还有地球上所没有的氦 3 能源元素。1998 年,美国发射的"月球勘探者"号探测器,集中对月球上是否存在水源进行了探测,估计在月球两极地层下的水冰总储量达到 1×10^{10}t。美国在 2008 年以后又发射了几个探测器到月球,并开始实施"星座计划"。中国于 2004 年启动"嫦娥工程"月球探测计划。这个计划分为 3 步:第一步研制和发射"嫦娥"一号和二号月球探测卫星,绕月球进行综合探测,获取月球的立体图像;第二步发射"嫦娥"三号月球探测器,在月球软着陆和"玉兔"号月球车在月面巡视勘察;第三步于 2020 年发射"嫦娥"五号探测器采集月球样品,然后携带采样返回地球。到 2020 年 12 月,"嫦娥工程"探月计划圆满完成。探月技术的突破,为将来开发月球奠定了基础。俄罗斯、日本、印度和欧洲空间局也在近几年实施了探测月球的计划。日本发射了"月女神"探测器,印度发射了"月船"1 号探测器,欧空局发射了"斯马特"1 号月球探测器,世界探月技术取得突破性进展。科学家估计,随着航天技术的日益发展,月球上将建设月球空间站或建立起新的月球基地,人们可以在月球居留几个星期,开展各种科学实验活动;2025 年以后月球上将会建成"工作基地",月球将成为人类生存延伸到地球以外星球的一个新居所。

(2)远征火星。火星最早受到关注,是因为寻觅火星生命之谜。经过长期探测,可以肯定火星上没有高等生命存在。但火星的地貌与地球极为相似,可以改造为有利于生物生长发育的环境。同时,火星上拥有丰富的氧化物和矿藏,也含有大量氦 3 能源材料,因此也是人类开发地外星球最为理想的地方。世界上只有美国、俄罗斯、日本和欧洲空间局发射过火星探测器,其中美国于 1996 年发射的"火星探路者"号于翌年在火星上登陆,并携带一辆叫"索杰纳"的火星车在火星上实地考察。它拍回的照片表明,火星上有发生过洪水的迹象,火星岩石中含有有机分子,这又一次燃起了寻觅火星存在过生命的热潮。但不管火星上是否存在过生命,对火星的探测都是人类空间探测的一个焦点。2003 年欧洲空间局发射"火星快车"探测器,美国发射"勇气"号和"机遇"号两个火星探测器,它们于 2004 年登上火星后都在火星表面发现了水的痕迹,在火星南极地表下存在大量冰冻水。2012 年、2018 年和 2020 年,美国光后发射"好奇"号、"洞察"号、"毅力"号火星探测器到达火星考察,寻觅支持适宜生命存在的环境。2020 年中国发射"天问"一号火星探测器,到火星上探测考察。2020 年 7 月 23 日,我国成功发射"天问一号"火星探测器,2021 年 5 月 15 日"天问一号"火星探测器成功着陆火星。美国、俄罗斯、欧洲空间局都制订了火星探测和载人登陆火星的计划。世界上已发射 40 多个火星探测器,火星探测技术取得了新的进展。人类将可能在火星上建立起永久性基地。载人远征火星将是航天技术发展的一个新的里程碑。

(3)深空探测。20 世纪末期以来,人类相继研制发射"先驱者"号、"旅行者"号、"水手"号以及"麦哲伦"号、"伽利略"号、"卡西尼"号、"信使"号、"朱诺"号、

“新视野”号等行星和行星际探测器,对太阳系行星的探测多姿多彩,蔚为壮观。截至 2020 年,全世界共发射近 300 个空间探测器,其中有的探测器至今仍在执行探测任务。同时,探测彗星和小行星的技术也取得重要进展,已经有多个彗星探测器和小行星探测器取得探测成果。特别是小行星上蕴藏丰富的矿物资源和能源可资开发利用,美国计划 2025 年实现载人登陆小行星的探测考察目标。此外,从 1990 年到 2009 年先后发射的“哈勃”空间望远镜、“康普顿”γ 射线望远镜、“钱德拉”X 射线望远镜和“开普勒”空间望远镜,把太阳系外宇宙空间奥秘的探测推向一个崭新阶段,已经获得许多惊人发现和丰硕成果。21 世纪对太阳系各大行星的探测,将扩展到最远且尚未问津过的星球,继续向深空进军,并到太阳系外去寻觅地外文明和揭示宇宙生命之谜。

航天技术将把人们引到一个崭新的天地,航天技术的迅猛发展在一定意义上将改变世界的面貌。因此,中国会在航天技术领域大有作为,将获得更大、更快的发展,使航天技术在提高生产力、增强国力、造福人类中作出更大的贡献。

思考题

1. 名词解释:航空、航天、航宇、第四环境、第一宇宙速度、第二宇宙速度、第三宇宙速度。
2. 人类从事航天活动的目的是什么?
3. 已探明的空间资源有哪些?
4. 人造卫星按其用途可分哪几类? 现有哪些应用卫星?
5. 什么是人造卫星、飞船、航天飞机、空间站?

第七节 新能源技术

能源是人类生存的物质基础,是经济发展的原动力。能源、材料和信息技术并称为现代文明的三大支柱。

人类利用能源大致经历了三个时期,即柴草时期(从火的发现至 18 世纪中叶)、煤炭时期(从 18 世纪中叶至 20 世纪中叶)和石油时期(从 20 世纪中叶至今)。目前,全世界消费的能源主要部分是由石油、煤炭和天然气等化石燃料提供的。

以石油、煤炭等化石燃料作为能源,则面临三大问题:第一,化石燃料储量有限。表 3-3 说明,按目前的开采和消费水平,石油和天然气只能用 50 年,煤也只够用 100 多年;第二,化石能源都是很宝贵的化工原料,当作燃料烧掉造成资源上的浪费;第三,化石燃料燃烧严重污染环境。因此,研究开发高效、清洁的新能源已成为当务之急,也是世界各国的重要战略政策之一。

表 3-3　2013 年底世界及中国化石燃料探明储量的可开采年限①

	石油/年	天然气/年	煤/年
世　界	53	55	113
中　国	12	28	31

一、能源及其分类

1. 能源

能源是指人类用来获取能量的自然资源。这里的自然资源可以是物质本身,如各种燃料,也可以是物质的运动形式,如太阳辐射、空气和水的流动等。能源的范围随着科学技术的发展而扩大。

2. 能源的分类

能源有多种分类方法。

(1)按来源不同,可把能源分为三类:

①来自地球以外天体的能量,其中最主要的是来自太阳的能量。它除了包括直接的太阳辐射能外,还包括间接来自太阳能的资源,如化石能源、生物能、水能、风能、海洋能等。

②地球本身蕴藏的能量资源,如储藏于地球内部的地热能及海洋和地壳中的原子核能。

③地球与其他天体相互作用而产生的能量,如地球与月球(及太阳)之间相互作用而产生的潮汐能等。

(2)按形成条件不同,可把能源分为两类:一次能源和二次能源。

①一次能源,是指天然存在的、不改变其基本形式就可以直接利用的能源,如原煤、原油、天然气、水力、太阳能、风能、地热能、“可燃冰”等。

②二次能源,是指在一次能源的基础上经过加工、转换而成的能源,如电力、汽油、煤油、煤气、蒸汽、沼气、酒精、氢气等。

(3)按能否反复利用,能源可分为再生能源和非再生能源。太阳能、风能、水力、海洋能、生物能等是再生能源,因为这些能源有天然的自我恢复能力,开发使用后,能够再产生。煤炭、石油、天然气、“可燃冰”等是非再生能源,它们被消耗掉以后短期内无法再生,并将随着人类的开发利用逐渐减少,直至枯竭。

(4)从开发使用的程度不同,可把能源分为常规能源和新能源。已被人们广

① 表中数据来自《2014 年 BP 世界能源统计年鉴解读》。

泛利用的能源称为常规能源，如煤、石油、天然气、水力等。尚未被人们大规模利用，正在研究开发，有待于推广的能源称为新能源，如原子能、太阳能、地热能、风能、海洋能、生物能、氢能、“可燃冰”等。

二、新能源

1. 核能

(1)核能，又称原子能。它是指原子核结构发生变化时放出的能量。原子核结构的变化有两种形式：一种是重元素的原子核发生分裂反应(又称核裂变)；另一种是轻元素的原子核发生聚合反应(又称核聚变)。这两种变化放出的能量分别称为核裂变能和核聚变能。

核能比化石燃料燃烧(发生一般的化学反应)放出的能量要大得多。1kg 铀235(体积像火柴盒般大小)核裂变放出的能量相当于 1 800t 石油或 2 800t 标准煤燃烧时放出的能量。可见，核能作为和平利用是一种十分巨大的能源。

(2)核裂变反应。它是指一个重原子核分裂成 2 个(极少数情况下会是 3 个、4 个)较轻的新原子核的过程。核裂变有自发和诱导两种，前者是由于重核不稳定自发地分裂，后者是原子核受到其他粒子(如中子、光子等)的轰击而引起核的分裂。以下提到的核裂变均指后者。

用来进行核裂变反应并连续释放能量的物质，称核裂变燃料。目前能作为核裂变燃料使用的重元素为数不多，自然界中存在的重金属元素铀是应用最多的一个。铀是元素周期表中第 92 号元素，它由铀 238($^{238}_{92}U$)、铀 235($^{235}_{92}U$)和铀 234($^{234}_{92}U$)三种同位素组成，含量分别为 99.28%，0.714% 和 0.006%。其中，只有铀 235 是裂变同位素。另外，还有一些人工生产的裂变同位素，如铀 233 和钚 239。

当热中子(又称慢中子，指能量在 0.1eV 左右的中子)轰击铀 235 的原子核时，铀 235 的原子核就吸收中子而发生裂变，分裂成两个质量较小的原子核(称为裂变碎片)，同时产生 2 ~ 4 个中子，并释放出 2×10^8eV 的能量。其裂变反应产物复杂多样，下面是几个常见的核裂变反应：

$$^{235}_{92}U + ^{1}_{0}n \rightarrow \begin{cases} ^{141}_{56}Ba + ^{92}_{36}Kr + 3^{1}_{0}n + \text{能量} \\ ^{131}_{50}Sn + ^{103}_{42}Mo + 2^{1}_{0}n + \text{能量} \\ ^{135}_{53}I + ^{97}_{39}Y + 4^{1}_{0}n + \text{能量} \end{cases}$$

上述反应式中的$^{1}_{0}n$ 代表中子。

裂变后产生的裂变碎片与各粒子的质量之和要小于裂变前铀原子核与中子的质量之和，这种现象叫质量亏损。核裂变产生的能量就是由亏损的质量转化来的。

如果核裂变反应中产生的中子再引起其他的铀核裂变,就可以使裂变反应不断地进行下去,这种连锁反应称为“链式反应”(见图3-20)。链式反应的速度特别快,两次反应间隔时间只有2×10^{-14} s。如果不加控制,反应一旦开始,巨大的原子核裂变能就会在一瞬间全部释放出来而发生爆炸。原子弹就是根据这个原理制造的。

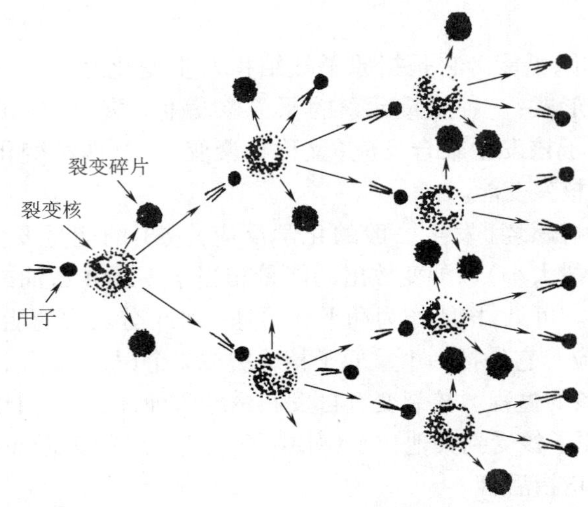

图3-20　中子诱发铀235裂变形成链式反应

在链式反应中,后一代中子数与前一代中子数之比称为倍增系数(k)。虽然一个中子轰击一个铀235核可产生2~4个中子,但并不是产生的所有中子都能用来继续引起核裂变。其中,一部分中子可能被核裂变产物和反应体系内构件吸收,也可能有一部分中子逃逸到反应体系外,它们都不参加链式反应。能参加链式反应的中子的多少对链式反应具有决定作用。如果能产生链式反应的中子的倍增系数k值平均小于1,则链式反应就呈收缩趋势,愈来愈弱,直至停止;如果k值平均大于1,则呈发散趋势,反应愈来愈烈,甚至达到无法控制的地步,即发生爆炸;如果控制k值恰好等于1,则链式反应可以经久不息地平稳进行,核裂变能就可以和平利用。

维持和控制链式反应的措施有以下3点:

第一,使参加反应的裂变燃料具有一定的质量,并按某种成分结构、几何形状布置成一定尺寸,以使裂变反应中产生的中子的泄漏与吸收损失尽可能小。所需最小的裂变物质的数量称为“临界质量”(相应的体积和尺寸称为“临界体积”和“临界尺寸”)。正好维持链式裂变反应的状态称为“临界状态”。

第二,在反应体系中加入中子减速材料(慢化剂)。裂变反应释放出来的中子平均能量在2MeV左右，称为快中子，而热中子更容易引起铀235的裂变。在反应体系中加入减速材料后，这些物质的原子核与快中子发生弹性碰撞，就可以把快中子慢化成热中子。

第三，向产生链式反应的裂变物质（如铀235）中放入或移出可吸收中子的材料（如硼、镉、铪等）。正常工作时使裂变物质处于临界状态，维持稳定的链式裂变反应。如需停止反应，就放入更多的吸收中子的材料；若需要释放更多的核能，就可以先移出吸收材料，使链式反应规模扩大到所需水平，然后使其回到新的临界状态。

（3）核裂变能的和平利用——核电站。利用核能来发电的装置称为核电站。目前，大多数核电站是利用核裂变能来发电的。核电站（见图3－21）的核心是核反应堆，它是一个能维持和控制核裂变反应的装置，在这里实现核能—热能的转换。反应堆释放出的热能由一回路系统的冷却剂带出，用来产生蒸汽。整个一回路系统相当于常规火力发电厂的锅炉系统，也称核岛。由蒸汽驱动汽轮发电机发电的二回路系统与常规火力发电厂的汽轮发电系统基本相同，也称常规岛。

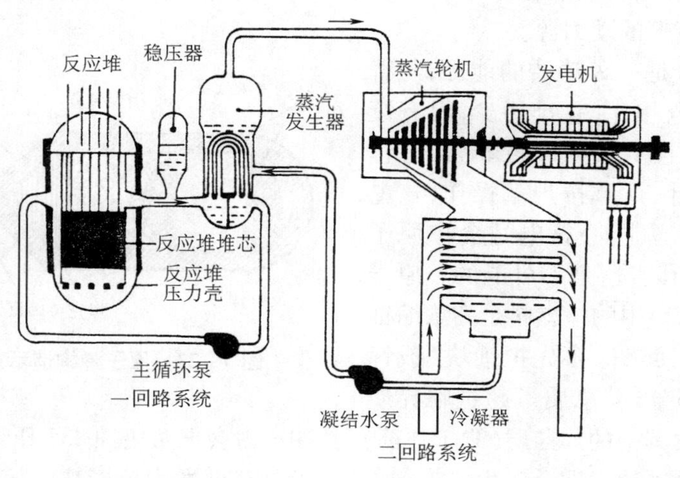

图3－21　压水堆核电站工作原理示意图

核反应堆有多种类型，按引起裂变的中子能量大小可分为热中子反应堆和快中子反应堆。由于热中子反应堆比较容易实现和控制，所以目前大量运行的是热中子反应堆。热中子反应堆使用的慢化剂是轻水（普通水）、重水或石墨，冷却剂为轻水、重水、二氧化碳和稀有气体氦等，燃料为天然铀（铀235含量为0.7%左右）和低浓缩铀（铀235含量为3%左右）。根据慢化剂、冷却剂和燃料的不同，热中子反应堆又可分为四个类型,详见表3-4。

表3-4 热中子反应堆的分类

	轻水堆 (压水堆、沸水堆)	重水堆	石墨气冷堆	石墨水冷堆
燃料	低浓缩铀	天然铀	低浓缩铀	低浓缩铀
慢化剂	轻水	重水	石墨	石墨
冷却剂	轻水	重水	二氧化碳或氦	轻水

目前运行的核电站以轻水堆居多,我国采用压水堆作为第一代核电站的反应堆。

从1954年苏联建成世界上第一座核电站以来,全世界已有400多座核电站在30多个国家运行,为解决世界能源问题开辟了一条广阔的道路。2013年,核电已占世界总电力的14%。我国正在积极稳妥地发展核电站,截至2022年3月31日,我国大陆运行的核电机组共54台,额定装机容量约5.58×10^{7}kW。2021年1月至12月,运行机组累计发电量占全国累计发电量的4.97%。在建的核电机组19台。

除核电站外,反应堆还可以用于建筑物的供热采暖、钢铁的冶炼、海水的淡化和作为核潜艇等的动力源。

核能发电是一种清洁的能源,与普通的火力发电相比,它排污少,没有废气和灰渣,而且从长期来看非常经济。只要精心设计、认真按规章操作,核电是安全的。有人担心核电站会像原子弹那样爆炸,其实这是不可能的。原子弹(见图3-22)中的核燃料是高浓缩铀(浓度达93%)或钚,事先把铀块(或钚块)分成两部分,其总质量超过临界质量。一旦引爆其中的炸药层(TNT炸药),其冲击力会把两块铀235压聚在一起,超过临界质量的铀块立即会发生雪崩似的链式反应,即发生核爆炸。核电站反应堆的结构和性质与原子弹完全不同。从燃料上看,发电用的反应堆大都采用低浓度裂变燃料,而且是分散布置在反应堆内,任何情况下都不可能像原子弹那样紧聚到发生核爆炸。另外,反应堆设有完备的安全控制手段,即便核能意外地释放太快,堆芯温度上升太高时,链式反应也会自行减弱,以至停止,而不会发生爆炸。核电站还有三道防止放射性物质泄漏的屏障及一系列纵深防御措施,可以确保核电站安全运行。

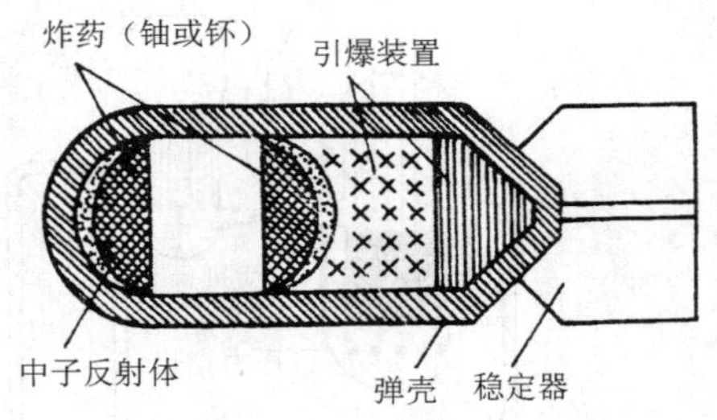

图3-22 原子弹构造示意图

历史上发生过三起重大的核泄漏事故。第一次是1979年3月18日,美国三里岛核电站堆芯熔毁,使部分放射性物质逸入大气。这次事故是由于操作失误等原因造成的,事故对环境和居民没造成任何危害和伤亡,也没有发现明显的放射性影响。第二次是 1986 年 4 月 26 日,苏联切尔诺贝利核电站 4 号反应堆发生爆炸,大量放射性物质外泄,造成了一定伤亡和环境污染。发生事故的原因被认为是反应堆型有安全隐患、人为差错和操作人员违章。第三次是 2011 年 3 月 11 日,日本东北部近海发生里氏 8.9 级特大地震,地震及海啸导致了福岛核电站多台反应堆机组出现故障,其中福岛第一核电站 1 号反应堆机组厂房爆炸,导致核泄漏。事故未造成人员死亡,但从福岛核电站周边的水和食物中检测出了超过国家标准的放射性物质。

对于未来核能的利用,必须研究开发出新一代更加安全可靠的核电站,同时绝不能放松对放射性危害的警惕。放射性三废的处理、储存和最终处置是一个世界性的难题,目前虽然有一些措施,但离最终解决问题还有相当的差距。

我国一直致力于新一代安全可靠核电站的研发。在 30 余年核电科研、设计、制造、建设和运行经验的基础上,根据福岛核电站事故的经验反馈,遵照我国和全球最新安全要求,研发出了先进的三代核电机型“华龙一号”。“华龙一号”是百万千瓦级压水堆核电站机型,它提出“能动和非能动相结合”的安全设计理念,采用 177 个燃料组件的反应堆芯,多重冗余的安全系统,单堆布置,双层安全壳,全面平衡贯彻了“纵深防御”的设计原则,设置了完善的事故预防和缓解措施,具有充足的抵御类似于日本福岛核电站核事故的能力。2022 年 3 月 25 日,“华龙一号”国内示范工程全面建成。4 月 18 日,“华龙一号”海外首个工程两台机组全面投产。

(4)核电第二代——快中子增殖反应堆。热中子反应堆的核燃料铀 235 只占天然铀的 0.7%,与它共生在一起的占 99.3% 的铀 238 在热中子条件下不发生反应,所以热中子反应堆对天然铀的利用率很低。为了提高铀矿的利用率,人们研制了快中子增殖反应堆。目前使用的快中子堆以钚 239 为裂变燃料,组成堆芯,以铀 238 包围在堆芯周围,作为增殖层。钚 239 裂变产生的快中子除维持反应堆的链式反应外,多余的快中子被周围的铀 238 吸收,并产生新的、比消耗掉的更多的钚 239,形成核燃料的增殖。快中子增殖堆可使天然铀的利用率达到 60% ~70%。

1951 年,美国建成世界上第一座快中子增殖堆,70 年代末,快中子堆开始进入实用阶段,现在世界上已建成 20 多座此类反应堆并已运转发电。根据“863 计划”,我国也进行了快中子实验堆的建设,该快堆于 2011 年 7 月成功实现 40% 功率并网发电,2014 年 12 月首次达到 100% 功率稳定运行,是目前世界上为数不多的具备发电功能的实验快堆。中国快中子增殖堆技术取得了跨越发展。

(5)受控核聚变。核聚变反应,是指两个或两个以上较轻的原子核聚合成一个较重的原子核的反应。这种反应必须在极高的温度($1\times10^8\sim5\times10^8$℃)下进行,所以称为热核反应。

核聚变燃料主要是氢(^1_1H)及其同位素氘(^2_1H,又记为 D)、氚(^3_1H,又记为 T)。下面是几个典型的核聚变反应实例:

$$4\,^1_1H \longrightarrow {}^4_2He + 2\,^{0}_{+1}e + 能量 \quad (1)$$

$$^2_1H + {}^2_1H \longrightarrow {}^3_2He + {}^1_0n + 能量 \quad (2)$$

$$^2_1H + {}^2_1H \longrightarrow {}^3_1H + {}^1_1H + 能量 \quad (3)$$

$$^2_1H + {}^3_1H \longrightarrow {}^4_2He + {}^1_0n + 能量 \quad (4)$$

式中的 $^{0}_{+1}e$ 为正电子。

上述反应中的反应(1)是氢核反应,太阳和其他类似的恒星上进行的就是这种反应。但这种反应速度太慢,不适合在地球上应用。在地球条件下,反应(4),即氘、氚的核聚变反应相对容易进行,所以 D-T 堆最有希望首先进行,它的成功可导致 D-D 堆的发展。

与核裂变反应一样,不受约束的核聚变反应也是无法和平利用的。为了利用核聚变能,就必须对反应加以控制,这就是所谓的受控核聚变。受控核聚变能具有以下三大优点:

第一,质能比高。核聚变燃料放出的能量是同质量的核裂变燃料的 4 倍。

第二,原料足。据推算,从海水中得到的氘、氚之间产生的核聚变能足够人类使用上千亿年,是一种取之不尽、用之不竭的永久性能源。

第三,核聚变产物无放射性,安全、清洁、不污染环境。

由于带电的原子核之间的静电排斥力非常强,只有使两个粒子具有很高的相对速度(即很高的温度),才能克服静电斥力,使核靠近而发生反应。另外,还需要有足够大的碰撞机会(即具有一定的密度),反应才能大量发生。在极高的温度时,原子核外的电子已经完全和核脱离,成为等离子体。因此,只有在产生并加热等离子体至上亿度高温的同时,有效地约束这一高温等离子体,才能实现可作为能源使用的受控核聚变。以上两个条件是相互矛盾的。在地球上,在有限的空间中,极高温度的等离子体极难被很好地约束;而不能被很好地约束的等离子体又很难被加热到极高的温度(装在容器中的等离子体不能与器壁接触,否则,等离子体温度会下降,容器也会因高温而熔毁)。显然,怎样约束高温等离子体是问题的关键。

按约束方法的不同,受控核聚变系统可分为两大类,即惯性约束系统和磁约束系统。在惯性约束系统中,采用极高功率的加热手段(如强激光),在极短的时间内将聚变燃料加热至极高温度,使高温等离子体由于惯性作用还来不及"向四面飞散"之前便已发生了聚变反应。氢弹的爆炸就是一种惯性约束过程,它利用原子弹作为引信,在原子弹爆炸的一瞬间产生高温、高压,使附近的聚变反应物在还没来得及扩散时即被引爆。在磁约束系统中，利用一定强度和几何形状的磁场将带电等离子体约束在一定的空间范围内，并保持一段时间。著名的托卡马克装置就是能产生环形磁场的磁约束装置。高温等离子体在环形磁场的约束下不与器壁接触做螺旋运动而被加热、压缩。

核聚变能的利用目前尚处于研究阶段，世界各国先后建立了大小不等的数百个托卡马克装置。20 世纪 90 年代，我国开始实施大中型托卡马克发展计划，先后建成 HT－7 中型超导托卡马克、HL－2A 大中型常规导体托卡马克；2006 年，我国自行设计、研制建成了世界上第一个大型全超导非圆截面托卡马克核聚变实验装置（EAST，又称中国“人造太阳”“东方超环”，见图 3－23）。EAST 是我国的大科学装置。2021 年 12 月 30 日，中国人造太阳 EAST 成功实现了 1 056 秒的聚变放电，刷新了此前西方保持的 400 秒世界纪录，最高温度高达 1.6 亿摄氏度，标志着人类向掌握可控核聚变能的目标又迈进了一大步。科学界估计，EAST 比国际热核聚变实验堆 ITER 至少早投入实验运行 10～15 年。有人推论，沿着托卡马克这条路线，在 2050 年前后建成商用聚变堆是完全可能的。另外，正在研究中的还有冷核聚变。目前也有人考虑开展聚变—裂变混合堆的研究。

图 3－23 中国“人造太阳”（EAST）[①]

2．太阳能

此处的太阳能，是指地球上可以直接接收并利用的太阳辐射能。尽管太阳向四面八方辐射的能量只有 22 亿分之一到达地球大气层，并且还有一部分被大气反射和消耗在加热空气上，但是每秒钟到达地面的总能量仍高达 8.0×10^{13} kW，这个数字相当于目前全世界能源总消耗量的几万倍。

太阳辐射能是一种巨大、无污染、洁净、安全的可再生能源，它是取之不尽、用

① 来源：http://gb.cri.cn/9523/2006/9/29/782@1240093.htm

之不竭的。直接利用太阳能是人类长期的愿望。但由于太阳能的能量密度较低，又有间歇、到达量不稳定等缺点，再加上目前大规模收集、转换和存贮太阳能的技术不太成熟，因此给太阳能的开发利用带来一定的限制，使得在许多场合下太阳能被利用的经济性能还不如常规能源和核能。但必须看到，全世界的化石燃料正在逐年减少，价格将不断上升。与此同时，利用太阳能的成本将随逐年出现的新技术、新材料和新设备而不断下降。因而可以预计，太阳能在未来的能源结构中，比例将逐渐增大，从而成为能源大家庭的一员后起之秀。

目前，直接利用太阳辐射能有三种方式，即光—热转换、光—电转换和光—化学转换。

(1)光—热转换。光—热转换就是把太阳辐射能通过各种集热装置(集热器)转变成热能。太阳能集热器以空气或液体(水或防冻液)为传热介质。其吸热方式可以是直接吸收太阳辐射，也可以是太阳辐射经会聚后集中照射。减少集热器的热损失可以采用抽真空或其他透光隔热材料。

太阳能的热利用范围非常广泛，主要有热发电、材料高温处理、蒸馏、干燥、烹调、供热、制冷等。

①太阳能热发电。它是利用太阳能产生热能，再转换成机械能的发电过程。发电系统主要由集热系统、热传输系统、蓄热器、热交换器以及汽轮发电机系统等组成。太阳能热发电可分为两大类:一类为集中式热发电;另一类为分散式小功率热发电。早期集中式热发电多采用塔式太阳能电站，近期则发展抛物柱面镜集热式太阳能热电站。

塔式太阳能电站(见图3－24)是由定日镜群、接收器、蓄热槽、主控系统和发电系统5个部分组成。定日镜群由许多平面反光镜组成，采用计算机控制，自动跟踪太阳。所有反射镜的反光都集中到高塔的集热锅炉上，锅炉产生的高温高压蒸汽送往汽轮机，汽轮机带动发电机发电。控制系统均采用计算机对所有设备进行监测，保证安全运行。美国加利福尼亚州的太阳1号电站即为塔式太阳能电站，它的功率为10MW。定日镜1 818块，每块镜面面积为39.1m^2，总占地面积为71 084m^2，集热塔高55m。亚洲最大的塔式太阳能热发电站位于我国西部腾格里沙漠边缘的敦煌。它的装机容量为100MW，拥有定日镜11 000块，每块定日镜面积115m^2，总占地面积7 840 000m^2，集热塔高260m，场面宏大，姿态蔚为壮观(参见封面第一排第三张图片)。聚集的阳光可以形成超过1 000℃的高温，通过融盐导出热量发电。该电站2018年8月底全系统投运，并网发电，建成后年发电量3.5亿度。

柱面集热式太阳能发电站是20世纪90年代以后出现的，采用的是抛物柱面聚光镜和高效太阳能集热管，包括真空集热管。产生的高温热水与常规火力发电系统结合，形成能源互补。这种发电站没有复杂的定日镜群和集热高塔，操作方

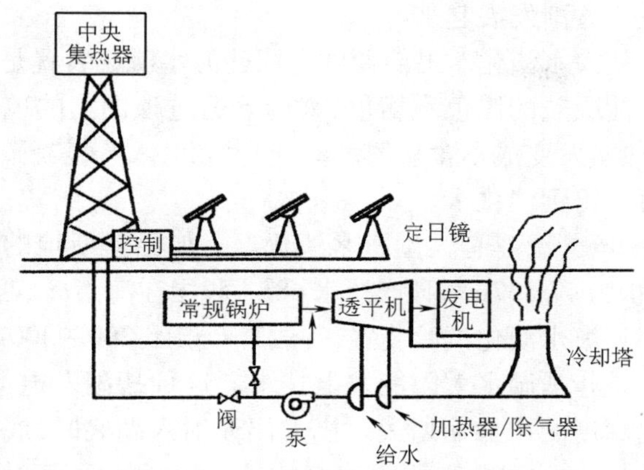

图 3-24 塔式太阳能热发电系统

便,节约燃料,运行可靠。其经济性可以与普通热电竞争。

分散式太阳能发电装置主要采用碟形抛物面聚光器,并在聚焦面上安装外热式斯特林发电机组。这种太阳能发电系统可独立运行,适合于无电或缺电地区作小型电源。一般功率为 10~25kW,聚光镜直径约为 10~15m。分散式太阳能发电机若不进行发电,也可改装成太阳能热力机,直接作为动力机使用,如带动水泵或其他小型传动机械。

②太阳能高温炉冶炼高温材料。太阳能高温炉同塔式太阳能发电类似,可以用定日镜群集中太阳光,温度一般可达 2 000~3 500℃。这种高温炉由于不用燃料,所以不含杂质,特别适合作高温材料研究,如冶炼难熔金属,生产高纯合金等。20 世纪 70 年代初,法国建成一座高度超过 40m 的大型太阳能高温炉,最高聚焦温度达3 500℃,输出功率为 1 000kW。20 世纪 80 年代,苏联建造了一座1 000 kW功率的太阳炉,最高温度为 2 500℃,专门用来冶炼钛酸铝、锆酸钙和钇铝石榴石等高纯和超纯国防尖端材料。

③太阳能节能建筑——太阳房。利用太阳能采暖的房屋叫太阳房。太阳房可分为两大类:被动式太阳房和主动式太阳房。

被动式太阳房主要靠房屋结构本身来完成集热、储热和释热等功能。例如,扩大窗口,加强墙壁和屋顶保温,防止散热;把房屋的南墙做成集热墙;在房屋南墙建一个附属玻璃温室等。由于这种太阳房只靠太阳能取暖,因此,当没有太阳时,室内温度偏低。

主动式太阳房除备有太阳能采暖系统(如集热器、储热器)外,还备有其他辅助加热设备,室内温度可以主动调节。目前,美、日、法等一些经济发达国家建造这类太阳房较多,且常见为私人别墅。一般来说,主动式太阳房造价较高。我国现在也开始试建少数示范性的主动式太阳房。随着经济的发展和住房条件的改善,这种舒适的太阳房也会逐渐发展起来。

④利用太阳能使海水淡化。最简便的太阳能海水淡化装置是顶棚式太阳能蒸馏器。把海水装入能吸热的黑色水槽里,太阳光透过顶棚上的玻璃或塑料膜照射到槽上,使海水受热蒸发变成不含盐的水蒸气。然后,水蒸气凝聚到冷的顶棚玻璃上,经过汇集,就可以得到淡化水。

根据上述原理,国外已建有大型海水淡化厂。如巴基斯坦的一座太阳能海水淡化厂,集热器面积为 17 837m^2,日产淡水 68t。我国在海南岛、西沙群岛和舟山地区也建设了一些小型海水淡化试验装置,一般日产淡水 200 ~ 300kg。

⑤太阳池。它是指盐湖水太阳能发电技术。这种盐湖发电的原理如下:盐湖水的含盐量随水的深度的增加而增大。当太阳光射入湖底时,底层的盐水就会被加热。由于较浓的盐水比重较大,而湖水又比较平静,所以下面热的较浓的盐水不易与上面较冷的湖水对流,这样太阳热能就储存在湖底,即湖底的盐水起到了太阳能收集器的作用。据测定,湖底层盐水温度可以达到 80℃,有时甚至可达 100℃。利用热交换设备就可以把热能转换成电能。

20 世纪 60 年代,以色列建立起了第一个太阳池装置。此后,一些国家陆续兴建了一些太阳池发电站。我国也开展了小型太阳池的研究工作。

由于太阳池是目前太阳能蓄热量最大的一种方式,所以备受人们的关注,国际上太阳池的研究工作方兴未艾。但是,由于天然盐湖或人造盐池中要形成稳定的盐浓度分层是很不容易的,因此太阳池的开发利用受到限制。于是,科学家们想借助于新材料技术的发展,寻找一种能够替代透明盐溶液层的有机膜,将其覆盖在普通水池之上,同样能达到吸收和储存太阳能的目的,这样的太阳池称为“无盐太阳池”。“无盐太阳池”的研究是跨学科的高技术工程,一旦成功,将是太阳池储能的重大突破,它会大大推动太阳能的利用。

除上述应用外,常见的太阳能热利用还有太阳能温室、太阳能热水器、太阳灶、太阳能干燥器等。

(2)光—电转换。在光—电转换中,主要是通过太阳能电池(又称“光电池”“光伏电池”)将太阳辐射能直接转变成电能。

太阳能电池的工作原理是光电效应。当太阳光照射到一些半导体上时,它们能吸收光子,使电子按一定方向流动而形成电流。

太阳能电池的类型很多,如单晶硅电池、多晶硅电池、非晶硅电池、硫化镉电池、砷化锌电池等。

我国对太阳能电池的研究起步于 1958 年,到 2012 年,已超越欧洲、日本,成为太阳能电池生产第一大国。

随着光电效应技术的不断进步,太阳能电池的应用日益广泛。作为电源,硅太阳电池已成为人造卫星、宇宙飞船和星际空间站等宇宙飞行器的主要能源之一。

我国研制的高效砷化镓太阳能电池已经在第二颗“风云”1 号气象卫星上正常使用。太阳能电池还可以用来驱动很多交通工具,如太阳能汽车、太阳能飞机、太阳能船、太阳能自行车等。作为光电元件,太阳能电池即使在微弱的光讯号下也能产生足够的电讯号而不需附加电源,因而广泛地应用在自动控制领域中。例如,用于照明电路、航标灯的光电自动开关;用于光电跟踪线切割机床;用于塑压机的全自动控制;用于供电计数器、光电比色计等。

太阳能电池还可以用来发电。世界上许多国家都建立了地面太阳能电池发电站(又称光伏电站)。太阳能光伏发电系统是利用太阳能电池半导体材料的光伏效应,将太阳光辐射能直接转换为电能的一种新型发电系统,有独立运行和并网运行两种方式。独立运行的光伏发电系统需要有蓄电池作为储能装置,主要用于无电网的边远地区和人口分散地区,整个系统造价很高;在有公共电网的地区,光伏发电系统与电网连接并网运行,省去蓄电池,不仅可以大幅度降低造价,而且具有更高的发电效率和更好的环保性能。

2009 年 12 月 31 日,我国首个光伏并网发电示范项目——甘肃敦煌 1×10^4kW 并网光伏电站并网发电,标志着我国大型太阳能光伏电站的建设步入了新阶段。2010—2014 年,我国太阳能光伏发电呈现爆发式增长。截至 2021 年底,我国光伏发电并网装机容量达 3.06×10^8kW,连续七年稳居全球首位。

为了更充分地利用太阳能,一些国家提出了建立太空光伏电站的设想。这是一项涉及许多高技术的宏伟计划。1991 年 8 月,在法国巴黎召开了专门研讨会,提出了具体设想,即在距地球 3.6×10^4km 的同步轨道上建立一座太空光伏电站(见图 3-25),如同现在的空间站一样,但规模要比空间站大。太阳能电池阵列的伸展长度约 100km,宽约 50km,用宇宙飞船分批将太阳能电池板及各种构件运至站上,逐步安装展开。设计该电站的功率为 5.0×10^6kW。因为太空光伏电站与地球同步运行,所以没有昼夜,24 小时均有太阳照射,可以不停地进行光电转换。由太空光伏电站发出的电,以微波形式传送到地面,然后由地面站接收并转变为交流电输出。

另外,美国还计划在月球上建造规模更大的月球太阳能发电站。

(3)光—化学转换。用光和物质相互作用引起化学变化的过程称光—化学转换。绿色植物的光合作用就是光—化学转换过程。

人工进行光—化学转换,最突出的例子就是利用光化学电池制氢。1972 年,日本科学家用二氧化钛薄片作阳极,铂黑电极作阴极,并将它们分别置于碱性和酸性溶液中组成光化学电池。用阳光照射时,水被分解成氢和氧,同时产生电流。在此后的 30 多年里,尽管科学家们一直在寻求光—化学转换制氢的各种方法,但到目前为止还是只限于在实验室试验,并没有重大突破。可见太阳能的光—化学转换难度很大,确实是太阳能利用的高技术。我国已将其列为国家重点项目,正在努

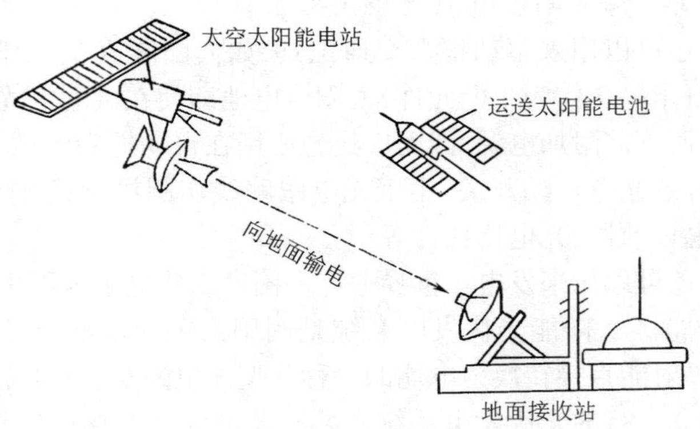

图 3－25　太空光伏电站的示意图

力攻关。2009 年 9 月，中科院大连化学物理研究所李灿院士领导其团队利用双共催化剂发展了 Pt－PdS/CdS 三元光催化剂，在可见光照射下，利用 Na_2S 作为牺牲剂，使产氢量子效率达到 93%，成为迄今为止世界范围内光催化最高产氢量子效率。目前正在尝试工业放大试验。

1997 年，日本科学家进行了“准光合作用”试验，将粉末状的磁铁矿与煤粉混合，在集束阳光照射下，使温度达到 1 200℃。这种人工仿光合作用，使氢和一氧化碳发生反应生成了甲醇。如果将来发展到工业性试验，必将在光—化学转换方面引起轰动。

3. 地热能

地球内部蕴藏着的热能称为地热能。地热能一方面来自地壳以下的高温岩浆，另一方面来自地壳岩石中放射性元素衰变放出的能量。

地球本身是个巨大的“热库”，在地球上所有的能源中，地热能仅次于太阳辐射能，排在第二位。只地球表层 10km 厚的一层，总储热量就有 1.05×10^{26} J，相当于 9.95×10^{15} t 标准煤。按世界年耗 1.0×10^{10} t 标准煤计算，可满足人类近百万年能量的需要。火山爆发、地震和其他地壳变动都是地球内部能量释放的过程。

地热资源按存在形式可分为五大类型：蒸气型、热水型、地压型、干热岩型和岩浆型。其中，能为人类开发利用的目前还仅限于地热蒸气和地热水两类。地压热和干热岩的开发利用处于实验阶段，而岩浆热的利用尚处于基础研究阶段。

由于开采地下岩层技术要求高、难度大、耗资多，而且只要利用地壳浅层的地热就能提供足够的热能，故并不需要再往更深处发掘，一般能开采到 3～5km 就可以了。按开采到 3km 处的地热资源来计算，就相当于 2.9×10^{12} t 标准煤。

地热能有多种用途，例如，可以用来发电，也可以直接用来供热、供暖、供水、医疗等。目前世界上有 20 多个国家建有地热发电站，总装机容量超过 1.3×10^{7}kW。我国从 20 世纪 70 年代开始发展地热电站，目前，全国地热电站总装机容量 2.7×10^{4}kW。《地热能开发利用"十三五"规划》指出：到 2020 年，我国地热发电装机容量约达到 5.3×10^{5}kW。国家能源局表示：2025 年全国地热能发电装机容量将比 2020 年翻一番。冰岛是利用地热的典型国家，已有一半家庭取暖依靠地下热水。法国、日本等国也早已采用地热水采暖。当前，我国的地热水直接利用总量已超过日本而跃居世界首位。

近年来地热能开发利用的热点是干热岩。干热岩的资源量非常巨大，据初步测算，地壳中 3～5km 深处的干热岩所蕴含的能量相当于全球石油、天然气和煤炭所蕴含能量的数十倍。我国陆域干热岩的资源量预估为 8.56×10^{14}t 标准煤。根据国际标准，以其 2% 作为可采资源，全国陆域干热岩可采资源量达 1.7×10^{13}t 标准煤。

由于干热岩资源量巨大，排放几乎为零，热能连续性好，利用它发电不受季节、气候制约，其发电成本仅为风力发电的一半，只有太阳能发电的十分之一，所以国际社会高度重视干热岩的勘查开发。目前国际上美、英、澳大利亚等国已建立了多处开发利用试验研究基地。

2017 年 9 月，我国在青海共和盆地 3 705m 深度处钻获 236℃ 的高温干热岩体，实现了我国干热岩勘查的重大突破。

地热能因价廉、清洁而被称为是"21 世纪能源"，今后的利用前景会十分广阔。

4. 风能

风能是太阳辐射造成地球各部分受热不均匀，引起空气运动而产生的能量。可以有效利用的风速范围为 3m/s～20m/s。地球上近地层风能总储量约为 2.7×10^{12}kW，其中可利用的风能储量为 2×10^{10}kW。我国的风能资源十分丰富，已探明的风能储量约为 3.2×10^{9}kW，其中可利用的风能约为 1.0×10^{9}kW，主要分布在西北、华北、东北的草原和戈壁以及东部和东南沿海及岛屿上。

风能的利用主要靠风力机。风力机是把风能转化为其他形式能量（电能、机械能、热能等）的旋转机械。风力机有微型（1kW 以下）、小型（1～10kW）、中型（10～100kW）、大型（100kW 以上）之分。按风轮轴的位置不同，风力机又可分为水平轴和垂直轴风力机两类。

利用风力可以发电、提水、助航、制冷和致热等。目前，利用风能的总趋势是风力发电。按发电量的大小，可将其分为小风力发电机和风力电站（又称风力发电场或简称风电场）两大类。小风力发电机的使用已不罕见。风力发电场是将多台大型并网式风力发电机安装在风能资源好的场地，按照地形和主风向排成阵列，组成机群向电网供电。风电场又叫"风车田"，形象地表示出风力发电机群，像种庄稼一样安装在地面。世界上最大的风电场在美国洛杉矶附近的特哈查比。

虽然风力资源非常分散，不规则（间歇性大），在风能利用上有不少技术上的困难，但它是一种清洁、廉价的可再生能源，很多国家相继制定了利用风能的中长期发展规划。我国风能资源丰富，风能储量和可开发量都居世界首位，海、陆可开发风能储量达 1.0×10^9kW。截至 2021 年底，我国风电并网装机容量达到 3.0×10^8kW，连续 12 年稳居全球第一。风电并网装机容量约占全国电源总装机容量的 13%，发电量约占全社会用电量的 7.5%。同时，我国风电产业技术创新能力快速提升，建成了具有国际竞争力的风电产业体系。我国风电机组产量已占据全球2/3 以上的市场份额，全球最大的风机制造国地位持续巩固和加强。到 2030 年，风能装机总量将达 2.3×10^9kW，可满足全球 22% 的电力需求。

5. 海洋能

海洋占地球面积的 71%，集中了地球上 97% 的水量。海洋中蕴藏着丰富的资源，包括海洋矿物资源、海水资源和海洋生物资源。随着陆地资源的不断消耗，人们逐渐把注意力转向海洋，海洋已成为一个具有战略意义的开发领域。许多科学家预言：世界有可能在 21 世纪进入全面、综合、立体开发海洋的“海洋经济时代”。中国濒临太平洋，东部、南部由渤海、黄海、东海和南海所环抱，岛屿 6 000 多个，大陆海岸线长约 1.8×10^4km，岛屿岸线长约 1.4×10^4km，海区总面积 $4.7\times10^6(\text{km})^2$，海疆辽阔，有着广阔的发展前景。

在海水资源利用中，海水动力资源的利用是目前活跃的领域之一。这里所说的海洋能，实际上指的是海水在运动过程中产生的能为人类利用的能量，它包括潮汐能、波浪能、海流能、温差能、盐差能等可再生能源。

（1）潮汐能。潮汐现象潜藏着巨大的能量，目前已测到的流速最快的潮流为 29km/h。因潮汐现象而产生的能量叫潮汐能。开发潮汐能的主要方式是潮汐发电。据估计，全世界的潮汐能源有 1.0×10^9kW，如能充分利用，每年可发电 1.24×10^8kW · h。潮汐发电可分为两种形式：一种是让潮流直接冲击水轮机，利用潮流的动能发电；另一种是建造潮汐水库，即在海湾或河口构筑拦潮蓄能大坝，利用涨、落潮位差，把潮汐位能转化为动能，再通过水轮机进行发电。在实际应用上，后者更为广泛。

在海洋能中，目前有效开发利用的是潮汐能。世界上建成的潮汐电站已有多座，我国已建有江厦、白沙口、甘竹滩等数个潮汐电站。随着科技的进步，潮汐发电技术将不断完善，它将成为 21 世纪的主要能源之一。

（2）波浪能。它是指以海面上下起伏运动的形式蓄积在海水里的能量。海中的波浪具有很大的动能和势能，它可以把巨大的船舱任意抛上抛下，可以把重达上百吨的岩石抛到几十米的高处，还可以把上千吨重的岩石翻转过来。据估计，如果把波浪能全部转变成电能（即波力发电），则每平方公里海面上每秒钟的发电量约为 2.0×10^5kW。我国沿海蕴藏着的波浪能达 1.7×10^8kW 以上，一旦充分利用，就是一笔惊人的财富。

波力发电可分为陆基式和浮动式两大类。陆基式是指发电装置安装在陆地的固定机座上。浮动式又称海基式,是指发电装置整体随波浪漂浮。

20 世纪 70 年代以来,日本、英国和挪威等国大力推进波力发电。日本首先建造了一艘兆瓦级的"海明号"波力发电船。20 世纪 80 年代中期,挪威建成一座 500kW 的陆基式波力发电站。1990 年,我国试制了一条"中水道"1 号航标灯波力发电船,同时在珠江口的大万山岛建了一座 3kW 的陆基式波力发电站。

海洋温差发电目前局限于少数国家,规模不大,仍是一个高科技研究项目。

海流能、盐度差发电至今仍然是设想。

6. 生物能

生物能也叫生物质能,它是指绿色植物通过光合作用将太阳能转化为化学能而储存在生物质内部的能量。生物质资源非常丰富,每年全球靠光合作用产生的生物质约 1.2×10^{11}t,所含能量是当前全球能耗总量的 5 倍。生物质能的种类繁多,目前人们可以利用的大致可分为六大类,即木材和森林工业废弃物(木屑、树枝、树叶、树根等)、农业废弃物(秸秆、果核、玉米芯、蔗渣等)、水生植物(藻类等)、油料作物(棉籽、麻籽、油桐等)、城市与工业有机废弃物(垃圾和食品、屠宰、制酒、制纸工业的排泄物等)和粪便。

目前,生物质能的利用趋势是将生物质转化为可燃性的液态或气态化合物,即把生物能转化为化学能,然后再利用其燃烧所放出的热量。例如,将生物质经过发酵或高温分解等方法制造甲醇、乙醇等干净的液体燃料,或在密闭容器内经高温干馏生成一氧化碳(CO)、氢气(H_2)、甲烷(CH_4)等可燃性气体,或在厌氧条件下生成沼气(主要成分为甲烷)等。

《中国 2010 发展中的清洁能源科技》报告中指出了中国生物质能源的发展目标:2020 年生物质发电总装机容量达到 3×10^7kW,生物质固体成型燃料年利用量达到 5×10^{10}kg,沼气年利用量达到 4.4×10^{10}m^3,生物燃料乙醇年利用量达到 1×10^{10}kg,生物柴油年利用量达到 2×10^9kg。

7. 氢能

此处的氢能是指氢在发生化学变化和电化学变化过程中产生的能量(即不包括氢的同位素氘、氚发生核聚变反应产生的能量)。

(1)氢作为能源的优点。

①储量丰富,来源广泛。仅海水中所含的氢燃烧时放出的总热量,就比地球上所有化石燃料所能产生的总热量还要大 9 000 倍。此外,星际空间也充满大量氢云。地核中也可能含有大量氢,其含量远远高于海水等地表水的氢含量。氢在燃烧后又生成水,可以重复使用。从这一点来说,氢能的资源是无穷无尽的。

②热值高。除核燃料外,氢的燃烧热值在所有的化石燃料、生物燃料和化工燃

料中名居榜首。氢燃烧放出的热量是同质量汽油的3倍。

③清洁无污染。氢气本身无毒无臭，其燃烧产物只有水，不污染环境，不破坏生态平衡，这一点是其他燃料所不及的。

(2)氢的利用。

①直接用作燃料。氢气目前主要用作发射火箭的高能燃料；此外，也可用作飞机、汽车的燃料。

②用作燃料电池。燃料电池是一种把燃料的化学能直接变成电能的装置。氢燃料电池以氢为燃料，通过氢、氧燃烧反应产生电能。燃料电池能量利用率可高达80%(一般柴油发电机的能量利用率只有40%左右)。一种10～20kW的碱性$H_2—O_2$燃料电池已成功地用于航天飞机。

目前，美国、日本都投入巨资开发燃料电池车，我国的"863""973"计划也将其列为重点项目。我国第一艘以燃料电池为动力的游艇已于2002年11月试航成功，这标志着我国燃料电池的研究进入实际应用阶段，与美国、日本等发达国家站在了同一起跑线上。2006年3月，我国第一辆氢燃料电池城市客车研制成功。2008年研发出第三代氢燃料电池城市客车，综合技术水平在国际上处于领先地位。2010年6月，我国研制的氢燃料电池城市客车开始走出国门，进入国际市场。2015年3月，世界首列氢能源有轨电车在我国竣工下线。2018年"现代"汽车将上市新一代氢燃料电池车，最高续航里程可达800km。截至2021年，全球主要国家氢燃料电池汽车保有量为49 562辆，中国占18%，保有量为8 922辆。《氢能产业发展中长期规划(2021—2035年)》指出，到2025年将初步建成较为完整的氢能供应链和产业体系，氢燃料电池汽车保有量约为5万辆。

③用作能源转换介质(能源中间载体)。贮氢金属或合金的贮氢过程是可逆的。也就是说，贮氢金属或合金吸收的氢在一定条件下还可以释放出来。它们在吸收氢的时候要放出热量，而放出氢的时候则吸收热量。利用这个性质，可以使一些不能连续供能的装置连续供能。例如，风能不稳定，在有风时，利用风轮机的机械功将空气绝热压缩成高温空气。高温空气的一部分热量供给热负荷，但大部分热量则传给贮氢合金。贮氢合金受热分解成氢和合金，把氢气收集贮存起来。当无风时，把贮存的氢气放出与合金作用，释放出热量给热负荷。

8."可燃冰"

"可燃冰"学名为"天然气水合物"，是由天然气和水在高压低温条件下形成的类冰状的结晶体，其外貌像极了冰雪，在常压下它会分解成水与甲烷(有时也有少量其他可燃气体如乙烷、丙烷、异丁烷、异戊烷等)，遇火可以燃烧，故称"可燃冰"。也可以把它看成是压缩了的天然气。

从微观上看，"可燃冰"分子结构就像一个个笼子，若干水分子组成一个笼子，每个笼子里面"关"着一个气体分子。气体分子大小不同，笼子大小也不一样。

“可燃冰”主要分布在东、西太平洋和大西洋西部边缘及陆域的永久冻土中，储量巨大。科学家估计，海底“可燃冰”分布的范围约占海洋总面积的10%，足够人类使用1 000年。

“可燃冰”是一种极具潜力的高效清洁的新型战略能源，被公认为是煤、石油、天然气的理想替代品，国际社会高度关注其未来的开发利用。但由于开采困难，“可燃冰”目前仍处于试开采阶段。

2017年5月，我国在南海北部神狐海域进行的“可燃冰”试采获得成功，使我国成为全球第一个实现在海域“可燃冰”试开采中获得连续稳定产气的国家。

2017年11月3日，“可燃冰”列入我国新矿种。

思考题

1. 能源有哪几种分类方法?
2. 什么是核能? 它可分为哪两类? 它有哪些主要用途?
3. 太阳能有几种利用方式? 试举例说明。
4. 什么是海洋能和生物质能?
5. 氢能源有哪些主要优点和用途?

第八节　自动化与制造新技术

一、制造技术的地位、作用与发展阶段

1. 制造技术的地位和作用

制造指的是把原材料通过加工变成产品的过程。人们的生活用品和生产资料除了一部分来自自然界的资源外，大多是由制造业加工制造出来的。现代社会的财富，也多数是制造出来的。制造技术伴随着人类生存的整个过程。远在从猿到人的进化时代，制造工具的活动就已经开始，我们的祖先早在青铜器时期，就创造过人类制造技术的辉煌。似乎没有人能够否认制造业对经济和社会所发挥的支柱作用。制造业产品是一个国家发达程度的重要标志。美国制造的统治世界市场的飞机和计算机，体现着美国的国力和科技水准；日本制造的打进了亿万家庭的汽车和家电产品，反映了日本工业的风貌和水平。甚至一个国家的人口素质在它的制造业产品中也有恰如其分的反映。当人们鉴赏一辆德国汽车或一件德国医疗器械时，会自然而然地联想到那个民族的特征。对于发展中国家来说，制造业更是起着提纲挈领的作用。即使是在今天，在发展知识经济的道路上，制造业仍占据着举足

轻重的地位,制造业的水准仍是一个国家综合国力的最重要的体现,它反映了一个国家人民生活的质量,制造技术标志着一个国家创造财富和为科学技术发展提供先进手段的能力。

2. 制造技术的发展阶段

制造技术发展至今,经历了四个阶段:第一阶段为手工制造阶段。第二阶段为机械化阶段。第三阶段为自动化阶段,包括单机自动化——由机器生产零部件(程控、数控机床);生产线自动化——由机器组装机器(自动化生产线)。第四阶段为信息化制造阶段,工人离开车间,通过信息化设备操作机器,制造产品。

在手工制造阶段,我国古代的制陶技术、冶炼技术等曾写下了光辉灿烂的篇章。1000 年前,我国先进的制造技术和产品已经通过丝绸之路传到了欧洲。18 世纪,西方国家发生了以珍妮纺纱机、莫里斯螺旋车床、瓦特的蒸汽机等为先导的机器大工业代替手工业的工业大革命,使制造业进入了机械化阶段。机械化是自动化的前奏曲,19 世纪初大批量生产的出现,促使制造业向自动化迈进了一大步。1784 年,瓦特在改进的蒸汽机上采用了离心式调速装置,拉开了自动化装置应用的序幕。20 世纪初,在制造业中自动化技术得到了飞速发展,出现了自动机床、单一生产过程自动化,以及自动化生产线等生产方式。20 世纪 70 年代以来,随着超大规模集成电路和微处理器的出现,使制造业逐步进入了信息化制造阶段,自动化技术也向“智能化”“集成化”方向发展。信息时代制造业的特点是:产品生命周期越来越短;多品种、中小批量的生产所占的比重越来越大;产品中的技术含量越来越高;产品面临的是全球统一市场的激烈竞争。这些新特点,归结到制造业,便是要寻求一种新的生产制造模式和技术,解决产品上市快、新产品开发快、质量好、成本低和服务好的问题。对时间、质量、成本和服务的追求是制造业的一个永恒课题,它驱使人们去不断探索制造新技术。

二、自动化技术及应用

1. 自动化的概念及理论

自动化技术是当代发展迅速、应用广泛、最引人注目的高技术之一,是推动新的技术革命和产业革命的核心技术。从工业化的进程我们不难看出,自动化技术应用于制造业可以极大地提高企业的生产能力和经济效益。

(1)自动化的概念。自动化是指在没有人的直接参与下,机器设备或生产管理过程通过自动检测、信息处理、分析判断,自动地实现预期的操作或某种过程。通俗地说,自动化就是用机器设备或系统代替人完成某种生产任务,或者代替人实现某种过程,或代替人进行事务管理工作。

(2)自动控制理论。自动化有两个支柱技术:一个是自动控制;另一个是信息处理。

自动化作为一门现代技术,其理论基础是自动控制理论。20 世纪 40 年代,为解决火炮射击精度等问题,诞生了自动控制理论,研究反馈理论及相应的自动控制系统的构造、性能、设计方法以及应用的理论——自动控制理论。其中,自动控制系统是具有一定功能、可以完成某种控制任务的系统。它的组成包括:传感器、控制装置和执行机构。自动控制系统的工作过程是:首先由传感器(相当于人的感觉器官)检测指令信息、外界变化信息以及被控对象的状态信息,并将其变换成电信号传给控制装置;再由控制装置(相当于人的大脑)将被控对象的当前状态(系统输出量)与所希望的状态(输入信号)相比较,并根据偏差之值(误差信号)按一定规律产生出控制信号,经过放大,送给执行机构;然后执行机构(相当于人的手、脚)则驱动被控对象运动,直到达到希望状态为止。这其中涉及了一个重要的概念——反馈,即:将要控制的量与希望值做比较,然后将差值作为输入,这样输出又变成输入,就称为反馈。

反馈理论是自动控制理论的基础,自动控制系统的核心是反馈控制。其简单构成及与开环控制的区别如图 3 – 26 所示。

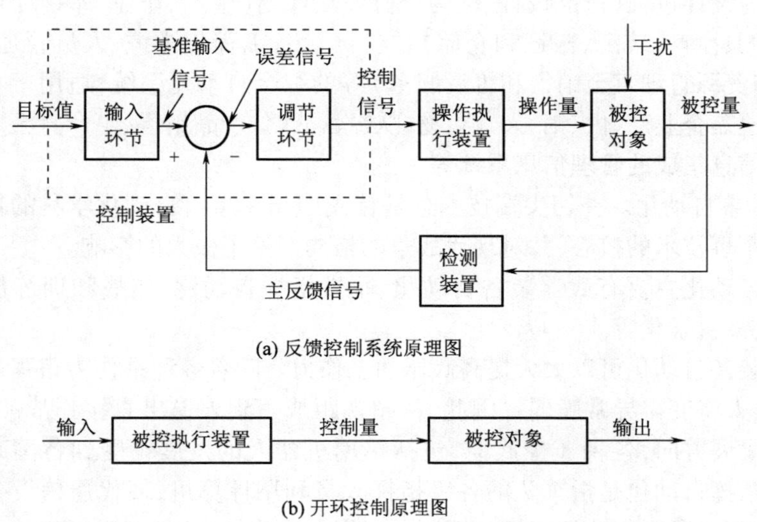

(a) 反馈控制系统原理图

(b) 开环控制原理图

图 3 – 26 反馈控制系统及开环控制原理图

20 世纪 50 年代以后,自动控制理论得到了飞速的发展,形成了所谓的现代控制理论。其中有保证系统某种(某些)性能指标为最佳的设计方法(最优控制);在系统和环境的信息不齐备的情况下,如何改变自身性能,保证系统具有良好工作品质的控制方法(自适应控制);分析和设计大系统的方法(大系统理论);自主进行推理、规划和抉择的智能控制等。

2. 自动化技术的应用

自动化技术在机械加工、采矿冶炼、化工系统、交通运输、农业生产、环境保护、医药卫生、军事技术、航空航天、科学研究、办公、服务等领域都得到了广泛的应用，其范围已扩展到了人类活动的一切领域。自动化技术不仅变成了提高劳动生产率，改善产品质量，增加经济效益，提高人类生活质量的有效手段，而且依靠它可以大大扩展人类的活动空间，进入从太空到深海到各种极限环境。

(1)工业自动化。自动化技术在工业中的应用最为重要，工业自动化是任何一个发达国家的立国之本。工业自动化主要包括自动完成加工生产的设备自动化，自动完成正常生产过程的过程自动化，以及自动实现业务管理的管理自动化。

工业自动化已经历了自动化单机、刚性生产线，数控机床、加工中心和柔性生产线、柔性制造三个阶段。当前发展的特征是智能化、网络化和集成化，包括制造和应用智能机器代替人的体力劳动和部分脑力劳动，实现高水平自动化生产；综合运用计算机、制造技术、控制技术、电子技术、通讯技术和管理科学等学科知识，采用设备集成、信息集成，实现规划设计、生产制造、管理、销售等功能的集成。有能覆盖企业的设计过程(产品设计、结构分析等)、计划(生产、作业、库存计划)、生产(零件与刀具生产、装配、搬运和仓储)、支持(设备工程与维护、人员管理、加工制造、信息与资源管理直至销售和售后服务)等的综合自动化系统；适用于不同生产类型的能覆盖企业产、供、销、人、财、物，从经营战略、产品销售、生产直至客户服务全过程的信息集成的管理信息系统等。

(2)军事自动化。一切尖端技术总是首先用于军事。自动化学科的理论和技术已成为军事技术的核心，并对现代战争的格局产生了极大的影响。

军事自动化主要有武器装备自动化、军事指挥自动化、作战和训练仿真模拟化、军事决策科学化等。

武器装备自动化可以大大提高武器的杀伤力。随着各种杀伤力很强的束流武器的出现，人将变得异常脆弱。因此，从超视距战争到人退出直接作战的战场，正成为一个发展方向，各种遥控武器，包括军用机器人的发展正受到各国政府的重视。军事指挥自动化是指军队的各级指挥人员利用计算机、现代通信设备及自动化设施，实现对所属部队的指挥与控制。应用自动化技术，还可以对作战及训练进行仿真模拟，这样可以省去大规模军事演习和实弹军事训练，以节省经费和时间。军事决策的科学化是指通过建立军用数据库、军事模型、军事专家系统等手段，来支持军事指挥官作出更加科学的决策。另外，各种区域性以及全球性的防御系统、进攻系统、指挥系统，以及后勤支持系统，也因为有了自动化技术的加盟而得以不断完善和发展。

(3)农业自动化。农业是一个国家经济的基础，在农业中应用自动化技术，使农业有了飞速的发展。农业自动化主要包括耕耘、栽培、收割、运输、排灌、作物管理、禽畜饲养等过程和温室的自动控制和最优管理。用自动化仪表可以监测天气、土壤的温度和湿度;可以用计算机决定种植什么作物,施用何种化肥,何时浇灌,如何耕作,何时收割;还可以利用自动化技术自动施肥,自动锄草,自动浇灌,自动收割,自动运输,自动储藏和自动加工等。英国曾研究了用计算机、全球卫星定位系统和智能拖拉机组成的锄草系统。我国也有了计算机管理的农田灌溉系统。在农业自动化中值得大书一笔的是各种"眼明手灵"的农业机器人:有在温室内移植秧苗、传授花粉的机器人;有采摘水果的机器人;有选苗、接枝的机器人;有可以负责播种、喷洒农药和施肥的机器人;有用于驱赶鸟雀,保护家园的机器稻草人;还有养畜的机器人,可以养猪、养鸡、剪羊毛、挤牛奶等。正是这些活跃在乡间的机器人,减轻了农民的劳动强度,同时提高了经济效益。

当代农业生产的一个发展方向是农业生产的工厂化,即从种植到收获,全部过程都是自动完成的,由计算机控制中心按照设定好的程序完成播种、灌水、育苗、定苗、间苗、添加营养剂、控制室温、控制二氧化碳浓度、控制室内光照强度等一系列工序。这种生产方式不用土,运输包装都很方便,而且无污染,生产的是绿色农作物,还可以极大地提高生产的效率和产品的质量。这种新兴的农业生产方式,在强调环保意识、走可持续发展之路的今天,将以其独特的优势得到大范围的推广,大有发展前途。未来的十年之内,精确农业将是农业自动化的重大突破。精确农业是指采用计算机管理农作物,使之适应各种类型的土壤。当拖拉机在田野耕作时,卫星把拖拉机的精确位置、土壤组成、含水量、害虫情况和其他一些关键数据发送给拖拉机。然后拖拉机上的计算机会根据土壤的不同条件把数量不等的灌溉水、种子、农药和杀虫剂洒到土壤中,进行优化生产。使用这种系统,能够降低成本,增加产量,并且减少对环境的危害。精确农业也许会为人们提供一个在有限的土地上增加产量的切实可行的方法。

(4)办公自动化。办公自动化最初是指用文字处理机、复印机、传真机等办公设备,代替人员完成起草文稿、打印文件和留底存档等工作。随着计算机技术、网络通信技术以及数据库技术的发展,出现了电子银行、电子邮件等高水平的办公自动化设施及系统,产生了巨大的经济效益和社会效益。几年前,银行系统中每天都有巨额的、无法利用的在途资金,由于电子银行业务的开展,异地结算、汇款可在顷刻之间完成,"在途资金"这个概念已从银行业务词汇中彻底消失了。电子邮件可以缩小人们业务活动的范围,在 E-mail 大行其道的今天,各种信息的获取已经超越了空间的界限。即使是出差,办公室仍可带在身上,便携式计算机可使您随时随地开展工作。虚拟图书馆的出现,使人们省去了坐在图书馆查阅资料的时间,只需在办公室或家中操纵电脑,一切尽在掌握之中。正是这些自动化技术在办公系统中的应用,为整个全球经济的繁荣带来了不可估量的影响。进入 21 世纪,白领职员从事的大部分工作正被各种自动化系统所替代,它们能够正确无误地处理大量信息，永不疲劳地、忠实地按人的意图去完成指定的各项任务。其中，值得一提的是虚拟助手。虚拟助手是一种非常聪明的程序，它存储在主人的个人电脑或者便携式设备之中，监视主人所有的电子邮件、传真、信息、计算机文件和电话，为的是“了解”主人和他的日常工作。经过一段时间的学习，这个虚拟助手就能够接管主人的日常事务了。比如写信、寻找文件、打电话甚至挑选人员。未来繁忙的人们将越来越多地使用虚拟助手。目前，网络上还活跃着很多虚拟助手，这个招之即来的私人助手，可以帮助私人处理各种耗时费力的繁杂事务和待办事项。现在，OA（办公自动化）技术已由第一个层次只限于单机或简单的小型局域网上的文字处理、电子表格、数据库等辅助工具的应用，一般称之为事务型办公自动化系统，升级为第二层次：把事务型（或业务型）办公系统和综合信息（数据库）紧密结合的一种一体化的信息管理型 OA 系统。决策支持型 OA 系统是 OA 技术的第三层次，它使用由综合数据库系统所提供的信息，针对所需要作出决策的课题，构造或选用决策数字模型，结合有关内部和外部的条件，由计算机执行决策程序，作出相应的决策。集成化、智能化、多媒体化和运用电子数据交换（EDI）是 OA 新层次中系统的四大特征。

（5）家庭自动化。实现家庭自动化，可以极大地改变人们的生活和工作方式，把人们从繁重的家务劳动中解放出来，创造出温馨和舒适的生活环境。

在智能化住宅中，自动化保安系统让你无论在家还是在外都高枕无忧。主人离家，中央控制系统会关掉空调，切断动力电源，关上窗户，接通自动留言电话；当主人通知要回家或到达预先设定的时间，中央控制系统会发出指令，打开空调，调节光线，接通通风装置，开动自动烧饭装置做饭、煮咖啡以及准备洗澡水，甚至播放你最喜爱的音乐，迎接你的归来。

计算机管家可以帮你管理家庭的财务，管理家庭固定资产、图书、药品及重要单据，存储个人及家庭档案、通讯录及备忘录，及时提醒主人回电话、开会及赴约。

家用护理机可以用来监护老人和幼儿的日常生活；藏在玩具里的摄像机及安全装置可以使父母随时随地看到孩子的情况，真正实现育儿养老少操心。

家务劳动还可以交给机器人去完成，用机器人端茶倒水、做饭、洗衣服、打扫卫生，帮助孩子复习功课，陪孩子玩，陪主人下棋、打球甚至聊天，有它的勤劳陪伴，主人可以省出更多的时间去工作和娱乐。

在家里办公是家庭自动化的一个发展方向。在家里，通过通信及网络系统就可以掌握现场情况和有关资料，并控制指挥生产过程或完成某些任务。在家里办公能大大地减少社会设施，还可以提高工作效率，很受世人青睐。越来越多的宅男宅女们将享受在家上班的乐趣。

当你必须公出或旅行时，利用全球性的航空订票系统，可以最快、最经济地安排旅行，极大地方便了人们的出行。俗语所说的“在家千日好，出门万事难”的情况正离我们而去。

总之,自动化技术在家庭服务中的应用,可使人们生活得更方便快捷,更好地享受生活。

三、现代制造技术的技术基础

在当今社会里,不论是工作、学习还是休息,可以说处处离不开自动化设备。人类发展了自动化技术,它反过来又为人类建立了新的、完美的、先进的生产和生活方式。发展现代自动化技术,用智能机器代替人的体力劳动和部分脑力劳动,人的生产和生活方式就变成了人—机器/智能机器—自然界的模式。自动化水平越高,机器就越复杂,越需要人去提高自身的素质,去创造、发展新的技术和设备。在作为一国经济支柱的制造业中,就更需要积极研究和探索制造新技术,世界各国都把提高制造业的自动化程度作为发展制造技术的主要方向。在科学技术突飞猛进的今天,数控技术、计算机辅助设计与制造等作为现代制造业的技术基础已得到了广泛的运用。

1. 数控技术

数控技术是柔性生产系统、计算机集成制造系统等制造新技术的最基本的技术基础。早在 1952 年,就出现了由电子线路控制的数控机床。这种机床是将加工程序、加工要求和操作信息用数字及文字代码存储起来,经过计算后发出指令,控制伺服机构驱动机床的工作台或刀具进行加工。其组成如图 3 – 27 所示。

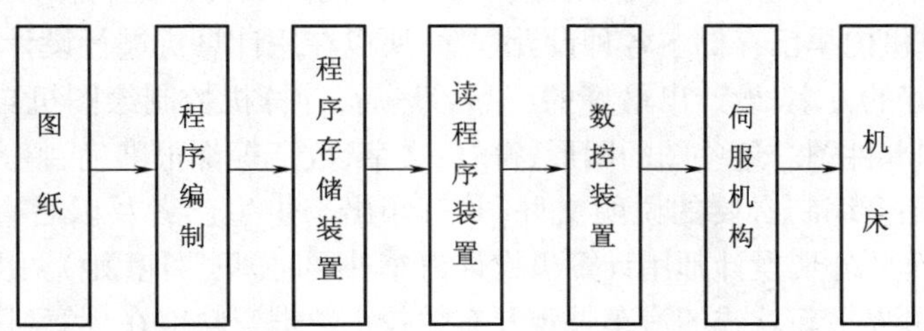

图 3 – 27　数控技术组成框图

1959 年,又制造出了能按数字指令自动更换刀具并完成多种加工工序的数控机床,即加工中心(MC)。与数控机床相比,加工中心的自动化程度、加工精度、生产效率和通用性又都提高了一步。20 世纪 70 年代初,计算机逐步代替了数控机床中的逻辑控制电子线路,实现了计算机数控(CNC)。不久,又出现了由计算机直接控制多台机床的系统,即所谓的群控或直接数控(DNC)系统。20 世纪 70 年代是数控技术大发展并达到普及的时期。

数控技术的优点是:第一,可以一次装卡定位,不但缩短了加工的辅助时间,而且减少了人为的加工误差,提高了加工精度,减轻了人的劳动负荷;第二,适于加工外形复杂的零件,其生产效率比普通机床提高了几十倍;第三,只要按照所要求的加工数据修改变换数控机床的控制程序,就可以加工多种零件,具有很大的灵活性,即具有柔性,特别适于中小批量多品种的多工序零件的加工,能满足产品经常变更品种规格的需要;第四,缩短了产品试制的周期(用柔性自动化加工时间可减少60%~75%),对市场的需求能作出迅速反应。正是由于数控技术具有以上这些优点,它的广泛采用给制造业带来了巨大的变化。

2. 计算机辅助设计与制造

计算机辅助设计与制造(CAD/CAM)是工业自动化的另一关键性技术。CAD/CAM是计算机辅助设计(CAD)与计算机辅助制造(CAM)相结合而组成的计算机应用系统。

(1)计算机辅助设计。它是由计算机来完成产品设计中的计算、分析、模拟、制图、编制文件等工作,是用计算机帮助设计人员进行设计的一种专门技术。计算机辅助设计系统主要由计算机、输入装置、显示装置、快速绘图机、数据库以及程序软件等组成。

用计算机辅助设计系统进行设计的一般过程是:设计人员用键盘、数字板、光笔等输入装置,把设计方案输入计算机中去,在显示器的荧光屏上便可以看到由计算机设计的产品图。显示的图样是立体的,很清晰,可以按照设计人员的需要进行放大、缩小、平移、旋转,以便从各个角度观察所设计出的产品并且进行修改,直到满意为止。由于计算机内早已存储了各种设计程序,所以在用计算机进行设计、计算和分析时,能选出最好的方案,设计出最好的产品。然后,计算机控制绘图机自动地画出产品的零件图和部件图。这些图的图形、符号、文字、数字等都很准确、整齐,符合标准。最后,计算机还会编制必要的说明文件,并打印出来供生产者及以后查询资料者使用。例如,汽车的外形设计师用计算机设计汽车外形时,只要他(她)调出设计参考程序系统,各种世界最新款式的汽车外观及有关技术数据资料就在计算机上显示出来,设计师可以重新设计和修改,采百家之长,完成最新的设计。

(2)计算机辅助制造。它是用计算机对生产设备进行管理、控制和操纵,最后完成产品的加工制造。具体地说,就是让计算机根据设计出的图纸,帮助人们制订生产计划,确定零部件加工顺序,选择加工机械和刀具,并确定加工数据。然后再将有关数据指令输送到各机器设备中进行自动加工,计算机根据各种传感器测出的数据,监视、修改其加工过程。最后再由计算机控制搬运机械进行运送,并控制检验装置进行必要的检验。总之,由计算机控制整个(或局部)加工过程,直到产品制造出来为止。

计算机辅助设计在20世纪60年代就得到较为广泛的应用,80年代得到了普及和发展。计算机辅助制造原来是用计算机实现直接数控生产并监督生产过程,为操作人员提供校正操作的参数。后来则用于管理控制整个加工过程,为生产管理提供数据和信息,以实现间接控制生产。20世纪70年代末,计算机辅助设计与计算机辅助制造逐步结合起来,在 80 年代则成为一项引人注目的自动化系统。20 世纪 90 年代以来,计算机辅助设计与制造在标准化、系列化、模块化基础上,正进一步朝着网络化、集成化和智能化的方向发展。

采用计算机辅助设计与制造,除能提高产品质量、性能、价值之外,更主要的是可使开发新产品的成本和开发时间各减少 1/3 左右。对于现代产品的生产机制(多品种、中小批量生产)来说,计算机辅助设计与制造技术在生产体系结构、设计和制造、信息处理模式等方面,都使传统生产方式发生了革命性的改变。

四、前景骄人的先进制造技术

当前制造业的特点是集成化、智能化,出现了许多新的先进制造模式,主要有柔性制造系统、计算机集成制造系统、虚拟制造系统、微观制造系统等。

1. 柔性制造系统

柔性制造系统(FMS),是利用计算机程序系统来控制若干台数控加工系统、自动搬运车及上下工件系统(回转式托盘和机器人)、立体仓库等组成的可以自动完成加工、装卸、运输、管理的系统。它具有监视、诊断、修复和自动转换加工产品品种等多项功能,是制造业向现代自动化(计算机集成制造系统、敏捷制造)发展的基础设备。它克服了刚性流水线不易更换新产品的缺点,适于进行多品种中小批量的生产,并可提高产品的生产效率和机床的利用率,降低劳动力消耗、机床损耗等生产成本,改善投入产出比。其主要组成设备及组成框图如图 3－28 所示。

2. 计算机集成制造系统

计算机集成制造系统(CIMS)是一种组织、管理与运行企业生产的新系统。它借助计算机硬软件,综合运用现代管理技术、制造技术、信息技术、自动化技术、系统工程技术,将企业生产过程中有关人、技术、机器和经营管理等要素及其信息流与物质流有机地集成并优化运行,以实现产品高质、低耗、上市快,从而使企业赢得竞争的先机。

1973 年,美国的约瑟夫·哈林顿首次提出了 CIMS 的概念,主张打破以往的自动化“孤岛”,建立综合自动化的大系统,将市场、工程设计、生产制造、管理等集成在一起,实现信息集成和功能集成,从而强化系统优势。

CIMS 技术发展十几年来,综合并发展了计算机辅助经营管理与决策技术,包括信息管理系统、办公自动化、经营决策支持系统、材料资源规划(MRP)等等;计算机辅助分析与设计技术,包括计算机辅助设计(CAD)、计算机辅助工程(CAE)、计算机辅助工艺规划(CAPP)、计算机辅助制造(CAM)等等;数字控制工艺制造设备,包括数控机床(NC)、加工中心(CNC)、机器人、柔性加工单元(FMC)、柔性加工系统(FMS)等等;计算机及信息集成技术,包括计算机网络、数据库、集成框架、标准化、使能器、计算机图形学、人工智能等等;CIMS 技术还包括计算机辅助建模、系

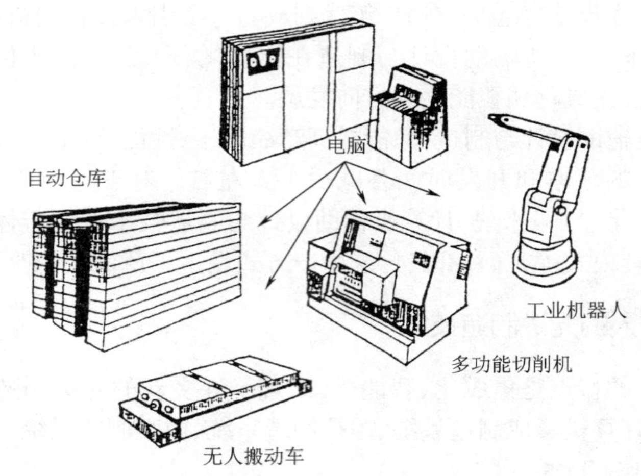

(a)主要组成设备

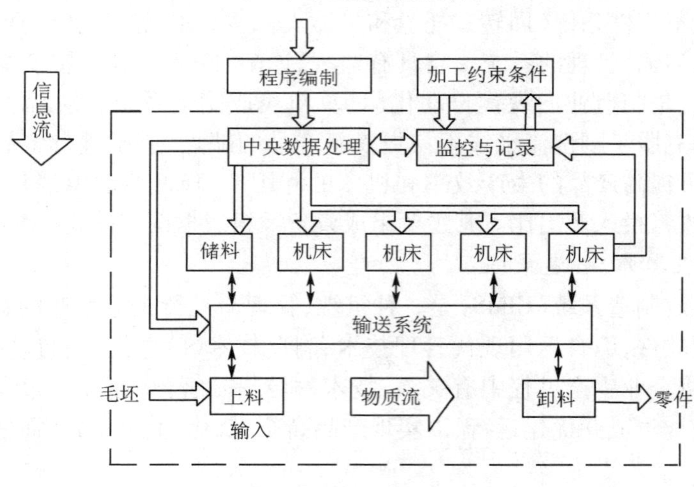

(b)组成框图

图 3-28 柔性制造系统主要组成设备及组成框图

统仿真、计算机辅助质量管理与控制(CAQ)、计算机售后服务系统等多种相关技术,它是一个复杂的大系统。

CIMS 的特点是:既能发挥自动化的高效率,保证高质量,又具有充分的灵活性,可以缩短新产品的开发周期和产品生产周期,适合于开发和制造科技含量高的结构复杂的产品,与现代制造业的特点非常吻合。

20 世纪 80 年代以来,在市场经济激烈竞争的推动下,CIMS 各项单元技术不断发展,现已成为制造业的发展热点,被普遍认为是组织现代制造业的一种哲理、一种管理和运行模式,是21世纪制造业的发展基础。由于CIMS的经济效益非常可观,世界上的一些发达国家和著名企业纷纷制定和实施本国和本企业的CIMS战略,著名的有美国国防部计算机辅助后勤支援计划、欧共体的欧洲信息技术研究发展计划、日本的智能制造计划等。我国政府也非常重视CIMS。"863"计划的实施,有力地促进了CIMS技术在中国的发展和推广。

被誉为"21世纪的工厂自动化技术"的CIMS正成为未来制造业赢得竞争先机的新切入点。

3. 准时生产制

准时生产(JIT,也称适时生产)和成组技术(GT)是适用于计算机集成制造系统第一阶段的新技术。

准时生产是指在得到订单的情况下,把产品所需的零件都排定顺序,所有的加工件、外协件、外购件都按规定的时刻出现在规定的加工或装配的工位上,在规定的时间内生产出产品,并立即交货。这种生产方式,由于生产中无中间仓库,也没有成品仓库和堆积站,因而生产周期短、成本低、资金周转快,可获得多品种、高速度、高效率的生产。

成组技术是把企业生产的各品种、部件和零件按照一定的相似性进行分类编组,在此基础上组织各个生产环节,以实现工程设计、制造和管理的合理化。它的优势是可使企业既具有流水线的高效率,又具有生产的灵活性,快速变换产品品种的高度柔性,可将现代化生产中的复杂情况加以简化。

4. 并行工程

并行工程(Concurrent Engineering,CE)是适用于计算机集成制造系统第二阶段的新技术。它是在信息集成的基础上,强调在产品开发生命周期中各个过程间的集成、并发与优化,是工厂自动化进一步发展的方向,也是目前在世界上非常活跃的、备受称道的一种制造新技术。

进入20世纪90年代,知识变为应用技术进而转化为产品的周期越来越短,竞争的焦点是如何在最短的时间内开发出满足用户要求的高质量、低成本的产品。围绕着加速新产品的开发,一些新的设备和工具软件发展得很快。例如,可加工性设计、可测试性设计、成本可计算性设计、可靠性设计等,以及高性能、低价格的工作站的出现和以减少做原型次数的建模、仿真、虚拟技术的发展,都为加速新产品的开发提供了必要的技术支持。如何利用这些技术来加快新产品的开发,并行工程作为一种集成地、并行地设计产品及其相关过程的系统方法得到了飞速的发展和广泛的应用。

并行工程的内容是指将需求分析、产品设计、过程设计以及得到原型产品的各个工程设计和后续过程并行进行,而且及时双向地交流、协调、变动,并快速作出决策。由于采用并行工程方法,要通盘考虑产品整个生命周期的所有因素,如用户要求、概念形成、进度计划、成本控制、质量标准等等,尤其是设计阶段注意可制造性、可支持性等协调与优化,因而可以提高全过程(包括设计、工艺、制造、服务)中的全面的质量;降低产品全生命周期中的成本(包括设计、制造、发送、支持、客户使用至产品报废等成本);大大缩短产品研制开发周期(包括减少设计反复,缩短设计时间、生产准备时间、制造时间、发送时间等)。

大量实践证明,并行工程能取得明显的效益以赢得竞争,具体表现在:设计质量改进,使生产中工程变更次数减少一半以上;产品开发周期缩短 40% ~60%;制造成本降低 30% ~40%;产品及其有关过程优化,使产品的报废及反复工程减少 75%。

实行并行工程的关键技术是建立并行工程所需要的自动集成环境,包括在终端显示屏上提供讨论的工作区、良好的通信系统、完善的数据资料及档案管理系统、过程动态监视系统和优化决策支持,等等。

5. 敏捷制造

如果说 CIMS 是实现并行工程的基础,那么并行工程就是构成敏捷制造的基础。

敏捷制造技术是 1991 年底制造业提出的一个新概念。对当今世界最恰当的描述是:机遇与危机并存。如何在这样的环境中求得生存和发展,对任何一个国家、地区和企业都是严峻的挑战。敏捷制造正是为适应这样的环境提出的。所谓“敏捷”,是指在不可预见的多变的环境中的生存能力。敏捷制造是指以柔性生产技术和动态组织结构为特点,以高素质的、协同性良好的员工为核心,实行企业间网络集成,从而能对风云变化的市场灵活应变、快速响应的社会化制造体系。

敏捷制造的主要特点是:通过广泛采用并行工程技术,将产品的市场调研、工艺设计、生产加工、质量检测等同步进行,使企业具有能抓住瞬息即逝的机遇,快速推出高性能、高可靠性及顾客能接受的价格的新产品的能力;具有生产线的高度柔性、可重组的生产设备和相应的软件,通过编程可重组的、模块化的加工单元,实现新产品和各种变形产品的快速生产,以适应生产小批量和高性能产品的现代制造业的特点;重视企业的创新能力,把具有创新能力和经验的人看成是企业财富的源泉,注重对企业员工的培训和再培训,并建立一套能最大限度调动员工积极性的人事管理制度;用发展的眼光去看待企业间的竞争与合作,能够围绕开发、生产新产品,发挥各企业的优势而结成动态的联盟,以期大幅度降低技术和投资风险;以提供周到的售后服务、优惠的升档及以旧换新服务等,谋求与客户建立一种新型的(战略)依存关系等。敏捷制造的这些特点,使这项新技术提供了一条充分利用社会存量资金,发展新兴产业的可行道路,大大降低了高新技术产业化的风险,最重要的是能使企业在复杂多变的环境中求得生存和发展。

6. 虚拟制造

虚拟制造(Virtual Manufacturing,VM)是 20 世纪 90 年代中期在 CIMS 和并行

工程的基础上提出来的新技术。它是指在计算机中用虚拟模型模拟真实的制造过程,以便在真实执行制造之前,预测产品的功能及制造的可行性等问题。通俗地说,虚拟制造是通过计算机的虚拟模型,而不是通过真实的加工过程来预估产品的功能、性能及可加工性等各方面可能存在的问题。因此,虚拟制造是用计算机模拟产品的综合性开发环境。通过该环境,使得设计者在真正加工之前就能模拟制造出产品,以便实现并加强在产品生产全过程中的及时控制与决策。

实际的企业产品设计制造全过程,包括产品的概念设计、模型设计、性能分析、工艺规划、加工制造、作业计划和调度、质量检验、成本核算等步骤,以及对上述过程的控制与管理。在虚拟制造中,必须对上述制造过程的理论和方法进行深入的了解,并在此基础之上揭示出产品制造全过程的种种复杂问题。进行虚拟制造必须依赖高性能计算机和高速网络,采用计算机仿真、虚拟现实和群组协同等综合技术,以构建一个能模拟现实制造过程中物资流、信息流和价值流的虚拟制造系统。

虚拟制造系统由虚拟物理系统和虚拟信息系统两部分组成。其中,虚拟物理系统是现实物理系统的一个映射,是虚拟制造系统的信息基础结构,它包括产品模型、生产过程模型和生产控制模型等,分别刻画产品、生产过程和生产控制等方面的信息。虚拟信息系统是现实信息系统的一个映射,它包括管理系统活动模型和工程设计活动模型等部分,分别描述决策过程和信息流。

虚拟制造的关键技术,在软件设计方面是系统建模,即将现实环境下的物理系统映射为计算机环境下的虚拟系统,其建立的模型是一个虚拟产品,但应具有真实产品所具有的一切主要特征。

虚拟制造的意义在于填补了CAD/CAM技术与生产过程和企业管理之间的技术鸿沟,为制造工程师们提供了从产品概念的形成、设计到制造全过程的三维可视环境及空间交互环境,从而实现制造驱动设计。

目前,在许多领域内已有虚拟制造系统成功应用的范例。在流体力学、空气动力学和应力分析等涉及大量繁杂数据的领域,采用虚拟制造技术可以使工程师们以全新的方式来体验分析的结果。美国国家航空航天局(NASA)建立的原型风洞系统,为飞行器和汽车等产品的空气动力学分析提供了直观的手段。操作者可通过特殊显示器、数据手套与仿真情景进行交互,直接观察气流流动情况。

在汽车制造业,虚拟制造系统为现代汽车的设计、生产和销售带来了全新的观念;同时,也为汽车工业的发展带来了一次前所未有的机会。在虚拟的驾驶室里,可以对新型汽车座椅的舒适程度进行测试;在虚拟的撞车中,能非常精确地显示出身体各部位所受的力以及撞击的后果。过去工程师设计一辆汽车,需要在制图板上绘制成千上万张设计图,再制造出车壳,然后配上发动机,最后还需检验整车的各项性能,现在这一过程已被大大简化。在追求个性化的今天,人们对汽车的设计也提出了更高的要求。用汽车虚拟制造系统,只需戴上特制的头盔和手套,就能在数米高的超大显示屏上,设计出符合客户要求的理想车型。"波音—777"飞机的设计制造过程,就是应用虚拟制造技术的一个成功的范例。"波音—777"采用了全数字化设计,包括整机设计、部件测试和整机装配,所有的开发和测试都采用并行工程方法,实时、远距离网络化和全集成地进行。通过利用虚拟现实技术,进行全天候的模拟试飞,工程师们在工作站上实时采集和处理数据并及时解决设计问题,使得最终制造出来的"波音—777"飞机与设计方案间的误差大大缩小,保证了机身和机翼一次对接成功和飞机一次上天成功。

7. 微观制造

微观制造技术,就是在微观尺度的空间里设计、制造、测量和应用,可谓"毫厘之间乾坤大"。微观制造的核心是精密、超精密加工技术。微观制造技术,包括微电子制造技术、微机械制造技术、纳米制造技术等。

(1)微电子制造技术,其核心是集成电路。随着微电子制造技术的不断发展和创新,其集成度(集成在单个半导体硅片上的元件数)目前已达到在每个芯片上可集成几亿甚至几十亿个元件,最小元件的尺寸为0.25μm。近年来芯片集成度基本保持每18个月翻一番的惊人速度,这使得今天的微电子技术已超越了大规模、超大规模、特大规模集成时代,进入吉规模集成时代。目前,元件加工的精度已达纳米级。

(2)微机械制造技术,是指在厘米/微米的尺度上制造微型机械装置。未来的微型机械装置会给社会带来深刻的影响,各类微型专用集成仪器将会在人们意想不到的地方出现,并发挥重要作用。届时,地球的上空将分布着成千上万个质量小于0.1kg的微型卫星,用以完成探测、遥感和信息传递等重要使命。微型机器人将进入极细小的地方进行检查和清扫(例如,进入人的细胞内诊断、治疗疾病);在农业、环境保护以至军事领域,微型机器人也将大显神通。

(3)纳米制造技术,是指在100nm尺度以下制造具有特定功能的产品。纳米产品的研制和应用水平是21世纪一个国家高科技发展水准的重要标志。

由于被加工材料的结构已接近原子或分子的尺寸,在这么小的尺度上"造物",乍听起来,好像是天方夜谭。然而,十几年来,用纳米技术控制原子、分子的行动,进而制造纳米产品已是硕果累累。

1989年,美国斯坦福大学搬走原子团,"写"下了斯坦福大学的英文名字。1990年,美国国际商用机器公司通过扫描隧道显微镜,移动了吸附在镍单晶体表面的35个氙原子,并将其排列出了"IBM"字样。1993年,中国科学院北京真空物理研究所自如地操纵原子,成功地写出了"中国"二字。在北京大学纳米科学与技术研究中心的实验室里,也摆着用纳米技术制作的刻有"百年校庆"几个字的纪念品。

1996年11月,设在瑞士苏黎世的美国IBM研究中心宣布造出了世界上最小的算盘——碳分子算盘,算盘架是蚀刻而成的铜槽和铜脊,算盘珠是由60个碳原子组成的巴基球。巴基球由扫描隧道显微镜操纵在铜槽内滑动，碳分子算盘的研制成功，将有望大大提高未来微处理器的运算速度。另外，美国康奈尔大学的研究人员制作的超微六弦吉他，大小约相当于一个白血球。

1997 年，美国科学家首次成功地用单电子移走了单电子，用这项技术可望在 20 年后研制成功速度和存储量比现在提高成千上万倍的量子计算机。到那时，引用美国前总统克林顿在 2000 年初的一次讲话中的比喻，那就是"整个国会图书馆的图书都能存储在一个糖块大小的芯片上"。

1999 年，巴西和美国科学家在研究碳纳米管实验中发明了世界上最小的"秤"，它能够称量 1×10^{-9}g 的物体，即相当于一个病毒的重量。

2003 年 10 月，美国康奈尔大学利用生物分子部件研制了一架"纳米直升机"，可以在人体生物能量的驱动下，实现自动组装、维护和修理，其由金属镍组成的螺旋桨可利用人体生物能每秒转 8 周。

由于使用纳米技术可以选定原子组成分子，可以制造新物质，因而应用的范围很广。值得一提的是医学领域，用数层纳米粒子包裹的智能药物进入人体后，可主动搜索并攻击癌细胞或修补损伤的细胞组织。2014 年 1 月，韩国全南大学细菌机器人研究所已研发出世界上首个可治疗癌症的"体内医生"——纳米机器人（Nanorobot），可对大肠癌、乳腺癌、胃癌和肝癌等高发性癌症进行诊断和治疗。2015 年 1 月美国加利福尼亚大学圣迭戈分校的一个团队日前发布新闻公报说，他们开发出一种只有 20 微米长的机器人，这种能在动物体内移动且具有自毁功能的纳米机器人，能够实现药物的精准投送。在人工器官外面涂上纳米粒子，可预防移植后的排异反应；使用纳米技术的新型诊断仪，只需检测少量血液，就能通过蛋白质和 DNA 诊断出各种疾病。应用纳米技术还可将生物系统和机械系统有机地结合起来，从而制造出医用机器人"纳米医生"。"纳米医生"微小到可以注入人体的血管里，在血管网络中进行巡逻和检查，修复衰老和病变的细胞。"纳米医生"能对人脑进行扫描，可以控制基因，消灭遗传病。人类可以利用基因芯片迅速查出自己基因密码中的错误，并迅速利用如同人体血液细胞大小甚至更小的纳米机器人进行修正，使人类可以消灭各种遗传缺陷。科学家已利用外科手术置入神经移植芯片的方法来治疗耳聋和帕金森氏症一类的疾病。到 2030 年，"纳米机器人"可以通过注射，甚至是吞服的办法轻易植入。它们将具有编程能力，能够一会儿提供虚拟现实，一会儿又作为一系列大脑的伸展台，也许最重要的是，它们将大量分布整个大脑，占据数十亿或者是数万亿个位置。

纳米机器人在微观世界里永不停息地工作，极大地满足人类的需要。不久的将来，"纳米机器人"技术还将提供身临其境而令人信服的虚拟现实，帮助人们生活在虚拟的环境中。将"纳米机器人"放在连接来自所有感觉器官（眼睛、耳朵、皮肤等）的每一个神经元间连接的位置，它就能够抑制所有来自真实感官的信息，并以虚拟环境的适当信号来替代它们,于是创造出一个身临其境的虚拟环境。这一技术的应用,将使我们能够与其他人(或者模拟的人)一起进行虚拟现实的体验,而无须在人脑中事先置入任何设备。不仅如此,这种虚拟现实将与现实一样真实而精细,你无须给朋友打电话,就能与之相聚在巴黎的咖啡馆,或者一同漫步在虚拟的地中海海滩。

很显然,“纳米机器人”的出现将可能涉及法律、伦理甚至政治问题。科学家们认为,到了 21 世纪下半叶,将人同电脑绝对而清楚地区分开来将变得毫无意义。一方面,人类将拥有经过“纳米机器人”技术大大扩展了的生物大脑;另一方面,人类将拥有纯粹的非生物大脑,这是功能大大增强了的人类大脑的复制品。毫无疑问,有了经过功能改善的大脑,我们将创造出无数与“纳米机器人”技术融合的更新技术。届时,人类将进入一个新天地。他们当然不是神仙,却是地道的新人类。

纳米技术也被广泛应用于材料学领域。2018 年 7 月 19 日,我国自主研发的织物纳米膜层结构生色技术完成科技成果鉴定,该技术可通过纳米技术手段让织物具有防水、抗菌、防晒、抗紫外线、防辐射、防静电等功能,该技术的工业化应用可为医疗、智能穿戴、航天航空等领域提供更多的材料选择。

纳米技术还被应用于军用技术项目中:研制新型导航与制导系统及新概念太阳能光电转换器件,以加速武器装备小型化、信息化和一体化进程;研制性能独特的纳米隐身材料,促进隐身兵器发展;开发专用集成微型仪器,制造尺寸缩小到最低限度的纳米卫星等。一些军事大国开始实施利用纳米技术开发微型武器的军事计划。美国国防部正在利用纳米技术研制一种微型间谍飞行器。该飞行器只有 6 英寸长,能持续飞行 1 小时以上,它既可以在建筑物中飞行,也可附在建筑物或设备上进行侦察,搜集情报信息,是对敌人封闭设施进行侦察的理想工具。由于其体积甚微,雷达很难发现,任何武器也对它奈何不得。可以预料,随着纳米技术的不断发展和完善,必然会有更多、更先进的微型武器出现。他们还研制出一种纳米微型攻击机器人。这种微型机器人由传感系统、杀伤机制、通信系统和电源系统 4 个部分组成,当其接近目标时,能“感觉”到敌方电子系统的位置,并自动渗入实施攻击。西方一些国家正在研制的“蚂蚁雄兵”虽然只有蚂蚁般大小,却具有很强的破坏能力。它的背部装有微型太阳能电池,身上带有微型感应器或微型高效炸药,能神不知鬼不觉地潜入敌军指挥机构,搜集情报或炸毁其计算机网络和重要通信线路。已研发成功的还有“麻雀”卫星、“蚊子”导弹、“苍蝇”飞机、“灰尘”子弹、蛛声风等,林林总总,数不胜数。可以预料,随着纳米技术的不断发展和完善,必然会有更多、更先进的微型武器出现。

当前,纳米技术的研究如日中天,很多国家纷纷制定纳米技术研究开发专门计划,争取抢占 21 世纪科技发展的制高点。纳米技术将成为仅次于芯片制造的世界第二大制造业。

8.机器人——高智商灵物

很早以前,人类就有一个美好的幻想,那就是希望发明一种能够代替人类从事各种工作的机械。这种机械就是今天的机器人。

早在西周,我国的能工巧匠——偃师就制作了会唱歌跳舞的“艺伎”;三国时,诸葛亮指挥木牛流马的故事更是人人皆知;1774 年,瑞士钟表匠制造出了机械记录员、画师和乐师。20 世纪 60 年代初,美国制造出了世界上第一个工业机器人,从此,机器人队伍就如雨后春笋般地壮大了起来。

所谓机器人,是指代替人完成某些任务并具有某些智能的仿人机械。机器人的组成也是仿人的:其电脑及控制装置相当于人脑及神经系统;胳膊和手爪相当于人的胳膊和手;轮子和脚相当于人的腿和脚;各种感觉装置及与外界联系的装置相当于人的感觉器官;能源装置相当于人的内脏;传动装置相当于人的肌肉。它具有人的操作、感觉、识别、判断及决策等功能。

机器人的“进化”,依时间顺序可分为三代:第一代机器人,以示教再现机器人为代表,它能按照预先设定的动作顺序,完成简单操作,能自动地重复工作,但对外界没有感觉和适应能力,更没有智力。第二代机器人,安装了机械自控和传感器装置,从而有了感觉、分析、判断及操纵能力,其性能大大增强,可适应外界环境的变化,完成较复杂的工作。第三代机器人,即具有“思维”能力的智能机器人。与第二代机器人相比,第三代机器人还可以独立自主地制定和修改工作计划,并能处理意外事件。第三代机器人的研究和开发已取得可喜的成果。

机器人作为一种生产机器的新式机器,一直效力于制造业革新的基层,它在先进制造业中究竟作用如何呢?

第一,机器人可以提高产品质量。现在的市场对产品的质量要求越来越高。在批量生产中使用机器人,可以保证产品质量的一致性,提高产品的合格率。例如,要解决汽车发动机的密封问题,必须用一种特殊胶质沿缝密封,只有机器人才能保证其操作的精度。

第二,机器人可以成倍提高生产效率。生产效率是先进制造业的一个永远的追求。它不仅可以降低产品的实际造价,直接影响产品的性能价格比,而且还间接影响空间和设备的利用率。一个机器人可以替代十几名甚至几十名工人的工作,使用机器人可以大幅度提高生产效率。

第三,机器人可以解决劳动者的劳动生产条件和社会保护问题。机器人可以把人从单调、繁重、噪音、危险、有害的工作环境中解脱出来,从高节奏的生产线上解放出来。

今天,全世界的机器人活跃在各行各业,默默无闻、任劳任怨地为人类服务。其中,有可以完成搬物、工艺加工、焊接、喷漆、装配、检验的工业机器人;有承担种田、放牧的农业机器人;有伐木、造林的林业机器人;有提供秘书、护理等服务的服务机器人;有在战场上完成军事任务的军用机器人;还有太空机器人、深海机器人、救灾机器人、建筑机器人等特种机器人;甚至还有当侦探和当运动员的机器人。例如,在美国、新加坡等国的街头,我们可以看到机器人警察值勤的"身影"。在法国,潜水机器人成功下潜到6 000m深的海底,开展了一系列人类无法完成的海洋资源调查工作。在日本,一些机器人正在核电站上班,担负着清理核反应堆堆芯,清除核废料等污染严重且危险性极大的工作。机器人王国里还有精彩的"机器人世界杯"足球赛呢!

2010年中国机器人大赛暨机器人足球世界杯(RoboCup)公开赛上,国防科技大学展示了机器人的新本领:给它任意一个足球,它都能识别并可以跟踪和传接球,并进行比赛。这项技术达到世界领先水平,朝2050年机器人足球战胜人类的梦想又迈进了一步。

在2010年上海世博会,机器人及人工智能技术是世博会的科技热点之一。在日本馆,长着一双黑色大眼睛的机器人手执小提琴走上舞台,微微颔首,开始演奏观众熟悉的中国民歌《茉莉花》。一曲终了,机器人高高举起拿着琴弓的右手向观众致意,赢得一阵阵热烈的掌声。

意大利馆第三区域,一个正在拼图的红色柯马机器人引来小朋友的围观和赞叹。它不停变换一套积木的摆放顺序,将其拼成中国国旗、意大利国旗、世博会徽标以及吉祥物海宝的图案。

中国研发的机器人也登台亮相。其中,最引人注目的是演奏音乐的美女机器人"机器人乐坊"和身怀功夫的机器人。由上海电气研发的机器人乐坊的下肢像一个圆形的汽车方向盘。机器人乐手顺着地面上的磁条方向灵活地行动。除了行走,她们还能演奏乐曲。身怀中国功夫的机器人大约有1.7米高,全身上下拥有32个自由度,这32个自由度如同32个关节,保证它能够像人一样活动自如。

2015年1月29日,全球首款家庭智能陪伴机器人——"小鱼在家"于北京创新工场正式发布。基于机器人Wall - E和其"女友"Eva设计灵感下的"小鱼在家"显得时尚精致。该产品拥有苹果白的时尚色调、小巧浑圆的身躯,亮着柔和轻缓的蓝色呼吸灯,360°旋转摄像头像深邃的大眼睛,电源一接通,启动人脸跟踪识别的方屏就像有了生命,随着你的脸转来转去,浑身散发着友好和亲切的气息。基于"陪伴式通讯体验"理念应运而生的"小鱼在家",有望填补国内情感陪伴缺失家庭的真空地带。同期,美国一家公司在国际消费类电子展上展示了一款情感智能化的机器人,它能够为儿童读书、进行视频聊天、拍照、人脸识别、辨别物体,并能与智能家用设备进行连接,而且还能够在家中"巡视",帮助用户排除安全隐患。

机器人界不断有网红出现,它们中有:波士顿动力会空翻的机器人"Atlas"、俄罗斯神枪手"Ferdo"、爱讲笑话的机器人公民"Sophia"、日本投球命中率接近100%的机器人"Cue",还有2021年在江西省图书馆吵架的"图图"和"旺宝",它们不光会吵架,还会卖萌。

随着技术的突飞猛进,许多国家的机器人本领日益高强,可谓“上天入海,无所不能”。美国航天局下属喷气推进实验室等机构研发的新型水下机器人 2010 年 3 月已经完成为期 3 个月的首轮耐力试验。这款以天然和可再生海水热量为动力的机器人已 300 多次成功潜入海面以下 500 米。日本东大阪宇宙开发协会研发成功向月球发送能双脚步行的机器人,可实施月表地质调查,并通过在月球表面观测天体发现新行星。意大利比萨圣安娜大学微工程研究中心进行了“水下网络机器人”的研发工作,这款机器人能够在大海、湖泊、河流等不同水域工作,会在处理生态灾难中发挥重要作用。我国的北极 ARV 水下机器人于 2014 年 10 月 6 日圆满完成了我国第六次北极科考任务,随“雪龙”号破冰船返回。它负责采集海冰温度、盐度、深度等科考数据,供研究人员分析太阳辐射对北极海冰融化的影响等问题。南极洲周围海冰的边缘正在发生什么?这些冰是在增加还是减少?这片大陆的不同地区的发展态势为何存在显著差异?2014 年 11 月 27 日,这些问题已由我国一个名为 seabed 的自主式潜水器(auv)通过对海冰的厚度的测量得以解决。截至 2017 年底,我国已研发出应用于肿瘤治疗的消融医疗辅助机器人,以及应用于高难度脊柱手术的骨科手术机器人等创新产品,空间机器人、极地机器人、深海探测机器人、科学研究机器人等居于世界先进水平。2018 年俄罗斯世界杯中的绝大多数新闻报道就是由机器人撰写的。采用人工智能撰写新闻在时效上做到了绝对的领先,而且基本不会出错,机器人在自闭症社交能力干预的应用研究越来越多,麻省理工学院实验室研发的“来自星星”的机器人在自闭症儿童的治疗中起到了很好的辅助疗效。2022 年 1 月 29 日,约翰·霍普金斯研究团队所设计的智能组织自动机器人(Smart Tissue Autonomous Robot,STAR)在猪的软组织上开展了首例无人指导的腹腔镜手术,其手术结果显著优于进行相同操作的人类医生的结果。

2020 年以来,机器人发展应用领域得以持续扩展,业内总结了推动其发展的三大主要因素:一是高危险、高繁重、高重复、高精度的场景对机器人存在迫切需求。随着劳动力成本急速增加,人口结构变化,老年化社会的到来,包括焊接、搬运、装配等工业领域,危险工作环境的特殊服役领域,家庭打扫、教育娱乐、老人陪护等服务领域,实现机器换人是必然发展趋势。二是受疫情影响,为医疗机器人、物流配送、清洁等服务机器人提供了巨大发展空间。包括消毒机器人、远程会诊导诊机器人、物料配送与送饭机器人、微创手术机器人、远程安防检测机器人、远程位置服务等医疗服务机器人,提供“无接触”服务的室外无人送货、楼宇及室内配送机器人将发挥重要的作用。三是多学科、多领域交叉融合发展,新型机器人层出不穷、百花争艳。

2021 世界机器人大会闭幕式上发布的《机器人十大前沿热点领域(2021—

2022)》报告中,提出了 2021—2022 年十大机器人应用热点产品:①医疗与康复机器人;②室外无人送货、楼宇及室内配送机器人;③家政专用服务机器人;④物流机器人(电商仓储、无人机、协同服务);⑤新一代人机协作机器人;⑥融合机器视觉的机器人系统;⑦云服务机器人;⑧应急救援机器人;⑨可穿戴式机器人;⑩仿人/仿生机器人科技创新平台。

随着机器人与人工智能、大数据、云计算、5G、先进传感、仿生结构、智能材料、嵌入硬件、生物制造等多交叉融合创新,软体机器人、仿人机器人、四足机器人、人工肌肉、智能皮肤、脑机接口、生物感知、情感交流、认知推理、伦理道德等前沿科技、技术与产品创新方兴未艾,人机关系也将更加和谐。随着更多智能机器人的陪伴,人类世界将更加精彩。

思考题

1. 制造技术的发展有哪几个阶段?信息时代制造业的特点是什么?
2. 举例说明自动化技术可应用于哪几个方面?
3. 先进制造技术包括哪些技术基础?它们指的是什么?
4. 什么是机器人?它在先进制造业中的作用有哪些?
5. 你认为超智能机器人的研制对社会有哪些影响?试从正反两方面进行论述。

第九节　农业新技术

农业作为我国的第一产业,是支撑起国民经济的中坚力量。在科技发达和经济全球化的今天,农业科学技术水平是判断一个国家综合实力的标准。节能环保和可持续发展已成为我国农业发展的一大方针。近年来国家和政府对农业发展的重视力度和投入力度越来越大,引导农业科技创新的健康发展,使我国的农业科学技术更加科学和先进。基于此,本章首先分析了农业技术的内涵与作用,然后说明了农业技术的分类,最后就几种农业新技术进行探讨。

一、农业技术的内涵与作用

探讨农业新技术,必然要涉及农业技术的本质。20 世纪以来,科学技术革命席卷了人类生活的一切领域,使人类社会和自然环境发生了日新月异的巨大变化,促进了人类文明的加速发展。在这一科技革命中,以生物技术和信息技术为标志的新技术革命正改写着农业科技发展的历史。因此,农业技术发展的内涵和外延也发生了变化。本章首先探讨农业技术的概念、作用和分类。

1. 农业技术的内涵

农业技术属于一般的技术范畴,与一般技术相比,它们之间具有同一性和相似性。但农业技术作用的领域、作用的对象以及具体作用过程和一般技术又不一样。因此,它还有其特殊性。

针对农业技术的定义,首先要明确农业技术是一个发展着的概念。在古代中国,人们并没有定义农业技术的内涵,只有强调农业技术的"怎样做"以提高农业生物产量的含义。这是一种笼统的、直观的定义,它强调农业生产的实用技艺。现代,随着科学技术的高度分化与高度综合,科学技术不断地转化为生产力,它对自然与社会的作用能力不断增强,影响不断扩大。为了有效地创造和使用技术,正确地发挥技术的作用,人们进一步从理论上对技术进行了系统的探讨与思考,提出关于技术的种种学说和观点,对技术本质的认识由浅而深,由技术不全面到较为全面。关于农业技术的本质认识,有以下几种观点:

(1)农业技术不仅是人类为实现一定的农业生产目的创造和运用的知识、规则和物质手段的总和,也是人类农业生产经营活动的一个重要领域,是连接农业科学与生产的重要桥梁。

(2)农业技术不仅是一个相对独立的活动领域,而且是广泛渗透到一切农业活动中并日益发挥着越来越大作用的因素。今天,不仅农业实现了科学与生产技术化,同时农业的其他领域也技术化了。

(3)农业技术不仅是各种手段的静态总和,而且也是综合运用各种工具、规则和程序去实现特定目标的动态过程。因此,农业技术是一种活动过程。

根据对农业技术本质的综合理解,本文对农业技术的概念总结为:农业技术是在农业及其相关活动中,所发挥的智能、技能与物能的总和。即农业技术是指在进行农业活动的过程中,满足活动目的而采用的知识、经验以及技能的总和。其发挥功能的结构图如图 3-29 所示。

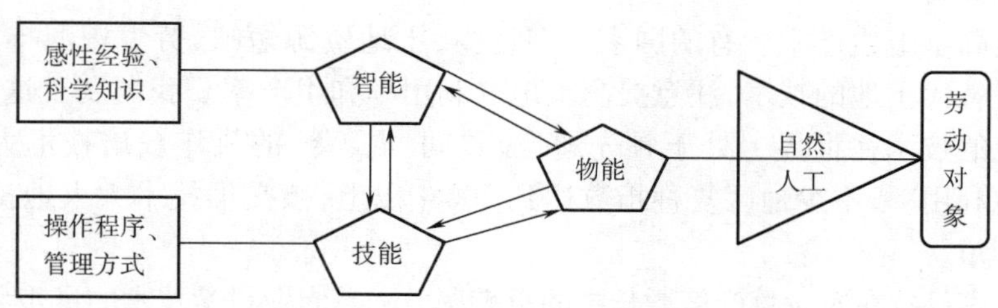

图 3-29　农业技术功能结构图

2. 农业技术的作用

农业技术的作用,就是农业技术系统对环境的作用与影响力。这种作用与影响，对人类来说具有两面性，既有正面的积极作用，又有反面的消极影响。农业的发展，就是在努力发挥其正面积极作用、不断克服其消极影响的过程中前进。农业技术的作用具体表现为桥梁功能、经济功能和保护功能。

(1)农业技术能够将科学转化为直接生产力。纯粹理论形态的农业科学知识，必须通过农业技术，才能运用于生产过程，渗透到生产力的各个要素当中去。因而农业技术也可以说是科学转化为直接生产力的中介和桥梁。农业技术得到了科学理论知的武装，科学知识广泛运用于生产过程，逐渐形成了“科学—技术—生产”的一种循环形式，而且已经成为社会的经济结构。这样，使得科学发现到实际应用的周期大大缩短，技术革新层出不穷，农业劳动生产率不断提高。

依据科学原理变革劳动手段和劳动对象，也离不开农业技术的桥梁作用。通过农业技术这一桥梁和中介作用，我们在利用、控制生物与环境的过程中，可以改进农业生物的品质与性能，改善农业生物生长与发育的环境，减少不良因子与损失，从而不断地提高农业生物产量和改进农业生物品质。例如，通过农业技术选育的优良品种，一般具有优良的性能、遗传稳定性好、适应能力强、产量高等特点，一个优良品种的选育和推广，可显著提高农作物与禽畜的产量，一般可使农作物平均增产 30% 左右，畜牧业一般可提升 20% ~30% 左右。

(2)农业技术能提高社会经济效益。与科学研究相比，农业技术的显著作用是它的经济社会功能。农业技术对提高社会经济效益的作用主要表现在：可以提高农业劳动生产率，提高土地生产率，提高农业科技在农业总产值增长中的贡献率，还可以降低生产成本，增加劳动者收入，做到增产增收。

①提高农业劳动生产率。对一些人少地多、劳力资源短缺、土地资源丰富的国家，可以大力发展替代劳力的技术，从种到收实现全盘机械化，农业劳动生产率大大提高。美国和澳大利亚等国家是世界上农业劳动生产率最高的国家，一个劳力可以经营几百亩、上千亩的土地，生产的农产品可以养活几十个人，农产品的商品率大大地提高。

②提高土地生产率。有的国家人多地少，土地资源短缺，劳力资源丰富，于是大力发展替代土地的技术，注意提高土地的利用率和生产率。我国属于这类国家，替代土地的技术在世界上处于领先地位。“间、混、套”的耕作栽培技术大大地提高了土地利用率，不少地区复种指数达到 200% 以上，杂交稻技术大大地提高了单位面积产量。

③提高科技在农业总产值增长中的贡献率。随着农业科学技术的进步和向农业的技术投入增加，农业科技在农业总产值增长中的贡献比重越来越大。农业技术进步有助于打破传统农业资源配置的低效率均衡，实现传统农业向现代农业的过渡。要把传统农业改造成为可以对经济增长做出重要贡献的高生产率的现代产业部门，唯有用高生产率的现代要素去替代已耗尽有利性的传统要素，即引进现代农业生产

要素是改造传统农业的根本出路。现代生产要素的独特之处在于它是适应新的技术变化而运用到生产中的，一种技术总是体现在某些特定的生产要素之中，因此，为了引进一种新技术，就必须采用一套与过去使用的生产要素有所不同的生产要素。另外，农业技术水平发达程度是传统农业和现代农业的根本区别，是农业落后国家和农业发达国家农业生产的根本区别，也是造成农业生产率高低的根本原因。

（3）农业技术保护生态环境。农业技术的另一作用，就是发挥农业科学、经济科学、环境科学与系统工程学等学科的综合作用，充分利用自然的物质与能量，对自然既开发又保护，使农业在人与自然关系协调的过程中发展。这一功能也可称为生态农业技术功能。由于目前常规现代农业技术受到了资源、能源、生物、生态以及社会经济因素的严重制约，人们日益重视这种生态农业技术作用的发挥：

①不断提高太阳光能的转化率。

②用地、养地相结合，提高土壤的生物学肥力。

③注意水资源的合理利用与保护。

3．农业技术的分类

农业技术可根据不同分类标准，分为不同的类型。

（1）按行业分类。按农业的行业分类，可将农业技术分为以下几种：种植业生产技术、林业生产技术、禽畜饲养技术、水产养殖技术。

（2）按农业生产过程分类。按农业生产过程分类，可将农业技术分为产前技术、产中技术和产后技术。产前技术主要包括为农业生产提供投入要素的行业的生产技术，产中技术指围绕农业生产各环节的相关技术，产后技术主要包括农产品储藏保鲜加工和营销技术。

（3）按技术的时间演进分类。按技术的时间演进可将农业技术分为原始农业技术、传统农业技术和现代农业技术。

（4）按技术的空间适应性分类。按技术的空间适应性，可将农业技术分为：山地农业技术、丘陵低山区农业技术、平原农业技术、草原农业技术、城郊农业技术、库塘江河湖海农业技术、庭院农业技术。

（5）按技术知识性分类。按技术知识性分类，农业技术应包括农业自然技术、农业社会技术与农业思维技术。农业自然技术是指人类利用、控制或改造自然的方式方法的集合。然而，由于自然技术具有观念性和实物性的两重表现形式，有人就把自然技术视为观念形态和物质手段的总和。农业社会技术是农业劳动者和劳动生产资料“结合的特殊方式和方法”，其除了农艺流程之外，显然还包括组织管理在内的“特殊方式和方法”。农业思维技术就是指“精神观念的起源”，即农业发明、创造的来源技术。人对世界的能动反映是通过思维对观念客体（指主体在观念中通过逻辑形式所把握的客体，如观点、观念、规律等）的构建表现出来的，这种认识又经过进一步的思维构建和实践转化为物化形态。其模式为：自在客体—主体—观念客体—主体—物化形态。其中,主体及其思维结构就形成了自在客体与观念客体及其物化形态的转换器,这个转换过程固定下来就形成了某种思维模式。而思维转换即信息加工、调节的方式方法就是思维技术。它对于观念客体及其物化形态的构成和形成起着特定的决定性作用。

(6)按技术作用对象分类。按技术作用对象进行分类,基本的农业技术有四大类:机械技术、物理技术、化学技术和生物技术。

机械技术是以人工的机械自然过程为对象的技术。它主要运用机械的原理与机械手段,作用于农业生物与其生活环境。如用于耕作、收割、运输、贮藏与加工的机械,以及机电排灌和农业的工厂化设施等。

物理技术是以人工的物理自然过程为对象的技术。它主要运用热、声、光、电等物理学原理与技术手段,作用于农业生物与其生活环境。如低温物理技术、超声波技术、激光技术、同位素示踪技术、X 射线衍射技术、紫外线处理技术、磁化处理技术以及遥感技术等。

化学技术是以人工的化学自然过程为对象的技术。它主要运用化学原理,研制化学合成剂,以改变农业生态环境和改变植物营养条件。如化学肥料、农药杀虫剂、杀菌剂、除草剂,生长调节剂以及农用塑膜等。

生物技术是以人工的生物运动过程为对象的技术。它主要运用生物学的原理与方法,对农业生物进行育种、栽培种植、病虫防治、饲养管理、水产养殖以及进行环境改良等。如选种、繁殖、杂交、间套、生物防治与免疫、水土保持的生物措施,以及细胞融合、细胞繁殖、生物反应塔和基因操作等生物工程技术。

二、育种新技术

1. 航天育种

早在 1960 年,搭乘苏联卫星式飞船到太空游了一圈的小麦、豌豆和玉米种子,它们发芽后,细胞分裂过程和生长过程比在地球上的明显加快。大葱种子仅在飞船上住了一宿,回来后就急不可待地提早出芽。在太空遨游的菌类的生长速度比常规快 6 倍。自此,向太空索取农作物新品种的序幕拉开了。据不完全统计,美国 1957—1994 年间,发射空间卫星 113 个,搭乘植物为 37 种。如图 3 – 30 所示。

中国自 1987 年开始空间技术育种,就是利用返回式卫星或高空气球所能达到的空间环境,对农作物种子诱变来产生有益的变异。20 世纪 90 年代末,我国先后把小麦、大麦、玉米、水稻、高粱、大豆、向日葵等作物种子和食用菌送到太空去“修炼”。经过 300 多项实验,证明空间育种有以下突出优点:变异幅度大,变异增多,育种进程较快和品质质量提高。种子从太空归来后,出苗率高,长势好,精神焕发,充满活力。变异后的红小豆荚增长,粒大,增产 30% 以上。食用菌经太空旅行后,出菇时间提早 7 ~ 10 天,增产 15% 以上。但例外的是,高粱种子的萌发却受到了抑制。

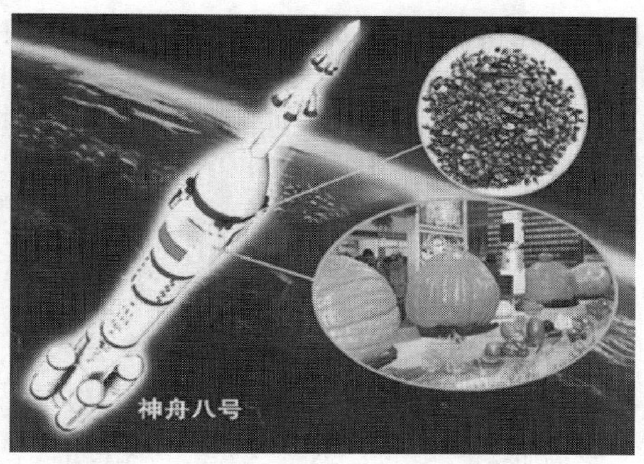

图 3－30　航天育种示意图

2006 年 9 月，我国成功发射航天育种卫星“实践八号”。全国航天育种协作组从“实践八号”搭载的植物材料后代中已筛选培育出 380 余份可遗传的育种新资源，航天诱变的作用机理、筛选鉴定等关键技术研究也取得重要进展，已形成技术发明专利 29 项、植物新品种保护权 36 项。航天工程育种研究已获得省部级以上科技成果奖励 10 项。

2010 年 9 月从中国农业科学院航天育种研究中心获悉，“十一五”期间，我国农作物航天工程育种在基础研究、新品种培育及产业发展等方面获得全面丰收，培育出的农作物新品种数量累计超过 100 个，创社会经济效益 30 多亿元。

2. 基因工程育种

基因工程（Genetic Engineering）是在分子水平上对基因进行操作的复杂技术，是将外源基因通过体外重组后导入受体细胞内，使这个基因能在受体细胞内复制、转录、翻译表达的操作。它是用人为的方法将所需要的某一供体生物的遗传物质——DNA 大分子提取出来，在离体条件下用适当的工具酶进行切割后，把它与作为载体的 DNA 分子连接起来，然后与载体一起导入某一更易生长、繁殖的受体细胞中，以让外源物质在其中“安家落户”，进行正常的复制和表达，从而获得新物种的一种崭新技术。

基因工程育种研究始于 20 世纪 70 年代。在以基因突变和有性杂交研究的基础上，拓宽了植物可利用的基因库。采用分子生物学和基因工程技术将外源基因有目的、有计划地插入、整合到事先准备好的受体作物基因组中，使其在受体中得以表达和遗传，从而使受体植物获得新的性状，培育出新的优良品种。

（1）抗虫、抗病基因工程育种。比利时植物遗传公司的科学家于 1987 年首次将苏云金芽孢杆菌（Bt）毒蛋白基因导入烟草中，转基因烟草表现出对一龄烟草夜蛾幼虫的抗性。随后,多个实验室或公司将不同株系苏云金芽孢杆菌的不同类型的(Bt)毒蛋白基因导入棉花、番茄、玉米、马铃薯、水稻等植物中,均表现出不同程度的抗虫性。抗虫、抗病基因工程育种流程如图3-31所示。此外,还包括蛋白酶抑制剂基因、淀粉酶抑制剂基因、植物外源凝集素基因等其他抗虫基因,但这些抗虫基因多处在研究阶段,其抗虫性也有待提高。

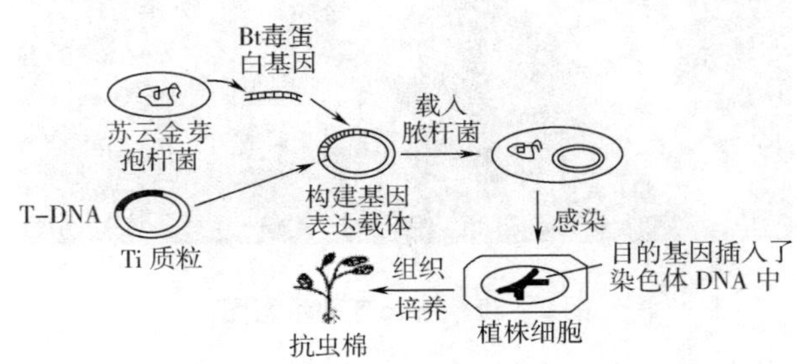

图3-31　抗虫、抗病基因工程育种流程

中国科学院上海生化所与中国农业科学院作物所、江苏省农业科学院经作所协作,将抗病基因导入棉花,育成抗枯萎病的低酚棉。

中国科学院微生物所与中国农业科学院烟草所、河南省农业科学院植保所协作,从烟草花叶病毒(TMV)和黄瓜花叶病毒(CMV)中提取外壳蛋白基因,通过载体拼接到烟草基因上,实现基因重组,育成双价抗病转基因烟草,对TMV防治效果达100%,对CMV防治效果70%,有效遏制了花叶病毒的侵染,提高了烟草产量和品质。

中国农业科学院植保所用花粉管通道法将大麦黄矮病毒GPV株系的外壳蛋白基因导入小麦,获得首例抗病毒病转基因小麦。中国农业科学院作物所用综合技术将燕麦草中抗黄矮病基因导入小麦,首次获得抗黄矮病小麦,用回交转育法将抗病基因转育到病区生产品种中,在山西、甘肃等地推广种植。

(2)抗逆基因工程育种。我国在抗逆基因的分离、克隆和转化等方面的研究有新进展,已克隆了耐盐碱相关基因,通过遗传转化已获得了耐1% NaCl的苜蓿,耐0.18% NaCl的草莓,耐2% NaCl的烟草,抗逆基因工程作物已进入田间试验阶段。目前我国利用抗盐基因培育烟草幼苗的过程如图3-32所示。

美国用抗性基因工程技术,育成抗除草剂的大豆、抗冻的草莓等,已用于大田生产。美国斯坦福大学把仙人掌基因导入小麦、大豆等作物,育成抗旱、抗瘠的新品种。

农作物除了病毒和虫害危害之外,还面临着杂草的威胁。在杂草蔓生的农田中,农作物一般要减少30%以上的产量。用人工除草费工、费时,而且劳动强度大。若使用除草剂,其识别能力差,往往除草的同时也杀死了庄稼。为此,科学家们又研究成功了抗除草剂转基因作物。美国科学家已成功地将抗草甘磷的EPSP

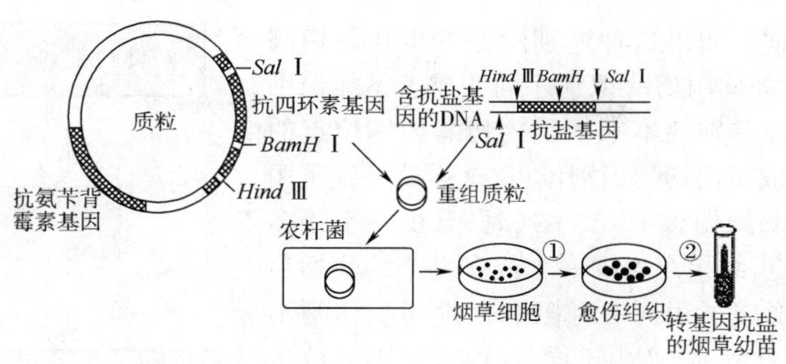

图 3-32　利用抗盐基因培育烟草幼苗的过程

合成酶转基因引入烟草中,使转化的植株获得抗草甘磷的能力。抗草甘磷的番茄、油菜,以及抗阿特拉津的烟草也获得转基因植株。不久,这些成果将投入大面积生产。通过转基因工程还能培育出抗寒、抗旱、抗盐碱等灾害的新品种。以色列科学家利用转基因技术,培育成功了个大、味美且耐盐碱的西红柿,为充分利用海边盐碱地开辟了广阔的前景。

(3)抗腐烂水果。很多水果易腐烂,由此造成很大的损失,而基因工程在防止腐烂方面发挥了作用。科学家们为此开发了两种基因工程技术:其一是插入所谓的反义催熟基因,具有这种基因的番茄不易软化;其二是将某种基因导入番茄中,诱使该基因产生一种酶,这种酶能降解形成乙烯的原始化合物,从而延缓了番茄的腐烂。用这两种方法培育出的番茄,其色、味均无任何变化。这种抗腐烂的水果和蔬菜一旦投放市场,将产生巨大的经济效益。目前,科学家们设想把大豆蛋白基因转移到水稻中,这将大大改善水稻的品质。美国威斯康星大学把菜豆的储藏蛋白基因转移到向日葵里;明尼苏达大学也正把玉米醇蛋白基因转移到向日葵根部的细胞中。这些实验正在尝试培育出具有更高营养的健康食品。追求无止境,科学家们正努力培养产油、产药的转基因植物,并设想把固氮基因直接转移到禾本科作物(如稻、麦)上,使之直接固氮,这样可以减少氮肥的施用量,也可增产。我国的转基因作物的培养也不断取得突破和进展,转基因水稻、小麦、玉米、马铃薯、番茄等作物和蔬菜。生物工程在农业上的应用仅仅是开始,其潜能是十分巨大的。在新的农业科技革命中,生物工程将会挺立潮头,更有作为。

3. 分子标记技术

分子标记技术和基因组学在作物育种中的应用显著改变了育种后代的选择方法和步骤,使杂交亲本的选择更加高效,育种后代的选择更加准确,有益于基因位点在育种群体中更快聚合。限制性片段长度多态性标记是一种广为采用的分子标记技术,其利用限制性内切酶能识别 DNA 分子的特异序列,并在特定序列处切开 DNA 分子,即产生限制性片段的特性,对于不同种群的生物个体而言,他们的 DNA

序列存在差别。如果这种差别刚好发生在内切酶的酶切位点,并使内切酶识别序列变成了不能识别序列或是这种差别使本来不是内切酶识别位点的DNA 序列变成了内切酶识别位点,这样就导致了用限制性内切酶酶切该 DNA 序列时,会少一个或多一个酶切位点,结果产生少一个或多一个的酶切片段。这样就形成了用同一种限制性内切酶切割不同物种 DNA 序列时,产生不同长度大小、不同数量的限制性酶切片段。后将这些片段电泳、转膜、变性,与标记过的探针进行杂交、洗膜,即可分析其多态性结果,其技术路线如图 3-33 所示。

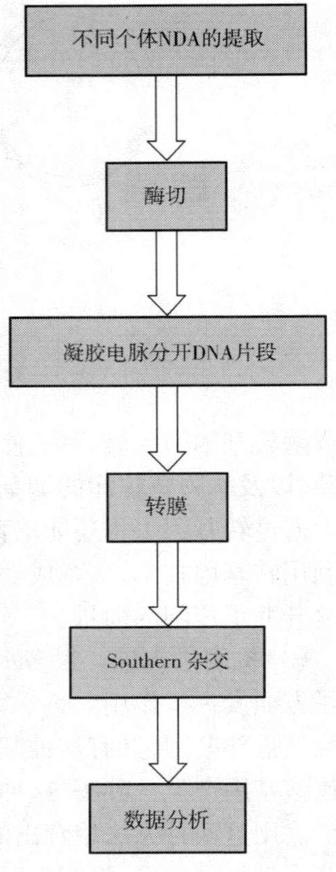

图 3-33　限制性片段长度多态性标记的技术路线

设计育种是分子标记辅助选择技术在育种中日益成熟的应用升级,即利用亲本基因型信息有目的地将不同亲本的有益基因组合起来,通过基因型数据进行后代表现型预测,从而有目的地配制具有遗传多样性的育种群体;再通过双单倍体技术快速产出纯合 DH 系;这些新的 DH 系在进行田间测试之前,利用分子水平的基因型信息通过全基因组预测技术对表现型进行预测,选出含有优良基因型的DH 系进行田间测试鉴定,扩展早代选择的可能性和范围,大幅度地提高早代选择效率,为选出优良自交系拓宽道路。

全基因组选择技术是在全基因组水平上的分子标记辅助选择育种,主要包括模型建立和验证、后代预测和选择、田间测试和繁殖 3 个主要部分。首先,将目标育种群体随机分成训练群体和预测群体两部分,可以 2∶8 比例进行划分,在田间种植训练群体并采集各种性状的表现型信息。同时,采集叶片进行全基因组的分子标记检测获得基因型信息,通过全基因组关联分析方法建立包含所有标记的预测模型;其次,获得预测群体的基因型信息,使用上一步建立的模型预测后代的育种值,根据育种目标对整个育种群体进行筛选,得到符合育种目标的个体;最后,将选中的后代在田间进行多年多点测试,根据田间实际表现,选优汰劣。该技术主要优点是改变选择的对象,基于标记基因型而非育种群体中的个体表现型进行选择;利用建立的模型预测重要农艺性状的育种值,然后选择一部分符合育种目标的个体在田间种植,大大降低了育种过程的田间成本,提高了育种效率。

4. 双单倍体工程化技术

单倍体育种技术已经成为现代玉米商业育种中最为有效的主体技术，可以加快自交系的选育过程并提高选择的精确性。利用孤雌生殖诱导系对基础群体进行单倍体诱导，然后经加倍获得双单倍体（DH 系）。结合南繁加代一年内便可产出纯合自交系；由于单倍体只有一套染色体，在单倍体世代，显性和隐性基因都可以在单倍体中完全表达，受不良基因控制的性状会导致植株活力下降、抗性不佳、高度不育，实现自然淘汰。因此，单倍体技术不但是快速积累优良基因、淘汰不良基因的有效手段，而且可提高种质改良与品种创新的效率。

目前，已开始利用全基因组选择技术对 DH 系的表型进行预测，筛选出符合育种目标的 DH 系进入测配试验，经过两轮早代测试就可选出高配合力的优良自交系，显著缩短自交系选育的效率，比传统穗行法节省 3 ~ 4 个生长季。

单倍体半同胞相互轮回选择技术，是对基础群体进行单倍体诱导和测交试验，根据测交组合表现选择相对应的基础群体和单倍体后代；依据单倍体后代表现型直接进行选择，辅以分子标记辅助选择技术，将入选的单倍体后代进行基因型重组形成新一轮改良群体。这种技术将单倍体技术的快速、准确、从表型直接选择优良基因型等优点与半同胞相互轮回选择过程相融合，节省育种时间，提高选育效率，比传统的改良半同胞相互轮回选择缩短 1 ~ 2 个生长季。

三、灌溉新技术

众所周知，全球农业面临水资源匮乏的问题。当然，缺水只是一个方面，更令人不安的是农业用水的浪费，使本来就不足的农业用水资源雪上加霜。目前，我国采用的漫灌方式，只有 30% 的水真正进入农作物，这是落后的浪费水的灌溉方式。

水利是农业的命脉，必须采取节水的灌溉措施，把水资源真正用在农作物上，以减少浪费。农业节水主要包括以下几方面内容：

第一，水资源的合理开发利用。例如：地表水、地下水联合运用，灌溉回归水利用，劣质水利用。

第二，节水工程技术。例如：喷灌、滴灌、渗灌、渠道防渗、低压管道输水、膜上灌等新灌溉技术。

第三，大搞节水农业。例如：耕作保墒，培肥改土，适雨种植，耐旱品种选育等。

第四，节水管理技术。例如：制定节水灌溉制度，用先进手段调配水、测量水等。除此之外，还有肥水灌溉、自动灌溉、预测灌溉等优良的节水措施。科学为改变全球性水危机提出了两个措施：一是利用海水；二是污水净化。我国在这两方面已加速了科技投入，取得了不同效果。

农业是用水大户，它占全国供水量的 80.7%，干旱缺水，是我国农业生产发展的主要制约因素。由于缺水,每年有 $6.7\times10^{6}\mathrm{hm}^{2}$ 土地得不到灌溉,仅此一项,每年就减少粮食 $1.5\times10^{10}\mathrm{kg}$。

在节水灌溉方面,联合国已向世人警告:“我们正进入一个新的水资源紧缺的时代。”水资源缺乏不久将成为一项严重的社会危机。已被列入全球 13 个贫水国家行列的我国,水资源危机尤甚。目前田间节水灌溉从常见技术和智能化灌溉技术来进行总结,如表 3-5 所示。

表 3-5　田间节水灌溉技术的分类

节水灌溉技术	常见技术	低压管道输水技术
		喷灌技术
		坐水种(点水灌)
		微灌技术
		渠道防渗技术
	智能化灌溉技术	智能化节水灌溉技术
		作物调控灌溉技术
		3S 技术的精细灌溉技术

1. 常见技术

(1)低压管道输水技术。低压管道输水灌溉也可以称为“管灌”,就是依靠低压输水管道把水直接输送到田间农作物当中,在进行输送的过程当中能够有效地降低蒸发以及渗漏的一种技术,如图 3-34。低压管道输水灌溉的系统主要是由水源、水泵、动力机、输水管道以及配套的给配水装置组成的,也就是选择管道进行输水的一种方式,能够有效地降低水资源在输送过程中造成的损耗,提升输水的效

图 3-34　节水型低压管道输水灌溉技术

率,而输水的效率能够达到95%以上,相比渠道防渗的输水方式还要高10%～30%。现阶段我国的水资源非常缺乏,存在地下水严重超采等问题,一定要不断进行改善,大力推广管道输水的技术,减少水资源在输送阶段造成的损耗。

(2)喷灌技术。喷灌就是依靠管道、水泵以及动力机等相关的设备,将水加压或利用水的自然落差把有压水送到需要进行灌溉的区域,利用喷头将水流扩散成细小的水颗粒,均匀地对农作物进行灌溉,如图3－35所示。喷灌系统主要有下列几种形式:固定式,就是说组成喷灌系统的相关设备是无法进行移动的,最大的优点就是操作起来非常简单、生产的效率也比较高,且占地的面积非常少,是最为容易实现自动化的一种形式;而移动式的喷灌系统就是大部分的组件都能够进行移动,主要的特点就是,结构非常简单,投入的资金也比较少,非常灵活,设备的利用率比较高等;而半固定式就是喷灌系统除喷头以及装有很多喷头的支管在一定范围当中进行移动之外,其余部分固定不动。

图3－35　农耕田喷灌技术示意图

(3)坐水种(点水灌)。坐水种就是指在干旱非常严重以及缺水的区域,挖穴下种的时候灌溉少量的水,来确保农作物能够出苗的一种方法。实际在进行操作的过程当中,就能够选择坐水种单体播种机,相应的种植流程1次就能够完成,主要就是用在水资源较少的比较干旱的农业区。坐水种灌溉方式如图3－36。

(4)微灌技术。微灌是现阶段一种新的灌溉技术(图3－37),主要包含的内容有:滴灌、微喷灌、涌泉灌、地下渗灌。微灌能够大大地提升水的利用率,比喷灌节水大约要节水15%～20%,比地面喷灌节水大约50%～60%。微灌在各类型土壤当中都能够进行应用,在比较干旱的区域有着非常好的发展空间。建立完善的农业节水技术体系必须要从输水一直到灌溉环节进行充分考虑,确保水资源在每一

图 3-36　坐水种灌溉技术示意图

个环节当中都能够高效地利用，提升利用效率，确保农作物高效生产。合理地应用这一技术体系，能够大大地提升农作物用水资源的利用率，大大地提升综合收益，使得农业经济能够持续性地发展。

图 3-37　固定式微灌技术

(5)渠道防渗技术。渠道防渗技术主要是指提高渠道的水利用系数，减少渠道输水损失，减少灌溉面积，节省灌溉水量，就好比是“采用薄膜在地墒上形成有效灌溉水封存于土壤之上，使水长期有效浸泡土壤”，主要应用于水资源丰富地区，发展规模化种植，在推行的过程中能够有效地降低输水渗漏损失，从而在节约农业用水的同时，还促进了地下水位的降低，实现了对土壤次生盐碱化的防治以及规避。

一般而言,渠道防渗技术在运用的过程中主要表现为几个方面的内容:一是通过改变渠道土壤的渗透性,降低土壤的空隙,从而实现渗漏降低目的。二是设置防渗层,通过使用混凝土、沥青、粘土等材料,实现渠道防渗效果的提升。三是利用渠道距离长、面积大、有效容积大的特点,探索式进行雨水、灌溉水长期蓄积、储存的目的,增加灌溉用水水源,如图 3－38 所示。

图 3－38　渠道防渗技术的应用

2. 智能化灌溉技术

时代不同,科学技术也各不相同,目前,科学技术在不断加快其发展步伐。在农业方面,一些技术在不断地改变、升级,农业的灌溉技术在不停地发展,并且节水灌溉这类技术也在不断地拓宽其应用范围。由于现在科学发展逐渐趋向于智能化,所以节水灌溉的技术也需要相应地走向智能化。

(1)智能化节水灌溉技术。智能化节水灌溉技术通过对生物学、自动控制、微电子、人工智能等技术的结合运用,形成一种新的智能灌溉技术,其工作原理如图 3－39。这项技术可以对土壤具有的水分以及根据农作物需要的水分进行判断,然后根据检测的结果判断目前是否需要进行灌溉操作,如若需要,那么灌溉水的用量为多少。可以根据农作物的实际情况,对其进行灌溉,这样不仅降低了水资源的浪费率,并且能够促进农作物的生长发育,提高产量。

(2)作物调控灌溉技术。将作物调控灌溉技术和生物特点相互结合使用,根据农作物生理方面特定的特点进行切入,对农作物合理分析阀门开关位置,结合热力设备运行机制的具体要求,做出合理的调整。以管道开孔、内部设计指标以及结构管理等为基础,考虑到牢固性现状要求,如果出现裂纹现象,必须及时更

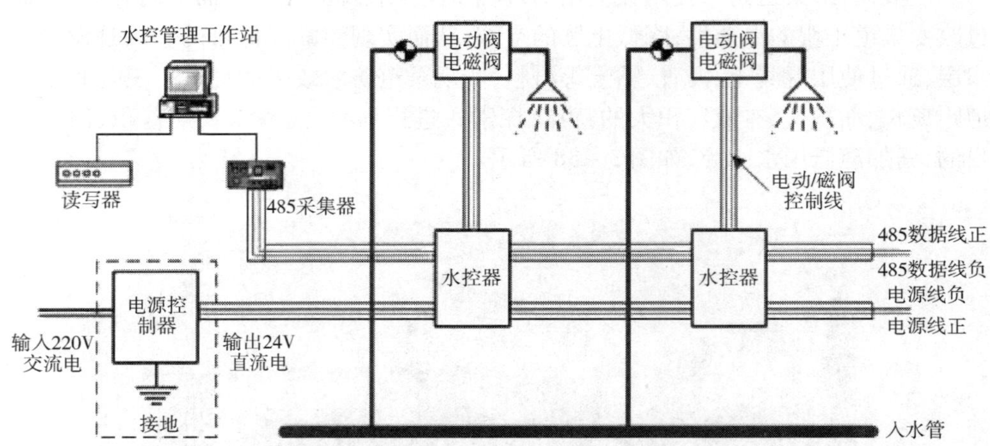

图 3－39　智能化节水灌溉技术的工作原理示意图

新管道，采用焊接技术进行固定处理。为了提升热力设备的设计合理性，要对设计形式进行创新。后续运行阶段适当对其进行调整和维护，避免出现严重经济损失。

(3)3S 技术的精细灌溉技术。3S 技术是由 GPS、RS、GIS 共同组成的，如图 3－40。这些技术能够对土地的利用率进行细致的分析，对农作物的生长发育的一些信息进行详细的分析，还可以提供农作物生长发育所需要的用水量，工作人员根据数据对其进行浇水作业，增强对水资源的利用，提高农作物的产率。

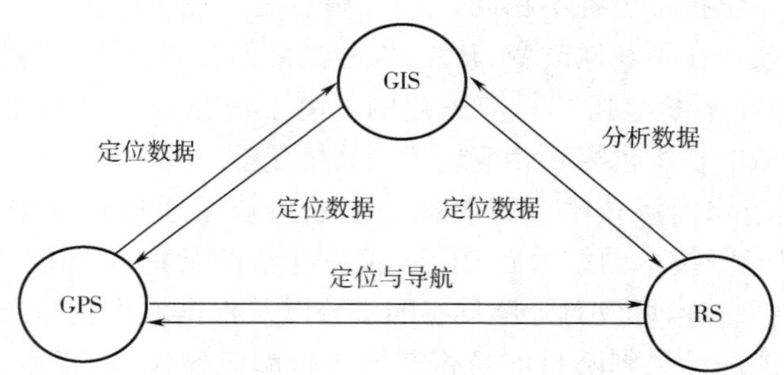

图 3－40　3S 技术的工作原理

四、农产品加工新技术

随着食品化学、生物技术及其他相关学科的发展，农产品加工技术发展迅速，一批高新技术如瞬间高温杀菌、微胶囊技术、微生物发酵技术、膜分离技术、微波技术、真空冷冻干燥、无菌贮存与包装技术、超高压技术、超微粉碎技术、超临界流体萃取技术、挤压技术、酶工程技术、基因工程技术等，已在农产品加工领域得到广泛应用，并将迅速普及与深化。

1．微胶囊技术

所谓微胶囊技术，其实指的就是利用天然的或者是合成的高分子包囊材料，将固体的、液体的甚至是气体的微小囊核物质包覆形成直径 1 ~ 5 000μm 的一种具有半透性或密封囊膜的微型胶囊技术。微胶囊的形状（如图 3 – 36）一般呈现球形、肾形、粒状、块状等。囊壁可以是单层结构，也可以是多层结构，囊壁包裹的核心物质可以是单核的，也可以是多核的。微胶囊造粒的步骤如图 3 – 41 所示：①将芯材分散入微胶囊化的介质中；②再将壁材放入该分散体系中；③通过某一种方法将壁材聚集、沉渍或包敷在已分散的芯材周围；④用化学或物理的方法进行处理，以达到一定的机械强度。

微胶囊技术的优点在于可以改变物态，使液体或气体物质转化为固体颗粒，方便保存与应用。将敏感性的组分包被起来，隔绝氧、光、紫外线，防止氧化变质，减少外界环境对囊心物的影响。某些挥发性的物质和具有不良气味的物质经微胶囊化后，既可防止这些物质挥发损耗，又能掩盖物质的不良气味，有利于产品品质的提高。通过微胶囊技术可将同一系统中相互反应的组分进行隔离，避免了相互间的反应。微胶囊技术自 1957 年诞生发展至今已有 50 多年历史，由于其独有的优越性，应用范围也从最初的无碳复写纸扩展到医药、食品、农药、饲料、涂料、油墨、粘合剂、化妆品、洗涤剂、感光材料、纺织等行业，正在不断拓展。并且，其在农产品加工行业也被广泛使用，如在饮料工业中以海藻酸钠、蔬菜、天然果汁为原料，制造微胶囊复合果蔬饮料；在乳品生产中，将某些具有特殊气味的营养物质制作成微胶囊添加到乳制品中进行营养强化；应用于糖果生产中的调色、调香、调味以及糖果的营养强化和品质改善等。

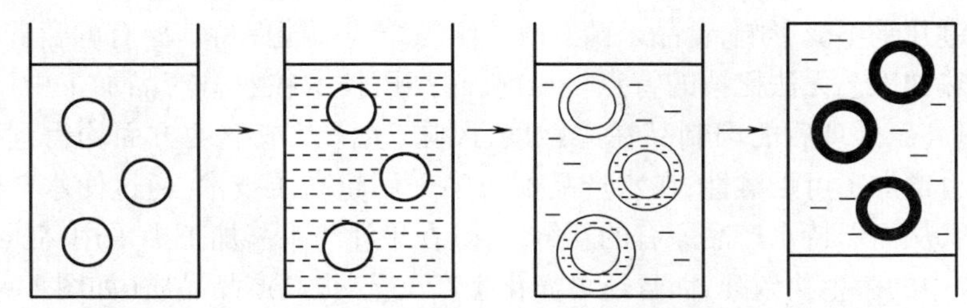

(a)芯材在介质中分散　(b)加入成膜材料(壁材)　(c)含水壁膜的沉积　(d)壁膜的固化

图 3 – 41　微胶囊化的基本步骤

注：参考于 http://bbs.wcoat.com/thread – 82887 – 1 – 1.html

2. 超高压技术

食品超高压技术是利用帕斯卡定律,即超高压对液体具有压缩作用,加在液体上的压力可以瞬间以同样大小传到系统各个部分,超高压产生的极高静压不仅会影响细胞的形态,还能使形成生物高分子立体结构的氢键、离子键和疏水键等非共价键发生变化,从而使蛋白质凝固,淀粉等变性,酶失活或激活,细菌等微生物被杀死,也可用来改善食品的组织结构或生成新型食品。

其中,在农产品加工中利用较多的就是超高压杀菌技术(如图 3 - 42)。以酵母菌为例,在不同的压力作用下,采用不同的温度条件即可达到相应的杀菌效果。超高压处理技术有别于加热过程,热处理是由于加热后分子剧烈运动,破坏结合力较弱的键从而引起蛋白质等高分子物质的变性,在这个过程中,也同时对共价键发生破坏,使色素、维生素、香气等低分子物质发生变化。

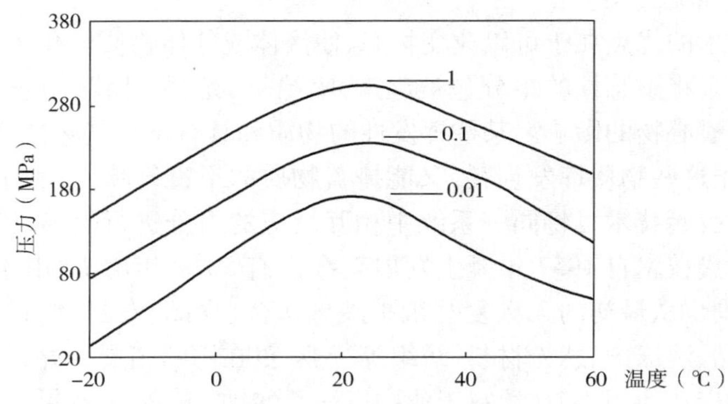

图 3 - 42　不同温度 - 压力组合下酵母菌死亡速率的等高线

注:参考于 http://ishare.iask.sina.com.cn/f/6027169.html

超高压是低温处理,高分子立体结构的氢键、离子键和疏水键等非共价键发生变化,共价键几乎不受影响,食品杀菌及改善组织结构均能保持其原有的营养价值和风味,具有热加工艺无法比拟的特点。目前,超高压技术在农畜产品加工中广泛使用,诸如经过高压处理后的肉制品在柔嫩度、风味、色泽及成熟度方面均得到明显的改善,同时也增加了可贮藏性;在水产品加工中采用超高压技术,通过使水产品中的酶完全失活,从而保持水产品原有的新鲜风味;在果汁与果酱加工中采用高压杀菌不仅可使水果中的微生物致死,而且还可简化生产工艺,提高产品品质(如图 3 - 43)。

3. 真空冷冻干燥技术

真空冷冻干燥技术(又称冷冻升华干燥,简称冻干),是利用冰晶升华原理,将含水物料先进行冻结,然后使物料中的水分在一定真空条件下不经液相直接从固相化为水汽排出,从而使物料干燥的工艺,其工作流程如图 3 - 44。

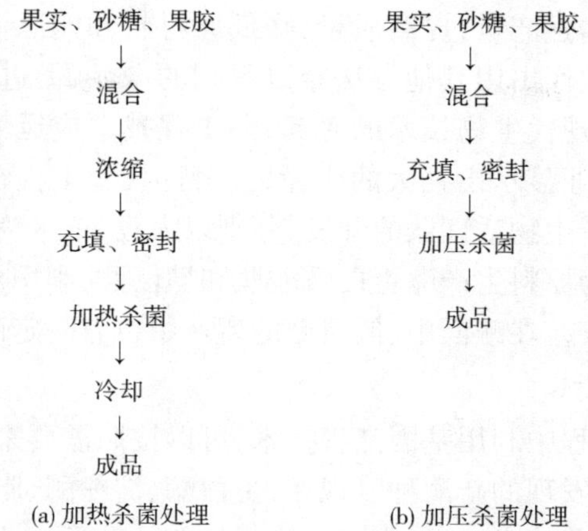

图 3－43　果汁不同加工工艺示例

注:参考于 http://ishare. iask. sina. com. cn/f/6027169. html

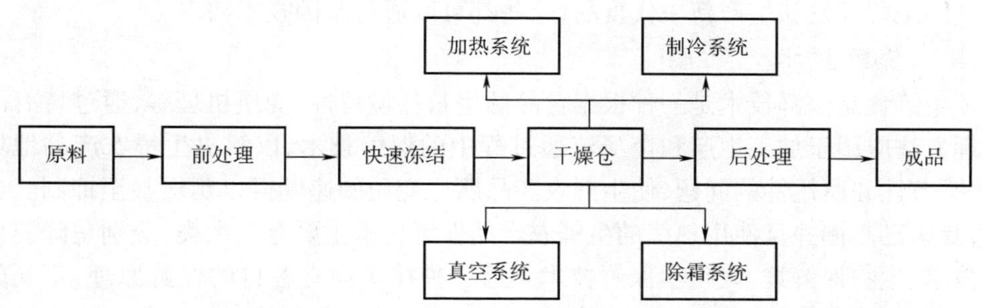

图 3－44　冻干工艺流程

自 20 世纪 60 年代冷冻干燥技术在国外应用于农产品脱水以来,技术性能逐步提高,生产规模不断扩大,比重逐年上升,是农产品脱水干燥的高新加工技术,已成为国际市场中的热门使用技术。在农产品加工过程中,利用真空冷冻干燥技术首先将新鲜的蔬菜、肉类、水产品等预先快速冻结,并在真空状态下,将食品中的水分从固态升华成气态,再由解析干燥除去部分结合水,从而达到低温脱水干燥的目的。冷冻干燥法能最好保存食品原有的色、香、味和营养成分,并能最好地保持食品原有形态。冻干食品脱水彻底,保存期长。由于物料预先被冻结,原来溶解于水中的无机盐之类的溶质被固定,因此,在脱水时不会发生溶质迁移现象而导致表面硬化。

4. 酶工程技术

酶是生物细胞产生的有催化活性的蛋白质或多肽,它参与农产品加工过程中的各种化学变化。由于酶的作用具有专一性强,催化效率高,作用条件温和等特点,酶的应用不仅可增强产量,提高质量,降低原材料和能源消耗,改善劳动条件,降低成本,而且可以生产出用其他方法难以得到的产品,促进新产品、新技术和新工艺迅速发展。随着现代生物技术的兴起,酶工程技术应运而生,并在制药业、食品工业和农产品加工业显示出强大的生命力。目前,酶工程在农产品加工中开发和应用较多,例如对于生物活性肽的开发,分别以大豆、玉米为原料生产大豆多肽、玉米多肽,以牛奶作为原料生产酪蛋白磷酸肽和糖巨肽,利用水产蛋白生产降血压肽。此外,酶工程新工艺在酿酒中、低聚糖的盛产中也有一定的应用。

5. 基因工程技术

在农产品加工过程中利用基因工程技术,可以按照需要来定向改造生物酶,甚至创造出自然界从未发现的新酶种。现在,蛋白酶、淀粉酶、脂肪酶、糖化酶和植物酶等均可利用基因工程技术,并且很多应用于目前的食品工业。其次,还可以利用基因工程技术改造食品原材料,例如利用DNA重组技术和细胞融合技术相结合,生产制造转基因动物源食品、改造传统发酵工业的菌种、提高牛奶的稳定性以及利用基因工程开发和生产新一代食品,这些都可以通过基因技术实现。

6. 保鲜技术

生鲜食品保鲜技术是一种根据食品的生长环境特性、变质机理等,通过特有的处理方法应用于加工生产和市场流通过程中的保鲜技术,以解决生鲜农产品地域性、季节性和腐烂性的问题,使生鲜农产品腐烂变质的速度得以延缓甚至抑制。当前,我国已掌握并且使用熟练的生鲜农产品保鲜技术主要有三大类,分别是降温保鲜技术、生物保鲜技术、化学保鲜技术。这三种技术均有各自的保鲜原理,不同的保鲜技术又可以衍生出一些新的技术方法,例如,生物保鲜技术可以衍生出天然提取物质保鲜、微生物拮抗保鲜、基因工程技术保鲜等,如图3-45。

图3-45　花埔农场喷雾加湿保鲜农作物

(1)降温保鲜技术。生鲜农产品降温保鲜技术是指通过降低温度来控制生鲜农产品中微生物的生长及酶的活性,使生鲜农产品的呼吸得到抑制,从而延缓生鲜农产品腐坏变质的速度。该种技术主要包括两种方法:①自然低温储藏法,这种方法分为沟藏、窖藏等;②人工冷却储藏法,这种方法又分为冷库储藏和冰箱储藏。目前在生鲜农产品的贮藏加工过程中一般使用人工冷却储藏法,该方法是借助氨压缩机设备及相应的辅助设备进行制冷,来达到降温效果,适宜的贮藏温度一般根据不同种类的生鲜农产品的特性来设置,其温度和湿度都可以根据周围环境自动调节。在此基础上,还可调节环境中的氧气及二氧化碳的含量以降低农产品的采后呼吸作用,减少损耗,使其保鲜期限得到延长。

降温保鲜技术可以使生鲜农产品的风味和鲜度都得到很好的保持,其商业价值可以得到最大限度的保证,而且该技术成本较低。因此,在我国,对于果蔬等生鲜农产品的保鲜大都采用该种保鲜技术。例如,贵州黔东南地区生产的蓝莓,摘采后容易腐烂,若是要在保持其鲜度与质量的基础上运输到沿海地区及北方市场上,就必须采用合适的保鲜技术,例如降温保鲜技术。在利用该项保鲜技术时,要设置好保鲜温度和湿度。一般情况下,20～25℃温度范围内的保鲜期较短,而在0～5℃温度范围内的保鲜期限则较长,大概在40～50天。除此之外,在降低温度的前提下,还可利用壳聚糖涂膜或是二氧化氯缓蚀剂使其保鲜期限得到延长。

(2)生物保鲜技术。生鲜农产品中生物保鲜技术的应用主要是指喷洒或涂抹一定浓度的溶液于生鲜农产品表面,这些溶液是由具有抑菌、杀菌的活性天然物质调配而成的,可以起到防止生鲜农产品腐坏变质的作用。其保鲜原理是通过将生鲜农产品与空气进行隔绝,来抑制微生物的生长繁殖,进而防止生鲜农产品的腐坏变质。生物保鲜技术主要包括天然提取物质保鲜、微生物拮抗保鲜、基因工程技术保鲜等方法,每种方法的原理各不相同。

①天然提取物质保鲜。天然提取物质保鲜是将从天然物质中提取一定的生物活性物质喷洒或涂抹在生鲜农产品表面上,抑制生鲜农产品表面微生物及酶的活力,达到减少微生物及酶对生鲜农产品的影响的目的。其中提取物的作用方式不仅仅是喷洒、涂抹,还有浸泡、涂膜和蒸熏等。其中对涂膜的研究较多而且成果丰富。天然提取物质保鲜在生鲜农产品的加工流通过程中也应用较多,因为该种保鲜方法既无毒又无害,是一种绿色的生鲜农产品保鲜技术。同样以贵州黔东南地区为例,其生产的黄桃就可利用该项保鲜技术,从肉桂中提取其中的果酸物质,按照一定的比例制作成合适浓度的溶剂,喷洒在黄桃表面,可以使黄桃的保鲜期限得到明显延长。

②微生物拮抗保鲜。生鲜农产品中微生物可以产生蛋白酶、抗生素、过氧化氢等物质,这些物质可以有效降低pH值,有很好的拮抗作用,所以可以利用微生物菌的拮抗作用来抑制生鲜农产品中有害物质的生长,并从生鲜农产品中剥离出有

害物质,避免有害物质的存在损害生鲜农产品的营养成分,降低生鲜农产品的质量。例如,在20～25℃温度下,使用木霉发酵液来保鲜茄子,可延长保鲜期限至20天。除此之外,我国还有人利用复核生物酶来保鲜辣椒,可以明显延长辣椒的发酵期限,使辣椒的品质在流通中仍然得以保持。

③基因工程技术保鲜。基因工程技术保鲜不同于前两种保鲜方法,它主要是针对成熟期内的农产品进行保鲜作用,因为农产品在进入成熟期后硬度会逐渐下降。在生鲜农产品达到成熟期时,基因工程技术通过减少农产品中内源乙烯的合成量,来降低其细胞中的降解酶活性,使得农产品的成熟衰老速度得以延缓,从而达到保鲜的效果。然而该种技术在欧美国家的应用比较广泛,我国对其还没有完全掌握,尚处于研究阶段。但是随着科学技术的进步,我国在基因工程技术保鲜的研究中也有了许多成果。

(3)化学保鲜技术。化学保鲜技术顾名思义,是利用化学物质来进行生鲜农产品的保鲜。这种技术的应用方法简单易学,是通过在生鲜农产品中添加抗氧化剂等化学物质的方法来达到保鲜效果。其中,较为常用的保鲜剂有活力多效素、消毒杀菌剂等,其作用方式同天然提取物质保鲜一样,多为浸泡、蒸熏、喷洒等。一般使用的是浸泡和蒸熏,因为这两种类型的保鲜剂可以作用于生鲜农产品表面和内部,使其中的病原微生物得到控制,从而达到很好的保鲜效果。例如,在对草莓进行保鲜时,在草莓中添加保鲜剂或是抗氧化剂来延缓草莓的腐烂变质进程。化学保鲜技术虽然保鲜质量良好而且被广泛应用于生鲜农产品的保鲜中,但是其使用的化学品对人体健康有一定的危害,特别是剂量过大或是长期使用,有导致患癌、畸的风险。所以,在使用化学保鲜技术时还需要谨慎。

7. 可控瞬时压差加工技术

控瞬时压差加工技术(Instant Controlled Pressure Drop Processing,法语为Détente instantannée contrôlée,简称DIC)是在传统压差膨化技术上建立起来的一种农产品加工技术。传统的压差膨化技术作为一种重要的休闲食品加工技术,长期被用于玉米、稻米等农产品的膨化。近年来,随着人们对果蔬脆片等休闲食品的需求不断上升,对产品品质要求不断提高,传统的果蔬脆片加工方式(热风干燥、太阳能干燥、油炸)因其产品品质较差,含油率高而难以满足市场需求。可控瞬时压差膨化技术作为一种新型的休闲食品加工技术,不但可用于生产高品质的果蔬脆片等膨化休闲食品,还逐渐发展成为一种具有多用途的农产品加工技术。

(1)可控瞬时压差加工技术的工作原理。可控瞬时压差加工技术是指物料在特定的压力、温度和含水量状态下,瞬间经历由高压(或大气压)至低压(真空状态)的过程,利用气体的瞬间相变和热压效应产生的膨胀力,促使物料内部水分瞬间汽化并向外闪蒸,实现改变物料组织结构、杀菌、脱水、脱敏和提取等目的。

(2)可控瞬时压差加工技术在农产品加工中的应用。对可控瞬时压差加工技术,近年来国内外学者以不同农产品为原料开展了大量研究。如图3-46所示,采用该技术处理农产品的目的主要包括质构改性、化学组分提取、杀菌和消毒、生物能源制造、粮食干燥减损、食品脱敏、干燥以及生物大分子改性等。许多上述应用是基于DIC处理使物料形成了多孔微结构,从而改变了物料的吸湿性、溶液渗透特性和水分扩散速率等物理性质,进而影响宏观质构品质、化学组分提取率等特性。其次则是压差膨化瞬间对组织细胞的损伤,以及对生物大分子物质的结构影响,如果胶、纤维素和蛋白质等,这些影响与DIC的杀菌效果、生物能源制造和食品脱敏等应用相关。

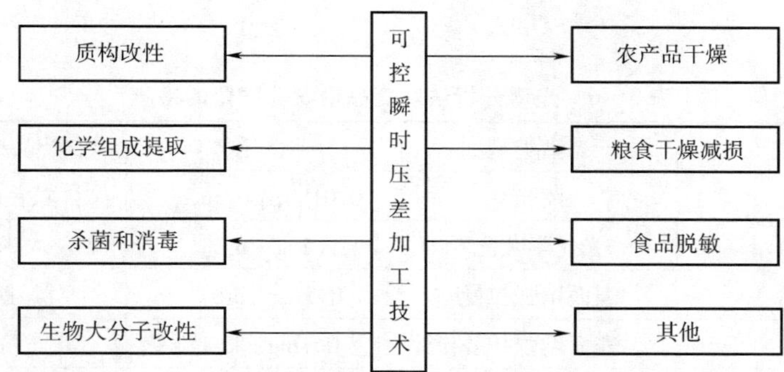

图3-46 可控瞬时压差加工技术在农产品加工中的用途

五、农产品无损检测新技术

农产品质量安全是食品安全的基础。近年来,全社会对食品安全问题的关注程度不断提高,农产品质量也受到高度重视。以近红外光谱、声波、X射线、高光谱图像、机器视觉等为代表的无损检测技术受到广泛关注。

无损检测技术(Non-destructivetesting,NDT)是一门新兴的综合性应用学科,它是在不损坏被检测对象的前提下,利用被测物外部特征和内部结构所引起的对热、声、光、电、磁等反应的变化,来探测其性质和数量的变化。根据检测原理不同,无损检测大致可分为光学特性分析法、声学特性分析法、机器视觉技术检测方法、电学特性分析法、电磁与射线检测技术五大类,涉及近红外光谱、射频识别、超声波、核磁共振、X光成像、X光衍射、机器视觉、高光谱成像、电子鼻、生物传感器等技术。

1. 农产品无损检测新技术主要分类

(1)近红外检测技术。近红外光是波长范围介于可见光与中红外区之间的电磁波,波长范围为 780 ~ 2 526nm,波数范围 12 820 ~ 3 959cm^{-1}。近红外光谱仪(NIRS)检测方法是利用有机物中含有 C－H、N－H、O－H 和 C－C 等化学键的泛频振动或转动,以漫反射方式获得在近红外区的光谱,通过主成分分析、偏最小二乘法、人工神经网等现代化学计量学的手段,建立物质光谱与待测成分含量间的线性或非线性模型,从而实现用物质近红外光谱信息对待测成分含量的快速预测。因此不仅可用来测定样品的水分、粗蛋白、脂肪、淀粉等常量成分,还被用来测定氨基酸、脂肪酸。测定样品不需要进行前处理,因此可以用于众多的产业和一些学科与技术中,目前已广泛使用在农产品、食品、饲料、医药等的品质检测中。其主要应用于牛奶的质量控制、收割粮食时质量的评估、水果中营养成分的测定、农作物中的农药残留监控等。表 3－6 所示为光谱分析法对食品中农药残留的检测方法图。

表 3－6　光谱分析法对食品中农药残留的检测

被测物	光谱类型	检测限	农产品/食品基质
百菌清	荧光	$0.0188\mu g \cdot mL^{-1}$	黄芪和枸杞
噻虫胺	光化学荧光	$1.5ng \cdot mL^{-1}$	大米、蜂蜜
三唑磷	表面增强拉曼	$0.5\mu g \cdot mL^{-1}$	脐橙
多菌灵	表面增强拉曼	$0.1mg \cdot kg^{-1}$	茶叶
毒死蜱	表面增强拉曼	$0.506mg \cdot L^{-1}$	大米
乙酰甲胺磷	红外	$0.013\mu g \cdot mL^{-1}$	韭菜
灭多威	太赫兹	<3.74%	小麦和大米粉

(2)X 射线检测技术。由于 X 射线波长短、光子能量大的特性,所以 X 射线有很强的穿透性,因此通过捕获 X 射线的穿透特性,可以得到检测样品的透射图像和断层图像,进而探明物质的内部结构;通过捕获 X 射线与样品作用产生的荧光和衍射效应,可以检测到样品所含多种元素的情况,尤其是重金属含量。X 射线图像技术能更直观地反映农产品结构缺陷、结构变化方面的内部品质及农产品的表面颜色、表面光泽、表面平整度、外表形状以及尺寸大小等外部品质。X 射线对于异物检测的范围很广,如金属、玻璃、塑料和石头等与被检物有着较大密度差异的异物。

(3)机器视觉检测技术。机器视觉是研究用计算机来模拟生物宏观视觉功能的科学和技术。通俗地说,就是用机器代替人眼的视觉功能从客观事物的图像中提取信息,进行处理并加以理解,最终用于实际检测、测量和控制。一个典型的机器视觉应用系统包括光源、光学系统、图像捕捉系统、图像数字化模块、数字图像处理模块、智能判断决策模块和机械控制执行模块。农产品的品质检测依据农产品的种类不同,可分为谷物的检测(如:水稻、小麦、玉米等)与经济作物的检测(如:

油菜、烟叶、菜叶等)。依据农产品检测部位的不同,又可划分为外部品质检测(如:形状、大小、颜色、裂纹、表面缺陷等)与内部品质检测(如:水分、含糖度、内部腐烂、变质、内部虫害等)。

(4)声学特性及超声波检测技术。利用农产品声学特性对其进行无损检测和分级是现代声学、电子学、计算机、生物学等技术在农产品生产和加工中的综合应用。农产品在声波作用下的反射特性、散射特性、透射特性和吸收特性、衰减系数和传播速度及其本身的声阻抗与固有频率等反映了声波与农产品相互作用的基本规律。声学特性检测就是基于这样的原理,广泛用于测定农产品成熟度、硬度、谷物含水率、植株是否虫蛀,鉴定食用油的质量特性、农畜产品的缺陷等。

(5)生物传感器检测技术。有关生物传感器的报道最早见于1962年,Clark等利用自制的酶电极测定葡糖糖。1985年,Tran - minh首次将生物传感器引入农药残留分析领域,应用酶生物传感器测定有机磷和氨基甲酸酯。根据国际理论与应用联合化学会(international union of pure and applied chemistry,IUPAC)对生物传感器的定义:“它是一个独立的集成装置,利用一种能与换能元件在空间上直接接触的生物识别元件,提供特定的定量或半定量的分析信息。”

生物传感器是一种以生物活性单元作为敏感元件和化学、物理转换元件相结合,对被分析物具有高度选择性的现代化分析仪器。根据生物传感器中生物分子识别元件上的敏感物质的不同可分为酶传感器、免疫传感器、微生物传感器、组织传感器、基因传感器等;根据生物传感器的信号转换器,又可分为电化学传感器、光学传感器、测热型传感器、半导体传感器等,它们可以应用于农药残留、重金属污染、激素和兽药残留以及生物污染物的检测。

生物传感器提供了很好的技术优点,包括在复杂基质中的高特异性的实时分析,灵敏度高,不需要繁琐的样品预处理,操作简单,仪器自动化程度高等,从而可以解决传统的色谱法测定农药中遇到的问题。但是,农药生物传感器从实验室走向实际商业化应用还有一定距离,其最大的挑战在于传感器生物识别元件的稳定性和灵敏度以及对不同农药种类和检测要求的适应性。

2. 无损检测技术在农产品质量检测中的应用

目前,无损检测技术已经在农产品品质、农业投入品、产地环境和加工流通等领域取得研究进展,并有部分技术得到应用,其分析对象也从常规的化学成分扩展到水分、成熟度、完好率、鲜度、硬度等物理指标。

(1)在产品品质分析环节的应用。无损检测技术最早出现在农产品品质分析上,在这一领域的发展也最快。目前,利用近红外光谱、x射线、超声波等方法,已经建立了对农产品营养成分(蛋白质、脂肪、淀粉、氨基酸等)、功能成分(维生素、生物碱、黄酮等)、有害成分(硫甙、芥酸、焦油、毒素)等内部品质,几乎覆盖所有农产品的大多数指标的检测方法(表3 - 7)。

表 3-7　无损检测技术在农产品中的应用

产品类别	检测指标
谷物和油料作物	蛋白质、含油量、淀粉(直链淀粉和支链淀粉)、水分、各种氨基酸、纤维素等以及作物产地、季节等品质
乳制品、肉类、鱼类、蛋类	蛋白质、乳糖、脂肪、乳酸、灰分、固型物、水分、酪蛋白、盐分、热量、氨基酸、脂肪酸、纤维素、新鲜及冷冻程度、碘价、酸值、黄色素、红色素、酒精、乳酸、谷氨酸、葡萄糖、产品种类、真伪
水果蔬菜	酸度、含糖量、维生素、水分、纤维素、可溶性固形物等品质
饲料	干物质、粗蛋白,粗纤维、灰分、消化能、代谢能、氨基酸、植酸磷、喹乙醇等品质
土壤、肥料	氮、磷、钾、钠、钙、有机质、机械组成
烟草、茶叶	总氮、游离氨基酸、水分、尼古丁、烟碱、茶多酚、咖啡碱、总糖、还原糖、灰分、香料、保湿剂等,产地等级分类
红酒、白酒、啤酒、饮料、咖啡	乙醇、含氮量、pH 值、麦芽糖、咖啡因、葡萄糖、果糖、蔗糖、酸度、有机酸、产地、真伪等品质
转基因食品	蛋白或 DNA 的变化以及标记基因的转变

(2)在流通环节的应用。无损检测在农产品流通环节的技术优势主要体现在快速简便方面。所以,计算机视觉、电子鼻、电动特性、声学特性和近红外光谱等技术在实时在线检测、远程监控、质量追溯、快速检测、鲜度与货架期预测等方面的应用得到了优先发展。

近红外光谱作为最重要的无损检测技术,在农产品流通领域取得的进展也最大。有研究发现,近红外光通过光纤可进行长距离传输,并实现对一些复杂、危险、超净环境中的样品进行检测。基于此,刘文生等利用近红外反射光谱建立了褐变鸭梨无损检测方法,并部分实现了远程在线快速检测。杨海锋等研究近红外光谱在线监控豆粕生产质量的方法,建立了包括杂质、水分、粗蛋白、粗纤维和豆粕全谱等质量检测指标。计算机模拟人工感官是无损检测技术领域的一个重要部分,在农产品质量安全上的应用主要包括高光谱图像、图像分割、智能识别、色差分析、人工神经元和电子鼻等技术。近年来,随着计算机技术进步,该领域的研究在植物病虫害、表面缺陷、成熟度、色度、外形分级、形态识别等自动检测方面取得了重要进展。电子鼻作为另一项计算机自动识别技术也在感官、成熟度、风味等产品质量和贮存期预测方面取得了突破。此外,可见光、超声波、介电特征等技术在农产品流通中作为快速检测手段,也有较广泛的研究。

六、质量安全新技术

随着生活质量的提高,人们越来越关注农产品的质量安全。为了确保农产品的质量安全,应不断提高农产品质量安全检验检测水平,用科技的力量做好农产品的质量控制。

1.仪器检测法

仪器检测技术的发展与应用,为农产品质量安全检验检测提供了有效的手段。其主要包括液相色谱法(HPLC)、气相色谱法(GC)、色质联用法(GC - MS,HPLC - MS)及毛细管电泳法(CE)。

(1)液相色谱法(HPLC)。液相色谱法(HPLC)是采用液体作为流动相的一种色谱检测方法。其能够分离检测分子量大、极性强的离子型农药,适用于受热易分解或不易气化的农药检测,能够有效地检测出农产品中的农药残留量。近年来,新型的检测器、计算机联用以及柱前和柱后衍生技术等,都大大提高了该种方法的检测速度、效率、灵敏度和操作自动化程度。

(2)气相色谱法(GC)。气相色谱法(GC)是采用气体作为流动相的一种色谱检测方法,常用于检测农产品中的农药残留,具有灵敏度高、选择性强、分离效果好、检测速度快等特点。目前,其检测器主要有微池电子捕获检测器、氮磷检测器及火焰光度检测器等。

(3)色质联用法(GC - MS,HPLC - MS)。色质联用法(GC - MS,HPLC - MS)既具有色谱检测法分离效能高的优点,又具有质谱检测法准确鉴定化合物结构的优点,能够同时达到定量、定性的检测目的。但是,该检测法操作繁杂且仪器贵重,不适合于经常性的检测。

(4)毛细管电泳法(CE)。毛细管电泳法(CE)是利用 15 ~ 30kW 的高电压与毛细管来检测农产品的质量。该方法非常适合于难以用传统色谱法进行分离与检测的样品,其分析能力比 HPLC 高 10 ~ 1000 倍,且缓冲液不危害环境,能够在 30min 内完成产品的定量及定性分析。

2.快速免疫分析检测法

快速检测技术也是农产品质量安全检验检测技术体系中的一种。其最为常用的检测方法为免疫分析检测法。目前,免疫分析检测法已成为农产品质量安全检验检测中主要应用的新技术,具有灵敏度高、特异性强、方便快捷、检测成本低和分析容量大等优点。主要应用于农产品中真菌毒素的检测、农药残留的检测、抗生素残留的检测及病原微生物的检测。

农药的免疫分析法始于 1986 年由 Centeno 提出。1980 年,Hammock 和 Mumma 认为免疫化学技术在农药分析中的潜力巨大,推动了农药免疫分析法的进展。免疫分析法是基于蛋白抗原和抗体之间,或者小分子半抗原和抗体之间的特异反应的分析方法。对于小分子量农药,只有将它们与大分子蛋白质载体结合制备人工抗原,才能刺激机体免疫系统产生抗体。免疫分析法的关键是农药抗原和抗体的制备。在免疫分析法中,常常需要通过标记物来进行检测。据此可分为:酶免疫分析/酶联免疫吸附分析(enzyme immunoassay/enzyme - linked immunosorbent assay,EIA/ELISA)、荧光免疫分析(fluorescence immunoassay,FIA)、化学发光免疫分析(chemiluminescence immunoassay, CLIA)、放射免疫分析(radioimmunoassay, RIA)。在农药残留检测中以 EIA/ELISA 最为常用。

ELISA 分为直接法和间接法。直接法是将定量的农药抗体固定在载体(如微孔板)上,定量的酶标农药抗原与受检农药混合后与固相抗体发生竞争反应,经过一定时间孵育后,将没有吸附的物质洗脱,加入酶反应的底物和显色剂后显色,通过标准曲线计算出受检农药的浓度。间接法则是将定量的农药——蛋白偶联物(包被抗原)固定在载体上,受检农药与包被抗原相互竞争,与溶液中的定量抗体相结合。经过一定时间孵育后,将没有吸附的物质洗脱,加入酶标二抗后与原先的抗原抗体复合物发生特异性结合,再经洗涤除去未结合的酶标抗体,加入底物和显色剂,通过标准曲线计算出受检农药的浓度。近年来,不断有一些农药的 ELISA 检测方法被开发出来,如嘧霉胺、芬普尼、苯并咪唑和咪唑类化合物、烟碱类农药等。传统的 ELISA 检测方法需要多步反应,不易于现场的操作,目前正朝着提高灵敏度、减少样品处理时间以及实现多通道方向发展。

CLIA 是用化学发光剂直接标记抗原或抗体的免疫分析方法。Boro 等利用纳米金颗粒对鲁米诺 - 硝酸银体系的化学发光的催化作用,采用竞争法检测了 2,4 - D农药,检测限达到 3ng/mL,但线性动态范围只有 0 ~ 100ng/mL。时间分辨荧光免疫分析(Time - resolved Fluoroimmunoassay,TRFIA)是在荧光分析基础上发展起来的一种新的检测技术。Sheng 等利用 Eu^{3+}、Tb^{3+} 稀土金属荧光寿命较长的特点,分别标记了羊抗兔抗体(GAR - IgG)和羊抗鼠抗体(GAM - IgG),使用 TRFIA 对农产品中的噻虫胺和速保利农药同时进行了检测。

胶体金可以作为一种示踪标志物应用于抗原抗体,这种新型的免疫标记技术在农药检测中有其独特的优点。直接竞争免疫层析的金标免疫试纸条的工作原理是基于胶体金标记的抗体与人工抗原之间进行特异性结合反应,在检测带形成聚集而显色,或因先与被检测样品产生竞争性结合反应而不能在检测带聚集显色。赵颖等研制了金标免疫速测试纸条用于在茶叶中啶虫脒的检测,检出限为 10ng/mL,检测时间为 10min。

免疫分析法在农残分析中使用较为广泛,但也存在一些局限,比如所用的农药抗体制备难度较大,开发费用较高;它只适用于单一种类农药残留量的检测分析,不适合应用于多残留分析,在实际应用中需要建立农药残留免疫快速检测方法标准。

七、物联网技术在现代农业中的使用

1.物联网技术体系

物联网(Internet of things)是新一代信息技术的重要组成部分,也是信息化时代的重要发展阶段。在互联网和移动通信网等网络通讯基础上,针对不同领域的需求,利用具有感知、通讯和计算的智能物体自动获取现实世界的信息,将这些对象互联,实现全面感知、可靠传输、智能处理,构建人与物、物与物互联的智能信息服务系统。

物联网(Internet of Things)指的是将无处不在(Ubiquitous)的末端设备(Devices)和设施(Facilities),包括具备"内在智能"和"外在使能"的传感器、移动终端、工业系统、数控系统、家庭智能设施、视频监控系统等和"外在使能"(Enabled)的,如贴上 RFID 的各种资产(Assets)、携带无线终端的个人与车辆等等"智能化物件或动物"或"智能尘埃"(Mote),通过各种无线和/或有线的长距离和/或短距离通讯网络实现互联互通(M2M),应用大集成(Grand Integration)以及基于云计算的 SaaS 营运等模式,在内网(Intranet)、专网(Extranet)和/或互联网(Internet)环境下,采用适当的信息安全保障机制,提供安全可控乃至个性化的实时在线监测、定位追溯、报警联动、调度指挥、预案管理、远程控制、安全防范、远程维保、在线升级、统计报表、决策支持、领导桌面(集中展示的 Cockpit Dashboard)等管理和服务功能,实现对"万物"的"高效、节能、安全、环保"的"管、控、营"一体化。

物联网技术的定义是:通过射频识别(RFID)、红外感应器、全球定位系统、激光扫描器等信息传感设备,按约定的协议,将任何物品与互联网相连接,进行信息交换和通讯,以实现智能化识别、定位、追踪、监控和管理的一种网络技术。"物联网技术"的核心和基础仍然是"互联网技术",是在互联网技术基础上的延伸和扩展的一种网络技术,其用户端延伸和扩展到了任何物品和物品之间,进行信息交换和通讯。图 3-47 为物联网体系架构图。

<table>
<tr><td rowspan="2">应用层</td><td colspan="3">物联网应用</td></tr>
<tr><td colspan="3">公共安全、公共卫生、灾害监控……</td></tr>
<tr><td rowspan="2">网络层</td><td colspan="3">2G/3G/4G/5G 网络、广电网、互联网</td></tr>
<tr><td colspan="3">网络层与感知层通信</td></tr>
<tr><td rowspan="3">感知层</td><td colspan="3">传感器网络和协同信息处理</td></tr>
<tr><td colspan="3">数据采集</td></tr>
<tr><td>RFID</td><td>传感器</td><td>二维码</td></tr>
</table>

图 3-47 物联网体系架构图

2. 物联网技术在现代农业中的应用领域

(1)农业资源利用。在农业资源利用和监测等方面,为实现大区域农业的统筹规划,欧洲和美国等发达国家利用资源卫星对土地的利用信息进行了实时监测。在地面附近则利用GPS定位设备,以便实现区域的农业规划。近几年来,我国将传感器技术与GPS定位技术相结合,利用GIS技术实现了农业资源信息的采集与定位、农业资源的规划管理等。现代农业要求及时了解农田状态信息,把农田信息采集技术与卫星定位技术相结合,这样就可以分析农田状态信息、实现定点采集,并且生成农田信息空间分布图,从而指导生产者做出相应的决策并把它们付诸实施。如图3-48为拖拉机自动驾驶导航系统图。

图3-48 拖拉机自动驾驶导航系统

据研究,杭州电子科技大学的湿地水环境数据视频监测系统,其主要功能是通过安放在水源入口、水体出口的数据视频基站,通过分布在湿地小水域的传感器节点采集水环境参数,来将视频信号和水环境参数传输至远程监测中心,而远程终端通过Internet最终实现对湿地全天候的数据分析与处理及实时监测,并对环境急剧变化所影响的水域的水环境状况和污染等突发事件实时报警。把整个湿地水域划分为若干个子区域,在子区域中构建以ZigBee无线技术为基础的ZigBee网络,其中每个子区域配置一个带CDMA视频传输通道和ZigBee网关的数据视频基站,从而对ZigBee网络的多个传感器节点进行状态监测和数据采集,并且通过CDMA无线网络把子区域的水环境参数实时传送至监测中心。

(2)农业生态环境监控。为了自动监测农业生态环境,保证农业生态环境能够可持续发展,发达国家例如法国、美国和日本十分注重农业生态环境的监测和保护。首先,使用高科技的手段来建立先进的农业生态环境监测网络体系,为农民建立一个覆盖全国范围的农业信息平台。其次,国家应该加强立法等政策性措施的保护。如今,法国对生态环境结构进行了体系化,形成信息采集、传输、处理、发布四个层次。

在我国,结合了遥感技术和地面监测站的墒情监测系统被全面应用于农业生态环境的监测。目前,农业生态环境监测在我国应用的领域比较多,例如,在我国多个省市均建立并运用墒情监测系统,通过无线通信技术和传感器技术来监测这些系统,如图 3 – 49 为基于 XL. SN 无线传感网络的深圳信立科技智慧农业物联网大棚环境监控图。

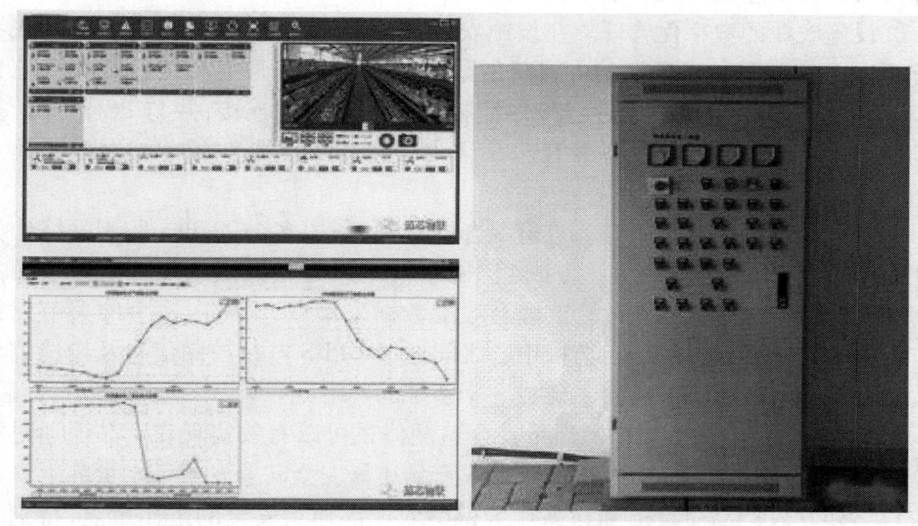

图 3 – 49　智慧农业物联网大棚环境监控图

(3)现代农业数字化管理。现代农业是信息高新技术应用与现有农业生产措施的有机结合。它是信息技术与 3S 空间信息技术集合而成,从农作管理、信息采集、信息处理、模型建立、高效传输、决策分析等方面来开展信息化技术研究。在美国,有 20% 的现代农业中应用了传感器、GPS 等物联网感知技术,这已成为农业生产管理、信息获取、智能实施、辅助决策的物联网关键技术。图 3 – 50 为农业物联网数字化管理架构图。

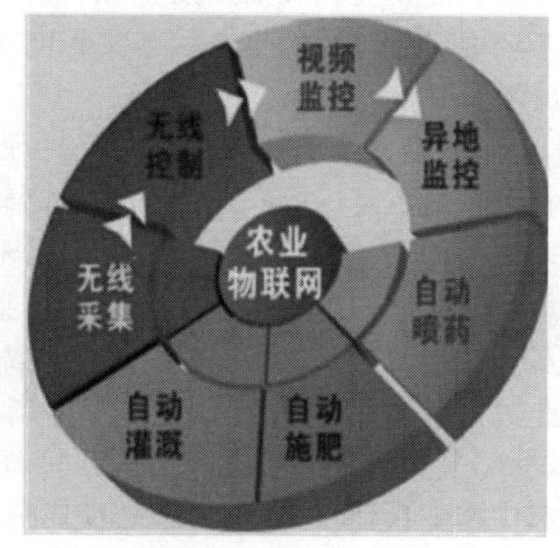

图 3 – 50　农业物联网数字化管理架构图

①粮食生产的数字化管理。一些发达国家已经在粮食等作物生产中形成物

联网体系,并在不断地完善,如法国在 2008 年基本建立了趋于完善的农业区域监测网络。积极获取农作物生长的相关数据,并将数据传输到农业综合网进行分析,而数据主要来自作物的长势信息等环境方面的情况,反馈后用以指导整个农业生产过程。我国农业物联网在粮食作物生产应用管理方面,以现代农业示范工程的形式实施展开。在大田农作智能管理应用研究中的物联网技术,主要涉及联合收获机械自动测产、田间环境土壤信息获取、农业机械作业监控、农田作物产量空间差异分布图自动生成等几个领域。

②设施农业的数字化管理。在设施农业环境调控方面,无线数据采集和控制系统可以用于管理一组温室。中农院所研发的远程数据采集和信息发布系统方案,利用 GPRS 无线通讯技术建立现场监控系统与互联网连接,并与 PC 监控计算机构成温室现场监控系统。利用 RS485 总线与数字传感器连接,将实时采集信息发送到 Web 数据服务器。

③智能灌溉的数字化管理。进行混合网应用,利用多个 ZigBee 监测网络作为底层,采用星型结构监测网络,每个监测网络的基站是各网关节点。采集监测数据,每个 ZigBee 监测网络不同的土壤温湿度数据采集点,同时由一个网关节点控制。ZigBee 自组网,无线网关、监控中心之间通过 GPRS 进行控制信息及墒情的传递。路由节点与传感器节点自主形成一个多维的网络。

(4)农副食品安全。农产品质量安全追溯体系可以有效实现农产品流通过程的全程监控,以保障产品质量安全,降低农产品质量安全问题发生率。世界上许多国家已将建立农产品质量追溯体系作为保障农产品质量安全的工作重点,特别是欧盟、日本、美国等发达国家已经在农产品质量全程监控、体系构建以及相关的制度、标准的制定方面有了较成功的经验。

以农业企业档案数据为基础,围绕“生产、库存、销售”三条主线,对农产品的生产环境、生产活动、销售状况实施电子化管理,便建立起农产品质量安全追溯体系(图 3 –51)。

(5)农业信息管理与服务。支持现代农业的发展需要的因素有很多。政府应为农民打造更宽广的农业信息渠道,渠道之一就是采用物联网技术实现数据的实时采集与传输,并通过智能软件,优化相关用户的数据管理与服务信息。相关农业信息所包含的信息范围涵盖了广义农业的各个方面,包括农副产品加工业、畜牧业以及渔业。此外,政府还需要对农业数据进行管理,支持其决策,以便企业依据该农业数据开展业务,最终促进农户生产活动的开展。

(6)智能化培育控制。智能化培育控制是现代化农业的一个突出表现。为确保农作物生长环境更有利,进一步提高产量和保证质量,需要通过安装智能控制系统如生态信息无线传感器等,以便对生态环境的整个范围进行检测。在根据参数变化的基础上,适时调控保温系统、灌溉系统等基础设施,便可以及时掌握影响环

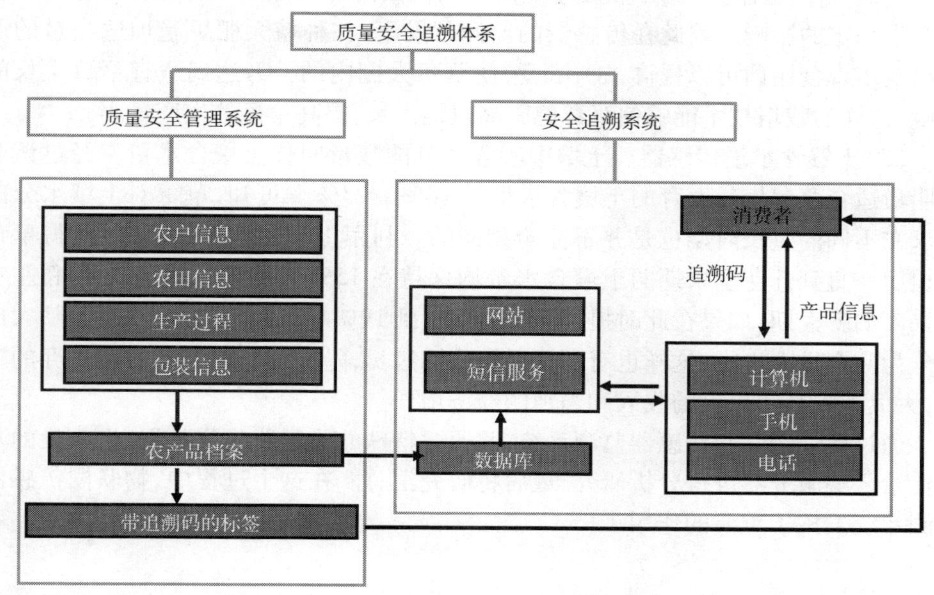

图 3－51 农产品质量安全追溯体系

境的相关参数。

3. 草莓种植中物联网技术应用的案例分析

(1)物联网传感器在草莓种植中的使用。将空气温湿度传感器放置在草莓大棚中间的合适位置,保证可以对整个草莓大棚进行检测,物联网传感器的金属探头放置与草莓顶端齐平。由于草莓的光合作用会受空气温度影响,因此最适宜温度为21～25℃,栽种草莓后,利用物联网传感器可以对草莓大棚内的空气温度进行实时监测,对大棚适当通风、加温,可以合理地将棚内的温度控制在草莓生长最适宜温度范围内,必要的时候还可以将大棚关闭,以确保温度不至于过低。草莓对大气中水分的含量要求很高,随着生长时期的改变,所反映出来的需求均有所不同。

(2)土壤温度传感器对草莓根系在土壤中分布的影响。因为草莓根系在土壤中的分布比较浅,因此受环境的影响也会比较大。生长温度必须达到2℃以上,才能保证其正常健康地生长。据研究,草莓在土壤中的最适宜生长温度应保证15～23℃,最高不超过36℃。如果能在种植中使用土壤温度传感器实时监测,及时采用各种农业措施控制土壤温度,这样就能保证草莓更健康生长。

(3)光合有效辐射传感器和光照度传感器。在测定促进草莓光合作用的最适光照度范围中,光合作用测定仪起到了重要的作用。它结合物联网传感器,可以根据不同生育阶段、不同草莓品种调整大棚内的光照度,使草莓处于最佳生长状态。

(4)CO_2传感器。CO_2浓度在一定的空间范围内对草莓植株的光合与呼吸作用会产生一定的影响。因此在传感器的监测帮助下,在种植大棚里施加适当量的肥料以及培育食用菌可以提高 CO_2浓度,使草莓大棚内的 CO_2达到适宜草莓生长的浓度,这样的栽培技术能够使草莓健康高效地生长,提高草莓的生产量。

(5)土壤含水量传感器。土壤中所含水分的数量叫作土壤含水量。经过试验证明最适合草莓生长发育的土壤含水量是 18% ~23%。可知,草莓对土壤水分的需求在不同的生长时期也是并不完全相同的。利用土壤含水量传感器,使得草莓定植后一直到开花坐果期的土壤含水量均保持在 15% ~18%之间。11 月底左右是果实的膨大期,如果在此时提高土壤含水量到19% ~21%,能够使草莓的膨大成熟分为几个批次进行,这样也有利于果农采摘售卖,降低草莓因熟透而遭丢弃的数量,大大地提高了果农的收入和当地的经济增长。

通过建立物联网传感器监测系统,并通过特殊的收集器收集数据,将收集的数据传给云端服务器进行分析研究,最后将研究汇总。在这个过程中,物联网传感器检测系统发挥了重要的作用。

思考题

1. 什么是生态农业?生态农业与普通农业的区别之处?
2. IFOAM 制定的有机农业的基本标准涵盖哪些?
3. 都市农业的基本特点有哪些?
4. 育种新技术包括哪些?请举例说明。
5. 试举例说明节水灌溉技术。
6. 农产品加工新技术包括哪些?
7. 什么是农产品的无损检测技术?

第十节　医疗、医药新技术

在科学技术革命的带动下,20 世纪的医学技术也发生了三次革命。1935 年氨苯磺胺被证实具有杀菌作用,20 世纪 40 年代实现了人工合成磺胺类药物,促进了医药化工技术的快速发展,这是第一次革命。1943 年以来,青霉素大量应用于临床,人类获得了特效治疗细菌感染性疾病的手段和方法,开辟了抗生素化学治疗的新途径。第二次医疗技术革命发生在 20 世纪 70 年代初,最重要的标志是电子计算机 X 线断层扫描仪和核磁共振诊断技术的发明和应用,被誉为自发现 X 射线以后，放射诊断学上最重要的成就。通过最新放射诊断技术，可以检测出早期肿瘤和其他许多早期病变。第三次医疗技术革命发生在20世纪70年代后期，科学家应用遗传工程技术先后生产出生长抑制素、人胰岛素、干扰素、乙型肝炎疫苗等多种生物制品，开拓了生物学治疗疾病的新路径。

一、疾病诊断新技术

1895年11月，德国著名物理学家伦琴（W. C. Röntgen）发现了X射线，并因此在1901年首次获得诺贝尔物理学奖。这一发现宣告了现代物理学时代的到来，也使医学发生了革命性变革。医学影像学的发展已有100余年的历史，近30多年来影像学发展相当迅速，计算机体层成像（CT）、磁共振（MRI）、超声成像（USG）、正电子发射体层成像（PET）等新技术不断涌现，其在临床应用的范围日益扩大，由既往“辅助检查手段”转变为现代医学最重要的临床诊断和鉴别诊断方法，使多种疾病的诊断更准确、及时。

自DNA重组技术诞生以来，生命科学进入了一个崭新的发展时期。基因工程技术的迅速发展不仅使医学基础学科发生了革命性的变化，也为各种疾病的诊断开辟了广阔的前景。尤其是1983年穆利斯（K. Mullis）发明了聚合酶链式反应后，基因诊断技术得到了飞速的发展，产生了很多新技术和新方法。基因诊断技术目前已广泛应用于临床疾病的体外诊断，其应用范围涉及从传染性疾病到人类遗传性疾病的诊断。

1. X射线成像技术

X射线是一种波长极短、能量很大的电磁波，肉眼不可见。X射线的波长比可见光的波长更短（约在0.001～100nm，医学上应用的X射线波长约在0.001～0.1nm之间），它的光子能量比可见光的光子能量大几万至几十万倍。X射线成像具有以下几大特性：

（1）穿透作用。X射线因其波长短，能量大，照在物质上时，仅一部分被物质所吸收，大部分经由原子间隙而透过，表现出很强的穿透能力。X射线穿透物质的能力与X射线光子的能量有关，X射线的波长越短，光子的能量越大，穿透力越强。X射线的穿透力也与物质密度有关，利用差别吸收这种性质可以把密度不同的物质区分开来。

（2）荧光作用。X射线照射到某些化合物时，可使物质发生荧光（可见光或紫外线），荧光的强弱与X射线量成正比。这种作用是X射线应用于透视的基础，利用这种荧光作用可制成荧光屏，用作透视时观察X射线通过人体组织的影像。

（3）感光作用。X射线同可见光一样能使胶片感光。胶片感光的强弱与X射线量成正比，当X射线通过人体时，因人体各组织的密度不同，对X射线量的吸收不同，胶片上所获得的感光度不同，从而获得X射线的影像。

(4)电离作用。物质受X射线照射时,可使核外电子脱离原子轨道产生电离。利用电离电荷的多少可测定X射线的照射量,根据这个原理制成了X射线测量仪器。在电离作用下,气体能够导电,某些物质可以发生化学反应,在有机体内可以诱发各种生物效应。

基于X射线的这些成像特性,以及人体器官和骨骼在密度、厚度上的差异,当X光投射及穿透人体某个部位后,便能在X光片上造成深浅不同的影像,这些影像对于病症诊断有很大的帮助,最常见的检查是应用于骨折及肺部的疾病诊断上。此外,X射线也具有一定的生物效应,当X射线照射到生物机体时,可使生物细胞受到抑制、破坏甚至坏死,致使机体发生不同程度的生理、病理和生化等方面的改变。不同的生物细胞,对X射线有不同的敏感度,可用于治疗人体的某些疾病,特别是肿瘤的治疗。根据统计,医疗诊断仪器中,X光的使用便占了60%。

当然,由于X射线具有极强的穿透力,人们发现在利用X射线的同时可能导致病人脱发、皮肤烧伤、工作人员视力障碍、白血病等射线伤害的问题,所以在应用X射线的同时,也应注意其对正常机体的伤害,注意采取防护措施。

2. 超声成像技术(USG)

19世纪末至20世纪初,正压电效应和逆压电效应相继被发现,由此揭开了超声技术发展的新篇章。1917年,法国科学家朗之万(P. Langevin)首次使用了主要由石英晶体制成的超声换能器,并发明了声呐(SONAR),即声探测与定位技术,成功地用于探测水下潜艇。“技术推动”思潮将原本应用于空间和防御设备的影像技术应用于医学领域。20世纪30年代,超声用于医学治疗和工业金属探伤,从而使超声治疗在医学超声中最先获得发展。1980年,美国投入使用的超声成像仪的数量开始超过X射线机,结束了X射线统治影像诊断的近百年历史,而宣称进入了“超声医学年”。

物体的机械振动是产生波的源泉,波的频率取决于物体的振动频率。频率范围在$20 \sim 2\times10^4$Hz内的波称为可听声波,频率范围在20Hz内的波称为次声波,频率范围在$2\times10^4 \sim 10^8$Hz的波称为超声波,频率范围在$10^8 \sim 10^{12}$Hz的波称为特超声波。在自然界存在着多种多样的超声波,如某些昆虫和哺乳动物就能发出超声波,又如风声、海浪声、喷气飞机的噪声中都含有超声波成分。

USG技术就是利用超声物理特性和人体器官组织声学性质上的差异,利用超声波照射人体,通过接收和处理载有人体组织或结构性质特征信息的回波,获得人体组织性质与结构的可见图像的方法和技术。USG成像技术具有高的软组织分辨力、高度的安全性、实时成像、费用低廉和使用简便的优点。但是其分辨率不如CT和MRI,在骨骼、气体、肺等组织的检查上存在一定困难。

超声波探测技术可以分为两大类:基于回波扫描的超声探测技术和基于多普勒效应的超声探测技术,前者主要用于解剖学范畴的检测,了解器官的组织形态学方面的状况和变化，后者主要用于了解组织器官的功能状况和血流动力学方面的生理病理状况，如观测血流状态、心脏的运动状况和血管是否栓塞等方面。目前，医生们应用的超声诊断方法有不同的形式，可分为A型、B型、M型及D型四大类。其中，A型、B型和M型属于脉冲回波检测技术，D型属于多普勒效应的超声探测技术。

(1)脉冲回波检测技术。A型和M型超声目前已较少使用，这里主要介绍脉冲回波探测技术中的B型超声。

B型超声是目前超声图像诊断应用最广泛的类型。B型超声实现了对人体组织和脏器的断层显示，即显示的是人体组织或脏器的二维超声断层图(或称剖面图)，对于运动脏器，还可实现实时动态显示。B型超声成像可分为线形扫描断层影像和扇形扫描断层影像。

线扫式断层B型超声波诊断仪适用于观察腹部脏器，如对肝、胆、脾、肾、子宫的检查，而扇扫断层B型超声波诊断仪适用于对心脏的检查(见图3－52)。现代B型超声波诊断仪通常同时具备以上2种探查功能，通过配用不同的超声探头，方便地进行转换。

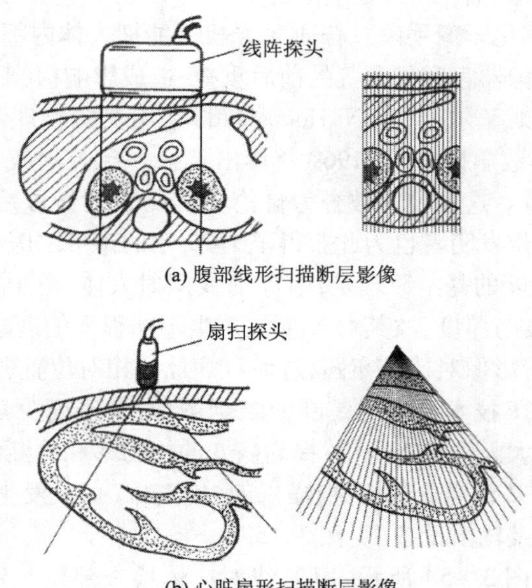

图3－52 B型超声断层扫描与成像[①]

① 来源：http://yxyx.xzmc.edu.cn/yxyxsb/html/no74.htm

(2)多普勒效应的超声探测技术。多普勒效应的超声探测技术是利用运动物体散射或反射声波时造成的频率偏移现象来获得人体内部器官如心脏、血液等动态检查信息。目前常用的是D型超声。

D型超声是利用声学多普勒原理,对运动中的脏器和血液所反射回波的多普勒频移信号进行检测并处理,转换成声音、波形、色彩和辉度等信号,从而显示出人体内部器官的运动状态。超声多普勒诊断仪主要分为3种类型:连续式超声多普勒成像诊断仪、脉冲式超声多普勒成像诊断仪及实时二维彩色超声多普勒血流成像诊断仪。其中,实时二维彩色超声多普勒血流成像诊断仪是20世纪80年代后期心血管超声多普勒诊断领域中的最新科技成果。它将脉冲多普勒技术与二维(B型)实时超声成像和M型超声心动图结合起来,在直观的二维断面实时影像上,同时显现血流方向和相对速度,提供心血管系统在时间和空间上的信息,进而通过计算机的数字化技术和影像处理技术,使其在影像诊断仪器的构架上兼具了生理监测的功能,提供诸如血流速度、容积、流量、加速度、血管径、动脉指数等极具价值的信息,这就是俗称的“彩超”或“彩色多普勒”。

3. 计算机体层成像技术(CT)

电子计算机断层扫描(CT),是电子计算机与X射线检查技术相结合的产物,是第一个真正的数字化影像手段。普通X光机只能把人体内部形态投影在二维平面上,因此会引起成像器官和骨骼等的前后重叠,造成影响模糊。为了克服这一缺点,英国工程师豪恩斯菲尔德(G. N. Hounsfield)运用美国物理学家科马克(A. M. Comack)的图像重建数学模型,于1969年推出了第一台X射线计算机断层图像重建技术(X-CT)装置。这项技术被誉为自伦琴发现X射线以后,放射诊断学上一次划时代的飞跃,两位发明者也为此获得了1979年的诺贝尔医学奖。

利用CT成像诊断的基本原理是,用X射线照射人体,由于人体内不同组织或器官拥有不同的密度与厚度,故其对X射线产生不同程度的衰减作用,从而形成不同组织或器官的灰阶影像对比分布图,进而以病灶的相对位置、形状和大小等改变来判断病情。由于CT技术显示的是断面解剖图像,其密度分辨力明显优于X射线图像,可以显著扩大人体检查范围,提高病变的检出率和诊断的准确率。基于该原理设计的CT机的基本构造包括:扫描机架、检查床、高压发生器、计算机处理系统和图像显示、存储及输出设备(见图3-53)。

CT成像流程如图3-54所示:用X线对人体检查部位一定厚度的层面进行扫描,由探测器接收透过该层面的X线,转变为可见光后,由光电转换器转变为电信号,再经模拟/数字转换器转为数字信号,输入计算机处理。扫描所得信息经计算而获得该层层面组织各个单位容积的X线吸收系数,再经数字/模拟转换器把数字矩阵钟的每个数字转为由黑到白不等灰度的小方块,即像素,在荧光屏上显示。

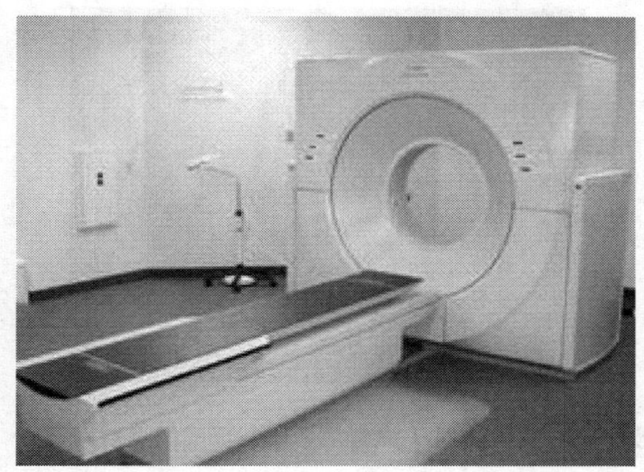

图 3－53 现代螺旋 CT 机[①]

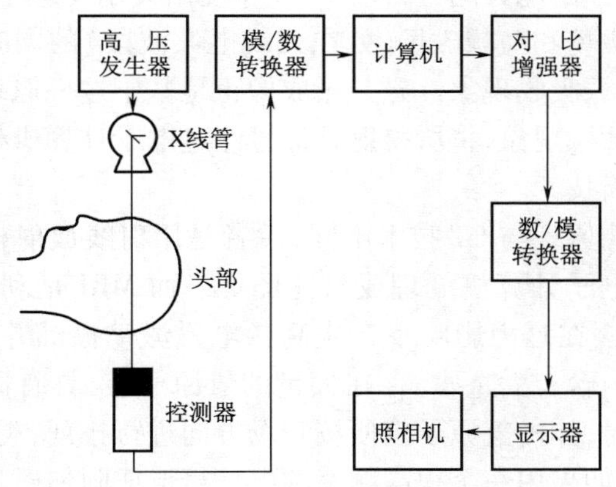

图 3－54 CT 成像流程[②]

CT 具有很高的密度分辨率,CT 图像上解剖关系清晰,病变部位显示好,此外还可按照不同组织及病变对 X 线吸收的不同进行定量分析。CT 的出现是 X 射线成像技术的一个重大突破。经过多次的发展,CT 技术已广泛用于颅脑、五官、肺、纵隔、腹部实质脏器和骨骼病变的检查(见图 3－55)。而多层螺旋 CT 的出现,使 CT 检查的范围扩大到心脏大血管。

① 来源:http://www.szsbetter.com/cn/2－a.html

② 来源:http://baike.baidu.com/view/412194.html?fromTaglist

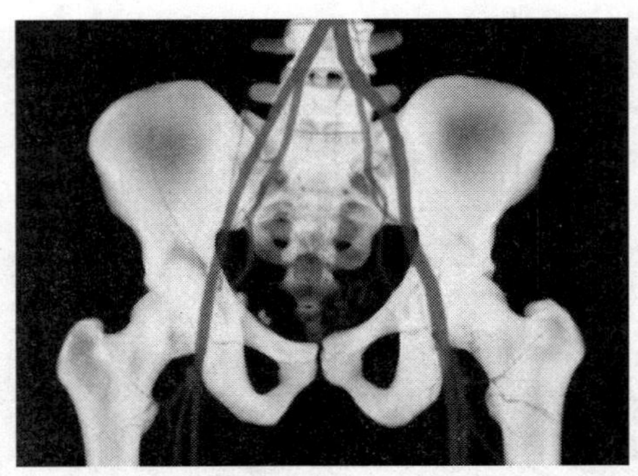

图 3－55 骨盆的 CT 血管成像磁共振成像技术(MRI)[①]

4. 磁共振成像技术(MRI)

1946 年斯坦福大学的布洛赫(F. Bloch)和哈佛大学的珀塞尔(E. M. Purcell)发现了核磁共振现象,并因此共同获得了 1952 年度诺贝尔物理学奖。核磁共振是原子核的磁矩在恒定磁场和高频磁场(处在无线电波波段)的同时作用下,当满足一定条件时,会产生共振吸收现象。磁共振成像正是基于这一原理,利用人体组织中某种原子核的核磁共振现象,将所得射频信号经过电子计算机处理,重建出人体某一层面的图像的诊断技术。

MRI 技术的成像原理与 CT 技术不同,后者是用射线放射检测,将受检人体的平面透视投影值经电子计算机处理成对比图像。而 MRI 是利用高强磁场的磁强度使原子核中"氢"核在磁力影响下产生高频电磁激动振动并产生电波信号来实现成像。因为人体内含有大量水,存在大量的氢原子核,具有固定的磁特性,所以当人体位于强磁场时,体内氢原子核便按磁场方向进行排列,类似于罗盘针在地球磁场中指南北方向,如果用一个很高频率的电信号形成附加磁场,则可使得氢原子核偏离原来的排列方向,若突然再切断这个电信号,那么氢原子核又趋于原排列方向。这个过程中它发射出一种很弱的、具有特征频率的信号,MRI 便是利用这信号所蕴藏的信息来实现磁成像。人体各组织含水比例不同,其中的氢原子数亦不同,相应含质子数密度不等,其产生的电波信号强度就有差别,由此可建立密度分布图像。这种成像技术不仅有质子密度像,还能显示比 CT 更加清晰地分辨病变图像,它通过所测分子量级的信号可以发现病变的早期征兆。此外,MRI 技术没有 X 线放射性损伤,可以无创伤地得到人体不同截面的断层图像,具有无创伤、无射线、软组织对比分辨率高、造影剂安全和能直接三维成像的优点,同时还可进行功能

① 来源:http://w. hudong. com/5e7ad9b5b2654975b52dfd4b67031b0e. html

测量。

近年来随着磁共振硬件和软件的发展,磁共振已越来越广泛地应用于各种疾病病的形态与功能诊断,例如:颅脑、脊柱的先天性畸形,肿瘤,各种纵隔、心脏大血管病变,各种盆腔、腹部病变,各种骨骼、软组织病变等。图 3 – 56 展示了精神分裂症患者大脑磁共振弥散张量成像图。

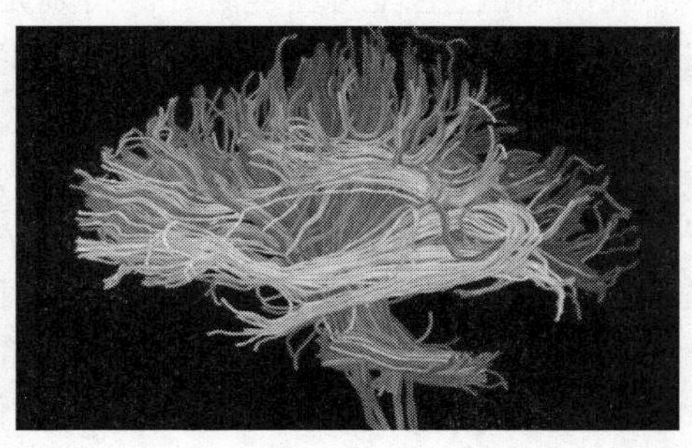

图 3 – 56 精神分裂症患者大脑磁共振弥散张量成像[①]

5. 正电子发射计算机断层成像(PET)

20 世纪 90 年代,PET 技术进入临床。PET 的独特作用是以代谢显像和定量分析为基础,应用正电子核素化合物为显像剂,研究活体的生理、生化、化学递质、受体乃至基因改变,具有高度灵敏和全身显像的独特优势。PET 的问世和正电子核素示踪剂的出现,使人类第一次实现了活体内分子水平的研究,是当今世界最高层次的核医学技术,也是当前医学界公认的最先进的大型医疗诊断成像设备之一,已成为肿瘤、心、脑疾病诊断不可缺少的重要方法。

许多疾病在解剖结构发生改变之前早已出现功能变化。此时在以解剖结构改变为基础的 CT,MRI 上尚不能发现任何病变,而 PET 采用了一些有特殊物理和生化特性的同位素,如:^{11}C,^{13}N,^{15}O,^{18}F 等,其特点是能够释放正电子,与体内代谢产物结合,与生命过程密切相关,半衰期短、代谢快、对人体无损伤。将这些发射正电子的放射性同位素标记在示踪化合物(一些生理需要的化合物或代谢底物如葡萄糖、脂肪酸、氨基酸、受体的配体及水等)上,再注射到研究对象体内,这些示踪化合物就可以对活体进行生理和生化过程的示踪,显示生物物质相应生物活动的分布、数量及时间变化,以达到研究人体病理和生化过程的目的。PET 技术以其能显示脏器或组织的代谢活性及受体的功能与分布而受到临床广泛的重视,也称为“活体生化显像”。

① 来源:http://w. hudong. com/5e7ad9b5b2654975b52dfd4b67031b0e. html

PET 分子成像表达了生物学过程细胞分子水平上在活体中的显示和测量，能分析生物系统且不扰乱生物系统，还能对与疾病有关的分子改变进行量化后成像。PET 用核谱学方法探测湮没辐射光子，可以得到有关物质微观结构的信息，它提供了一种非破坏性探测手段。目前，PET 技术除了应用于肿瘤、神经系统疾病、心脏病诊断等研究外，许多医学领域正在探索 PET 的广泛应用，例如老年医学、儿童发育、组织存活、损伤修复、脏器移植、生理病理学研究。特别是在新药设计开发、药代动力学、药效学和在分子水平上研究药物作用靶点、机制以及药物依赖（成瘾）性疾病等方面，PET 都具有无可比拟的重要价值。

而随着 PET 在肿瘤学应用的广泛和深入，越来越需要将反映功能代谢的 PET 与反映形态解剖的 CT 结合起来应用，这对于病灶的精确定位诊断和定性诊断及制定肿瘤放疗计划和外科手术前定位具有非常重要的临床应用价值。21 世纪以来，新的 PET - CT 显像设备问世，它不完全等于 PET 加 CT 的功能，而是发挥更多的功能作用，另外可进行衰减校正，提高图像质量；同时将 PET 影像叠加在 CT 图像上，使得 PET 影像更加直观，解剖定位更加准确（见图 3 - 57）。

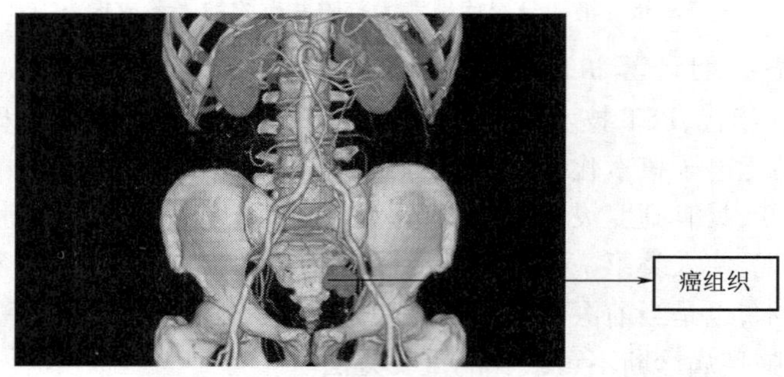

图 3 - 57　PET 扫描确认的癌组织是蔚蓝色圆团状物体，而 CT 扫描锁定了它在结肠的位置[①]

6. 分子影像技术

分子影像学是运用影像学手段显示组织水平、细胞和亚细胞水平的特定分子，反映活体状态下分子水平变化，对其生物学行为在影像方面进行定性和定量研究的科学，是将分子生物学技术和现代医学影像学相结合而产生的一门新兴的边缘学科。分子影像学被美国医学会评为未来最具有发展潜力的十个医学科学前沿领域之一，被誉为 21 世纪的医学影像学。

① 来源：http://news.xinhuanet.com/tech/2009 - 10/16/content_12243977_4.htm

分子影像技术可以在细胞、基因和分子水平上实现生物体内部生理或病理过程的无创实时动态在体成像。经典的影像诊断(CT、MRI 等)主要显示的是一些分子改变的终效应,具有解剖学改变的疾病。而分子影像学通过发展新的工具、试剂及方法,探查疾病过程中细胞和分子水平的异常,在尚无解剖学改变的疾病前检出异常,为探索疾病的发生、发展和转归,评价药物的疗效,为分子水平疾病的治疗开启了一片崭新的天地。

随着生命科学和病理学的发展,如何从分子水平、细胞水平研究疾病发生发展机制并探讨诊断和治疗疾病的有效方法,已成为影像学、生物学和临床医学研究的热点。作为无创可视化成像技术新的方法和手段,分子影像在本质上反映了分子调控的改变所引发的生物体生理分子水平和整体机能的变化。作为一门新兴前沿综合交叉学科,分子影像学在理论、技术和系统方面都存在着尚未解决的关键科学技术问题,其中最主要的挑战性问题是开发新的分子探针技术和影像技术。

7. 分子诊断技术

分子诊断是应用分子生物学方法,检测患者体内遗传物质结构或表达水平的变化,继而作出诊断的技术。分子诊断主要是指编码与疾病相关的各种结构蛋白、酶、抗原抗体、免疫活性分子基因的检测。分子诊断是预测诊断的主要方法,既可以进行个体遗传病的诊断,也可以进行产前诊断,它为疾病的预防、预测、诊断、治疗和转归提供了更为准确的信息。

分子诊断是当代医学发展的重要前沿领域之一,其核心技术是基因诊断,常规技术包括:

(1)聚合酶链式反应(PCR);

(2)DNA 测序(DNA sequencing);

(3)荧光原位杂交技术(FISH);

(4)DNA 印迹技术(DNA blotting);

(5)单核苷酸多态性(SNP);

(6)连接酶链反应(LCR);

(7)基因芯片技术(gene chip)。

其中,分子诊断的主要技术是核酸分子杂交、聚合酶链反应和生物芯片技术。核酸分子杂交是指,具有一定互补序列和核苷酸单链在液相或固相中按碱基互补配对原则缔合成异质双链的过程。杂交的双方是待测核酸序列和探针序列。应用该技术可对特定 DNA 或 RNA 序列进行定性或定量检测。聚合酶链反应包括三个基本步骤:双链 DNA 模板加热变性成单链(变性);在低温下引物与单链 DNA 互补配对(退火);在适宜温度下 TapDNA 聚合酶催化引物沿着模板 DNA 延伸。

生物芯片技术是近年发展起来的分子生物学与微电子技术相结合的核酸分析检测技术。最初的生物芯片技术主要目标是用于 DNA 序列测定、基因表达谱鉴定和基因突变体检测和分析，所以又称为 DNA 芯片或基因芯片技术。基因芯片是指应用大规模集成电路的微阵列技术，在固相支持物表面（常用的固相支持物有玻璃、硅片、尼龙膜等载体）有规律地合成数万个代表不同基因的寡核苷酸“探针”或液相合成探针后，由点样器有规律地点样于固相支持物表面，然后将要研究的目的材料中的 DNA、RNA 或 cDNA 用同位素、生物素或荧光物标记后，与固相支持物表面的探针进行杂交，通过放射自显影或荧光共聚焦显微镜扫描，对这些杂交图谱进行检测，再利用计算机对每一个探针上的杂交信号做分析处理，便可得到目的材料中有关基因表达信息。该技术可将大量的探针同时固定于支持物上，所以一次可对大量核酸分子进行检测分析，它的出现，使基因序列测定、基因功能测定等工作的程序得到了极大的简化。目前，基因芯片技术已经在基因多态性分析、基因表达分析等多方面得到了广泛的应用，并已开始应用于临床诊断，如正常与疾病状态基因表达谱的变化，药物筛选，细菌和病毒基因型的 DNA 诊断等。由于目前这一技术已扩展至免疫反应、受体结合等非核酸领域，出现了蛋白质芯片、免疫芯片、细胞芯片、组织芯片等，所以改称生物芯片技术更符合发展趋势。

分子诊断技术在检验医学的基础和临床研究中显示出强大的优势。例如，在乙型肝炎的诊断和治疗中，应用 DNA 定量技术为乙型肝炎的治疗和预后监测提供了重要依据。又如庆大霉素等氨基糖苷类抗生素的毒副作用之一是诱发耳聋，且已证明线粒体 DNA 中 12S rRNA 基因 A1555G 突变和 C1494T 突变是氨基糖苷灶抗生素诱发非综合征耳聋的分子基础，即只有带有突变的个体在使用氨基糖抗生素后才发生耳聋，因此，检测 12S rRNA 基因突变对于指导临床用药具有重要意义。再如，最近我国研制的一种传染性非典型肺炎又称严重急性呼吸综合征（SARS）病毒全基因组芯片，覆盖了 SARS 病毒基因组的全部序列，旨在检测 SARS 病毒的同时全面监测该病毒全基因组变化。

分子诊断技术虽然具有特异性好、灵敏度高、针对性强、诊断快速等优点，但其存在操作复杂和难进行临床检验诊断，需要解决的关键是方法的标准化。我国各实验室建立了很多的分子诊断方法；有的已应用于临床，但往往存在方法不够成熟和稳定性的问题，也缺乏方法学的比较研究，导致检验结果难以为临床提供确切的信息。为了更加安全、有效、合法地进行分子诊断，美国 FDA 将在全美建立一个完善的遗传学检验的质量控制体系，规定报告模式和回馈给被检者的信息范围。此外，分子诊断技术的最大问题是假阳性和假阴性，因此建立费用低廉、结果可靠、操作方便的分子诊断技术是迫切需要解决的问题。这就需建立标准化的实验操作程序和标准化的分子诊断实验室，实现分子诊断标准化；除了要在诊断技术方面逐步实行标准化外，对肿瘤诊断指标也要进行标准化。随着人类基因组计划和后基因组计划的实施，分子诊断技术也将得到进一步的成熟和完善。

总之，分子诊断学将成为 21 世纪检验医学的主题。分子诊断技术将朝着高效、准确、灵敏和无创伤性的方向发展,尤其是生物芯片的发展,将成为最有希望为改善世界各国,特别是广大发展中国家人们的健康状况做出贡献的生物技术之一。随着人类基因组计划的完成和蛋白质组计划的启动,分子诊断方法将极大地推动现代检验医学的发展,并在更深层次揭示疾病的本质,指导临床诊断和治疗。

8. 全外显子组测序技术(Whole Exome Sequencing, WES)

外显子组是个体基因组 DNA 上所有蛋白质编码序列(即外显子)的总和。人类有大约 180 000 个外显子,构成了大约 1% 的人类基因组,约 3 000 万个碱基对。人类基因组的外显子区域包含蛋白质编码合成所需要的绝大部分信息,大约 85% 的致病突变位于外显子区域,因此对外显子组进行测序,可以快速、有效地鉴别人类疾病遗传变异。全外显子组测序是利用序列捕获技术将全基因组外显子区域 DNA 捕捉并富集后进行高通量测序的基因组分析方法。相比全基因组测序,全外显子组测序更加经济、高效,越来越多的研究者及商业应用将目光转向 WES,被称作二代测序技术。

2009 年,全外显子组测序开始应用于临床基因诊断,这种方法能够检测出所有基因的蛋白质编码区域的变异,而不仅仅是被选择的有限的若干基因。2010 年 WES 入选 *Science* 年度十大科技突破。全外显子测序的临床诊断率目前可达 25% ~45%,媲美甚至优于传统分子诊断技术。外显子组测序主要是针对编码区进行检测,所以 WES 技术主要适用于编码区潜在变异引起的疾病研究。主要应用在孟德尔遗传病及肿瘤等复杂疾病的研究。

9. 冷冻电子显微镜技术(Cryo - electron Micrascopy, Cro - EM)

冷冻电子显微镜技术与 X 射线晶体学、核磁共振技术被称作结构生物学研究的三大利器。冷冻电镜技术于 20 世纪 70 年代提出,但直到 21 世纪初,冷冻电镜的分辨率水平依然没有得到突破,限制了其在生物大分子结构解析领域中的应用。

最近几年,冷冻电镜技术有了革命性的进步,空间分辨率突破原子级别,可以应用于很多以前不能解决的生物大分子的结构研究。这种革命性进步的主要原因之一是电子直接探测器(Direct Electron - detector Device,DDD)的发展。2013 年 10 月加州大学旧金山分校程亦凡和 David Julius 的研究组,利用新一代 DDD 相机拍摄了近九万张单颗粒图像,解析得到瞬时受体电位通道蛋白四聚体的 3.4Å(1Å 是 1nm 的十分之一)近原子级别高分辨率三维结构。这标志着冷冻电镜技术正式跨入"原子分辨率"时代。之后,冷冻电镜技术取得了飞速发展和广泛应用,许多难以利用传统的 X 射线晶体学方法获得的重要生物大分子及复合物的结构得以解析。

2014 年,英国医学研究委员会分子生物学实验室通过改进电子显微镜技术,成功获得了酵母菌的线粒体核糖体大亚基的图像,分辨率达到 3.2Å。2015 年,清华大学的施一公教授团队首次在世界上解释了分辨率高达 3.4Å 的人体 γ - 分泌酶的电镜结构,为理解该分泌酶的工作机制及阿尔茨海默症的发病机理提供了重要基础。随后的研究分辨率逐步提高到 2.8Å,2.6Å 和 2.2Å。2016 年,美国国家癌症研究所的科学家们发布的谷氨酸脱氢酶结构的分辨率甚至达到了 1.8Å。

通过对生物大分子结构的解析,人们对核酸、蛋白质及其复合物的功能理解得更加透彻,可以根据它们发挥功能的结构基础有针对性地进行药物设计、基因改造、疫苗研制开发,甚至人工构建蛋白质等工作,从而对制药、疾病防治、生物化工等方面产生巨大推动作用。

二、疾病治疗新技术

许多病人晚期往往伴有心脏、肺脏、胰腺、肝脏、肾脏等大器官功能的衰竭,通过器官移植将正常器官代替这些病变或功能衰竭的器官,已成为 20 世纪最有效的治疗手段。然而,随着器官移植手术的广泛应用,器官供体短缺的矛盾在 21 世纪日趋严重。据统计,目前大约有 4/5 需器官移植的病人在等待供体的过程中死亡,因此急需解决器官移植供体的来源问题。科学家们也逐渐把注意力更多地集中在研究人工机械器官或动物器官的替代上。由于介入医学的兴起,医学影像技术已成为与外科手术、内科化学药物治疗并列的现代医学第三大治疗手段,是医学领域中发展最快的学科之一。

1. 人工组织

当人体的某一组织器官出现病变导致功能衰竭,威胁到人的生命时,植入健康器官代替原有器官就成为现代医学延长生命的重要手段。广义的器官移植包括细胞移植和组织移植。若献出器官的供者和接受器官的受者是同一个人,这种移植称自体移植。供者与受者虽非同一人,但供、受者是同卵双生子,有着完全相同的遗传素质的移植叫作同质移植。除上述两种情况外,人与人之间的移植称为同种(异体)移植;不同种动物间的移植(如将黑猩猩的心或狒狒的肝移植给人)属于异种移植。

但是,由于供移植的器官来源有限,许多需要进行器官移植手术的病人往往在等待供体的过程中死亡,因此解决器官移植供体的来源问题刻不容缓。采用生物制造方法获取人工器官,就成为取代同种和异种器官移植以及机电式人工器官植入的极具发展潜力的方法。

随着 20 世纪 90 年代生物技术与组织工程的崛起,人工组织与人工器官的研究进入了一个崭新的阶段。特别是组织工程的兴起,各类具有生物活性的人工组织与人工器官应运而生,具有生物活性的人工组织与人工器官及其临床应用已成为跨世纪实验外科的前沿领域之一。

组织工程应用工程科学与生命科学的原理与方法,在可控、可重复条件下,通过哺乳动物特定细胞在网络构架的体外培养,形成具有特定功能的组织和器官替代物。组织工程对于医学的发展与保障人类健康有着重大意义。广义上,不论体内还是体外,短期还是长期,局部还是全部,补偿、代替或修复人体自然器官或其功能的人造装置都可以认为是人工器官。其狭义定义为替换了原自然器官的位置,并能发挥其全部功能的和具有生物活性、能够自我修复的人造装置。

人工器官作为人体病损组织与器官的替代物已在临床广泛应用,目前除大脑这个“总司令部”外,几乎人体各类器官均有替代品。从品种来说,补偿血液循环功能的有人工心脏、心脏辅助装置、人工心脏瓣膜、人工血管和人工血液;支持运动功能的有人工关节、人工脊椎、人工骨、人工肌腰和假肢;具有血液净化功能的有人工肾、人工肝;具有呼吸辅助功能的有人工肺、人工气管和人工喉;具有支持消化功能的有人工食管、人工胆管和人工肠;具有排尿辅助功能的有人工膀胱、人工输尿管和人工尿道;具有内分泌辅助功能的有人工胰脏、人工胰岛细胞;具有生殖辅助功能的有人工子宫、人工输卵管、人工睾丸、人工阴道和阴茎假体;具有神经传导功能辅助作用的有心脏起搏器和膈起搏器;具有感觉辅助功能的有人工视觉、人工听觉、人工晶体、人工角膜和人工鼻等。由于其治疗效果确切,已成为21世纪医学与人类健康进步的显著标志之一。据美国国家健康统计中心近年的调查,不包括齿科材料,植入1件以上人工组织与人工器官的患者,在美国已达1 100万人,占其总人口的4%,全球估计达3 000万人。

下面择要介绍几种使用较普遍的、以医疗仪器形式出现的人体器官辅助或替代装置。

(1)人工皮肤。皮肤是人体最大的器官,其对保护机体内环境的稳定、抵御外界环境的刺激和病原菌入侵起到重要的作用。皮肤可分为三层,即表皮层、真皮层和皮下组织层。在表皮层和真皮层中含有多种细胞,在表皮层中含有可分化形成角质层的角质细胞,真皮层中含有成纤维细胞,可以分泌出多种大分子物质如胶原、弹性蛋白、纤粘连蛋白、核心蛋白聚糖、肌膣蛋白、层粘连蛋白以及蛋白聚糖等,通过这些物质可以形成结缔组织的基底,赋予皮肤以很高的抗张强度。在皮肤中,还有毛囊、汗腺、脂腺、神经、毛细血管以及淋巴管等众多附件。

在日常生活和工作中,由于各种原因导致的皮肤缺损,自体很难恢复原有的形态和功能。例如,治疗烧伤需要解决的主要问题是:气体(包括水汽)的透过性;防止组织液、体液的流失及造成电解质(液)和蛋白质损失;力学性能以及与组织的接触排异性等。大面积烧伤除了皮肤和组织受到破坏以外,还有可能引起整个身体一系列复杂的病理、生理变化,其中包括水、电解质和酸碱平衡失调、休克、感染以及败血症等。一般来说,防止休克、预防感染、创面处理和营养护理是治疗烧伤病人的几个重要环节。事实上,烧伤的治疗特别是大面积的深度烧伤治疗一直是医疗上的难题。

最近几十年,组织工程迅猛发展,使得研究开发具有良好生物相容性的、在植人体内后可以自行生物降解的,可用于器官和软、硬组织的重建与修复的组织工程材料成为可能。人工皮肤是由活性的细胞接种到支架上形成的组织工程化皮肤,有真皮层或同时具有真皮层和表皮层。组织工程的第一个面市产品是人工皮肤,也是迄今为止在临床应用方面最为成功的组织工程材料。目前,国外人工皮肤的研究已取得了实质性进展,Apligraf Integra,Dermafen,Dermagraft,Alloderm,Lyphoderm 等产品已被美国药品与食品管理局批准上市,并广泛应用于临床皮肤缺损的治疗中。

在临床上,人工皮肤主要用于烧伤、皮肤溃疡、外伤及术后皮肤缺损、整形术等方面的治疗。人工皮肤研究的最终目标是建立并生产出功能、外形与自体皮肤相同或相似的永久性皮肤替代物。目前的人工皮肤虽然取得了一定的临床疗效,但仍不具备完整的皮肤结构,也远非真正意义上的皮肤功能重建,尤其是缺乏皮肤的附属器结构和不具备皮肤的免疫功能。随着生命科学、材料科学及诸多相关科学的飞速发展和组织工程学研究的深入,构建含血管与神经支配、具有毛发、汗腺、皮脂腺等皮肤附属结构及正常皮肤生理功能的理想人工皮肤将成为现实,并将产生巨大的经济效益与广阔的临床应用前景。

(2)人工心脏。1819 年,奥尔迪尼(G. Aldini)应用直流电刺激断头尸体停跳的心脏,结果出现跳动,这是第一次人工心脏起搏的尝试。1932 年,美国胸外科医生海曼(A. S. Hyman)研制成一种重达 7.2 公斤的心脏起搏装置,能使停跳的心脏复跳,并把这种装置称为人工心脏起搏器。1964 年,莱姆贝格(A. J. Lemberg)、罗萨里奥(L. Castellanos)和贝尔科维奇(B. V. Berkovits)将埋藏式起搏器的感知功能应用于心室起搏,是心室抑制型按需起搏器的开始。1972 年 11 月,世界上第一个使用锂碘电池的起搏器植入人体并获得成功。20 世纪 80 年代,双腔起搏器及抗心动过速起搏器研制成功,这种房室顺序收缩双腔触发抑制型起搏器是当代最先进的起搏器,它不仅能无创性程控调节,而且实现了房室均可被感知和双腔起搏。

人工心脏起搏器是能替代或补充正常激发和控制心脏收缩的生理电子系统,是工程技术和心脏电生理相结合的产物。它通过周期性发放的电脉冲刺激心脏,引起心搏,并实现生物机能控制。如果心脏原有的起搏点丧失其作用而使冲动形成受扰,或者心脏固有的传导系统不能正常工作(如窦性停止、窦房传导阻滞、窦性心动过缓或某心房、心室出现异使节律,以及心动过速等),起搏器能帮助心脏恢复、接近正常功能。特别是对那些药物疗效不佳,甚至于治疗无效的心脏病患者,人工心脏起搏器成为理想的替代品。心脏起搏器作为治疗心脏病的一种新方法,已成为生物医学工程在临床应用中最为成功而又发展最为迅速的技术。

人工心脏起搏器由低频脉冲发生器、电极和电源三个基本部分构成。其中,低频脉冲发生器是起搏器的核心部分,它执行着基本的定时工作和控制刺激心脏速率的任务。人工心脏起搏的原理是使用起搏器发出的一定形式的微弱脉冲电流,来刺激心脏的起搏功能或诱导功能有障碍但尚有兴奋、收缩及心肌纤维间传动功能的心脏起搏，即以代替正常的起搏点刺激心肌，使之有效地收缩，不断泵出血液以供应人体的需要。目前，心脏起搏器主要用于治疗患有过缓型心律失常心脏疾病的患者，并且是唯一的一种既安全又有显著疗效的治疗方法。此外，人工心脏起搏器还可用于有房室传导阻滞的严重心脏衰竭的患者，可以改善心脏衰竭。有些人工心脏起搏器还具有去纤颤的作用，可以减低心室纤颤引起的猝死。

(3)人工肝。急性肝功能衰竭是一种严重的临床综合征，其致死率高达60% ~90%。虽然原位肝移植可有效治疗急性肝功能衰竭，但因供肝短缺、高发病率、高死亡率、昂贵治疗费用以及移植后终生应用免疫抑制剂等一系列问题困扰着原位肝移植广泛开展。然而，肝脏自身强大的再生能力又为避免应用这一不可逆的整体器官移植方案带来了希望。其中，以培养肝细胞为基础的生物型人工肝技术成为终末期肝病患者向原位肝移植顺利过渡和给急性肝功能衰竭患者受损肝脏提供得以再生和修复时机的重要手段。

人工肝支持系统简称人工肝，是20世纪50年代逐渐发展起来的用来为肝衰竭患者提供体外肝脏功能支持的技术方法。经过几十年的发展，目前人工肝治疗技术已逐渐成熟，基本形成三大类：①非生物型人工肝：指各种以清除毒素功能为主的装置，如血液透析、血液滤过、全血/血浆灌流、血液置换、分子吸附循环系统等；②生物型人工肝：一般专指以人工培养的肝细胞为基础构建的体外生物反应装置；③混合生物型人工肝：由生物及非生物部分共同构成的人工肝支持系统。

1986年德米特里(A. A. Demetriou)教授首先提出生物型人工肝的概念，即由肝细胞和人工解毒装置共同组成的循环系统，能发挥肝细胞的作用。经过多年的发展，这种新型人工肝支持系统，一般专指人工培养的肝细胞为基础构建的体外生物反应装置，即将培养肝细胞置于体外循环装置，也就是生物反应器中，患者血液/血浆流过生物反应器时，通过半透膜或直接接触与培养肝细胞间进行物质交换，从而起到理想的人工肝支持作用。它不仅具有肝特异性的解毒功能，而且具有更高的效能，如参与三大物质代谢、具有生物转化功能、可清除毒性物质、能分泌具有促进肝细胞生长活性的物质等。

构建生物型人工肝的三要素为细胞来源、细胞培养方式及生物反应器，这些一直是人们研究的重点。肝组织主要由两种类型细胞组成：实质细胞和非实质细胞。肝实质细胞是肝脏主要功能细胞，具有非常复杂的代谢功能，包括代谢、凝血、蛋白合成和解毒；非实质细胞如星状细胞、Kuppfer 细胞、内皮细胞、胆管内皮细胞等对维护肝脏的结构和功能极其重要。目前，生物型人工肝的细胞获取方法大多是采用肝细胞外基质释放的胶原蛋白酶经肝脏脉管系统灌注，细胞来源主要有：人类原代肝细胞、肝细胞株、异种肝细胞、干细胞。生物型人工肝所需肝细胞数量应相当于受体肝质量的1/10 ~1/5，即 $1 \sim 2 \times 10^{10}$，如此大规模的体外细胞培养是生物型人工肝应用的一个挑战。为了尽可能地保持细胞的活性及功能,人们不断改进细胞的培养方法,包括细胞悬液培养、单层贴壁培养、微载体培养、微囊化培养、反应器培养及共培养等多种模式。生物反应器是整个生物型人工肝的核心部分,目前研究及应用的生物反应器主要有:中空纤维型生物反应器、平板单层生物反应器、灌注床/支架生物反应器、包被悬浮生物反应器。

在临床应用上,生物型人工肝的应用前景是令人鼓舞的,但其广泛应用仍需努力攻克许多理论和临床实践上迫切需要解决的问题,如最佳细胞来源、体外细胞长期稳定性、活性的提高和生物反应器重建肝脏的三维结构等。但生物型人工肝作为肝移植过渡支持手段的效果是肯定的,并且对严重肝衰竭患者肝功能的自然恢复也起到重要作用,同时在肝移植供体匮乏的当今时代,生物型人工肝有可能成为替代肝脏的一种方法。然而,活体肝脏结构和功能的复杂性远远超过了生物型人工肝,要想在体外完全替代肝脏的功能,还有很长的路要走。只有将生物工程和临床研究紧密结合,才有可能在不远的将来开发出更符合临床需要的生物型人工肝,为人类健康作贡献。

(4)人工胰腺。糖尿病的常规治疗是严格的饮食控制、服用降糖药或每天皮下注射胰岛素。但对患者在餐前血糖量不足和餐后血糖量超常的大幅度波动,用常规注射方法是不能调节的,方法也较原始。一个健康人不断地分泌胰岛素,其数量是根据血糖浓度而改变的。因此,人们需要一种尽可能模拟天然胰岛素的供给装置,即人工胰腺。所谓人工胰腺就是人工的替代胰腺β细胞释放胰岛素的机能。

胰岛素泵又称为持续皮下胰岛素输注,是近20年来临床上模拟人体生理胰岛素分泌的一种胰岛素输注系统。胰岛素泵有“人工胰腺”之称,主要由三部分组成:泵主机、小注射器和与之相连的输液管。胰岛素泵能模拟人体生理性胰岛素分泌,通过置入皮下的针头,把一天需皮下注射胰岛素的剂量分散在24小时连续不断地输注,使体内的基础胰岛素符合健康人胰岛素的生理分泌模式,避免了清晨高血糖和夜间低血糖的现象。在进餐、吃零食或随时发生高血糖时,可以及时输注追加剂量胰岛素,保持全天血糖的稳定,免除一天多次皮下注射的痛苦,提高病人的生活质量。胰岛素泵的这种作用方式就如同一个正常的胰腺功能。目前胰岛素泵被认为是控制血糖的最佳手段,越来越多地受到医护人员和糖尿病患者的偏爱。

2.介入放射疗法技术

介入放射疗法,是指在影像诊断学的基础上选择或超选择性血管造影、细针穿刺和细胞病理学等新技术。它包括两个基本内容:其一,以影像诊断为基础,利用导管等技术,在影像监视下对一些疾病进行非手术性治疗。其二,在影像监视下,利用经皮穿刺导管等技术,取得组织学、生理学及生化和细菌学等精确资料,以明确病变性质,作出正确诊断。

介入放射疗法新技术分为血管和非血管技术,也称为介入血管造影或治疗性血管造影。后者是指在血管以外进行的治疗和诊断性操作。

在临床上使用的血管成形术，主要是激光血管成形术、动脉粥样斑切除术、血管内支撑器等。这种临床技术原来主要用于肢体血管，以后扩展至内脏动脉，如肾动脉、冠状动脉；并且由动脉发展至静脉，如扩张治疗腔静脉狭窄，以至治疗人造血管、移植血管狭窄或闭塞。

心脏瓣膜狭窄的疾病以往主要采取外科手术治疗，1982 年我国开始用球囊导管扩张术，并取得了满意的效果。

其他介入技术，如经皮摘取血栓和经皮取血管内异物，也取得了良好的临床效果。

胃肠道、胆系、气管及支气管发生狭窄后，也可采用球囊扩张和放置支撑的方法治疗。胆结石也可经内镜、皮肤、肝进行取石或溶石治疗。

介入放射疗法应用显微技术进行超选择性插管，不但将诊断也将治疗深入到病变的内部结构，疗效显著。

3. 基因治疗技术

基因治疗是指将人的正常基因或有治疗作用的基因通过一定方式导入人体靶细胞，以纠正基因的缺陷或者发挥治疗作用，从而达到治疗疾病目的的生物医学新技术。基因是携带生物遗传信息的基本功能单位，它位于染色体上的一段特定序列。将外源的基因导入生物细胞内必须借助一定的技术方法或载体，目前基因转移的方法分为生物学方法、物理方法和化学方法。腺病毒载体是目前基因治疗最为常用的病毒载体之一。基因治疗的靶细胞主要分为两大类：体细胞和生殖细胞，将遗传物质引入人的体细胞进行基因治疗的方法称为体细胞基因治疗；以生殖细胞为对象的基因治疗称为生殖细胞基因治疗。20 世纪 80 年代初，安德森（W. F. Anderson）首先阐述了基因治疗的概况。1990 年美国国立卫生研究院的布利兹（C. W. Blease）等成功地进行了世界上首例临床基因治疗，即腺苷脱氨酶缺陷病的人体基因治疗。1991 年我国首例基因治疗 B 型血友病也获得成功。近年来，这一领域的研究取得了重大进展，基因治疗作为一种全新的疾病治疗手段，将在一定程度上改变人类疾病治疗的历史进程，使遗传疾病不仅能在当代治疗，而且还能将校正的基因传给患者的下一代，最终根治遗传疾病。

基因治疗常用方法有两种，即体内疗法和体外疗法。体内疗法是将外源基因导入受体体内有关的器官组织和细胞内，以达到治疗目的。这是一种简便易行的方法，如肌肉注射、静脉注射、器官内灌输、皮下包埋等，但其缺点是基因转染率较低。目前研究和应用较多的还是体外疗法，即先在体外将外源基因导入载体细胞，然后将基因转染后的细胞回输给受者，使携有外源基因的载体细胞在体内表达治疗产物，以达到治疗目的。

目前，国际上试用于临床的基因治疗疾病通常有：遗传性疾病、恶性肿瘤、神经性疾病，此外，还有心血管疾病如外周动脉症、心肌缺血症、血管再狭窄症，自身免疫性疾病如类风湿性关节炎，感染性疾病如艾滋病，眼病如白内障、青光眼等。

4．3D 生物打印技术

三维(3D)打印出现于20世纪90年代，最初应用于模具制造、工业设计等领域。随着打印材料的研发和控制技术的完善，其应用越来越广泛。3D打印技术具有个性化、精准化、远程化等优点，在小批次、设计复杂的物件制造上具有成本和效率优势，这也使得3D打印技术在医学领域中拥有极佳的应用前景。

3D生物打印就是借助影像技术(CT、MRI)资料的辅助，应用CAD技术虚拟出组织或器官的三维结构，然后将这些三维实体模型数据分为片层模型数据，快速成型机根据这些数据，利用相应的材料，逐层创建出实体，每一个薄层都贴敷到前一个，直到完成整个实体的构建。因此，3D打印可以分为3个基本步骤：前加工，即组织/器官模型文件的设计开发；组织/器官的打印；后处理，即拥有生物活性和形态的组织/器官的加工成熟(即增殖)。

直接打印出“有功能”的人体器官和组织，是人类一直以来的梦想。3D生物打印利用干细胞为打印材料，按照3D打印技术制作，打印出来的组织形成自给的血管和内部结构。生物打印机使用的是一种活细胞混合液构成的生物墨水。通过控制实现精确打印速度和墨水流量，实现相关细胞的逐层打印并形成3D组织构架。2013年4月26日，Organovo公司利用这一技术打印出深度为0.5mm、宽度为4mm的微型肝脏。生物打印机逐层打印肝脏细胞和血管内壁细胞，大约打印了20层。微型肝脏能够产生蛋白质、胆固醇和解毒酶，并将盐和药物运送至全身各处。德国科学家Gunter Tovar博士用3D打印双光子聚合和生物功能化修饰制作出毛细血管，具有良好的弹性和人体相容性，不但可以用于替换坏死的血管，还能与人造器官结合，有可能使构造的组织/器官实现再血管化。

3D生物打印技术相较其他快速成型技术，具有如下优势：①高精度：即分辨率高。该技术可以精确控制墨水喷射位置和墨水的量，有利于生物显微结构的建立，有利于局部痕量供给生物活性因子及药物，从而有利于控制组织的局部生长发育。②可以同时打印种子细胞和支架材料，更利于整体三维结构的构建。可以使用多颜色墨盒的原理，从而实现同时打印组织/器官内的不同组分。使用不同的细胞、细胞外基质和生物活性因子，并且使用精确的配比。③构建速度快：能够快速地制造生物组织/器官，保证了生物材料的存活率，从而显著有利于再生医药、器官移植等未来医学领域。④可以按需制造出符合个体需求的单个器官或组织，真正实现医学的个性化需求。⑤3D生物打印使用的种子细胞是患者自己身体的细胞，所以可以从根本上解决其他组织工程易发生的排异反应。

尽管3D生物打印技术具有一定的优点，但也面临不小的挑战，包括生物力学方面、支架材料的选择、无菌环境的保证、打印构建物的成型、打印构建物的血供、打印构建物的长期存活等。因此,3D 生物打印技术目前还不是一项完全成熟的技术,还需要研究者的不懈努力及攻关,目前还未能广泛应用于临床。如果生物打印技术成熟,也许在未来的几十年间,人体器官就能够被随时替换,从而延长人类的生命周期。

三、制药新技术

1. 人工设计合成新药

人工设计合成新药是现代医药的基石,也是推动现代医药不断发展的主要动力。现在发达国家都先后实行新化学实体(NCE)的药品专利制度,即使是在该专利基础上改进剂型、创制新剂型或复方剂型也都是不允许的。

化学合成药物的创制大致有 3 大类型:①创新的化学结构类型——突破性新药的研究开发;②创制"me - too"新药——模仿性新药研究开发;③已知药物的结构改造——延伸性新药研究开发。新药开发是大军团立体作战,它涉及化学、化工、生物学、实验动物学、药理学、毒理学、组织(生理)学、药剂学、临床医学、法规学、销售学、计划管理等许多专业,是一项庞大复杂的系统工程。

2. 基因工程药物

迄今为止,科学家们通过基因工程来生产药物的成功事例已屡见不鲜。治疗糖尿病、癌症、心脏病、血液病、感染等诸多病症的贵重蛋白药物已能以生物体作为反应器制造出来。目前,微生物、动物、植物都可以成为生物反应器来生产基因工程药物,药物的种类从最初的胰岛素逐渐扩展,种类越来越多,下面介绍其中的一些品种。

(1)人胰岛素。胰岛素是由胰岛 β 细胞受内源性或外源性物质如葡萄糖、乳糖、核糖、精氨酸、胰高血糖素等的刺激而分泌的一种蛋白质激素,是机体内唯一降低血糖的激素,也是唯一同时促进糖原、脂肪、蛋白质合成的激素。

1921 年加拿大人班廷(F. G. Banting)和贝斯特(C. H. Best)发现的胰岛素为第一个蛋白质激素,这种激素可作为治疗糖尿病的特效药物。1922 年胰岛素开始用于临床,使过去不治的糖尿病患者得到挽救。1958 年,英国生物化学家桑格(F. Sanger)因为破译出由 17 种 51 个氨基酸组成的两条多肽链牛胰岛素的全部结构,而荣获该年度的诺贝尔化学奖。这是人类第一次搞清楚一种重要蛋白质分子的全部结构。同年,我国人工合成胰岛素课题正式启动,并于 1965 年 9 月 17 日在世界上首次用人工方法合成了结晶牛胰岛素。人工牛胰岛素的合成,标志着人类在认识生命、探索生命奥秘的征途中迈出了关键性的一步,促进了生命科学的发展,开辟了人工合成蛋白质的时代,在我国基础研究尤其是生物化学的发展史上有巨大的意义与影响。20 世纪 70 年代,利用基因工程技术获得了人工胰岛素。1982 年,美国药品与食品管理局(FDA)批准美国礼莱公司的人工胰岛素产品投放市场,这标志着基因工程药物从研究阶段进入到商品化生产阶段。

目前,临床所用的胰岛素从来源上主要有三大类:牛胰岛素、猪胰岛素和人胰岛素。牛胰岛素与人胰岛素有3个氨基酸不同;猪胰岛素与人胰岛素结构类似,仅有一个氨基酸不同;人胰岛素分子量为5 808,是利用重组DNA技术生产的,与天然胰岛素有相同的结构和功能。

资料显示,我国已有3 000万以上的糖尿病患者,而且以每年10%的速度增加。作为治疗糖尿病最重要的药物之一,人胰岛素因其结构和纯度有着比动物胰岛素更确切的疗效,成为糖尿病人的首选。我国于1998年成功研制、开发出具有自主知识产权的基因重组人胰岛素,使我国成为继美国和丹麦后世界上第三个能够生产基因重组人胰岛素的国家。

(2)干扰素。1957年,英国病毒生物学家伊萨克斯(A. Isaacs)和瑞士研究人员林德曼(J. Lindenmann),在利用鸡胚绒毛尿囊膜研究流感干扰现象时了解到,病毒感染的细胞能产生一种因子,后者作用于其他细胞,干扰病毒的复制,故将其命名为干扰素。1980~1982年,科学家用基因工程方法在大肠杆菌及酵母菌细胞内获得了干扰素,从每1升细胞培养物中可以得到20~40毫升干扰素。从1987年开始,用基因工程方法生产的干扰素进入了工业化生产,并且大量投放市场。

干扰素是一种广谱抗病毒剂,并不直接杀伤或抑制病毒,而主要是通过细胞表面受体作用使细胞产生抗病毒蛋白,从而抑制病毒的复制;同时还可增强自然杀伤细胞(NK细胞)、巨噬细胞和T淋巴细胞的活力,从而起到免疫调节作用,并增强抗病毒能力。干扰素是一组具有多种功能的活性蛋白质(主要是糖蛋白),是一种由单核细胞和淋巴细胞产生的细胞因子,它们在同种细胞上具有广谱的抗病毒、影响细胞生长,以及分化、调节免疫功能等多种生物活性。

干扰素在整体上不是均一的分子,可根据产生细胞分为3种类型:白细胞产生的为α型;成纤维细胞产生的为β型;T细胞产生的为γ型。根据干扰素的产生细胞、受体和活性等综合因素,将其分为2种类型:Ⅰ型和Ⅱ型。Ⅰ型干扰素又称为抗病毒干扰素,其生物活性以抗病毒为主。Ⅱ型干扰素又称免疫干扰素或IFN,主要由T细胞产生,其活性是参与免疫调节,是体内重要的免疫调节因子。

(3)生长激素抑制素。生长是一个高度协同的复杂生理过程,神经内分泌轴在动物的生长发育调控中起着最关键的作用。作为调控生长的核心,生长激素(GH)的分泌主要受下丘脑分泌的生长激素释放因子和生长激素释放抑制因子的双向调节,其中生长激素释放抑制因子是抑制垂体生长激素分泌的主要下丘脑激素。

1968年,克鲁利池(L. Krulich)等在研究鼠下丘脑生长激素释放因子时,发现一种能抑制生长激素释放的物质,首次提出下丘脑存在生长激素释放抑制因子。1973年,柏格斯(R. Burgus)等成功地从羊下丘脑分离、提纯、鉴定这一因子,证明其为含14个氨基酸的环形多肽,简称为生长抑素(SS)。这种多肽在全身各器官均有分布,但在脑组织、胃肠和胰腺的含量较高。目前已知,SS的生理功能主要包括激素调节、抑制细胞增殖、神经递质释放、神经元点燃兴奋性活动、抑制胃酸和胃泌素及胃蛋白酶的分泌、降低内脏血流量和刺激黏液分泌等。

SS的抑制作用最终表现为使机体代谢降低,动物生长受到一定程度抑制。通过在生产上采取一些调控机体组织内SS水平的措施(免疫技术、半胱胺和基因工程疫苗),可以降低机体内SS含量,削弱或消除SS对消化系统的抑制,解除SS对GH、胰岛素样生长因子(IGF-I)的抑制,提高GH和IGF-I等与生长相关因子水平,进而促进动物生长。

SS免疫调控技术在畜牧生产上是一种很有发展潜力的技术,包括利用疫苗诱发机体产生反应的主动免疫和通过SS抗血清及SS单克隆抗体免疫动物的被动免疫两方面。主动免疫SS可增加动物血液中GH水平,提高GH细胞对GRF的敏感性。在生产上,SS主动免疫的效果主要表现为延长进食时间,提高饲料利用效率,促进动物生长,改善生产性能如增加乳产量等。被动免疫在一定程度上克服了主动免疫易受动物自身营养状况以及螯合物性质等多种因素影响导致试验结果变异较大的缺点,对提高日粮养分消化率,改善动物生产性能具有良好的作用。

3.基因疫苗

疫苗的发现可谓是人类发展史上一件具有里程碑意义的事件。因为从某种意义上来说,人类繁衍生息的历史就是人类不断同疾病和自然灾害斗争的历史,控制传染性疾病最主要的手段就是预防,而接种疫苗被认为是最行之有效的措施。事实证明也是如此,威胁人类几百年的天花病毒在牛痘疫苗出现后便被彻底消灭了,迎来了人类用疫苗迎战病毒的第一个胜利,也更加使人们坚信疫苗对控制和消灭传染性疾病的作用。此后200多年间,疫苗家族不断扩大发展,目前用于人类疾病防治的疫苗有20多种,根据技术特点分为传统疫苗和新型疫苗。

传统疫苗主要包括减毒活疫苗和灭活疫苗,即采用病原微生物及其代谢产物,经过人工减毒、脱毒、灭活等方法制成的疫苗。其中包括目前国家免疫规划应用的疫苗和甲肝减毒活疫苗、风疹减毒活疫苗、腮腺炎减毒活疫苗和狂犬病疫苗等。传统疫苗受制作工艺的限制,其保存、使用和接种副反应等方面都容易出现一些问题。

新型疫苗则以基因疫苗为主。基因疫苗属于新型疫苗,指应用基因工程技术和生物化学合成技术生产的疫苗,包括基因工程亚单位疫苗、重组疫苗、合成肽疫苗、基因工程载体疫苗、核酸疫苗和抗独特型抗体疫苗等。我们也可以认为,基因疫苗指的是DNA疫苗,这也是近年来基因治疗研究中所衍生并发展起来的一个新的研究领域。将编码外源性抗原的基因插入含真核表达系统的质粒上,然后将质粒直接导入人或动物体内,让其在宿主细胞中表达抗原蛋白,诱导机体产生免疫应答,抗原基因在一定时限内的持续表达,不断刺激机体免疫系统,使之达到防病的目的。DNA 疫苗既具有传统疫苗——如减毒活疫苗的优点,又无逆转的危险,被看作是继传统疫苗及基因工程亚单位疫苗之后的第三代疫苗,是基因工程技术在疫苗研究中的另一重要突破。

蓬勃发展的微生物基因工程为各种疫苗的大量生产立下了赫赫战功。以前生产乙肝疫苗,只能从人或狒狒身上繁殖乙型肝炎病毒,然后从血清中提取抗原,所以乙肝疫苗的珍贵达到了天价的程度。在 1983 年,科学家们以酵母菌作为受体生产乙肝疫苗获得成功。美国默克公司用这种方法生产的乙肝疫苗于 1986 年获美国食品与药品局批准生产并投放市场。这种生产方式大大降低了成本,使价格大幅度降低,为人类预防乙肝作出了重大贡献。除美国外,英、法、日、德等国也先后在这方面取得了显著成绩。中国在 1992 年用这种方法生产乙肝疫苗获得成功。目前,中国已具备了生产供数百万人使用的乙肝疫苗的能力,称得上是后来者居上。

近年来,许多畜、禽病毒性传染病已经不能依靠传统疫苗,如灭活疫苗、弱毒疫苗等对其进行防治,DNA 疫苗的出现使这一状况得到了极大的改观。通过编码病毒、细菌以及寄生虫等不同种类抗原基因的质粒 DNA,能够使脊椎动物,如哺乳类、鸟类和鱼类等多个物种产生强烈并相对持久的免疫反应。

疫苗不仅可以用细菌作为加工车间来生产,而且也可以借助于植物来生产。植物基因工程中最激动人心的研究是用转基因植物来生产新的疫苗。近年来,新的植物基因技术的开发是利用转基因植物与植物病毒制造疫苗来抵御人类疾病,这就使植物又一次成为预防和治疗疾病的药物。用转基因植物生产疫苗有很大的优越性:植物容易大量生长,并容易提高疫苗产量;植物病毒不会传给人类,所以有一定的安全性。科学家们还用基因工程培育出转基因植物(食用疫苗)的种子,播种收获,只要食用了这种植物的果实,就可远离疾病。美国的阿恩茨研究小组将肠毒素蛋白质基因导入马铃薯中,于是马铃薯茎便能制造出肠毒素蛋白,让小鼠吃了这种马铃薯后,小鼠体内便生长出对抗肠毒素的抗体来。这些令人鼓舞的成就使我们充分相信,DNA 疫苗具有极其广阔的发展前景。

4. 传统药物生产放射出新的光彩

传统药物,是指日本的和汉药、朝鲜的东药、印度的阿育吠陀药、德国的顺势疗法药,以及中国的中药、藏药、蒙药等。

(1)现代科学技术应用于中药材资源开发。中药材主要来源于植物、动物及矿物。在长期、过度地采取和猎取下,野生动植物药材资源日益减少乃至枯竭。为了解决药源问题,人们不断地探索着药用动植物的养殖、栽培及引种。目前,北药南种,南药北移,野生变家种、家养等已取得显著成效。20 世纪 70 ~ 80 年代,我国开始的人工养麝及活体取麝香的研究获得成功。后来又应用了人工授精技术,解决了家庭养麝中优良雄麝不足的问题,加快了林麝的良种繁殖进程。西洋参原产于北美洲,是温和型滋补良药,以前每年我国需花大量外汇进口。20 世纪 80 年代,我国开始了西洋参的试引种,采用现代技术引种成功。现在,北京怀柔产的西洋参可与进口的西洋参媲美。

20 世纪 80 年代以来,我国在解决中药材资源的研究中已取得一系列成果。无性繁殖、遗传育种技术、植物生长调节技术等已被广泛地用于中药材的引种、栽培,提高了药材的品质和产量,改进了生产方式。

(2)现代科学技术在中药材仓储养护中的应用。中药材贮藏好坏直接影响其质量。大多数中药材都含有淀粉、糖类、蛋白质、脂类等成分,易发生霉烂、虫蛀、走油及变色等变质现象。20 世纪 80 年代,我国在中药材仓储养护方面开始研究并成功地应用了气调养护技术,用人工降低贮藏中药材周围的氧含量,提高 CO_2 气体的含量,使害虫窒息死亡,使霉菌和细菌的生长受到抑制,药材的生理活动降低,从而达到保鲜、防霉、杀虫的目的。除气调贮藏技术之外,近年还应用了真空包装技术、除氧剂密封贮藏技术、气调与机械吸潮相结合的贮藏技术以及计算机管理仓储技术等。

(3)中药炮制技术的进步。中药炮制就是对中药材进行渍、泡、洗、切、蒸、煮、炒、炮、炙、煅等加工处理。传统炮制完全是手工操作,炮制的“度”也完全凭经验掌握。随着机械制造技术的进步,洗药机、炒药机、蒸药机、润药机、切药机、煅药机等的研制与应用,中药炮制已基本实现机械化。中药微机程控炒药机的研制成功,使中药炮制已经走向自动化。

(4)中成药技术迈向现代化。

①中药粉碎实现了机械化和自动化。中药加工已基本实现了自动化,可以完成上料、粉碎、混合连续生产,产量高、污染小、筛选效果好、耗电少。一些特殊中药材还试用了低温粉碎技术,如 ZU-1 型低温粉碎机。这不仅能提高粉碎效率,而且能更好地保证中药内在的质量。

②中药提取新技术的发展,提高了提取效率。中药提取装置已从敞口直火加热发展到蒸气加热锅,直到目前广泛应用的多功能提取罐;从静态提取发展到动态提取;从单个提取到罐组连续提取。

③中药提取液的浓缩及干燥技术。目前,多采用真空低温浓缩技术及薄膜蒸发浓缩技术来完成中药提取。这两种方法效率高,中药成分损失少。中药浓缩提取液的干燥,广泛采用喷雾干燥技术和冷冻干燥技术。另外,喷雾通气冻干技术也将在这个领域内应用,其特点是干燥快、粉末品质高,能保留更多的芳香成分。

④中药新剂型不断涌现。在保持传统特色的基础上,采用现代的制剂技术,已经开发出片剂、冲剂、注射剂、胶囊剂、口服安瓿剂、滴丸剂、袋饮剂、气雾剂、微囊剂等新剂型。这些新剂型使传统的中药易喝,不难吃,具有便于服用、起效快、疗效

好、剂量小等优点。

(5)中药质量控制的现代化。以前中药材的质量靠的是手工检验,即用人的眼观、手摸、口尝、鼻闻等感觉的办法。现在则使用了先进的科学仪器,如色谱技术(薄层层析、气相色谱、高效液相色谱)、光谱技术(紫外光谱、红外光谱等)、质谱技术以及计算机技术等。在中药鉴定上,已研制出了"中药鉴定——微机分析系统",对于中药材的性状分析采用电子显微镜及显微照相技术与电脑技术相结合。在中药成分上,采用电脑与质谱、光谱、色谱联用。在矿物药的分析方面,采用原子吸收光谱仪、X 射线衍射仪、多元素分析仪等,可快速、高效、准确地测定药中各元素的组成。现代科学技术的发展,使中药的生产、分析、鉴定从古老迈向现代。

5. 生物仿制药技术

仿制药是指与商品名药在剂量、安全性和效力、质量、作用以及适应症上相同的一种仿制品。国际上的生物仿制药是对原研专利生物药在其专利失去市场独占权法律保护后,进行的合法仿制。世界上将有 150 种以上总价值达 340 多亿美元的专利药品保护期到期,到期以后,其他国家和制药厂即可生产仿制药。因此,生物仿制药近年来已经成为国内外制药界的热点领域。目前,国际上最为重要和有影响力的对生物仿制药的定义主要来自三个机构组织:世卫组织(WHO)、欧盟 EMA、美国 FDA。

生物仿制药相比于化学仿制药主要有"两高"的特点:即技术门槛高、投资门槛高。一般认为生物仿制药研发通常需要 8 ~ 10 年,比化学仿制药的 3 ~ 5 年要长很多。生物仿制药和化学仿制药另外一个区别还反映在上市后的监管上。化学仿制药由于和原研药结构相同,且结构简单,欧美监管机构允许药剂师可以自主用化学仿制药替换原研药,无须通知开处方的医生。而对于生物仿制药,在欧盟,法规明确要求不允许自动替换。详见表 3 - 8。

表 3 - 8　生物仿制药、化学仿制药与原研生物药之比较[①]

过程	原研生物药	生物仿制药	化学仿制药
生产制造过程	通过细胞或生物体生物合成	通过细胞或生物体生物合成	化学合成
	对生产过程的变化敏感:昂贵的特定生产设施	对生产过程的变化敏感:昂贵的特定生产设施	对生产过程的变化不大敏感
	很难重复性生产	很难重复性生产	易于重复性生产

① http://blog.sciencenet.cn/blog - 563591 - 724175.html

续表

过程	原研生物药	生物仿制药	化学仿制药
临床实验过程	包括Ⅰ－Ⅲ临床实验	包括Ⅰ－Ⅲ临床实验	通常只需Ⅰ期临床实验
	上市后仍需进行药品安全监测(Ⅳ临床)	上市后仍需进行药品安全监测(Ⅳ临床)	审批时间更短
监管过程	需要证明“可比性”	需要证明“相似性”	在欧美,注册过程简化
	目前,不要求自动替代	不允许自动替代	允许自动替代

生物仿制药的产生反映了市场寻找昂贵药物更廉价的替代品,更反映了市场对生物药这些特殊药的不断增长的巨大需求。生物仿制药市场规模目前并不算大,2012 年全球也只达到了约 16 亿美元的规模,但是这个领域被认为是未来至少十余年的时间内增长最快的领域。生物医药领域世界著名咨询公司 IMS 预测,到 2015 年全球生物仿制药市场会达到 19 亿 ~ 37 亿美元的规模,更有别的权威机构大胆预测到 2017 年,这一数字会达到 179 亿美元。尽管不同的媒体报道和机构预测的数字会不尽相同,但是业界普遍公认,未来的 10 ~ 15 年是生物仿制药的黄金发展期。

四、移动医疗

移动医疗是电子医疗的一个重要分支,指使用移动通信技术如计算机、移动电话和卫星通信等提供医疗和信息。美国国立卫生研究院(NIH)主任柯林斯(F. Collins)博士曾表示,“移动设备提供了不可思议的低成本和实时的方式,用于评估疾病、运动、影像、行为、社会交往、环境毒素、代谢产物和一系列生理变量”。最狭义的移动医疗是 Sensor + App + Serive(SAS)的闭环,借助最新的传感器技术和移动互联网的效率,将优质的医疗服务通过互联网延伸。可穿戴设备有许多基本功能,包括追踪跑步距离、心率等,如苹果公司开发出利用 iWatch 对用户血液流动进行监测的硬件以及软件,这一功能可实现对用户心脏病发作的预测,并及时发出警报,拨打急救电话。iHealth 健康腕表可以不经过手机 App 端,直接连接到微信服务号,用户可以在微信中查看、分享个人运动健康数据,打通了智能硬件与微信社交关系的入口,硬件可以与用户以及用户的社交关系进行数据分享和交流,将数据信息同时转换成社交语言,并透过使用场景传播出去。

随着医疗与信息通信技术的融合,利用信息技术进行移动医疗具备一定的优势,如节省大量用于挂号、排队等候的时间和成本等;远程诊疗能够帮助突发疾病患者在治疗的“黄金半小时”内获得专业指导等。国内的移动医疗概念基本是在 2011 年被引入的。2011 年 3 月,好大夫 iphone 版 App 上线,目前最多使用的是查询医生信息。好大夫拥有一个覆盖近 32 万医生的庞大数据库,在专业性、信息不对称极为突出的医疗行业，好大夫所积累起来的这一资源极为稀缺和昂贵。好大夫最主要的收入渠道是在线电话咨询，其中包括几个环节：按照专业的要求把患者的病情资料收集全，好大夫团队给出方案，包括选择合适的医生、协调双方的时间，最后再接通双方的电话。电话咨询的及时性在很多关键时候能起到很大的作用。“春雨医生”定位于轻问诊，春雨平台上以主治医师为主，选取二级甲等医院主治医生的碎片化时间作为切入点，自诊、问诊、导诊是春雨完整的服务链条。

移动医疗行业是需要专业知识的慢热型行业，在大多数人对移动医疗设备/应用感到习以为常，并且认识到使用这些设备/应用的价值之前，还需要一段时间。移动医疗硬件的价值不再由硬件成本本身来决定，而是由每天产生的数据量和数据的流动性能力以及通过数据的对比分析得出价值来决定。硬件将只扮演一个数据采集工具的角色，我们可以把它当作一个数据源。硬件 + 数据传输 + 数据分析 + 数据反馈形成一个完整的服务平台，从整个平台来讲，它的价值与数据源的数量成正比关系。通过可穿戴移动医疗设备结合大数据的分析模型，人们就有机会在形成病症之前发现体征节律的异常并及时介入调整，避免疾病的形成。

五、医学技术展望

随着科技的发展，医疗医药技术的发展脚步越来越快。医学影像中的影像信息将更加具有敏感性、直观性、特异性、早期性；影像分析将由定性向定量发展，由显示诊断信息向提供手术路径方案发展；影像采集与显示，将由二维模拟向三维全数字化发展；影像存储将由胶片硬拷贝向软拷贝无胶片化，乃至影像传输网络化发展，从单一影像技术向综合影像技术发展。而介入治疗已经成为继内科、外科之后的第三大治疗学。

医药卫生领域是现代生物技术最先登上的舞台，也是目前现代生物技术应用最广泛、成效最显著、发展最迅速、潜力也最大的一个领域。据统计，国际上生物技术领域已取得研究成果的 60% 以上集中在医学领域。伴随人类基因组计划的进程，现代生物技术将会使现代医学在高技术的平台基础上飞速发展，使人类的生活发生根本性的变化。

随着科技的不断发展，精准医疗计划继人类基因组计划后，成为生命科学领域的新项目。精准医疗以个体化医疗为基础，其本质是通过基因组、蛋白质等组学技术和医学前沿技术，对于大样本人群与特定疾病类型进行生物标记物的分析与鉴定、验证与应用，从而精确寻找到疾病的原因和治疗的靶点，最终实现对疾病和特定患者进行个体化精准治疗的目的。精准医疗致力于治愈癌症和糖尿病等疾病，加快在基因组层面对疾病的认识，并将最新最好的技术、知识和治疗方法提供给临床医生，使医生能够准确了解病因、针对性用药，让所有人获得健康个性化信息。

思考题

1. X 射线成像具有哪些特性?
2. 举例说明超声成像技术的应用。
3. 生物型人工肝的主要构成有哪几个要素,有何功能?
4. 抗生素杀菌作用主要有哪几种机制?
5. 举例说明生长抑素的临床应用。
6. 举例说明我国传统中药技术的新进展。
7. 移动医疗具有哪些优势?产业特点是什么?

第四章

环境保护与可持续发展

当前环境问题已成为制约经济和社会发展的因素。走环境保护与可持续发展的道路是人类发展的必然选择，也是通向现代化，迈向未来唯一可行的道路。

第一节　环境与环境问题

一、环境及其分类

1. 环境的概念

所谓环境，总是相对于某个中心事物而言的。人类的生存环境就是以人类为中心的外部世界。在环境法规中所指的环境，是将应当保护的环境对象称为环境。《中华人民共和国环境保护法》修订案中明确指出："本法所称环境是指影响人类生存和发展的各种天然的和经过人工改造的自然因素的总体，包括大气、水、海洋、土地、矿藏、森林、草原、湿地、野生生物、自然遗迹、人文遗迹、自然保护区、风景名胜区、城市和乡村等。"

未受到人类干预的天然环境又称为原生的自然环境，现存已经不多了。由于人类活动而形成的环境称为人工环境，它是人类物质文明和精神文明发展的标志，并随着人类社会的发展而不断丰富和演变。

2. 环境的分类

环境是一个非常复杂的体系，按照不同的原则，有不同的分类方式。按照人类的生存环境，由小到大、由近及远可分为聚落环境、地理环境、地质环境和星际环境。

(1) 聚落环境，即人类聚居场所的环境。它是人类有计划、有目的地利用和改造自然环境而创造出来的生存环境。聚落环境是与人们工作和生活关系最密切、最直接的环境。近年来，由于环境污染问题的出现，聚落环境的研究更引起科学工作者的重视。

聚落环境根据其性质、功能和规模可分为居室环境、院落环境、村落环境、城市环境等。

(2)地理环境,是指与人类生产和生活密切相关的、直接影响到人类的地表环境。例如:水圈、土圈、大气圈和生物圈。

(3)地质环境,是地球演化的产物,主要指自地表以下的坚硬地壳层,即岩石圈。地质环境为我们提供了大量的生产资料——丰富的矿产资源,难以再生的资源。它对人类社会的影响,将随着生产的发展而与日俱增。

(4)星际环境,又称宇宙环境或空间环境。它是指大气层外的环境。星际环境是随着航天事业的发展,人类活动进入大气层以外的空间和地球附近的天体的过程中提出的新概念。

宇宙环境对人类生存有很大的影响。例如:太阳黑子出现的数量同地球上的降水量有明显的相关性;月球和太阳对地球的引力作用产生潮汐现象,并可引起风暴、海啸等自然灾害。研究宇宙环境,可为空间利用和资源开发提供科学依据。

二、生态学的基本概念

1.生态系统的组成

生态系统是一定空间内由生物成分和非生物成分组成的一个生态学功能单位。这里所指的“一定空间”,可小至一滴湖水、一个小池塘,也可大至一片森林、一片沼泽,都可视为一个生态系统。它由人们所研究的对象、内容、目的或地理条件等因素而决定。

(1)生物成分。生态系统中的生物成分可分为:生产者、消费者和分解者。生产者又称自养生物,主要指吸收、利用太阳能后通过光合作用合成有机物的绿色植物。消费者指以其他生物为食的各种动物,包括植食动物、肉食动物、杂食动物和寄生动物等。分解者指分解动植物残体、粪便和各种有机物的微生物。消费者和分解者都是异养生物。

(2)非生物成分。生态系统中的非生物成分包括水、气、矿物质、阳光,以及各种无机物和有机物。

2.生态系统的功能

生态系统具有 3 大功能,即:能量流动、物质循环和信息传递。

(1)能量流动。在生态系统中,能量是沿着食物链或食物网由一个机体转移到另一个机体中。最初的能量来自太阳,被称为生产者的绿色植物通过光合作用,将二氧化碳、水等无机物合成为有机物,即实现了将太阳能转化为化学能并贮存于植物体内。动物(消费者)直接或间接以食物的方式接受了植物传递来的糖类和其中蕴藏的能量,用以构成本身机体的物质和自身活动的能源。最后,微生物(分解者)又将累积于动植物体内的物质分解后送回到环境中去。

(2)物质循环。生态系统中的物质循环就是自然界的各种化学元素,通过被植物吸收而从环境进入生物界，并随着生物之间的食物链、食物网而流转，又通过排泄物和尸体的降解再回到环境中去。如此周而复始，循环不息。生物学研究表明，对生命必需的元素大约有24种：碳、氧、氮、氢、钙、硫、磷、钠、钾、氯、镁、铁、碘、铜、锰、锌、钴、铬、锡、钼、氟、硅、硒、钒。除此之外，可能还有镍、溴、铝和硼。其中，碳、氢、氧和氮占生物有机体组成的99%以上，在生命中起着最关键的作用，被称为"关键元素"或"能量元素"。其他元素分为两类：大量（常量）元素和微量元素。微量元素虽然含量少，但其作用不次于常量元素，一旦缺少，生物就不能生长；但含量过多，也会造成危害。

(3)信息传递。生态系统中传递的信息主要有四种：物理信息、化学信息、营养信息和行为信息。物理信息由声、光和颜色等构成。例如，动物的叫声可以传递惊慌、警告、安全和求偶等信息。化学信息由生物代谢产生的化学物质构成。例如，同种动物之间释放的化学物质能传递求偶、行踪等信息。营养信息由食物和养分构成。食物链和食物网就是一个营养信息系统。生物不同的行为动作传递不同的行为信息。例如，某些动物以飞行姿势和舞蹈动作传递觅食和求偶信息。

3. 生态平衡及其破坏

在一个正常、成熟的生态系统中，能量的流动、物质的循环和信息的传递皆处于稳定和通畅的状态，这种状态就是生态平衡，又称自然平衡。这是一种动态平衡状态。在自然状态下，生态系统因其内部自动调节作用，其演化总是向着物种多样化、结构复杂化、功能完善化的方向发展。

当外界变化较小时，生态系统通过自我调节可保持生态系统平衡；当外界干扰超过生态系统的自我调节能力时，就会引起生态平衡的失调，乃至生态系统的破坏。

三、环境问题及其发展

1. 环境问题及其分类

由自然因素或人为因素引起生态平衡破坏，以至直接或间接影响人类生存和发展的各种情况称之为环境问题。

由于自然因素引起的环境问题，如火山爆发造成空气质量下降，称为原生环境问题，又称第一环境问题或自然灾害。

由于人类生产或生活造成的生态破坏和环境污染，称为次生环境问题，又称第二环境问题。

由于人类经济和社会发展水平或结构因素而引起的各种社会生活问题，称为社会环境问题，又称第三环境问题。

上述三类环境问题往往是彼此联系，不易分割开的。目前，世人所瞩目的环境问题主要是第二类或第三类环境问题，特别是属于第二类的环境污染和生态破坏问题。

进入环境后使环境的正常组成和性质发生直接或间接有害于人类变化的物质称为污染物。一种物质成为污染物,必须在特定的环境中达到一定的数量或浓度,并且坚持一定的时间。数量或浓度若低于某个水平或只短暂地存在,不会造成环境污染。

环境污染与污染物有相似的分类方法。按环境要素可分为大气污染、水体污染和土壤污染;按污染物的性质可分为生物污染、化学污染和物理污染;按污染物的形态可分为废气污染、废水污染、固体废物污染、噪声污染和辐射污染;按污染产生的原因可分为生产污染和生活污染,生产污染又可分为工业污染、农业污染和交通污染;按污染物的分布可分为全球性污染、区域性污染和局部性污染;按污染源的分布可分为点源污染和面源污染;按污染物在环境中物理、化学性状的变化可分为一次污染和二次污染。

2. 环境问题的发展

从人类诞生起就存在着环境问题。随着社会的发展,环境问题也在发展变化。

大约在1万年以前的漫长岁月里,人类主要靠采集和渔猎野生资源为生。环境问题主要是在某些地方,人口的自然增长和盲目的乱采乱捕,滥用资源,造成生活资源缺乏和饥荒。但从总体上看,人口极少,生存空间宽大无比,人类对环境的依赖十分突出,根本谈不上对环境的影响和破坏。随后,人类学会了培育植物和驯化动物。随着农业和畜牧业的发展,人类改造自然环境的作用也越来越明显地显示出来,与此同时,出现了水土流失、土壤沙化等问题。

18世纪后期工业革命以后,社会生产力迅速发展,机器的广泛使用为人类创造了大量的财富,而工业生产排出的废弃物却造成了环境污染。一些工业发达的城市和工矿区的污染事件不断。至20世纪60年代止,世界上发生了有名的八大公害事件(见表4－1)。

表4－1　世界八大公害事件

事件名称	时间和地点	污染源及现象	主要危害
马斯河谷烟雾	1930年12月,比利时马斯河谷工业区	二氧化硫、粉尘蓄积于空气	约60人死亡,数千人患呼吸道疾病
洛杉矶光化学烟雾	1943年,美国洛杉矶	晴朗天空出现蓝色刺激性烟雾,主要由汽车尾气经光化学反应所造成的烟雾	眼红、喉痛、咳嗽等呼吸道疾病
多诺拉烟雾	1948年,美国宾夕法尼亚州多诺拉镇	炼锌、钢铁、硫酸等工厂排放的废气,蓄积于深谷空气中	死亡17人,约6 000人患病

续表

事件名称	时间和地点	污染源及现象	主要危害
伦敦烟雾	1952 年 12 月 5 ~ 9 日,英国伦敦	二氧化硫、烟尘在一定气象条件下形成刺激性烟雾	诱发呼吸道疾病,5 日内死亡 4 000 多人
四日市气喘病	1955 年,日本四日市	炼油厂排放的废气	500 多人患哮喘病,死亡 30 多人
富山县骨痛病	1955 年,日本富山县神通川	锌冶炼厂排放含镉废水	引起骨痛病,患者 200 多人,多人因不堪痛苦而自杀
水俣病	1956 年,日本水俣湾	化工厂排放含汞废水	中枢神经受伤害,听觉、语言、运动失调,死亡 200 多人
米糠油事件	1968 年,日本	米糖油中残留多氯联苯	死亡 10 多人,中毒 10 000余人

在 20 世纪 50 ~ 60 年代,世界上出现了环境问题的第一次高峰。在工业发达国家,环境污染已达到严重程度,直接威胁到人们的生命和安全,成为重大的社会问题,激起了广大人民的不满,并且也影响了经济的顺利发展。在这种历史背景下,1972 年 6 月在瑞典首都斯德哥尔摩召开了“联合国人类环境大会”,会议通过了《人类环境宣言》,并提议将每年的 6 月 5 日定为世界环境日。同年 10 月联合国大会通过了该项决议,反映了人类开始把环境问题摆上了议事日程,发达国家率先制定法律,建立专门机构,加强管理,采用新技术。20 世纪 70 年代中期,发达国家的环境污染得到了有效的控制。

20 世纪 80 年代,伴随着环境污染和大范围生态破坏,出现了环境问题的第二次高峰。主要有三类环境问题:一是全球性、广域性的环境污染,如全球气候变暖、臭氧层被破坏等。二是大面积的生态破坏,如生物多样性锐减、大面积森林被毁、草场退化、土壤侵蚀和荒漠化等。三是突发性的严重污染事件迭起。例如:1984 年 12 月,印度的博帕尔农药泄漏事件;1986 年 4 月,苏联的切尔诺贝利核电站泄漏事故;1986 年 11 月,瑞士的莱茵河污染事故等(见表 4 - 2)。

表 4-2　20 世纪 70 年代以来突发性的严重公害事件

事件	时间	地点	危　害	原　因
阿摩柯卡的斯油轮泄油	1978-03	法国西北部布列塔尼半岛	藻类、潮间带动物、海鸟灭绝，工农业生产、旅游业损失巨大	油轮触礁，22×10^4t 原油入海
三哩岛核电站泄漏	1979-03-28	美国宾夕法尼亚州	周围 $80km^2$、200 万人极度不安，直接损失 10 多亿美元	核电站反应堆严重失水
威尔士饮用水污染	1985-01	英国威尔士	200 万居民饮水污染，44% 的人中毒	化工公司将酚排入迪河
墨西哥油库爆炸	1984-11-09	墨西哥	4 200 人受伤，400 人死亡，300 栋房屋被毁，10 万人被疏散	石油公司一个油库爆炸
博帕尔农药泄漏	1984-12-02	印度中央邦博帕尔市	1 408 人死亡，2 万人严重中毒，15 万人接受治疗，20 万人逃离，危害继续存在	45t 异氰酸甲酯泄漏
切尔诺贝利核电站泄漏	1986-04-26	苏联、乌克兰	31 人死亡，203 人受伤，13 万人被疏散，直接损失 30 亿美元	4 号反应堆机房爆炸
莱茵河污染	1986-11-01	瑞士巴塞尔市	事故段生物绝迹，160km 内鱼类死亡，480km 内的水不能饮用	化学公司仓库起火，30tS. P. Hg 剧毒物入河
莫农格希拉河污染	1988-11-01	美国	沿岸 100 万居民生活受严重影响	石油公司油罐爆炸，$1.3\times10^4m^3$ 原油入河
埃克森·瓦尔迪兹油轮漏油	1989-03-24	美国阿拉斯加	海域严重污染	漏油 $4.2\times10^4m^3$

续表

事件	时间	地点	危　害	原　因
海湾战争油污染事件	1990 年 8 月 2 日至 1991 年 2 月 28 日	波斯湾	科威特接近沙特阿拉伯的海面上形成长 16km，宽 3km 的油带，部分油膜起火燃烧，伊朗南部降了“黑雨”。数万只海鸟丧命，并毁灭了波斯湾一带大部分海洋生物	海湾战争酿成的油污染事件。据估，先后泄入海湾的石油达 1.5×10^{6} t
比利时污染鸡事件	1999 年 2 月至 6 月	比利时	2000 多家养鸡户的鸡生长及产蛋异常，波及欧洲；导致比利时政府内阁辞职	鸡饲料中混入二噁英
松花江重大水污染事件	2005 年 11 月 13 日	中国吉林省吉林市	受中国石油吉林石化公司爆炸事故影响，松花江发生重大水污染事件，监测发现苯类污染物流入松花江，造成水质污染	中石油吉化公司双苯厂车间发生爆炸，松花江水体受到上游来水污染
美国墨西哥湾原油泄漏事件	2010 年 4 月 20 日	美国墨西哥湾	海底部油井漏油量从每天 5 000 桶，到后来达 2.5 万至 3 万桶，演变成美国历来最严重的油污大灾难。原油漂浮带长 200km，宽 100km，排污行动持续了近 3 个月	英国石油公司租赁的“深水地平线”海上石油钻井平台在美国路易斯安那州附近的墨西哥湾水域发生爆炸并沉没
福岛核电站放射性物质泄漏	2011 年 3 月 11 日	日本福岛	15 895 人遇难、2 539 人失踪、257t 核燃料堆芯熔化，约 100 万吨污染水仍难以处理	日本东北部海域发生里氏 9.0 级地震，引发特大海啸

前后两次出现的环境问题高峰有很大的不同。第一次高峰主要出现在工业发达国家，是局部性、小范围的环境污染问题。第二次高峰则是大范围乃至全球性的环境污染和大面积的生态破坏，不但包括经济发达国家，也包括众多发展中国家，甚至有些情况在发展中国家更为严重。就危害后果而言，第二次高峰更为突出，不但明显损

害人体健康，而且已威胁到全人类的生存与发展，阻碍了经济的持续发展。第二次高峰的污染来源也更为复杂，既有来自人类的经济再生产活动也有来自人类的日常生活活动。解决这些环境问题需靠众多国家，甚至全球人类的共同努力才行。第二次高峰中的严重污染事件还具有突发性、危害严重、经济损失巨大等特点。

第二节　全球性环境问题

一、全球变暖

在图 4－1 中，以 1961—1990 年的平均气温为零度线，将 1850—2021 年有全球气象记录以来的每年年均气温与之比较，形成年均气温距平图。显而易见，全球的年平均气温变化呈上升的趋势。21 世纪是至今天气最热的一个时期，这种升温趋势还将继续，其主要原因是大气中的温室气体浓度不断增加。

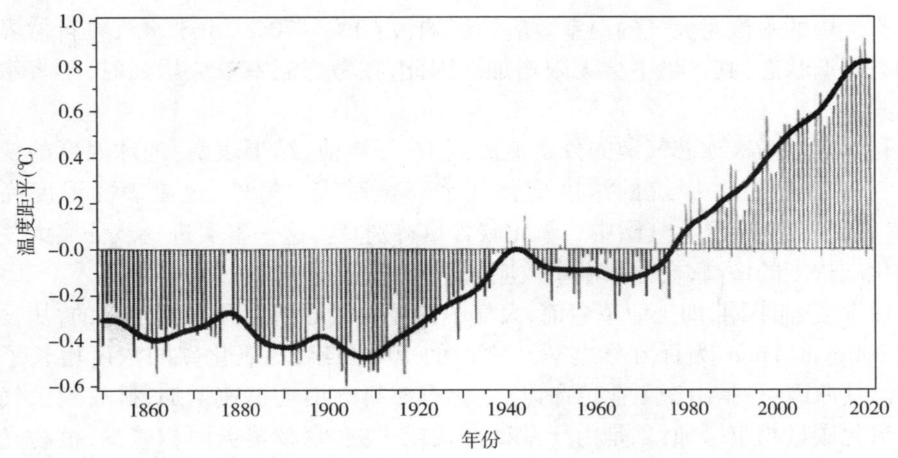

图 4－1　全球大气温度距平图①

1. 地球系统的能量平衡和温室效应

大气和地球的能量主要来源于太阳辐射。太阳能是以电磁波的方式到达地球的。在外层空间，太阳辐射几乎包括了整个电磁波谱，在穿透大气层的过程中，有些波谱被吸收或反射，到达地球表面的太阳辐射只有部分近紫外光、可见光和红外光。

① 来源：http：www. cru. uea. ac. uk/

地球在吸收太阳辐射的同时，也向外层空间辐射热能。地球的热辐射是以3～30μm的长波红外光为主。大气中的某些气体，如水（H_2O）、二氧化碳（CO_2）、甲烷（CH_4）等分子既可让太阳的短波辐射穿过，允许它们通过大气层到达地球表面；又可吸收地球表面的长波辐射，挡住地球表面能量的散失；同时，还可把热量以长波辐射的形式又反射给地面。这样，就使热量滞留于地球表面，从而使温度升高。这种现象类似于玻璃温室的情况，被称为温室效应。大气中的水、二氧化碳、甲烷等能吸收地球红外辐射的气体如同温室的玻璃，被称为温室气体。

影响气温的因素还有许多，如以海洋为主体的地球水系统通过潜热和感热的方式参与热循环。一般来说，地球的年均温度基本上是恒定不变的。这意味着地球系统的能量基本处于一个平衡的状态。

大气温室效应并不是完全有害的。如果没有温室效应，那么地球表面的平均温度就不是现在的15℃，而是－18℃，这将不适宜人类和众多生物的生存。

2．温室气体

空气中的水汽对大气的温室效应的影响占60%～70%，由于水汽在自然界处于动态平衡状态，其含量不会无限增加。因此，在考虑温室效应增强时，不将水汽列入其中。

科学家对南极冰芯气泡的分析追溯到16万年前，结果表明：地球温度的变化与大气中二氧化碳、甲烷的浓度变化几乎完全对应。另外，金星表面温度高达450℃，就是因为金星大气圈中二氧化碳含量特别高。这一事实进一步证实大气中二氧化碳浓度的增高，会导致温室效应加剧，使气候变暖。

19世纪前半期，即工业革命前，大气中二氧化碳的浓度几乎是恒定的，从没有超过300ppm（1ppm为百万分之一），之后的100多年，二氧化碳的浓度增长了近30%。其原因：一是由于工业革命以后，化石燃料的消耗迅速增加，排放到大气中的二氧化碳量相应增加；二是由于乱砍滥伐或火灾，森林覆盖面积减少，植物光合作用吸收二氧化碳的量减少。2016年大气中的二氧化碳平均浓度创历史新高，已经超过400ppm警示线，为403.3ppm。这些都与人类活动有关。

甲烷是大气中浓度最高的有机化合物。单个甲烷分子对红外辐射吸收能力超过二氧化碳。因此，在温室效应的研究中，甲烷具有十分重要的地位。大气中2/3以上的甲烷与人类和动植物活动有关：化石燃料燃烧，稻田耕作，垃圾填埋和动物反刍等，湿地为其主要的自然来源。

氧化亚氮（N_2O）是低层大气含量最高的含氮化合物，主要由土壤中的硝酸盐经细菌脱氮作用而生成。农田施用氮肥，工业生产硝酸、己二酸等，这些人类活动也会向大气排放氧化亚氮。由于N_2O在大气中的寿命较长，约为120年，因此，它在温室效应中的作用也引起了人们的关注。

氯氟烃(CFCs),商品名为氟利昂,是人类的工业产品,广泛应用于制冷剂、发泡剂、喷雾剂。由于这类物质在大气中寿命很长,对红外辐射有显著的吸收能力。因此,它们在温室效应中的作用不容忽视。

除上述几种气体外,大气中的臭氧、氟利昂替代物(如 HCFC-22,分子式为 $CHClF_2$),都具有显著的全球增暖的能力。

温室气体对温室效应增强的贡献是由以下几个因素决定的:①温室气体对红外辐射的吸收能力;②温室气体在大气中含量的增加率;③温室气体的寿命。科学家估算并提出几种主要的温室气体对温室效应增加的作用分别为:$CO_2$63%;$CH_4$18%;N_2O 6%,《蒙特利尔议定书》所管制的气体作为一个群体,其作用为12%。

3. 全球变暖可能造成的影响

由于全球平均气温上升,使南北半球的山地冰川和积雪总体上都已退缩。冰川和冰帽的大范围减少造成了海平面上升。全球的海平面在 18 世纪上升了 2.0cm,19 世纪上升了 6.0cm,20 世纪则上升了 19.0cm。根据最初几年的速率推算,海平面将在 21 世纪上升 30.0cm。我国海平面上升也很多,根据国家海洋局发布的公告,最近50 年为每年 1~2.5mm,而且预估到21 世纪中叶要上升 12~50cm,而且长江、黄河三角洲上升 9~107cm。那么,海拔较低的几十个岛屿国家(如马尔代夫)和许多沿海城市(如上海、纽约、东京、伦敦、汉堡、曼谷、威尼斯等)都将被海水淹没。沿海大陆还会发生海水倒灌、洪水排泄不畅、土地盐渍化等问题。

气候变暖对人体健康也有不利的影响。由于极热天气频率增加,使心血管和呼吸道疾病的死亡率增高。一些病原体如蚊子、病菌等生存活动范围扩大,传染病传播面积会更加扩大。例如,2016 年夏天西伯利亚地区因异常炎热导致冻土层融化,此前封锁在冻土下的炭疽杆菌被释放出来,导致俄罗斯一些地区爆发了炭疽疫情。

气温的上升会导致水体挥发和降雨量的增加、中高纬度地区土地干旱加剧、原多雨地区增加洪灾的机会。季节性的灾害会随之加剧。

很多动植物的迁徙将可能跟不上气候变化的速率,会造成一些特殊的生态系统,使候鸟、冷水鱼类的生存面临困境,甚至发生生物物种灭绝。

气候变暖可能使某些地区农作物产量增加而受益,但全球范围农作物的产量、品种的地理分布将会发生变化。

世界气象组织在 2021 年全球气候状况报告中称,2021 年全球温室气体浓度、海平面上升、海洋热量、海洋酸化,有关气候变化的这 4 项关键指标都创下新纪录,显示人类活动正在造成全球范围内陆地、海洋和大气的变化,对可持续发展和生态系统形成持久有害的影响。

4. 国际公约

尽管对全球变暖的看法存在着一些争议,但是温室气体的排放会引起温室效应的加强这是毫无疑义的。1992 年 6 月,在联合国世界环境与发展大会上,包括我国在内的 166 个国家签署了《联合国气候变化框架公约》(下文简写为《公约》)。该公约是一项原则性公约,为国际社会对付气候变化问题上加强合作提供了法律框架。在公约中制定的控制气候变化的最终目标是将大气圈中温室气体的浓度稳定在一个水平上,以防止人类对气候系统的有害干预。该水平应在一个时间框架内达到,以使生态系统自然地适应气候的变化。

《公约》指出,历史上和目前全球温室气体排放的最大部分源自发达国家,发展中国家的人均排放仍相对较低,因此应对气候变化应遵循"共同但有区别的责任"原则。根据这个原则,发达国家应率先采取措施限制温室气体的排放,并向发展中国家提供有关资金和技术;而发展中国家在得到发达国家技术和资金支持下,采取措施减缓或适应气候变化。

自 1995 年起公约的缔约方每年召开缔约方会议又称"联合国气候变化大会",以评估应对气候变化的进展,协调因气候变化而采取的国际行动。

1997 年 12 月,在日本京都举行的第三次《气候变化框架公约》缔约方大会上达成了协议——《京都议定书》。它是人类有史以来通过控制自身行动以减少对气候变化影响的第一个国际文书。议定书规定 39 个工业化国家在第一承诺期(2008 ~2012 年)间,将 6 种(类)温室气体的排放量在 1990 年的基础上平均削减 5.2%,其中欧洲国家减排指标为 8%,美国为 7%,日本为 6%。主要限制的 6 种(类)温室气体是:二氧化碳(CO_2)、甲烷(CH_4)、氧化亚氮(N_2O)、氢氟烃(HFC)、全氟化碳(FC)、六氟化硫(SF_6)。

为了使议定书真正发挥作用,协议规定,只有在占 1990 年全球温室气体排放总量 55% 以上的至少 55 个国家和地区批准后,协议才能生效。

1990 年温室气体排放量占世界总量36.1% 的美国以"减少温室气体排放将会影响美国经济发展"和"发展中国家也应该承担减排和限排温室气体的义务"为借口,于 2001 年宣布退出《京都议定书》。人们普遍担心这一关系人类未来的重要协议将成为一纸空文。1990 年俄罗斯温室气体排放量占世界总量的17.4%,2004 年 11 月 18 日俄罗斯常驻联合国代表向时任联合国秘书长的安南正式递交俄罗斯加入《京都议定书》的文件,为现有 189 个缔约方的协议生效铺平最后一段道路。安南随后宣布《京都议定书》于此 90 天后,即 2005 年 2 月 16 日正式生效。

2007 年在印度尼西亚巴厘岛举行联合国气候变化会议,会议制定了"巴厘路线图"。按照"巴厘路线图"的要求,一方面,签署《京都议定书》的发达国家要履行《京都议定书》的规定,承诺 2012 年以后的大幅度量化减排指标;另一方面,发展中国家和未签署《京都议定书》的发达国家(主要指美国)则要在《联合国气候变化框架公约》下采取进一步应对气候变化的措施。这就是所谓"双轨"谈判。

由于欧盟和美国等国在发达国家 2020 年前具体减排目标上产生了较大分歧，“巴厘路线图”没能就 2012 年后至 2020 年前即第二承诺期设定减排目标。

2015 年在巴黎举行了联合国气候变化会议，12 月 12 日近 200 个国家代表通过全球气候变化新协议——《〈联合国气候变化框架公约〉巴黎协定》（简称《巴黎协定》），该协议于 2016 年 4 月 22 日“世界地球日”在纽约签署。《巴黎协定》是继 1992 年《联合国气候变化框架公约》、1997 年《京都议定书》之后，人类历史上应对气候变化的第三个里程碑式的国际法律文本。

《巴黎协议》为 2020 年后全球应对气候变化行动做出安排，确定目标，2100 年前把全球平均气温较工业化前水平升幅控制在 2℃之内，同时也考虑到小岛国等一些国家的关切，争取控制在 1.5℃之内而努力。《巴黎协议》各国根据协议，“自发”确定减排指标参与全球应对气候变化行动，同时充分体现了“共同但有区别的责任”原则：发达国家将继续带头减排，并在资金、技术、能力提升方面加强对发展中国家的支持，帮助后者减缓和适应气候变化；中、印等发展中国家应该根据自身情况提高减排目标，逐步实现绝对减排或者限排目标；最不发达国家和小岛屿发展中国家可编制和通报反映它们特殊情况的关于温室气体排放发展的战略、计划和行动。关于各国普遍关注的透明度问题，《巴黎协议》规定，从 2023 年开始，每 5 年将对全球行动总体进展进行一次盘点，以帮助各国提高力度、加强国际合作，实现全球应对气候变化长期目标。全球将尽快实现温室气体排放达峰，之后迅速下降，并在 21 世纪下半叶实现碳排放与碳吸收的平衡即净零排放。

中、美两国分别是发展中国家和发达国家中二氧化碳和温室气体排放量最大的国家。2014 年 APEC 会议后，中美两国领导人就气候变化问题发表联合声明，宣布了两国各自 2020 年后应对气候变化的行动目标。到 2025 年，美国在 2005 年基础上要减排二氧化碳 26% ~28%，争取减排 28%；中国计划 2030 年左右二氧化碳排放达到峰值，且将早日达到峰值，即 2030 年前还是“相对减排”的方式，到 2030 年非化石能源占一次能源消费的比重提高到 20%左右。

2016 年 9 月，中、美在 G20 杭州峰会期间先后向联合国提交《巴黎协定》批准文书，此举助力《巴黎协定》于 2016 年 11 月 4 日正式生效。

然而，2017 年 6 月 1 日时任美国总统特朗普在宣布美国将退出应对全球气候变化的《巴黎协定》，称该协定给美国带来了“苛刻财政和经济负担”。2020 年 11 月，美国正式退出《巴黎协定》。拜登就任美国总统以来，美国气候政策出现重大调整，提出重返《巴黎协议》，谋求全球应对气候变化的领导权，宣布 2030 年减少碳排放 50%，2050 年前实现净零排放。

历年的气候变化会议谈判都很艰难。中国依照“共同但有区别的原则”，主动承担与国情、发展阶段和应尽义务相符的国际责任，先后制定并公布了《中国应对气候变化国家方案》《中国应对气候变化规划（2014—2020 年）》。2021 年发布了

《中国应对气候变化的政策与行动》白皮书。我国已提前完成了向国际社会承诺的2020年碳减排指标，二氧化碳排放快速增长局面基本扭转并力争于2030年前二氧化碳排放达到峰值，努力争取2060年前实现碳中和。

二、臭氧层被破坏

1. 臭氧层

由于大气受地球引力的作用，紧靠地球表面的密度最大，随着离地高度的增加，逐渐变得稀薄。根据温度变化，大气层由下而上可分为：对流层、平流层、中间层、热层和外逸层。

在对流层中空气经常发生垂直方向的流动。对流层从地表始，其高度随时间和地区有所不同，在赤道和两极分别为16km和8km。在该层中，气温随高度递降，通常高度每升高1km，气温下降5～7℃，层顶可达－50℃。该层是天气现象发生及污染物活动的区域。

平流层的空气主要沿水平方向快速移动。气温随高度递升，层顶高度离地50～60km，温度最高达0℃左右。臭氧分子（O_3）是在赤道带上空的平流层中生成，通过空气运动，向两极方向输送。大气中90%的臭氧在距地15～35km范围内，平流层中这一区域就称为臭氧层，其中高度在19～23km处臭氧含量最高。

臭氧是大气中的一种微量气体。如果在0℃，沿着垂直于地表方向将大气中的臭氧全部压缩到一个标准大气压（100kPa），那么臭氧层的总厚度约为0.3cm。这种用在0℃、标准压力下，从地面到高空垂直柱中臭氧的总厚度来反映大气中臭氧总量的方法叫作柱浓度法。它采用多布森单位（Dobson Unit，缩写D.U），1D.U为10^{-5}m厚的臭氧柱。全球臭氧平均值大约为300D.U。

2. 臭氧层被破坏

1957年，世界气象组织建立了全球臭氧观测系统。经多年观察，人们认识到平流层大气中的臭氧总量在不断减少，就将臭氧总量小于200D.U的区域称为“臭氧洞”。

最初科学家们发现，臭氧洞通常在南极的冬末初春（9～11月）出现，即每年9月开始出现臭氧减少，直到11月下旬或12月初才恢复到原来状态。20世纪80年代以来，南极上空臭氧洞的面积不断扩大，延续时间不断增长。1985年，南极上空臭氧洞面积接近于美国面积；1995年，臭氧洞面积相当于美国面积的2倍多；2000年，臭氧洞面积相当于美国面积的3倍。1995年，观测到南极上空臭氧洞发生期为77天；1996年为80天；1998年超过100天。1997年起，臭氧洞发生的时间提前至初冬。这一切迹象表明，20世纪90年代南极臭氧层的损耗状况仍在恶化之中。

科学家们进一步的研究和观测表明，在北极上空和其他中纬度地区（如我国的喜马拉雅山地区）都出现了不同程度的臭氧层损耗或臭氧洞。

3. 臭氧层被破坏的原因

南极臭氧洞一经发现，立即引起科学界及整个国际社会的高度重视。许多国家的科学家们寻找臭氧层被破坏的原因，曾经提出不同的观点。现公认，有些物质在平流层中的光化学反应会消耗臭氧，称之为消耗臭氧层物质（ozone depletion substance，ODS），其中破坏臭氧层的元凶是人工合成的一些含氯和含溴的物质，最典型的是氯氟烃，即氟利昂（CFCs）和哈龙（Halons）。氯氟烃中用量较大的有 CFC 12（CF_2Cl_2）和 CFC 11（$CFCl_3$），它们常用做电冰箱、制冷机、空调机中的制冷剂；发胶、杀虫剂等的喷雾罐中的气雾剂；制泡沫塑料中的发泡剂；衣物、电子元器件等的清洗剂。由于氯氟烃具有惰性，寿命极长，如 CFC 12 在大气中寿命竟达 120 年，而仅需 5 年，它们即可完整无损地进入平流层中。哈龙是一类含溴的卤代甲烷或卤代乙烷的商品名，常用做灭火剂，如手提灭火器中用哈龙 1211（CF_2ClBr），固定灭火系统中用哈龙 1301（CF_3Br）等。哈龙用于怕水与怕其他传统灭火剂的场合，如精密电子仪器机房、化学品库、潜艇、飞机、珍贵书库等。

在平流层内，强烈的紫外线照射使 CFCs 和 Halons 分子发生解离，释放出高活性的原子态氯和溴，它们与臭氧分子发生连锁反应（又称自由基反应），如 1 个氯原子能与 10 万个臭氧分子发生如下反应：

$$Cl\cdot + O_3 \longrightarrow ClO\cdot + O_2$$

$$ClO\cdot + O \longrightarrow Cl\cdot + O_2$$

而由 Halons 解离的溴原子对臭氧的破坏能力是氯原子的3～10倍。

1974 年美国加州大学的莫利纳（M. Molina）和罗兰（F. S. Rowland）提出了上述 CFCs 破坏臭氧层的化学机理，他们与德国大气化学家克鲁岑（P. Crutzen）一起获得 1995 年诺贝尔化学奖。

除此之外，破坏臭氧层的物质还有氧化亚氮（N_2O），它是施入土壤中的氮肥被细菌分解后的产物和在平流层低层飞行的超音速飞机的排放物。

南极冬末初春臭氧洞的形成，还与南极特有的气象条件有关。在南极的冬天，上空有一个强烈的环流，称为“极地涡旋”，它阻碍了南极与中纬度地区广泛的空气交换，同时造成了很低的温度（低于 -80℃），形成含冰粒子的极地平流层云。冰粒子吸引水汽并吸收含氯或溴的化合物。到了早春，随着阳光的再出现，冰粒子表面的化合物就会解离出活性氯原子和溴原子，它们使臭氧分子很快地分裂破坏，直到极地涡旋消失，中纬度地区大气与之交流，南极臭氧被破坏的情况才得以改善。

北极臭氧层被破坏的情况不如南极严重。主要有两个原因：一是由于北极与中纬度地区频繁地交换气团，其平流层温度很少低于 -80℃，形成极地平流层云较少；二是北极涡旋消失在太阳光能引起大范围臭氧被破坏之前的冬末时节。但在 2011 年，北极遭遇罕见长时间寒冬，极地上空也出现了臭氧空洞，面积最大时相当于 5 个德国。

4. 臭氧层被破坏的后果

(1)对人体健康的影响。来自太阳的紫外辐射,根据波长分为3个区:UV－A区、UV－B区和UV－C区。UV－A区为波长315～400nm的紫外光,不能被臭氧吸收,对地球生物不造成损害;UV－B区为波长280～315nm的紫外光,大部分可被臭氧吸收,对人类和地球生物危害最大;UV－C区为波长200～280nm的紫外光,能被平流层大气完全吸收。

臭氧层被破坏,使其吸收紫外辐射的能力大大减弱,导致到达地球表面UV－B区强度明显增加,从而引发和加剧眼部疾病,如白内障、眼球晶体变形等;增加皮肤癌的发病率;使人体免疫系统的机能减退,人体抵抗疾病的能力下降,大量疾病的发病率和严重程度都会增加,尤其像麻疹、水痘、疱疹等病毒性疾病,疟疾等通过皮肤传染的寄生虫病,肺结核和麻风病等细菌感染以及真菌感染等疾病。

(2)对生态系统的影响。在已研究过的植物品种中,50%以上的植物在受到UV－B强辐射下光合作用下降,造成减产,如莴苣、西红柿、大豆和棉花等。UV－B辐射的增加对水生生态系统也是有害的。

(3)对材料的影响。UV－B辐射的增加会加速建筑、喷涂、包装及电线、电缆等所用材料,尤其是高分子材料的降解和老化变质。

5. 保护臭氧层行动

1975年,世界气象组织首次发出臭氧层危险警告。20世纪80年代,保护臭氧层成了国际社会关注的全球性环境问题之一。1985年3月,联合国环境规划署召开会议,达成了一般性的《保护臭氧层维也纳公约》。1987年9月16日,43国部长参加并签订了《关于消耗臭氧层物质的蒙特利尔议定书》。《蒙特利尔议定书》有4个修正案:1990年伦敦修正案,1992年哥本哈根修正案,1997年蒙特利尔修正案,1999年北京修正案。在修正案中不断扩大受控的ODS名单,同时提前控制(停止生产和使用)的最后时间。要求发达国家在1995年要淘汰氯氟烃、哈龙、四氯化碳等物质,发展中国家2010年淘汰上述物质。对甲基溴的淘汰时间发达国家在2005年,发展中国家在2015年。含氢的氯氟烃(HCFC)因含有易断裂的碳氢键,对臭氧的破坏较氯氟烃(CFC)小,可作为过渡性物质,要求所有国家均在2030年淘汰之。在伦敦修正案中确定由发达国家出资建立多边基金,用技术援助和技术转让帮助发展中国家转向采用"对臭氧无害"的替代化合物。

1995年联合国大会决定把每年的9月16日作为国际保护臭氧层日。

我国政府对保护臭氧层问题十分重视,并采取积极态度。1989年,我国加入《保护臭氧层维也纳公约》;1991年加入《关于消耗臭氧层物质的蒙特利尔议定书》(下文简称《议定书》);1993年,制定了《中国消耗臭氧层物质逐步淘汰国家方案》;1999年制定了《中国逐步淘汰消耗臭氧层物质国家方案(修订稿)》。2007年

7 月 1 日我国提前两年半完成了全氯氟烃和哈龙的淘汰;2010 年 1 月 1 日全面淘汰四氯化碳和甲基氯仿,圆满完成《议定书》阶段性履约任务。我国还积极开展受控物质替代品研究,并开发出一些相应产品如无氟冰箱等。

2006 年观测到的南极上空臭氧洞面积最大,为 2950 万平方公里,以后有所减小。在 2000 年还观测到平流层氯原子含量停止增长。2013 年的臭氧空洞面积是近几十年来最小,普遍认为这与各国积极执行《蒙特利尔议定书》有关。2015 年臭氧洞面积又有扩大,位于 1991 年以来的第 4 位。2020 年臭氧空洞面积比 2019 年暴涨 50%,达 2 480 万平方公里,相当于 3 个美国面积。研究认为,这是由南极上空平流层的寒冷和动力减弱造成的。科学家原估计对臭氧层的恢复要到 2050 年,现预计要到 2070 年。

三、生物多样性锐减

生物多样性是人类赖以生存和发展的基础,是地球生命共同体的血脉和根基。

1. 生物多样性

生物多样性是指地球上所有生物——动物、植物和微生物及其所构成的综合体。生物多样性通常包括 3 个层次:生态系统多样性、物种多样性和遗传多样性。这 3 个层次完整地描述了生命系统中从宏观到微观的不同认识方面。

(1)生态系统多样性。这是指生物群落和生态环境类型的多样性。生态系统多样性是物种多样性和遗传多样性的前提和基础。例如,一片湿地,因自然或人类活动使之消失了,那么生存于湿地的众多生物因难以适应环境的变化而消失了。

(2)物种多样性。这是指动物、植物、微生物物种的丰富性。物种数多,则多样性高;反之亦然。物种是组成生物界的基本单位,是自然系统中处于相对稳定的基本组成成分。

自然生态系统中的物种多样性,在很大程度上可以反映出生态系统的现状和发展趋势。通常,健康的生态系统物种多样性较高,退化的生态系统则物种多样性降低。

(3)遗传多样性。这是指存在于生物个体内、单个物种内,以及物种之间的基因多样性。

物种的基因组成决定着它的性状特征,其性状特征的多样性是遗传多样性的外在表现。通常,所谓的“一母生九子,九子各异”,指的是同种个体间外部性状不同,所反映的是内部基因多样性。

基因多样性是物种对不同环境适应与品种分化的基础。遗传变异越丰富,物种对环境的适应能力越强,分化的品种、亚种也越多。基因多样性是改良生物品质的源泉,具有十分重要的现实意义。

2. 全球生物多样性锐减

生态系统多样性的锐减主要表现为各类生态系统的数目减少、面积缩小和健康状况的下降。生态系统的锐减,必然引起一些物种的消亡、相应基因的丢失。

世界自然保护联盟(IUCN)将物种的濒危等级划分为7个等级,由高到低分别为灭绝、野外灭绝、极危、濒危、易危、近危和无危。其中极危、濒危和易危物种又被统称为受威胁物种。为了衡量全球主要物种生存状况和受威胁情况,世界自然保护联盟专家委员会编制了濒危物种红色名录清单。我国也编制了相对应的《中国生物多样性红色名录》。

20世纪以来,热带森林、温带森林、沿海湿地和平原等正在大规模地转变成农田、住宅和城市。人类的这些活动,使野生动植物栖息地改变或丢失,对它们的生存构成了直接的威胁,以至于灭绝。例如,从已经发现的化石来看,在更新世中晚期(距今约60万年),大熊猫发展到全盛时期,广泛分布于现今我国西南、华南、华中、华北和西北十六个省市以及国外的越南和缅甸。从公元初到600年为我国第二个寒冷期,天气的寒冷使熊猫赖以生存的食物——竹类,在北方逐渐减少,由此大熊猫也随之南迁。到了明清我国第四个寒冷期的到来,大熊猫分布范围逐渐缩小到了中国西南地区和一些亚热带山地中。再由于人类的农业开发、森林砍伐和狩猎等活动的规模和强度的不断加大,大熊猫的栖息地现在只局限在几个分散、孤立的区域,造成近亲繁殖,致使遗传狭窄,种群面临直接威胁。

物种的灭绝有自然灭绝和人为灭绝两种过程。历史上恐龙的灭绝就属于自然灭绝。目前,由于人类过度地猎杀、捕获,导致了许多物种的灭绝。在过去的4个世纪中,人类活动已经引起全球700多个物种的灭绝,其中包括大约100多种哺乳动物和160种鸟类,这些灭绝的动物1/3是19世纪前消失的,1/3是19世纪灭绝的,另1/3是近50年来灭绝的。

据联合国估计,至2000年地球上已有10%~20%的植物消失。

原生存在我国的高鼻羚羊、犀牛、野马等野生动物和崖柏、雁荡润楠、喜雨草等植物已绝迹。2016年对全国3万多种高等植物的评估结果显示,受威胁的高等植物约占10.9%;对全国4 000多种脊椎动物(除海洋鱼类)评估,受威胁的脊椎动物占21.4%。

3. 保护生物多样性行动

生物多样性保护受到国际社会的极大关注。1992年6月,在巴西召开的联合国环境与发展大会上通过了《生物多样性公约》。中国和其他135个国家和地区在条约上签字。保护生物多样性已成为全球的联合行动。为了提高人们对保护生物多样性的认识,每年的5月22日定为国际生物多样性日。

依据《生物多样性公约》规定,每一缔约国要根据国情,制定并及时更新国家战略、计划或方案。1994年6月,经国务院环境保护委员会同意,原国家环境保护局会同相关部门发布了《中国生物多样性保护行动计划》。之后,我国政府又先后发布了《中国自然保护区发展规划纲要(1996—2010 年)》《全国生态环境建设规划》《全国生态环境保护纲要》和《全国生物物种资源保护与利用规划纲要》(2006—2020 年)。相关行业主管部门也分别在自然保护区、湿地、水生生物、畜禽遗传资源保护等领域发布实施了一系列规划和计划。目前,《中国生物多样性保护行动计划》确定的七大目标已基本实现,26 项优先行动大部分已完成,行动计划的实施有力地促进了我国生物多样性保护工作的开展。

在保护生物多样性方面我们也取得一些成就,2015 年世界自然保护联盟(IUCN)宣布,将大熊猫的受威胁程度从濒危变为易危,藏羚羊也由濒危调整到了近危等级。IUCN 生物多样性保护专家组负责人简·斯玛特说。“中国的保育努力证实了我们可以扭转濒危物种的命运。但我们需要做的还很多。”

目前中国已发现 660 种外来入侵物种,且呈逐年上升趋势。环境保护部编制了《外来入侵物种环境安全监督管理办法》,发布了四批中国外来入侵物种名录,制订了 40 种农业重大外来入侵物种应急防控技术指南,发布了 17 项外来入侵物种监测、评估、防控行业技术规范。2010 年环境保护部会同 20 多个部门和单位编制了《中国生物多样性保护战略与行动计划》(2011—2030 年),提出了我国未来生物多样性保护总体目标、战略任务和优先行动。提出经济社会发展中优先考虑生物多样性保护;禁止掠夺性开发生物资源,促进生物资源可持续利用;加强生物多样性保护的公众参与;推动建立生物遗传资源及相关传统知识的获取与惠益共享制度的原则。

2021 年 10 月我国发布了《中国的生物多样性保护》白皮书,向世界介绍了中国生物多样性保护的政策理念、举措和进展成效。目前,我国已建立各类自然保护地近万个,约占陆域国土面积的 18%,提前实现了《生物多样性公约》“爱知目标”所确定的 17% 的要求。

四、海洋污染

海洋占地球面积的 70.8%。海洋以其巨大的容量消纳着一切来自天然源和人为源的污染物。随着人类活动的加剧,海洋污染情况日趋严重。

1. 海洋石油污染

目前世界所需石油的 2/3 经海路运输,经常运行在航道上的油轮达 7 000 艘之多。每年海运中流失的石油估计达 1.5×10^6t,其中 5.0×10^5t 是在正常作业过程中流失的,如卸压舱水、洗船舱、卸油等作业。大型油轮失事以后,常常流失原油几万吨至几十万吨。例如,1989 年 3 月,美国阿拉斯加王子海湾瓦尔迪兹号油船搁浅后溢出原油 3.8×10^4t。近年发展起来的近海采油平台及输油管的泄漏,以及陆地所排放与挥发的一切油品最终也将进入海洋。据联合国环境规划署报告,全世界每年进入海洋的石油为 $2.0\times10^{6}\sim2.0\times10^{7}$ t。

海洋石油污染给海洋生态带来一系列有害影响。首先,不透明的油膜覆盖在海面上,使海洋藻类光合作用急剧降低。据估计,海洋中主要因藻类光合作用所放出的氧气占全球产氧量的1/4。海面上油膜的生成,一方面使海洋产氧量减少;另一方面藻类生成阻滞影响到其他海洋生物的生长和繁殖。其次,海面浮油浓集了分散于海水中的氯烃。如DDT、狄氏剂等农药和聚氯联苯等脂溶性毒物,甚至强致癌物苯并芘等,它们对浮游生物、甲壳类动物和晚上浮上海面的鱼苗产生有害影响,或直接触杀,或富集在海产物体内。最后,最严重的石油污染往往发生在近海,该区域出产人类食用的介壳类的全部和海鱼的一半。污染区内人类食用的介壳类和海鱼会迅速死亡,海鸟因为油类损害其羽毛的功能,使其体温下降,游泳、潜水和飞翔能力降低,最后会冻饿而死。每年死于石油污染的海鸟以10万计。

2. 赤潮

赤潮是一些浮游生物在一定的环境条件下暴发性繁殖所引起的海水变色现象。形成赤潮的生物主要是藻类,目前已知的有40多属,120多种。当水体中含有较多的营养物质,主要是氮和磷,加上光照、温度等其他条件比较合适的情况下,藻类就会暴发性繁殖,形成“藻花”,因而在科学上将这种现象称为“富营养化”。

赤潮并非一定是红色,它的颜色是由浮游生物的色素决定的。例如,以夜光藻为主,海水呈红色;而绿毛鞭毛藻大量繁殖时,海水呈绿色;硅藻则使海水呈褐色。这种情况若发生在陆地水塘或湖沼的水面时,人们称之为“水华”;发生在海洋中,称为“赤潮”或“红潮”。

形成赤潮的营养物质来源十分广泛,种类也很多。工业废水是其主要来源,特别是食品、造纸、印刷工业的有机废水中,含有大量的脂肪、蛋白质、纤维素,因而也就含有较多的氮、磷、钾等元素。农业上大量施用氮肥,除植物有效利用的部分外,剩余大部分随地表径流进入海水。另外,许多农业废弃物如秸秆、牲畜粪便等;城市生活污水如洗涤废水等都含有大量的氮、磷等元素。大量的营养物质聚集在海水中,就构成了形成赤潮的物质基础。

赤潮发生时,浓密的“藻花”遮蔽了阳光,使下层水生植物不能生长;大量藻类死亡分解时,要消耗水中大量氧气,引起海水严重缺氧,使得海洋中各种生物都难以生存;某些形成赤潮的藻类死亡后会释放出某些毒素。例如,石房蛤毒素等被其他生物摄食,会造成大量中毒死亡,食用这些海产品的人也会发生中毒甚至死亡。1986年12月,我国沿海的福建省东山县瓷窑村因食用含赤潮毒素的花蛤,引起135人中毒,其中1人死亡。赤潮生物在疯狂繁殖、发育、生长的过程中,引起大量海洋生物的死亡,从而进一步毒化海洋环境。

随着海洋环境污染的加剧,海洋水体富营养化,赤潮灾害的出现频率加快,而且程度不断加重。目前,世界上已有30多个国家和地区不同程度地受到过赤潮的危害，日本是受害最严重的国家之一。赤潮已成为一种世界性的公害，在美国、日本、中国、加拿大、法国、瑞典、挪威、菲律宾、印度、印度尼西亚、马来西亚、韩国等30多个国家和地区赤潮发生都很频繁。我国大陆沿海从20世纪30年代记录到第一次赤潮起，到60年代仅发生了4次，70年代不足10次，但到80年代猛增到30多次。2000年记录28次赤潮，累积面积达10 000km^2；2009年发生赤潮68次，面积为14 100km^2。2013年、2014年、2015年、2016年、2020年、2021年我国管辖海域发生赤潮次数分别为46、56、35、68、32、58次，累计面积分别为4 070km^2、7 290km^2、2 809km^2、7 484km^2、1 748km^2、23 277km^2。

为了防治赤潮，环渤海四省市（辽宁、河北、天津、山东）全面实施了禁用含磷洗涤剂计划。2002年以来国家海洋局利用船舶、海监飞机和卫星遥感等技术手段在7个沿海省份建立了赤潮监控区，有效地开展了赤潮监测预警和防灾减灾工作，以减少因赤潮带来的经济损失。

3．微塑料污染

2016年召开的联合国环境大会上，微塑料污染被列为与全球气候变化、臭氧耗竭和海洋酸化等并列的全球环境问题。

微塑料是指粒径小于5mm的塑料颗粒或碎片，其粒径甚至可小至μm或nm级。海洋微塑料可直接来源于个人护理品，更多的来源于较大的塑料垃圾。残留在海洋或海岸环境中的塑料垃圾经过长期的光照、风化、裂解或生物作用形成了微塑料，在海洋环流的作用下遍及全球各大洋。由于海的温度低，光照少，海中微塑料的寿命比在陆地上更长。

微塑料由海洋生物自身的生物摄食过程进入海洋生物体内，而通过食物链，体内含有微塑料的海产品极易摆上人们的餐桌进入人体，对海洋生物及人类生长、发育和繁殖等产生不利影响。目前在许多海洋生物体内，人的血液和肺部深处都检测出了微塑料。

自20世纪50年代开始大规模生产塑料，到2018年全球生产塑料83亿吨，其中63亿吨成为垃圾，仅有9%被回收利用，12%被焚烧，79%进入填埋场或自然环境，大量塑料垃圾通过各种途径进入海洋。2021年我国对国内51个区域开展了海洋垃圾监测，海面漂浮垃圾、海滩垃圾、海底垃圾中塑料类垃圾分别占92.9%、75.9%、83.3%。

为了应对海洋微塑料污染，需从源头上限制塑料的生产、销售、使用。过去5年中，包括我国在内的60多个国家颁布了限塑令或禁塑令。2020年，我国颁布了《关于进一步加强塑料污染治理的意见》。2022年3月，在内罗毕举行的联合国环境大会上，175国家的国家元首、环境部长和其他代表批准了《终止塑料污染的协议（草案）》，这项决议旨在推动全球治理塑料污染。到2024年将达成一项具有国际法律约束力的协议，涉及塑料制品整个生命周期，包括生产、设计、回收和处理。

第三节　环境污染与我国生态环境概况

一、水污染

水污染是指水体因某种物质的介入而导致其物理、化学、生物或者放射性等方面特性的改变，从而影响水的有效利用，危害人体健康或破坏生态环境，造成水质恶化的现象。

1. 地表水质量标准

我国《地表水环境质量标准》（GB 3838—2002），依据地表水水域环境功能和保护目标，将地表水分为以下五类：

Ⅰ类：主要适用于源头水、国家自然保护区；

Ⅱ类：主要适用于集中式生活饮用水地表水源地一级保护区、珍稀水生生物栖息地、鱼虾类产卵场、仔稚幼鱼的索饵场等；

Ⅲ类：主要适用于集中式生活饮用水地表水源地二级保护区、鱼虾类越冬场、洄游通道、水产养殖区等渔业水域及游泳区；

Ⅳ类：主要适用于一般工业用水区及人体非直接接触的娱乐用水区；

Ⅴ类：主要适用于农业用水区及一般景观要求水域。

对应上述五类水域功能，将地表水环境质量标准基本项目标准值分为五类，不同功能类别分别执行相应类别的标准值。水域功能类别高的标准值严于水域功能类别低的标准值。劣Ⅴ类水质除调节局部气候外，几乎无使用功能。

2. 水污染及主要类型

我国最常见的水污染有需氧性有机物质污染、重金属及有毒物质污染和富营养污染，以及这些污染共存的复合型污染。

(1)需氧性有机物质污染，又称耗氧性有机物质污染。水中的污染物主要来自生活污水和某些工业如食品加工、造纸、印染等工业废水，其中含有碳水化合物、蛋白质、油脂、木质素等有机物。这些物质进入水体后，在微生物的生化作用下分解为简单的无机物，在分解过程中消耗氧气，使水中的溶解氧减少。当溶解氧降至4mg/L以下时，将严重威胁鱼类和水生生物的生存；当溶解氧降至零时，水中厌氧微生物占据优势，水体变黑发臭，将不能再作为饮用水源，也不能再作其他用途。

由于有机物成分复杂，种类繁多，一般用综合性指标：总有机碳（TOC）、化学需氧量（COD）或高锰酸盐指数、五日生化需氧量（BOD_5）的数值来衡量有机污染的程度。

某些合成的有机物难被微生物分解，称作难降解有机物，如DDT等有机氯化合物、有机芳香胺类化合物、有机重金属化合物等。它们能在水体中长期存留，并通过食物链富集,最后进入人体。其中一部分化合物具有致癌、致畸和致突变的作用,对人类的健康构成极大的威胁。

(2)重金属和有毒物质污染。很多重金属对生物有显著毒性,并且被生物吸收后通过食物链富集,最后进入人体,造成慢性中毒或严重疾病,以致死亡。例如,发生在日本的水俣病事件,就是由汞中毒引起的。首先是含汞盐的工业废水排入海湾,在微生物作用下转化为毒性更大的甲基汞,通过食物链浓集于鱼体,最后进入人体。骨痛病则是由镉中毒所致(见表4-1)。氰化法冶金中,废水含有剧毒的氰化物,处理不当会造成重大污染。

水体中的重金属等污染物主要来自某些工业、采矿业、洗矿业的工业废水。由于我国对工业含重金属废水的排放控制较早,因此在全国范围内水体重金属污染面积不大,但在局部地区可能成为水体中的主要污染物。

(3)富营养化。水体中的营养元素氮、磷浓度升高,藻类大量繁殖,水体会呈现富营养污染现象。沿海海域的富营养化表现在赤潮发生频率日益增加。湖泊的富营养化同样是因为接纳了生活污水或工业废水中的有机污染物,其中含大量氮、磷营养元素,使水体中某些蓝藻过度生长,湖面形成绿色的藻层,称为水华或水花、藻花。阳光难以穿透水层,影响水中植物的光合作用和氧气的释放,水体的溶解氧会降低,水质恶化。

3.我国地表水水质状况

我国水资源短缺,人均淡水拥有量是世界人均拥有量的1/4。水质质量有待进一步改善。

据2021中国生态环境状况公报,全国地表水3 632个国考断面(点位)中,Ⅰ~Ⅲ类占84.9%,比2020年上升1.5个百分点,劣Ⅴ类占1.2%,达到2021年水质目标要求。主要污染物为化学需氧量、高锰酸盐指数和总磷。

2021年长江、黄河、珠江、松花江、淮河、海河、辽河七大流域和浙闽片河流、西北诸河、西南诸河主要江河监测的3 117个国考断面中,Ⅰ~Ⅲ类占87.0%,比2020年上升2.1个百分点,劣Ⅴ类占0.9%,比2021年下降0.8个百分点。主要污染物为化学需氧量、高锰酸盐指数和总磷。

长江流域、西北诸河、西南诸河、浙闽片河流和珠江流域水质为优,黄河流域、辽河流域和辽河流域水质良好,海河流域和松花江流域为轻度污染。

2021年开展水质监测的210个重要湖泊(水库)中,Ⅰ~Ⅲ类水质湖泊(水库)占72.9%,比2020年下降0.9个百分点,劣Ⅴ类占5.2%,与2021年持平。主要污染物为总磷、化学需氧量和高锰酸盐指数。太湖、巢湖和滇池均为轻度污染。

太湖和巢湖主要污染物为总磷。太湖全湖为轻度富营养状态。巢湖和滇池为中度富营养状态。滇池主要污染物为化学需氧量、总磷和高锰酸盐指数。近些年,滇池的水质改善最大。

二、大气污染

如果大气污染物达到一定浓度，并持续足够的时间，达到对人类健康、动物、植物、材料、大气特性或环境美学因素产生可以测量的影响，就是大气污染。另外，大量能量（如热能）释放，进入大气而引起不良影响；人类活动导致大气中某些组分变化而产生的危害等也归入大气污染。

1. 环境空气质量标准

环境空气指人群、植物、动物和建筑物所暴露的室外空气。

国家为保护和改善生活环境、生态环境，保障人体健康，制定并三次修订了环境空气质量标准，在《环境空气质量标准》(GB 3095—2012)中，环境空气质量功能区分为两类：一类区为自然保护区、风景名胜区和其他需要特殊保护的地区；二类区为居民区、商业交通居民混合区、文化区、工业区和农村地区。

环境空气质量标准分为二级，一类区适用一级浓度限值，二类区适用二类浓度限值。新修订的标准在污染物项目中，增设了 $PM_{2.5}$(PM：Particulate Matter)浓度限值，收紧了 PM_{10}、二氧化氮等几种污染物的浓度上限。由于新标准规定的项目多、数据多，非专业人员难懂难记，所以新标准还规定了向公众发布的是对 SO_2、NO_2、PM_{10}、$PM_{2.5}$、CO、O_3六项污染物的评价。

该标准是分期实施：2013 年为 113 个环境保护重点城市和国家环保模范城市；2015 年为所有地级以上城市；2016 年 1 月 1 日全国实施。

在《环境空气质量标准》中污染物的浓度均用质量浓度，而同浓度不同污染物对人体健康的影响是不同的，为更直观反映和评价空气质量状况，便于向公众提供健康指引，通常使用空气质量指数(AQI：Air Quality Index)定量描述。空气质量指数(AQI)曾称为空气污染指数(API：Air Pollution Index)。环境保护部发布的《环境空气质量指数(AQI)技术规定(试行)》(HJ 633—2012)和《环境空气质量标准》同步实施。

单项污染物的空气质量指数称为空气质量分指数(IAQI：Individual Air Quality Index)，可根据空气中各单项污染物浓度利用公式换算得出。当空气质量指数大于50 时，空气质量分指数最大的污染物为首要污染物。若空气质量分指数最大的污染物为两项或两项以上时，并列为首要污染物。空气质量分指数大于 100 的污染物为超标污染物。环境空气质量指数(AQI)在 0～100 之间称空气质量达标，又称为优良天。空气质量指数(AQI)大于 100 的则为空气质量超标。其中，101～150 之间为轻度污染，151～200 之间为中度污染，201～300 之间为重度污染，大于 300 为严重污染。空气质量指数及相关信息见表 4－3。

表4－3 空气质量指数及相关信息

空气质量指数	空气质量指数级别	空气质量指数类别及表示颜色		对健康影响情况	建议采取的措施
0～50	一级	优	绿色	空气质量令人满意，基本无空气污染	各类人群可正常活动
51～100	二级	良	黄色	空气质量可接受，但某些污染物可能对极少数异常敏感人群健康有较弱影响	极少数异常敏感人群应减少户外活动
101～150	三级	轻度污染	橙色	易感人群症状有轻度加剧，健康人群出现刺激症状	儿童、老年人及心脏病、呼吸系统疾病患者应减少长时间、高强度的户外锻炼
151～200	四级	中度污染	红色	进一步加剧易感人群症状，可能对健康人群心脏、呼吸系统有影响	儿童、老年人及心脏病、呼吸系统疾病患者避免长时间、高强度的户外锻炼，一般人群适量减少户外运动
201～300	五级	重度污染	紫色	心脏病和肺病患者症状显著加剧，运动耐受力降低，健康人群普遍出现症状	儿童、老年人和心脏病、肺病患者应停留在室内，停止户外运动，一般人群减少户外运动
>300	六级	严重污染	褐红色	健康人群运动耐受力降低，有明显强烈症状，提前出现某些疾病	儿童、老年人和病人应当留在室内，避免体力消耗，一般人群应避免户外活动

空气质量监测点位有日报和实时报两种。日报时间周期为24小时，时段为当日零点前24小时；实时报时间周期为1小时，每一整点时刻后即可发布各监测点的实时报。如2015年1月16日11时，北京市环境保护监测中心测得的各污染物空气质量分指数（IAQI）：$PM_{2.5}$是18；SO_2是2；NO_2是7；O_3是18；CO是4；PM_{10}是54。此时刻的空气质量实时报——首要污染物：PM_{10}；空气质量指数（AQI）：54；空气质量状况：良。2013年10月1日起，京津冀区域每日还发布环境空气质量预报。

2.大气主要污染类型

大气污染物按其存在状态可分为两大类:气溶胶状态污染物(也称颗粒物)和气体状态污染物(简称气态污染物)。

固体或液体的微小颗粒分散到大气中形成气溶胶。大气为分散介质,颗粒物为分散相。颗粒物按其大小或成分分类。用标准大容量颗粒采样器在滤膜上所收集到的颗粒总质量,它包含了分散在大气中的各种粒子质量,称为总悬浮颗粒物(TSP)。大气中粒径大于10μm的颗粒,在自身重力作用下,能在较短的时间内沉降到地面,称为降尘。粒径小于10μm的可吸入颗粒物(PM_{10}),由于其粒径小,在大气中长期飘浮,又称其为飘尘,其中粒径小于5μm的颗粒物主要被人的鼻腔和咽部阻留,造成危害,也易被带到很远的地方,使污染范围扩大,同时,在大气中还可为化学反应提供反应床。粒径小于2.5μm的颗粒物($PM_{2.5}$)能直接进入并黏附在人的下呼吸道和肺叶,同时微粒中的化学成分如硫酸盐、硝酸盐等对人体健康危害更大,在大气中的保留时间更长,称为细颗粒物。

(1)煤烟型污染。燃煤是煤烟型污染的主要污染源。其主要污染物为颗粒物和二氧化硫。

煤是最重要的固体燃料。燃煤与燃油和燃气相比,燃煤排放的颗粒物和二氧化硫量要高得多。煤中的可燃成分主要是由碳、氢及少量氧、氮和硫等共同构成的有机聚合物。煤中也含有多种不可燃的无机成分,统称灰分,其含量因煤的种类和产地不同而有很大差异。因而燃煤燃烧后排放的颗粒物首先与煤的品质有关。另外,我国原煤入洗率低,灰分含量普遍较高,平均达2.5%。

烟气中含硫化合物以二氧化硫为主。硫几乎完全来自燃料。我国目前燃煤二氧化硫排放量占二氧化硫排放总量的90%,20世纪和21世纪初期,$PM_{2.5}$的最主要来源也在于燃煤。烟气中的氮氧化物,一部分由燃料中的氮生成,常称为燃氮氧化物;另一部分由空气中的氮在高温下通过原子氧和氮之间的化学反应生成,常称为热氮氧化物。化石燃料中含氮量差别很大,石油的平均含氮量为0.65%,大多数煤中含氮量为1%~2%。燃料中20%~80%的氮转化为氮氧化物。化石燃料不完全燃烧的产物主要是一氧化碳和挥发性有机化合物。它们排入大气不仅污染环境,也使能源利用效率降低,造成浪费。

二氧化硫是无色、具有恶臭的刺激性气体。当人体吸入浓度为$5mL/m^3$的二氧化硫时,鼻腔和呼吸道黏膜都会出现刺激感;当吸入浓度超过$10mL/m^3$,还会出现鼻腔出血、呼吸受阻等现象。另外,二氧化硫与大气中的烟尘有协同作用。当飘尘把二氧化硫带入呼吸道和肺泡中,其毒性比单独吸入时增大3~4倍,可使呼吸道疾病发病率增高,慢性病患者的病情迅速恶化。历史上有名的伦敦烟雾事件、马斯河谷烟雾事件和多诺拉烟雾事件,都是这种协同作用造成的。

在相对湿度比较高、气温比较低、无风或静风的条件下,二氧化硫在重金属铁、锰等氧化物的催化作用下,易发生氧化而生成三氧化硫,后者与水蒸气结合形成硫酸雾二次污染物,其毒性比二氧化硫更大。硫酸雾一般发生在冬季,清晨最为严重,有时可连续数日。例如,1952 年 12 月 5 日,伦敦最严重的一次硫酸烟雾事件,历时 5 天,死亡 4 000 多人。

我国以煤炭为主要能源,因而大气环境污染长期以煤烟型为主。1995 年全国的二氧化硫排放总量达到最高水平 2.35×10^7t,大大超过了环境自净能力,居世界第一位。1995 年以来,国家对二氧化硫等污染物实施总量控制和经济结构调整。采取了许多措施,如关闭高硫煤矿和小火电、淘汰几十万台燃煤小锅炉、减少高硫煤产量、火电机组安装烟气脱硫脱硝装置、以再生能源和清洁能源代替煤炭,二氧化硫排放总量开始逐年减少。美国马里兰大学和美国国家航空航天局利用卫星监测空气数据,联合提出研究论文称,2005—2006 年间,中国二氧化硫排放量降低 75%,印度增加 50%。印度超过中国成为二氧化硫排放量最大的国家。

(2)光化学烟雾污染。机动车尾气是光化学烟雾污染的主要污染源。机动车包括汽油车和柴油车。它们在行驶的过程中向大气排放一氧化碳(CO)、氮氧化物(NO_x)和碳氢化合物(HC)等一次污染物。没有完全燃烧的油料、炭黑等排放到大气,也构成了大气中的颗粒物。

二氧化氮(NO_2)是引起光化学烟雾的气体,它在波长 290 ~ 430nm 紫外光的照射下,发生光解离反应:

$$NO_2 \xrightarrow{h\upsilon(290\sim430nm)} NO + O$$

生成的氧原子(O)能很快地与大气中氧分子(O_2)反应生成臭氧:

$$O + O_2 \longrightarrow O_3$$

生成的 O_3 与大气中的一氧化氮(NO)碰撞,发生如下反应:

$$O_3 + NO \longrightarrow O_2 + NO_2$$

当大气中含有碳氢化合物时,其中的烯烃和芳烃等有机化合物易与 O,O_2,O_3,NO 等反应,生成一系列的中间产物——自由基,最终生成物为臭氧(占产物的 85%以上)、过氧乙酰硝酸酯(PAN,约占产物的 10%)、醛类、酮类和有机酸类等二次污染物形成的高氧化性的气团。

光化学烟雾污染一般出现在相对湿度较低的夏季晴天,最易发生在中午或下午,夜间消失。光化学烟雾生成时,城市的上空笼罩着白色烟雾(有时带有紫色或黄色),大气能见度降低,具有特殊气味,刺激眼睛和咽喉黏膜,引起人们咳嗽、胸痛。人体长期暴露其中,会损伤肺功能,造成呼吸困难。光化学烟雾中的臭氧等强氧化性物质会损害植物叶片,破坏橡胶、塑料等高分子材料。

光化学烟雾污染最早发生在美国洛杉矶市,随后在墨西哥的墨西哥市、日本的东京市也出现过。1974 年以来,我国兰州市西固区的夏、秋季发生过光化学烟雾污染,一次污染物碳氢化合物来自兰州炼油厂和兰化公司各厂。西固区地处黄河河谷,污染物不易扩散,再加上西北高原夏秋日的强烈光照,就发生了光化学烟雾污染。

随着经济的发展,我国的机动车保有量迅速增加,自2010年起我国成为世界机动车产销第一大国。据公安部统计,截至2022年3月,全国机动车保有量达4.12亿辆,其中汽车3.17亿辆。全国有20个城市汽车保有量超过300万辆。北京超过600万辆,位居第一。汽油车是污染物总量的主要贡献者。机动车污染已成为我国空气污染的重要来源之一,是造成灰霾、光化学烟雾污染的重要原因,还由于机动车大多行驶在人口密集区域,尾气排放直接影响群众健康。我国城市空气开始呈现出煤烟、机动车尾气和二次污染物叠加的特点。机动车污染防治的紧迫性日益凸显。

为此国家对油品和机动车的排放标准不断提升。1999年北京实施第一阶段轻型汽车排放标准(简称国Ⅰ标准),2004年全国实施国Ⅱ标准……至2020年全国实施国VIA标准,2023年全面实施国VIB标准,基本实现与欧美发达国家接轨。油品标准的提升,大幅降低含硫量,以保证机动车排放达标。对不达标车辆按《机动车强制报废标准规定》淘汰。同时大力推广清洁能源机动车。

在《城市大气重污染应急预案编制指南》和《关于加强重污染天气应急管理工作的指导意见》中,在极端不利气象条件下容易出现重污染天气时,要预警并采取应急响应措施,对机动车实行更严格的限行。

(3)霾。当大气中有大量悬浮颗粒物,再加上不利污染物扩散的气象条件如无风或风小、降温、形成逆温层等,使大气能见度降低,出现霾。

雾是一种自然的天气现象。而霾则是悬浮在空中肉眼无法分辨的大量几微米以下的微粒,使水平能见度小于10千米的天气现象。通常把湿度大于90%时的低能见度天气现象称之为雾,而湿度在80%～90%之间则形成雾霾,湿度小于80%时称之为霾或灰霾。在雾霾天,较大直径的雾滴是能见度降低的主要因素,$PM_{2.5}$的存在会进一步降低能见度;当湿度低于80%时,能见度降低则主要是由于$PM_{2.5}$引起的。我国空气质量不达标日的首要污染物以$PM_{2.5}$为最多。

2013年1月的雾霾几乎扫遍了半个中国。京津冀及周边6个省市,占全国7.2%的面积,消耗了全国33%的煤炭,钢铁产量占全国的43%,焦炭产量占全国的47%,水泥产量占全国的19%,单位面积的排放强度是全国平均的4倍左右。这带来了经济的发展,同时也付出了代价。京津冀及周边地区雾霾更是频发,成为空气污染最重的区域。2013—2017年间,全国空气质量排名最差的10个城市中京津冀地区占大半。国家气象局观测2013年全国平均霾日数为35.9天,比上一年增加18.3天,为1961年来最多。中东部地区雾和霾天气多发,华北中南部至江南北部的大部分地区雾和霾日数范围为50～100天,部分地区超过100天。空气质

量新标准增加监测 $PM_{2.5}$项目，也是我国大气污染防治的客观需要。

霾的形成不是单一的因素，我国特别是京津冀地区呈现典型的复合大气污染格局。机动车尾气排放、工业生产排放、工地扬尘、农业排放等多类型污染共存，还有排放的一次污染物在大气的氧化条件下转变的二次生成的细颗粒物。如机动车尾气包括氮氧化物、挥发性有机化合物和一次 $PM_{2.5}$ 等污染物，虽然尾气中颗粒物浓度不高，但在大气中发生光化学反应后还会产生臭氧和羟基自由基等氧化剂，氧化剂可进一步氧化二氧化硫、氮氧化物和挥发性有机物，分别生成硫酸盐、硝酸盐和有机气溶胶，造成二次颗粒物爆发式增长。也就是说，机动车尾气排放不但自身直接排放污染颗粒，还能促进工业污染物等二次生产污染颗粒。二次生成的污染物对人体健康威胁更大，甚至有毒。研究表明，在我国中东部地区二次颗粒物对 $PM_{2.5}$的贡献率常常高达 60%。近几年，我国大力治理燃煤污染，燃煤对霾的贡献率退居在后面。

由于霾的起因和成分每次不完全相同，因此霾的治理不能靠单一的措施，如秋冬季要大力防控农村和城乡接合部散煤和秸秆燃烧导致的季节性霾污染，一线城市应把尾气污染控制放在突出位置，治霾就需要加强针对性，力争精准治霾、科学治霾、协同治霾。

（4）酸雨。酸雨是指 pH 低于 5.6 的雨。广义的酸雨是指 pH 小于 5.6 的湿沉降（雨、雪、雹、霜、露等）和干沉降（酸性颗粒物、含酸气团等）。它是当今世界上最严重的区域性环境问题之一。

排放到大气中的硫氧化物（SO_2）和氮氧化物（NOx）是形成酸雨的前提物。大气中的 SO_2，可由光催化或在悬浮于大气中颗粒状金属盐的催化下氧化为三氧化硫（SO_3），被水滴吸收形成硫酸。大气中的 NOx 主要是一氧化氮（NO）和二氧化氮（NO_2），在大气中反应生成硝酸，然后再随雨雪从大气中降落。这些溶入硫酸、硝酸的雨雪随风力的强弱有时降落在离排放源几百公里到几千公里远的地方，形成较大范围的环境污染。

酸雨的污染影响是多方面的。酸雨会使湖泊和土壤的 pH 值降低，导致水生生态系统的改变。例如，挪威在酸雨最严重的时期，其南部约 5 000 个湖泊中有 1 750个湖泊的鱼虾绝迹；美国纽约州北部的阿迪朗达克山脉，海拔 600m 以上的湖泊的水酸性很高，其中 90% 的湖泊鱼类绝迹。酸雨对森林的破坏极大。长年酸雨会使土壤贫瘠；一些重金属元素被酸雨活化，对树木生长产生毒害；而且酸性条件有利于病虫害的扩散，从而危害树木，当生态系统已遭到破坏后，再遇到干旱或其他原因，就会造成大量树木死亡，最后森林被毁。在瑞士，因酸雨的破坏，森林受害面积已达 50% 以上。我国重庆市万县地区 65 000hm^2 的松林中，已有 26% 的松树受酸雨危害枯死，55% 的松树遭到显著危害。酸雨还会严重侵蚀建筑材料。美国曾报道，酸雨已损伤了东部约 35 000 个历史性建筑物和 10 000 座纪念碑。

大气中大部分 SO_2 和 NOx 是由人为活动产生的,化石燃料的燃烧是主要原因之一。因而 SO_2 和 NOx 污染物主要来自占全球面积不到5%的工业化地区,形成了世界上三大酸雨区:欧洲、北美、中国。

我国酸雨类型总体上仍为硫酸型。据2021中国生态环境状况公报,2021酸雨区面积为 $3.69\times10^5km^2$,占国土面积的3.8%,比2020年下降1.0个百分点;其中较重酸雨区(pH年均值低于5.0)面积占0.04%,无重酸雨区(pH年均值低于4.5)。酸雨污染主要分布在长江以南、云贵高原以东地区,主要包括浙江、上海的大部分地区、福建北部、江西中部、湖南中东部、重庆南部、广西西部和广东部分区域。

2021年465个监测降水的城市(区、县)中,酸雨频率平均为8.5%,比2020年下降1.8个百分点。出现酸雨的城市比例为30.8%.比2020年下降3.2个百分点。酸雨频率为25%及以上、50%及以上、75%及以上的城市比例分别为12.5%、5.8%和2.6%。2021年全国降水pH年均值为4.79~8.25,平均为5.73。酸雨和酸雨较重城市比例分别为11.6%和1.3%,无重酸雨城市。

为了从整体上控制我国的酸雨危害,1998年1月国务院批准国家环保总局制定了我国《酸雨控制区和二氧化硫污染控制区划分方案》(即两控区)。在该划分方案中确定了两控区划分的标准和两控区分阶段达到的目标。虽然当时所划定的我国两控区面积只占国土总面积的11.4%,但二氧化硫排放量却占全国的近60%,是全国酸雨和二氧化硫污染最严重、二氧化硫排放量最多的地区。因此,如能控制住两控区的二氧化硫排放,基本上就可以扼制住全国酸雨和二氧化硫污染不断恶化的趋势。自2017年起,我国发生酸雨的面积和频率不断下降,与严控和治理大气中 SO_2 的浓度密切相关。

3.我国城市环境空气质量概况

从2013年实施《大气污染防治行动计划》以来,全国空气质量有了较大的改善。2021年在监测的339个地级及以上城市中,218个城市环境空气质量达标①,占全部城市数的64.3%,比2020年上升3.5个百分点;121个城市环境空气质量超标②的城市占35.7%,比2020年下降3.5个百分点。若不扣除沙尘影响,339个城市中空气质量达标城市比例为56.9%,超标城市比例为43.1%。可见沙尘对城市环境空气质量的影响。

339个城市平均优良天数比例为87.5%,比2020年上升0.5个百分点。其中12个城市优良天数比例为100%,254个城市优良天数比例在80%~100%,71个城市优良天数比例在50%~80%,2个城市优良天数比例低于50%。

---

① 空气质量指数(AQI)在0~100之间的天数为优良天数,又称达标天数。计算优良天数时不扣除沙尘影响。

② 空气质量指数(AQI)大于100的天数为超标天数。计算超标天数时不扣除沙尘影响。

以 $PM_{2.5}$、O_3、PM_{10}、NO_2 和 CO 为首要污染物的超标天数分别占总超标天数的 39.7%、34.7%、25.2%、0.6%和不足 0.1%。未出现以 SO_2 为首要污染物的超标天。由此可见,从 2013 年实施《大气污染防治行动计划》以来,我国空气质量逐年在改善。目前影响城市环境空气质量的主要污染物是 $PM_{2.5}$、O_3 和 PM_{10},我国对燃煤污染的治理卓有成效。

三、土壤污染

土壤污染是指人类活动产生的污染物,通过不同的途径输入土壤环境中,其数量和速度超过土壤的自净能力,导致土壤的组成、结构和功能发生变化,影响植物正常生长发育,造成有害物质在植物体内的累积,并可通过食物链进入人体而危害人体健康的现象。

土壤污染最大的特点是:

第一,隐蔽性和潜伏性。土壤污染是污染物在土壤中长期积累的过程。其后果要通过长期摄食由污染土壤生产的植物产品的人和动物的健康状况反映出来。因此不像大气或水污染那样易为人们所察觉。

第二,不可逆性和长期性。污染物一旦进入土壤,便与复杂的土壤组分发生一系列作用。许多污染物最终形成难溶化合物而沉积在土壤中,很难消除。

土壤污染源主要来自工业和城市废水及固体废物,农药和化肥,人畜排泄物及生物残体和大气沉降物等。

2014 年 4 月《全国土壤污染状况调查公报》公布,全国土壤总的污染率已高达 16.1%,此次调查覆盖面积为 $6.3\times10^6 km^2$,也就是说,中国有 $1.0\times10^6 km^2$ 的土地遭受了不同程度的污染。2021 年全国土壤污染加重趋势得到初步遏制,农用地土壤质量的主要污染物是重金属,其中镉为首要污染物。

1. 重金属污染

使用含有重金属的工业废水进行灌溉或使用含重金属如汞的农药是重金属进入土壤的一个重要途径。土壤中重金属的自然来源,主要与土壤的母岩和母质类型、岩石风化过程和成土作用中的生物小循环有关。此外,还与火山活动、大气降尘、土壤侵蚀等作用相关。重金属中最受人们关注的是毒性较大的汞(Hg)、镉(Cd)、铅(Pb)、铬(Cr)和类金属砷(As)。它们不被土壤微生物降解,还可通过食物链为生物体富集,最终在人体内蓄积而危害人体健康。发生在日本富山县的骨痛病事件,就是人食用被镉污染的土壤上种出的富镉稻米所致。

各国对土壤含隔量的标准不一,如英国标准为 $2.0mg\cdot kg^{-1}$,台湾标准为 $5.0mg\cdot kg^{-1}$,我国标准为 $0.3mg\cdot kg^{-1}$,较为严格。按我国标准,我国土壤的镉超标率达 7.0%。

2. 农用化学物质污染

农用化学物质包括农药、兽药、化肥、除草剂、杀菌剂、生长素、调节剂等。各种药剂按其化学成分有:有机氯农药、有机磷农药、氨基甲酸酯类、拟除虫菊酯类等。这些化学药剂对防止植物病虫害、消灭杂草或提高农作物的产量等方面的作用不容置疑。但是,由于长期、广泛和大量的使用,导致土壤环境的农药残留和污染,并危及动植物的生长和人类健康。有的农药还有“三致”(致癌、致畸、致突变)作用。如有机氯农药(六六六、DDT 等)在环境中极难降解,现在许多国家(包括我国)早已停止使用这些农药。

我国土壤的化肥污染也很严重。中国耕地不足世界的 10%,却使用了全球近三分之一的化肥。过量施用化肥的地块会成为周围水体富营养化的面污染源。

3. 畜禽养殖废弃物污染

养殖场中如果畜禽排泄物未经生化处理直接用作肥料,其中的寄生虫、病原菌和病毒等可导致土壤和水域污染。有些人畜共患的传染病也可通过土壤传染给人,使人致病。

近些年加大了对畜禽类污的处理和综合利用,2021 年综合利用率超过 76%。

第四节　生态破坏

一、植被破坏

植被是全球或某一地区内所有植物群落的泛称。植被是生态系统的基础,为动物或微生物提供特殊的栖息环境,为人类提供食物和各种有用的物质材料。植被还是气候和无机环境的调节者、无机和有机营养的调节和贮存者、空气和水源的净化者。它既是重要的环境要素,又是重要的自然资源。

1. 森林面积

森林曾经覆盖世界陆地面积的 45%,总面积为 $6\times10^7 km^2$,它在涵养水源、保持水土、调节气候、繁衍物种、动物栖息等方面起着不可替代的作用。它还为人类提供丰富的林木资源,支持着以林产品为基础的庞大的工业部门。

至 20 世纪末,世界上的森林面积已经缩小了 1/3,为 $4\times10^7 km^2$。全球每年平均损失森林面积达 $1.8\times10^5 \sim 2.0\times10^5 km^2$。

据林业部门统计,建国初期,我国森林面积曾达 $1.25\times10^6 km^2$,森林覆盖率达 13%。全国许多重要林区,由于长期重采轻造,导致森林面积锐减。例如,长白山林区 1949 年森林覆盖率为82.5%,曾减少到 14.2%;西双版纳地区,1949 年天然森林覆盖率达 60%,后来曾降至 30% 以下。

随着植树造林的开展,1993 年全国森林覆盖率下降的态势发生改变,据第七次全国森林资源清查(2004 ~ 2008 年)结果,全国森林覆盖率达 20.36%。但森林总体质量不高,分布不均,结构不合理。全国森林以幼、中龄人工林为主,成材林少。占国土面积 32.19% 的西北五省区森林覆盖率只有 5.86%。2013 年全国森林覆盖面积 $2.08\times10^6 km^2$,森林覆盖率达 21.63%。2015 年我国森林覆盖面积列世界第五位,人工林面积居世界首位。2021 年全国森林覆盖率为 23.04%。全年完成造林面积 $3.60\times10^4 km^2$,其中人工造林面积 $1.34\times10^4 km^2$。全国森林资源进入了数量增长、结构改善和质量提升的稳步发展时期。

1998 年长江流域的大洪水,再次给我们敲起了警钟。为此,我国采取了一系列措施保护森林植被。新颁布了许多林业法律法规;继续完善森林生态补偿制度。全国确立六大林业重点工程:天然林保护、退耕还林、京津风沙源治理、三北和长江防护林体系、野生动植物保护和自然保护区建设、速生丰产林基地建设。2017 年天然林商业性采伐在全国范围内停止。

但我国仍然是一个缺林少绿、生态脆弱的国家,森林覆盖率远低于全球 31% 的平均水平,人均森林面积仅为世界人均水平的 1/4,人均森林蓄积只有世界人均水平的 1/7,森林资源总量相对不足、质量不高、分布不均的状况仍未得到根本改变,林业发展还面临着巨大的压力和挑战。

2. 草地退化

草地包括草原、林中空地、林缘草地、疏林、灌木丛以及荒漠、半荒漠地区植被稀疏的地段。根据联合国粮农组织 20 世纪末统计:①全世界永久性草场(相当于生态学上草原的概念)总面积为 $3.16\times10^7 km^2$,占陆地面积的 24%;②全世界疏林总面积为 $1.37\times10^7 km^2$,占陆地面积的 10.4%;③其他土地,包括灌木林、冻土地区和荒漠地区可进行季节性放牧或在多雨年用于放牧的土地,总面积为 $4.38\times10^7 km^2$,其中一半可做牧场,约为 $2.19\times10^7 km^2$,占陆地面积 16.6%。这三类牧场合计总面积为 $6.72\times10^7 km^2$,占陆地面积的 51%。

这三类地区中,第一、第二类自然条件较好,尤其是草原,土地平坦,气候干爽,土壤肥沃,牧草鲜美,最宜放牧,亦可农耕。

目前,世界各地的草地都有不同程度的退化,唯有欧洲情况较好。欧洲雨水丰沛,草种多经改良,草场管理有序,载畜量比其他地区高几倍。发展中国家的草地大多仍处于退化阶段。其表现为草群稀疏低矮,产草量降低,草质变劣(优良牧草减少,杂草、毒草增多)。退化严重的地方整个自然环境受到破坏、土地沙化和盐渍化,导致该地区动植物资源遭到破坏,许多物种濒临灭绝。这个过程实质上就是荒漠化。

我国草地退化与长期以来对草原资源采取粗放式经营有关。由于过牧超载、重用轻养、乱开滥垦,使草原破坏严重。有些地区牧草为当地燃料的唯一来源,过度樵采，导致草地的彻底破坏。鼠虫害（主要是蝗虫）是草地退化的又一原因。在长江、黄河源头地区，鼠害猖獗，是当地草地被破坏的主要原因之一。宁夏等西部地区过度挖掘“冬虫夏草”“甘草”等人类活动是当地草地被破坏的主要原因之一。

为改变草地退化状况，我国实行退牧还草工程，实施京津风沙源草原治理工程。建设草原围栏，实行禁牧、休牧和划区轮牧，建设人工草地，牲畜实行舍饲圈养。并继续在内蒙古、新疆、甘肃、青海等13个省（区），对实行草原禁牧、草畜平衡的牧民实施奖励和补贴等政策措施。

第三次全国国土调查显示，全国草地面积$2.645\ 301 \times 10^6 km^2$。2021年种草改良面积$6.2 \times 10^4 km^2$。

二、水土流失

土壤是指位于地球陆地地表，包括浅层水地区的具有肥力、能生长植物的疏松层。在自然力的作用下，形成1cm厚的土壤需要100～400年的时间。

随着森林的砍伐和草地的退化，水土流失加剧。据联合国粮农组织的估计，全世界由于土壤侵蚀而流失的土壤每年高达$2.4 \times 10^{10} t$。我国是世界上水土流失最严重的国家之一。根据第一次全国水利普查水土保持普查成果，2012年中国现有土壤侵蚀总面积$2.949 \times 10^6 km^2$，占普查范围总面积的31.1%。其中，水力侵蚀$1.29 \times 10^6 km^2$，风力侵蚀$1.656 \times 10^6 km^2$。黄土高原是我国水土流失最为严重的地区，该地区总面积约$5.4 \times 10^5 km^2$，水土流失面积已达$4.5 \times 10^5 km^2$，其中严重流失面积约为$2.8 \times 10^5 km^2$，每年通过黄河三门峡向下游输送的泥沙达$1.6 \times 10^9 t$。其次是南方亚热带和热带山地、丘陵地区。此外，华北、东北等地水土流失也相当严重。

水土流失造成不少地区土地严重退化。例如，我国每年表土流失量相当于全国耕地剥去1cm的肥土层，损失的氮、磷、钾养分相当于$4 \times 10^7 t$化肥。流失的土壤还造成水库、湖泊和河道淤积。

据《2020中国水土保持公报》，全国水土流失面积为$2.692\ 7 \times 10^6 km^2$，其中水力侵蚀面积为$1.1200 \times 10^6 km^2$，风力侵蚀面积为$1.572\ 7 \times 10^6 km^2$。全国新增水土流失综合治理面积$6.43 \times 10^4 km^2$。

水土流失极大地破坏了土地资源，严重地影响了农业经济的发展，对人类的生存与发展构成了严重的威胁。

三、荒漠化和沙化

所谓荒漠化，既包括非沙漠环境向沙漠环境或类似沙漠环境的转移，也包括沙质环境的进一步恶化。1994年，全球112个国家在法国巴黎签署的《联合国防治荒漠化公约》中明确指出：“荒漠化是包括气候变异和人类活动在内的种种因素所造成的干旱、半干旱和亚湿润干旱地区的土地退化。”土地包括土壤、水资源、地面状态和植被(含农作物)。退化现象指因水蚀、风蚀、土沙堆积、自然植被减少等而出现的土地潜在生产力的减退。“干旱、半干旱和亚湿润干旱地区”,指年降水量与最大蒸发散量之比在0.05~0.65之间的地区。

据联合国环境规划署(UNEP)对1992年荒漠化现状调查推断,全球2/3的国家和地区、世界陆地面积的1/3受到荒漠化的危害,约1/5的世界人口受到直接影响,每年约有5×10^7至$7\times10^7km^2$的耕地被沙化,其中有$2.1\times10^7km^2$完全丧失生产能力,经济损失高达423亿美元。荒漠化受害面涉及世界各大陆,最为严重的是非洲大陆,其次是亚洲。我国是受荒漠化危害最严重的国家之一。

荒漠化的产生和发展的主要原因可分为自然因素和人为因素。全球变暖、干旱多风使干旱、半干旱和亚湿润干旱地区原本脆弱的生态环境进一步恶化,但荒漠化主要是人为的过度经济活动,如过度放牧、乱砍滥伐森林、不当的农业耕作和工矿开发等,破坏干旱、半干旱及亚湿润干旱地区的平衡所引起的一种土地退化过程。但就其发生发展也有特定的自然基础,两者密不可分。

荒漠化的危害极大,它使土地肥力下降。受荒漠化严重影响的农田产量普遍下降70%~80%。全世界每年这方面的损失就高达260亿美元。荒漠化给牧业带来的损失,在世界大多数草原特别是发展中国家的干旱草原地区非常严重,造成草原沙漠化,草地生产力较之20世纪50年代普遍下降了30%~50%。每年冬、春两季,从沙区吹来的风沙尘暴,不仅对当地环境造成污染,而且沙尘会飘逸千里之外,造成大范围内的空气污浊,妨碍人类生产活动,影响人体健康。风沙还直接影响经济开发和经济建设。20世纪末,我国沙区有800km长的铁路和数千公里的公路,经常因风沙侵袭和压埋而影响交通;有数以千计的水库和大批灌渠遭受风沙侵袭,每年进入黄河的流沙可占全国流沙量的1/10以上。据统计,我国每年因风沙危害的直接经济损失高达45亿元。土地荒漠化最终带来的是当地的贫困化,有些村民被迫迁移他乡,严重地制约了我国国民经济的发展。

近些年国家加大了治理荒漠化的力度,经过甘肃、宁夏、内蒙古等省人民的不懈努力,荒漠化土地面积在减少,我国土壤荒漠化整体得到初步遏制。

第五次全国荒漠化监测结果显示,截至2014年,全国荒漠化土地面积为$2.6116\times10^6km^2$,沙化土地面积$1.7212\times10^6km^2$。与2009年相比,5年间荒漠化土地面积净减少$1.212\times10^4km^2$,年均减少$2.424\times10^3km^3$;沙化土地面积净减少$9.902\times10^3km^2$,年均减少$1.980\times10^3km^2$。自2004年以来,全国荒漠化和沙化面积连续三个监测期“双缩减”,呈现整体遏制、持续缩减、功能增强、效果明显的良好态势,但防治形势依然严峻。

四、我国生态质量情况

2021 年开始,依据《区域生态质量评价办法(试行)》评出某区域生态质量指数(EQI)。当 EQI≥70, 生态质量为一类;55≤EQI<70 为二类;40≤EQI<55 为三类;30≤EQI<40 为四类: EQI<30 为五类。

两年的生态指数差(△EQI) 分为以下情况:如果|△EQI|<1,称为基本稳定;如果 1≤|△EQI|<2,称为轻微变化;如果 2≤|△EQI| <4,称为一般变化;如果|△EQI|≥4,称为明显变化。正值表示变好,负值表示变差。

2021 年我国生态质量为二类,与 2020 年相比基本稳定。生态质量为一类的县域面积占国土面积的 27.7%,主要分布在大小兴安岭和长白山、青藏高原东南部和秦岭—淮河以南;二类的县域面积占 32.1%,主要分布在三江平原、内蒙古高原、黄土高原、昆仑山、四川盆地、珠江三角洲和长江中下游平原;三类的县域面积占 32.7%,主要分布在华北平原、黄淮海平原、东北平原中西部、阿拉善西部、青藏高原中西部和新疆中南部;四类的县域面积占 6.6%;五类的县域面积占 0.8%;四、五类主要分布在新疆中北部和甘肃西部。

第五节　可持续发展战略的理论与实施

一、可持续发展思想的由来

可持续发展的思想是人类发展过程中经历了许多经验和教训,经过长期反思后得出的关于人类自身长期发展的新思想。

工业革命以来,社会生产力得到飞速发展,人类开始进入“征服自然”的阶段,自认为人是世界的主宰,为了自身的生存和发展,向大自然毫无节制的索取。20 世纪 50 年代以来相继出现了环境问题的第一次高潮和第二次高潮。环境污染、生态破坏、突发性事件频频发生,这些一次又一次给人们敲响了警钟。人类开始关注、思考和探索环境与发展的相互关系问题。

1962 年,美国海洋生物学家卡逊撰写了著名的环境保护科普书《寂静的春天》,指出过量使用农药对生物和环境具有巨大的破坏作用。

1968 年,几十位西方科学家、教育家在罗马成立了“罗马俱乐部”,关注、探讨与研究人类面临的共同问题。1972 年,受俱乐部的委托,以麻省理工学院梅多斯(D. L. Meadows)为首的研究小组提交名为《增长的极限》的报告。报告认为,如果目前的人口和资本仍以快速增长模式继续下去,世界就会面临一场“灾难性的崩溃”。而避免这种前景的最好方法是限制增长,即“零增长”。

虽然“零增长”方案令急需摆脱贫困的发展中国家和仍想增加财富的发达国

家都不能接受,但是,报告中提出的对人类前途"严肃的忧虑"唤起人类自身的觉醒。1972 年 2 月 16 日联合国环境会议通过了《人类环境宣言》,以鼓励和指导世界各国人民保护和改善人类环境。1983 年 3 月成立了以挪威首相布伦特兰夫人(G. H. Brandland)任主席的世界环境与发展委员会。联合国要求她负责制定长期的环境对策。经过 3 年多的深入研究和充分论证,该委员会于 1987 年向联合国大会提交了题为《我们共同的未来》的研究报告。

《我们共同的未来》报告分为"共同的问题""共同的挑战""共同的努力"三大部分。报告在系统探讨了人类面临的一系列重大经济、社会和环境问题之后,提出了"可持续发展"的概念。它将环境保护与人类发展切实结合起来。这一思想在 1992 年联合国环境与发展大会上得到了认同。在这次会议上通过了由各国首脑签署的重要文件《21 世纪议程》,正式确认了可持续发展战略。

二、可持续发展的概念与内涵

1. 可持续发展的概念

在《我们共同的未来》中提道:可持续发展是既满足当代人的需求,又不损害满足后代人需求能力的一种发展。

世界各国的科学家和国际组织从各自不同的角度和观点对此提出许多不同的看法。有的侧重于对环境、自然资源、生态平衡的保护;有的侧重于经济发展;还有的侧重于社会进步。尽管可持续发展的概念来源于环境保护,但它是一个综合的概念,主要包括自然资源和生态环境的可持续发展、经济的可持续发展和社会的可持续发展三个方面。只要社会在每一时间段内都能保持资源、经济、社会同环境的协调,那么,这个社会的发展就符合可持续发展的要求。

2. 可持续发展战略的基本思想

(1)可持续发展鼓励经济发展。可持续发展强调经济增长的必要性,必须通过经济增长提高当代人的福利水平,增强国家实力和社会财富。可经济发展不能只顾及数量增长,而是要依靠科技进步,提高经济活动中的效益和质量,采取可持续发展的生产方式和消费方式。

(2)以资源和环境的承载能力为必要条件。经济和社会的发展不能超越资源和环境的承载能力。这就要求严格控制人口增长,提高人口素质以及在良好的生态环境和资源永续利用的条件下,进行经济建设。绝不允许以牺牲环境、破坏生态来谋求经济的发展。

(3)谋求社会的全面进步。可持续发展的观点认为,世界各国的发展阶段和发展目标可以不同,但发展的本质应当包括改善人类生活质量,提高人类健康水平,创造一个保障人们平等、自由、教育和免受暴力的社会环境。

在人类可持续发展系统中,经济发展是基础,自然生态保护是条件,社会进步才是目的。

3.可持续发展的基本原则

(1)公平性原则。所谓公平是指机会选择的平等性。可持续发展的公平性原则包括两个方面:一是本代人的公平,即代内之间的横向公平。不论是穷人还是富人,可持续发展要满足所有人的基本需求,给他们机会,以满足他们要求过美好生活的愿望。还要给世界各国以公平的发展权、公平的资源使用权。二是代际公平,即世代的纵向公平。人类赖以生存的自然资源是有限的,当代和后代人有公平利用自然资源的权利,但当代人不能因为自己的发展与需求而损害后代人满足其发展需求的自然资源和环境。

(2)持续性原则。资源与环境是人类生存与发展的基础和条件,也是可持续发展的主要制约因素。资源的永续利用和生态环境的可持续性是持续发展的重要保证。人类在经济社会的发展进程中,必须考虑资源和环境的承载能力,需要根据持续性原则调整自己的生活方式,确定自身的消耗标准等。

(3)共同性原则。可持续发展关系到全球的发展。尽管不同国家的历史、经济、文化和发展水平不同,可持续发展的具体目标、政策和实施步骤也各有差异,但是,公平性和可持续性原则是一致的。并且要实现可持续发展的总目标,必须争取全球共同的行动。

三、可持续发展战略的实施

可持续发展战略的实施是一项综合的系统工程。它意味着一个国家或地区的经济发展和社会发展要由传统运行模式转变到一个全新的模式中去。

1.人口与可持续发展

(1)人口问题是当前可持续发展的关键制约因素之一。1800 年初,世界人口为 10 亿人,1930 年达 20 亿人,自 1930 年后,每增加 10 亿人口的时间逐渐缩短为:30 年、15 年、12 年和 11 年。由于人口增长,随之而来的是粮食、能源、交通、供水、住宅、文化、教育等一系列需求的增长。例如,我国 1985—1995 年间,粮食总产量年均上升 1.2%,但人口增长更快,1995 年人均粮食产量不升反降。到 2000 年,需净进口约1.76×10^6t 的粮食。

另外,地球环境对人口的承载能力,或称人口环境容量是有限的。人口环境容量不是指生物学上的最高人口数,而是在以不破坏生态环境的平衡与稳定,保证环境资源的永续利用,并保持一定的生活水平为前提的情况下所能供养的最高人口数。当人口数超过人口环境容量时,势必造成资源枯竭和环境退化。

人口问题除与人口数量有关外,还与年龄结构、性别结构、人的素质、劳动力数量与素质等情况有关。这些情况在世界各国各地并不相同,在发展中国家较为突出的是人口增长速率过快,受教育程度低,还有大量文盲;大量贫困人口的人口素质亟待提高;在某些发达国家中人口老龄化的趋势较为突出。有的国家近几年来人口处于负增长中,这意味着将来会出现劳动力短缺等问题。所有这些都不利于可持续发展战略的实施。

(2)各国都要有适应可持续发展的人口政策。人口多,底子薄,人均资源相对不足,是中国的基本国情。中国经济社会发展中的许多矛盾和问题都与人口问题分不开,人口问题成了制约中国经济和社会发展的关键因素和首要问题。

20 世纪 70 年代我国开始执行计划生育政策,并于 1982 年确定为基本国策。人口过快增长得到有效控制,资源环境的压力得到有效缓解,人民的生存和发展状况明显改善,为经济快速增长奠定了基础。

进入 21 世纪以来,我国人口增长惯性减弱,人口结构问题凸显。按照联合国的统计标准,60 岁以上老年人达到总人口数的 10% 或者 65 岁以上老年人占总人口的 7% 以上,这个国家已经属于老龄化国家。我国在 2000 年就进入了老龄化社会。2021 年我国 60 岁及以上的老人达 2.67 亿,占总人口的 18.9%。除了老龄化问题外,还有出生人口性别比长期偏高问题。出生人口性别比是每百名出生女婴相对应的出生男婴数,正常情况下由生物学规律决定,保持在 102 ~ 107 之间。2004 年我国出生人口性别比达到了 121.20 的历史最高纪录,2014 年为 115.88,仍属性别结构失衡。这些问题都使经济发展能力有所弱化。2014 年我国调整了生育政策,由原来除少数民族及特殊情况外实施独生子女政策,改为实施一方是独生子女夫妻可以生育两个孩子的政策,简称单独两孩政策。自 2016 年 1 月 1 日起,全面放开二孩政策。2017 年出生人口 1 723 万,二孩占 51.2%。高于"十二五"期间年均出生 1 644 万人的水平。提前预防劳动力不足等问题,以保证经济的可持续发展和社会的稳定。这也是一部分群众的实际需求。2021 年实施一对夫妻可以生育 3 个子女政策。

2. 自然资源的可持续利用

自然资源是指自然界中能够被人类利用的物质和能量的总和。自然资源是可持续发展的物质基础。

自然资源可分为再生资源和不可再生资源。前者指只要合理利用,可持续更新、代谢再生的资源,如土地资源、生物资源、水资源等。后者是指经使用后耗竭的资源,如化石燃料等。

资源可持续利用是指对再生资源要合理调控其使用率,使资源的总量、质量保持在稳定的条件下利用。尽管是可再生资源,如果过度开发和利用,则难于或需很长时间才能恢复到原有水平,如生物资源、水资源等。

不可再生资源也称非再生资源,它的蕴藏量是不可能得到补充的,它的可持续利用是一个最优耗竭问题。这包括三个含义:其一,根据资源的质和量以及人类的需求,对不同时期合理配置有限的资源;其二,研究开发可再生资源以替代非再生资源;其三,继续勘探尚未查明的非再生资源。

我国是自然资源总量和人均量不足的国家。我国石油储量仅占世界的1.8%,天然气占0.7%,铁矿石不足9%。在人均资源量方面,我国人均矿产资源是世界人均水平的1/2,人均耕地、草地资源是世界的1/3,人均水资源是世界的1/4。现在我国资源利用率较低。以每创造1美元国民生产总值所消耗的煤、电等能源为例,我国能源消耗量是美国的4.3倍、德国和法国的7.7倍、日本的11.5倍。为了自然资源的可持续利用,资源开发要达到社会、经济、生态三者效益的协调,提倡循环经济,大力提高资源的利用率,建立资源节约型社会。

3.环境保护与可持续发展

搞好环境保护是实施可持续发展的关键。环境问题的实质在于:一方面,人类的经济活动,向自然索取资源的速度超过了资源本身及其替代品的再生速度,造成生态破坏;另一方面,向环境排放废弃物的数量超过了环境的自净能力,造成环境污染。环境问题严重地影响着经济和社会的发展。

若要走可持续发展的道路,必须加强环境保护,建设环境友好型社会。加快建立系统完整的生态文明制度体系。

4.可持续发展的生产模式

(1)清洁生产。

①就工业与自然的关系而言,工业生产可分为三种模式,代表三个发展层次:

第一,工业生产的传统模式。它是不顾资源效益、环境保护的工业生产模式,即除了剧毒和能引起急性中毒的废料外,绝大部分工业废料均不加处理地直接排入环境。例如,工业化初期的工业和我国改革开放初期的一些乡镇企业则为大量消耗能源的粗放型生产模式。现在仍有一些企业违规处于这种生产模式。

第二,环境工程或末端治理模式,又称污染控制模式。工厂的三废经处理后符合达标排放的要求才能排放,否则排污者要付费,企业也要承担净化污染物的责任。这种模式对遏制工业污染的迅速扩展发挥了历史作用,但它只是对已生成的污染物做被动式处理,往往不能从根本上消除污染,只是使污染物在不同介质中转移,还有可能造成二次污染。再有,处理三废设施一般投资大,运行费用高,既额外浪费了资源,又难以获得经济效益,常常成为企业的负担。例如,美国1990年用于三废治理的费用高达1 200亿美元。

第三,清洁生产模式。这是可持续的工业生产模式。清洁生产在不同时期或不同国家曾有不同的提法,如"废物减量化""无废少废工艺""绿色工艺""污染预防"等。其基本内涵是一致的,即对产品和产品的生产过程采取预防污染的战略来减少污染物的产生。1989年,联合国环境规划署指出:清洁生产是指将整体预防的环境战略应用于生产过程和产品中,以期减少对人类和环境的风险。

2003 年 1 月 1 日起施行的《中华人民共和国清洁生产促进法》中指出,“清洁生产是指不断采取改进设计、使用清洁的能源和原料、采用先进的工艺技术与设备、改善管理、综合利用等措施,从源头削减污染,提高资源利用效率,减少或避免生产、服务和产品使用过程中污染物的产生和排放,以减轻或者消除对人类健康和环境的危害。”

②清洁生产包括三个方面的内容:

一是清洁的能源。它包括常规能源的清洁利用;可再生能源的利用;新能源的开发;各种节能技术等。

二是清洁的生产过程。它包括尽量少用或不用有毒有害的原料;保证中间产品的无毒、无害;减少生产过程中的各种危险因素,如高温、高压、低温、低压、易燃、易爆,等等;采用少废或无废工艺和高效的设备;进行物料再循环;使用简便、可靠的操作和控制;完善管理等。

三是清洁的产品。它是指节约原料和能源,少用昂贵和稀缺原料的产品;利用二次资源作原料的产品;产品在使用过程中及使用后不致危害人体健康和生态环境;易于回收、复用和再生的产品;合理包装的产品;具有合理使用功能和寿命的产品;报废后易处置、易降解的产品。

在清洁生产的概念中不但含有技术上的可行性,还包括经济上的可营利性,体现经济效益、环境效益和社会效益的统一。2007 年,国务院把实施清洁生产与落实节能减排工作结合起来,更加推动了企业开展清洁生产。清洁生产已经成为企业可持续发展的主要行动计划。

(2)循环经济。循环经济(cyclic economy)即物质闭环流动型经济的简称,是把清洁生产和废弃物的综合利用融为一体的经济。

循环经济是以资源的高效利用和循环利用为目标,以废弃物“减量化、再利用、资源化”为原则,以物质闭路循环和能量梯次使用为特征,按照自然生态系统物质循环和能量流动方式运行的经济模式。其目的是通过资源高效和循环利用,实现自然资源的低投入、高利用率、高循环率和废弃物的低排放甚至零排放,从根本上保护环境,实现社会、经济与环境的可持续发展。

例如青岛市建成了一批以沼气为纽带的“大棚—养殖—沼气—蔬菜(果)”四位一体的循环型农业示范园。畜禽粪便沼气化处理,解决畜禽养殖污染环境的同时,使粪污及废弃物用于发电、供暖、照明、生产有机肥等,使之得到了资源化利用,产生了较好的经济效益。

又如青岛红星化工厂 1959 年开始生产铬盐,历史上遗留的 20 余万吨铬渣一直沿袭同行业的传统做法露天堆放,造成含铬渗滤液通过土壤渗入地下,对周围地下水和近岸海域水造成了严重污染。1991 年 3 月,青岛市政府要求该厂停止了铬盐生产,成为国内同行业首家因环保问题被迫停产的企业。针对铬渣污染这个世界性难题,按照循环经济理念,青岛全市内进行了跨行业的调研论证、反复实验,最终确定了将铬渣替代白云石(助熔剂)用于烧结炼铁的资源化利用方案。该方案不仅彻底消除了铬渣中六价铬的毒性,而且实现了工艺“零调整”、设施“零投入”、环境“零污染”,使铬渣资源化利用率达到100%,为全国现存的5×10^6t铬渣的资源化处置提供了良好的示范带动作用。

2005 年国务院发布了《关于加快发展循环经济的若干意见》。2008 年 8 月全国人大常委会通过《循环经济促进法》,并已于 2009 年 1 月 1 日起实施。这部法律以“减量化、再利用、资源化”为主线,主要规定了下述一些重要的法律制度和措施:循环经济的规划制度;抑制资源浪费和污染物排放总量控制制度;循环经济的评价和考核制度;以生产者为主的责任延伸制度;对高耗能、高耗水企业设立重点监管制度;强化经济措施,建立激励机制,鼓励走循环经济的发展道路。

这是一部促进经济结构调整和经济增长模式转变的基本法,如能得到有效实施,将有力地缓解我国的资源和环境问题。

(3)低碳经济。发展低碳经济是应对气候变化的最终选择。全球经济增长模式要实现低碳转型,已经成为各国共识。

低碳经济的核心是能源技术和减排技术创新、产业结构和制度创新以及人类生存发展观念的根本性转变。这种有别于传统经济的新型发展模式以“三低”(低能耗、低排放、低污染)为特征。

在我国发展低碳经济,一方面是积极承担环境保护责任,完成国家节能降耗指标的要求;另一方面是调整经济结构,提高能源利用效益,发展新兴工业,建设生态文明,是实现经济发展与资源环境保护双赢的必然选择。

在十三五(2016—2020)发展规划纲要中提出,要主动控制碳排放,落实减排承诺;有效控制电力、钢铁、建材、化工等重点行业的碳排放,推进工业、能源、建筑、交通等重点领域的低碳发展。

尽管中国面临着来自国内经济转型等多重挑战,但在控制温室气体排放上,承诺到 2030 年左右,使二氧化碳排放达到峰值,并争取尽早实现;2030 年单位国内生产总值二氧化碳排放比 2005 年下降 60% ~65% 。

5. 可持续发展的消费方式

传统的消费模式是一种“线性过程”。首先,自然资源转化为产品和货物,以满足人们的需求,用过的物品则被当作废物而丢弃。随着人们生活水平的不断提高,消费量日益增多,废弃物也在增多。这就会造成资源的消耗和环境的退化,因此,这种消费本质上是一种耗竭型消费。

“循环消费”是对使用后的材料进行回收再利用,它可减少对自然资源的使用,提高产品的生态经济效益和减少每单位产品排放的污染物和废弃物。

联合国环境规划署在 1994 年内罗毕发表的报告中指出:可持续消费就是提供

服务以及相关的产品,以满足人类的基本需求,提高人们的生活质量;同时,使自然资源和有毒材料的使用量最少,使服务或产品的生命周期中所产生的废物和污染物最少,从而不危及后代的需求。该报告还指出,可持续消费并不是因贫困引起的消费不足和因富裕引起的过度消费之间的折中,而是一种新的消费模式,它适用于全球各国各种收入水平的人们。

6.科学技术进步与可持续发展

科学技术进步给人类的发展带来巨大的推动力。实现清洁生产模式、提高资源的利用率等都要依靠科学技术的进步。历史上有些科学技术成果,在给人类带来好处的同时,往往也隐藏着某些负面的影响或危害。例如,将 DDT 用于杀灭传染疾病的有害昆虫,在预防传染病方面给人类带来了好处,但潜藏着环境污染和生态破坏问题。1972 年 DDT 逐渐被各国明令禁止生产和使用。DDT 停用 30 年后使已经遏制的疟疾又卷土重来,每年至少 100 万人死亡,一些非洲贫困国家因此面临经济崩溃。2006 年世界卫生组织呼吁重新使用 DDT 抗击疟疾。因此一项科学技术成果的使用要权衡多方面的利弊。

在科学技术方面,当代人类的任务就是主动地研究、开发新技术,并积极推广既可使环境保护受益,又具有直接促进经济发展的科技成果。这样的科技成果被称为可持续科技成果。

开发可持续科技成果时,都应在研究技术的同时,研究其对生态、环境可能产生的危害或潜在危害,并使这些危害在实用时同时解决。

7.公众参与

环境保护是人类共同的事业,可持续发展关系到全人类的生存和发展,因此只有所有人的环境意识提高,人人关心和参与有关可持续发展问题的讨论,并投身于实践,才能实现可持续发展战略的目标。

联合国环境与发展大会通过的《21 世纪议程》指出:“要实现可持续发展,基本的先决条件之一是公众的广泛参与。”1994 年公布的《中国 21 世纪议程》也指出:“公众、团体和组织的参与方式和参与程度,将决定可持续发展目标实现的进程。”

可持续发展的公众参与,其内涵是很丰富的,它不仅包括公众积极参加实施可持续发展战略的有关行动或有关项目,更重要的是人们要改变自己的思想意识,建立可持续发展的世界观,进而用符合可持续发展的方法去改变和控制自己的行为方式。

为了促进公众参与可持续发展,可开展各种层次的教育或培训,并组织公众直接参与有关的活动。还可通过电视、广播、报刊等传播媒介,宣传、推广可持续发展的思想和意识,以促进全体人民参与其中。

8.法制建设和国际合作

可持续发展战略目标的实施,从管理上必须依照法律、法规,对违法者采取强制措施,才能保护全体人民的最大利益。因而健全相关法律、法规,并严格执法,是实施可持续发展战略的有力保障。

当今,许多环境问题是全球性的问题,例如,臭氧层空洞、温室效应加剧等。还有一些环境问题是涉及多个国家之间的问题。例如,酸雨、有害废物的越境转移等。要彻底解决这些问题,必须有国际上的合作,大家统一认识,共同行动。发达国家向发展中国家提供资金援助和技术支持。目前,国际上以法律形式签订的议定书等,可达到约束各国行动,规定应尽职责的作用。例如,保护臭氧层的《蒙特利尔议定书》签约以来,许多国家都采取积极的行动,不断提前停止生产、使用损耗臭氧层物质的时间表。

四、中国的环境保护

1. 中国的环境保护机构

环境保护机构的建立和变革,是与经济的发展,环境问题的出现、变化、发展,以及人们对环境问题的日益重视相关联。1974 年 10 月我国成立国务院环境保护领导小组。1982 年 5 月组建城乡建设环境保护部,部内设环境保护局;1984 年 5 月成立国务院环境保护委员会;1984 年 12 月城乡建设环境保护部环境保护局改为国家环境保护局,仍归属城乡建设环境保护部;1988 年 7 月成立独立的国家环境保护局(副部级);1998 年 6 月升格为国家环境保护总局(正部级),撤销国务院环境保护委员会;2008 年 7 月升格为环境保护部,成为国务院组成部门;2018 年为整合分散的生态环境保护职责,组建生态环境部,作为国务院组成部门。

生态环境保护部的职责是,拟定并组织实施生态环境政策、规划和标准,统一负责生态环境监测和执法工作,监督管理污染防治、核与辐射安全,组织开展中央环境保护督察等。

2. 中国的环境保护工作

中国政府十分重视环境保护工作。1973 年,在周恩来总理倡议下,国务院主持召开了第一次全国环境保护会议。会议确定了“全面规划、合理布局、综合利用、化害为利、依靠群众、大家动手、保护环境、造福人民”的环境保护方针。会后,全国及各省、市、自治区设立了环境保护机构。1979 年 9 月,五届人大常委会批准颁布了我国有史以来第一部环保法律——《中华人民共和国环境保护法(试行)》。我国提出“三同时”和“三统一”的战略方针,即经济建设、城乡建设和环境建设要同步规划、同步实施、同步发展,做到经济效益、社会效益、环境效益的统一,以及实行预防为主,谁污染谁治理和强化环境管理三大政策。之后又相继颁布多个环保单项法律法规,如《中华人民共和国水污染防治法》《中华人民共和国大气污染防治法》《中华人民共和国土壤污染防治法》《中华人民共和国草原法》等。1997 年新修订的《中华人民共和国刑事诉讼法》中增加了“破坏环境资源保护罪”。

1994年国务院环境委员会完成了两个重要文件《中国21世纪议程——中国21世纪人口、环境与发展白皮书》和《中国环境保护21世纪议程》。根据中国的国情，只有遵循可持续发展的战略思想，才能实现国家长期稳定的发展。提出了3个时期的目标——近期（1994—2000年）目标、中期（2000—2010年）目标和长期目标（2010年以后）。长期目标重点是恢复和健全中国经济—社会—生态系统调控能力，使中国经济、社会发展保持在环境和资源可承受能力之内，探索一条适合中国国情的高效、和谐、可持续发展的现代化道路，对全球的可持续发展进程做出相应的贡献。

20世纪70年代末期以来，随着中国经济持续快速发展，发达国家百年工业化过程中分阶段出现的环境问题在中国集中出现，环境和发展的矛盾日益突出。资源短缺，空气污染，水体污染，生态环境脆弱，一些地区人民健康也受到了威胁，这些逐渐成为中国发展的重大问题。

针对污染和生态破坏问题突出，1996年《国务院关于加强环境保护若干问题的决定》中明令取缔关停15种重污染小企业，原国家经贸委、国家发改委限期淘汰和关闭破坏资源、污染环境、产品质量低劣、技术装备落后、不符合安全生产条件企业。“九五”（1996—2000年）期间，国家关闭8.4万家小企业。2001—2004年，连续三次发布淘汰落后生产能力、工艺和产品的目录，淘汰3万多家浪费资源、污染严重的企业，并对资源消耗大、环境污染重的钢铁、水泥、电解铝、铁合金、电石、炼焦、皂素、铬盐八个重污染行业进行集中整顿，停建、缓建项目1 900多个。2005年以后，关停污染严重、不符合产业政策的企业2 600多家，并对水泥、电力、钢铁、造纸、化工等重污染行业积极开展综合治理和技术改造，使这些行业在产量逐年增加的情况下，主要污染物排放强度呈持续下降趋势。从末端治理向源头和全过程控制转变，从浓度控制向总量和浓度控制相结合转变，从点源治理向流域和区域综合治理转变。开展循环经济实践。实行清洁生产，在企业生产的源头和全过程充分利用资源，使废物最小化、资源化、无害化，逐步建立生产者责任延伸制度，促进产品生态设计。对企业开展ISO 14000环境管理体系认证工作。在工业集中地区积极发展生态工业，使上游企业的废物成为下游企业的原料，延长生产链条，做到废物产生量最小，实现“零排放”，并建设生态工业区，实现区域或企业群的资源最有效利用。

将“三河”（淮河、辽河、海河）、“三湖”（太湖、滇池、巢湖）、“国家重点工程”（三峡工程、南水北调工程）、“两控区”（二氧化硫控制区、酸雨控制区）、“一市”（北京市）、“一海”（渤海）作为全国污染防治的重点地区，加强监测，并采取联控联防措施，取得明确成效。随着人民生活水平的提高，机动车拥有量大增，机动车尾气成为空气污染的主要污染源之一，2000年起只供应无铅汽油，之后不断提高对机动车、油品、尾气排放的国家标准。逐年减少煤炭等化石能源消耗的比例，改用更清洁的能源。农村大力发展畜禽养殖废弃物沼气工程,使用太阳能、风能、地热等再生能源;造林绿化、封山育林、退耕还林等,通过一系列的措施使农村生态得以恢复,现全国有400多个环境优美的生态农业县。

2013年党的十八大将生态文明建设与经济建设、政治建设、文化建设和社会建设一起,纳入中国特色社会主义"五位一体"总体布局之中。2014年十八届三中全会提出加快建立系统完整的生态文明制度体系,2015年四中全会要求用严格的法律制度保护生态环境,五中全会将绿色发展纳入新发展理念。截至2017年底国家颁布了800余项环境法律法规,包括水、大气、土壤、生物多样性、湿地、森林等各个方面,一些省市还颁布了有关环境的地方法律法规。2017年中国环境日主题——"绿水青山就是金山银山"的论断已深入人心。最近几年生态和环境状况一年比上一年得到改善,尽管生态环境达标要做的工作还有很多。

国家不断加强环境执法和行政执法的力度。从2016年起组织多批的中央环境保护督察组,对各省生态环境巡视督察,提出反馈意见,加快解决突出环境问题。如中央第七环境保护督察组发现甘肃省11个生态环境损害问题,就其中祁连山自然保护区生态环境破坏问题问责100名党政干部,包括3名副省级干部。

2018年5月在北京召开了第八次全国生态环境保护大会。会议提出,加大力度推进生态文明建设、解决生态环境问题,坚决打好污染防治攻坚战,推动中国生态文明建设迈上新台阶。将生态文明建设提升到中华民族永续发展的根本大计的高度。

2018年6月24日,我国发布了中共中央国务院《关于全面加强生态环境保护 坚决打好污染防治攻坚战的意见》(下文简称《意见》)。该意见对今后三年蓝天保卫战、碧水保卫战、净土保卫战三大保卫战的任务和目标做了具体部署。2020年超额完成了《意见》中的指标,如全国地级及以上城市空气质量优良天数比例达到87.0%(指标80%),全国地表水Ⅰ~Ⅲ类水体比例达到83.4%(指标70%)。2021年环境质量进一步改善。2021年11月中共中央国务院印发了《关于深入打好污染防治攻坚战的意见》,该意见中提出了"十四五"(2021—2025)9个重点领域的任务和目标,深入打好蓝天碧水净土保卫战的行动方案。到2035年,广泛形成绿色生产生活方式,碳排放达峰后稳中有降,生态环境根本好转,美丽中国建设目标基本实现。

中国重视环境保护领域里的国际合作,积极参与联合国、亚太经合组织等国际组织开展的环境事务。多年来,中国派高级代表团参与联合国可持续发展委员会历次会议、可持续发展世界首脑会议及其系列筹备活动。中国与联合国环境规划署在荒漠化防治、生物多样性保护、臭氧层保护、清洁生产、循环经济、环境教育和培训、长江中上游洪水防治、区域海行动计划和防止陆源污染保护海洋全球行动计划等领域开展了卓有成效的合作。中国在环境保护领域的努力得到国际社会的承认和赞誉。

中国参加了《联合国气候变化框架公约》《京都议定书》《关于消耗臭氧层物质的蒙特利尔议定书》《关于持久性有机污染物的斯德哥尔摩公约》《生物多样性公约》《生物多样性公约〈卡塔赫纳生物安全议定书〉》《联合国防治荒漠化公约》等50多项涉及环境保护的国际条约,并积极履行这些条约规定的义务。

联合国环境规划署、世界银行、全球环境基金先后将"联合国环境规划署笹川环境奖""绿色环境特别奖""全球环境领导奖"授予中国环保部门负责人。2017年联合国6个最高环境奖"地球卫士奖"中的3个颁发给中国。其中的"激励与行动奖"颁发给将沙荒地变绿洲的塞罕坝林场的建设者;"终身成果奖"颁发给亿利集团董事长王文彪,他致力于库布齐沙漠的生态修复,并创造出生态、经济、社会多重综合价值。

2018年联合国"地球卫士奖"中的"激励与行动奖"颁发给中国浙江"千村示范,万村整治"工程,表彰浙江在美丽乡村建设中效果显著。2019年联合国"地球卫士奖"的"激励与行动奖"颁发给中国推出的"蚂蚁森林"项目。该项目在荒漠化地区种植了1.22亿棵树,累计碳减排7.92×10^9kg。我国连续3年获得联合国环境署颁发的最高奖项。

思考题

1. 什么叫环境?说出环境保护中所指的环境内容。

2. 什么叫生态系统?生态系统具有哪些功能?

3. 举例说明什么是第一环境问题、第二环境问题、第三环境问题?

4. 环境问题按环境要素、污染物的性质和污染物的形态各分为几类?

5. 试述当前环境问题的主要特点。

6. 什么叫温室效应?使温室效应加剧的温室气体有哪些?简述气候变暖的原因及危害。

7. 简述臭氧层空洞造成的原因和危害。

8. 生物多样性的含义是什么?

9. 什么是赤潮?试述赤潮形成的原因。

10. 表示水体需氧性有机物质污染的指标有哪些?

11. 写出空气质量标准(GB 3095—2012)中,向公众发布的六项污染物的名称,并说说首要污染物、空气质量指数级别和空气质量状况是如何确定的。

12. 煤烟型污染和光化学烟雾污染中的主要污染物各是什么?简述污染物的来源。

13. 简述酸雨的形成及其危害。

14. 试述造成水土流失的原因及其危害。

15. 结合当地情况，指出影响空气质量的主要污染物及其来源，并提出防治措施。

16. 叙述环境保护和可持续发展的关系。

17. 简述可持续发展的生产和生活方式。

18. 谈谈你如何参与环境保护工作。

参考文献

[1] 宋健. 现代科学技术基础知识[M]. 北京:科学出版社,1994.

[2] 梁战平. 科学·技术·社会[M]. 北京:科学出版社,1998.

[3] 郭守元,张兆敏. 自然科学与现代科技概论[M]. 北京:科学出版社,1997.

[4] 向显智,陈强. 现代科学技术概论[M]. 武汉:湖北教育出版社,2000.

[5] 赵祖华. 现代科学技术概论[M]. 北京:北京理工大学出版社,1999.

[6] 胡显章,曾国屏. 科学技术概论[M]. 北京:高等教育出版社,1999.

[7] 张兴. 微电子——信息社会的基石[J]. 计算机世界,2000(1).

[8] 魏梓栋. IC 卡综述[J]. 今日电子,1998(总 59).

[9] 王侠. 语音识别应用无限[J]. 计算机世界,1999(5).

[10] 张福德. 信息传送与虚拟现实[J]. 中国计算机世界,1998(17).

[11] 木知. 人工智能让电脑更聪明[J]. 欧美同学会会刊,2000(2).

[12] 彭虹. 地球村——21 世纪的邮电通信[M]. 北京:科学技术文献出版社,1995.

[13] 雷震洲. 移动卫星通信[M]. 北京:人民邮电出版社,1996.

[14] 瞿礼嘉. 现代生物技术导论[M]. 北京:高等教育出版社,1999.

[15] 张惟杰. 生命科学导论[M]. 北京:高等教育出版社,1999.

[16] 林菁. 自动化技术[M]. 北京:科学出版社,金盾出版社,1999.

[17] 唐小真. 材料化学导论[M]. 北京:高等教育出版社,1997.

[18] 唐有祺,王夔. 化学与社会[M]. 北京:高等教育出版社,1998.

[19] 李天任. 中国科技[M]. 南昌:江西人民出版社,1999.

[20] 魏凤文. 话说现代光学[M]. 南宁:广西教育出版社,1999.

[21] 刘颂豪. 光电子世界——从电子学到光子学[M]. 武汉:湖北教育出版社,1998.

[22] 胡成春. 生存之源[M]. 北京:科学出版社,金盾出版社,1998.

[23] 朱丽兰. 世纪之交与高科技专家对话[M]. 沈阳:辽宁教育出版社,1995.

[24] 王乃迪,王天雷. 现代农业趣谈[M]. 北京:新时代出版社,1999.

[25] 刘月雷,段聚宝. 揭开生命的奥秘[M]. 太原:山西教育出版社,1999.

[26] 于频．外科学[M]．北京:人民卫生出版社,1998.

[27] 陈灏珠．内科学[M]．北京:人民卫生出版社,1998.

[28] 钱易,唐孝炎．环境保护与可持续发展[M]．北京:高等教育出版社,2000.

[29] 马光．环境与可持续发展导论[M]．北京:科学出版社,2000.

[30] 崔健双．现代通信技术概论[M]．北京:机械工业出版社,2009.

[31] 战友．环境保护概论[M]．北京:化学工业出版社,2010.

[32] 李乃祥. 现代农业技术概论[M]．天津:南开大学出版社,2005.

[33] 邓立,朱明. 食品工业高新技术设备和工艺[M]．北京:化学工业出版社,2007.

[34] 骆世明. 生态农业的模式与技术[M]．北京:化学工业出版社,2009.

[35] 邹小波,赵杰文. 农产品无损检测技术与数据分析方法[M]．北京:中国轻工业出版社,2008.

[36] 曹志平,乔玉辉. 有机农业[M]．北京:化学工业出版社,2010.

[37] 田佳禾主. 正电子发射体层显像图谱[M]．北京:中国协和医科大学出版,2002.

[38] 王荣福. PET/CT 分子影像学的临床应用[J]．北京医学, 2008, 30(10).

[39] 金以超. 人工皮肤的临床应用进展[J]．中国麻风皮肤病杂志, 2006, 22(10).

[40] 丁义涛, 江春平. 生物人工肝研究进展和应用前景[J]．世界华人消化杂志, 2008, 16(26).

[41] 白建刚, 饶红霞. 生长抑素临床应用进展[J]．中国药事, 2008, 22(9).

[42] 周建光, 曹海涛, 杨梅. 基因诊断技术临床应用及研究进展[J]．医疗装备, 2010(8).

[43] 任仁,等. 化学与环境[M]．3 版. 北京:化学工业出版社,2012.

[44] 杨荣武. 生物化学原理[M]．北京高等教育出版社,2012.

[45]李乃祥. 现代农业技术概论. 天津:南开大学出版社, 2005.

[46] 邓立, 朱明. 食品工业高新技术设备和工艺. 北京: 化学工业出版社, 2007.

[47]骆世明. 生态农业的模式与技术. 北京: 化学工业出版社, 2009.

[48]邹小波,赵杰文. 农产品无损检测技术与数据分析方法. 北京: 中国轻工业出版社, 2008.

[49]曹志平, 乔玉辉. 有机农业. 北京: 化学工业出版社, 2010.

[50]刘文生, 燕晓辉, 李明珠. 鸭梨褐变的近红外反射光谱分析[J]. 食品上

业科技, 2006, 27(10):29 - 31.

[51]杨海锋, 吕小文, 秦玉昌, 等. 近红外光谱分析技术在豆粕质量监控中的应用研究[J]. 饲料工业,2006,27(19): 33 - 35.

[52]朱文静, 陈斌, 邹贤勇. 基于滤光片型 NIR 光谱仪快速测定完整大豆蛋白含量的研究阴. 现代仪器, 2007, 13(6): 44 - 46, 61.

[53]王传梁. 基于近红外漫反射光谱分析技术的大米加工精度检测方法的研究[D]. 南京:南京农业大学, 2007.

[54]隋广文. 食品安全检测技术综述[J]. 科技传播, 2013 (7): 81 - 82.

[55]李媛媛. 农产品质量安全检测技术[J]. 南方园艺, 2013,24 (3): 56 - 58.

[56]廖薇. 农产品安全与检测技术[J]. 四川农业科技, 2014 (4): 58 - 60.

[57]蒋雪松, 王维琴, 许林云, 等. 农产品/食品中农药残留快速检测方法研究进展[J]. 农业工程学报, 2016, 32(20): 267 - 274.

[58]牛磊. 基于农业物联网的田间环境监控系统的设计与实现[D]. 中南民族大学,2012:13 - 14.

[59]黄孝彬. 物联网关键技术及其发展[J]. 电子科技,2011(4):8 - 11.

[60]臧淑梅. 水中溶解氧的变化规律及其影响[J]. 黑龙江水产,2012(1):39 - 40.

[61]孙红伟. 基于 RFID 的新一代物流网络系统的设计与实现[D]. 上海交通大学 2006.

[62]马享优,宋治文,土建春,等. 天津设施农业中病虫害预测预报专家系统应用分析[J]. 天津农业科学,2010(4) :117 - 119.

[63]张航,李久生,粟岩峰,等. 利用电容式传感器连续监测土壤硝态氮质量分数的试验研究[J]. 灌溉排水学报,2012(1) :23 - 28.

[64]赵小强,于燕飞,史文娟,等. 基于物联网技术的农业节水自适应灌溉系统[J]. 西安邮电学院学报,2012(3) :95 - 97.

[65]International Telecommunication Union,Internet Reports 2005 : The Internet ofthings [R]. Geneva: ITU,2005. 12 - 87.

[66]高峰,俞立,张文安,等. 基于无线传感器网络的作物水分状况监测系统研究与设计[J]. 农业工程学报,2009(2):107 - 111.

[67]ITU - T. Recommendation Y. 2002. Overview of ubiquitous networking and of itssupport in NGN[S]. Geneva: ITU,2010.

[68]梁睿,王耀球. 物联网技术在危险品物流中的应用[J]. 物流技术,2011 (09):45 - 48.

[69]刘务,高峰,徐东连,等. 基于 RFID/EPC 物联网的猪肉跟踪追溯系统开发[J]. 食品工业科技,2012(16) :49 - 52.